施耐德 EcoStruxure Machine 控制器应用及编程进阶

主编　李幼涵

本书介绍了运动控制中多轴电机同步运动的应用；通过案例介绍了电子凸轮运动、电子齿轮运动和数控机床G代码编程的各种应用；详细介绍了各种通用总线（如EtherCAT、EtherNet/IP、PROFINET）的通信应用以及与过程控制网络连接的应用；最后介绍了面向对象编程（Object-Oriented Programming，OOP），并给出了编程技巧。

本书可供纺织、包装、物流、印染、印刷、机械加工等领域的应用设计工程师和大专院校相关专业的师生阅读，具有较强的实用价值。

图书在版编目（CIP）数据

施耐德 EcoStruxure Machine 控制器应用及编程进阶 / 李幼涵主编 .
—北京：机械工业出版社，2019.9

ISBN 978-7-111-63598-7

Ⅰ . ①施… Ⅱ . ①李… Ⅲ . ①可编程序控制器 Ⅳ . ① TP332.3

中国版本图书馆 CIP 数据核字（2019）第 185041 号

机械工业出版社（北京市百万庄大街 22 号 邮政编码 100037）
策划编辑：林春泉 责任编辑：林春泉
责任校对：杜雨霏 封面设计：鞠 杨
责任印制：郜 敏
北京圣夫亚美印刷有限公司印刷
2019 年 9 月第 1 版第 1 次印刷
184mm × 260mm · 15.5 印张 · 382 千字
0 001—3 000 册
标准书号：ISBN 978-7-111-63598-7
定价：69.00 元

电话服务 网络服务
客服电话：010-88361066 机 工 官 网：www.cmpbook.com
010-88379833 机 工 官 博：weibo.com/cmp1952
010-68326294 金 书 网：www.golden-book.com
 机工教育服务网：www.cmpedu.com

序

时光荏苒，在经历了二三十年的高速发展之后，中国工业来到了从制造大国向制造强国转型的时刻。制造强国意味着工业企业不仅要生产更优质的产品，还要以更绿色、更智能、可持续的方式重塑生产流程。基于此，施耐德电气率先提出绿色智能制造的理念。为了帮助客户践行这些理念，施耐德电气逐步扩充自身的软件、硬件能力，利用基于物联网的 EcoStruxure 架构与平台，通过互联互通的产品、边缘控制、应用分析和服务三个层面的创新，为工业客户的转型升级赋能。由施耐德电气技术专家李幼涵领衔编写的《施耐德 EcoStruxure Machine 控制器应用及编程进阶》一书，它是本着推动工业企业的数字化转型和智能制造向纵深发展而推出的指导书。该书支持施耐德 EcoStruxure 架构与平台在工厂生产流程和机器离散制造的自动化及智能化的落地，也给出了实现物联网设备的互联互通解决方案，回答了应用工程师们在开发智能机器、绿色工厂实践中遇到的问题。书中的大量案例也是施耐德电气这些资深工程师们实践经验的总结和展示，相信对广大工程技术人员及大专院校师生会有所帮助和裨益。该书以施耐德电气当前最新软硬件技术为平台，介绍了互联互通采用的前沿总线通信技术、以太网通信技术及编程架构，对我国的科研机构和高校教学发展也有一定的参考作用。

施耐德电气真诚地愿为中国工业的不断升级、技术的不断进步、创新的不断涌现而贡献力量，持续向市场推出接受度更高的产品和解决方案。该书的出版必定会成为工业制造领域重要的数字化和自动化参考资料及培训教材。期待着该书早日面世，以飨读者。

施耐德电气（中国）有限公司 高级副总裁

工业自动化业务中国区负责人

庞邢健

2019 年 7 月

前言

本书是已出版的《施耐德 EcoStruxure Machine 控制器应用及编程指南》进阶篇。本书介绍了运动控制的复杂应用，包括电子凸轮、电子齿轮以及数控单元 CNC 的各种应用，内容虽然有些复杂，但是通过案例和大量的图说，可深入浅出地帮助读者更好地学习和应用。本书中，对插补控制的应用给出了不用运动控制器实现同步插补运动的编程方法和算法，可以降低硬件的成本。由于智能制造和智能机器的设计越来越多地注重互联互通，因此本书也介绍了各种流行的通信协议的设计方法和设备之间的互联互通的编程方法，并给出了案例，其中涉及 EtherCAT、EtherNet/IP、PROFINET、SERCOS、OPC（Object Linking and Embedding for Process Control）以及采用 C 语言的自由编程案例。在本书的最后一章，介绍了面向对象编程（Object-Oriented Programming，OOP）的内容，因为面向对象编程是一种编程趋势，它使应用程序的扩展性和可维护性更友好。

本书的编写得到了施耐德电气（中国）有限公司的几位资深主任工程师的大力帮助，李振工程师编写了第 1 章和第 2 章；唐海丽工程师编写了第 3 章；李融工程师编写了第 4~6 章；方平工程师编写了第 7 章和第 8 章；李幼涵编写了第 9 章和第 10 章并对全书进行了审阅、修改和校对。在此感谢他们将多年的应用经验分享给读者，感谢工业事业部刘立新总监和沈伟峰经理的一贯支持。他山之石，可以攻玉。愿我国的工程师们利用一切先进技术和设计理念，将产品设计得更加完美！

由于水平有限，难免有不尽人意之处，恳请广大读者批评指正。

李幼涵

2019 年 7 月

目录

第 1 章

电子凸轮功能

1.1 电子凸轮的概念

1.1.1 什么是机械凸轮

在介绍电子凸轮之前，我们先来了解一下机械凸轮，机械凸轮的结构如图 1-1 所示。所谓机械凸轮是将圆周或旋转运动转换为直线运动的一种方式。在运动过程中，会产生一个循环中的动作曲线，在制作机械凸轮时，按照这个动作曲线的形状制作，并设置一个从轴，则从轴运行时即为机械凸轮所获得的直线运动。

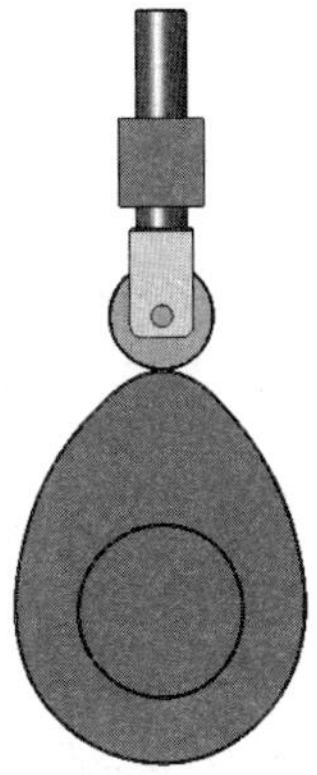

图 1-1 机械凸轮结构

1.1.2 什么是电子凸轮

电子凸轮，顾名思义，其动作曲线可通过电子调整的方式，从而通过控制规则的受控对象而得到与机械凸轮运动时相一致的曲线，如图 1-2 所示。在运动控制器中，只需要将主轴与从轴的位置关系规划好，运动控制器则会严格按照该位置关系进行工作。

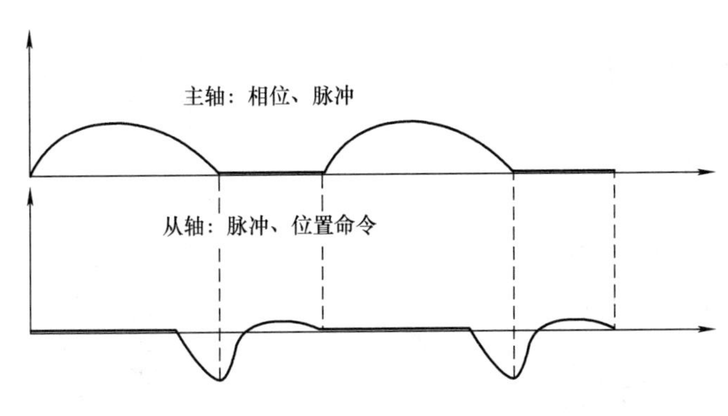

图 1-2 电子凸轮曲线

1.1.3 机械凸轮与电子凸轮的区别

机械凸轮是实际存在的机械结构，需要根据具体的应用设计机械结构；而电子凸轮是在运动控制器内部完成曲线规划的，不需要实际的机械结构，只需要规划好电子凸轮曲线。

当机械凸轮的动作曲线需要进行更改时，必须重新设计机械凸轮并重新加工，耗时耗力，其适应性仅局限于某一个特定的局部，而电子凸轮则只需要在运动控制器中更改电子凸轮曲线即可，适用性远远高于机械凸轮。

由于机械凸轮是机械结构，因此必然会出现机械磨损的现象，长时间运行则会导致精度降低，而电子凸轮由于主从轴之间并无实际连接，所以不存在这样的问题。

除上述两者的区别之外，机械凸轮还存在的缺点为设计复杂程度高，一旦设计好的机械凸轮加工完成后无法满足机器的需求，则该工件将被闲置，仍需要重复设计，重复验证，重新加工，直至满足工艺要求；在运行过程中产生的噪声大，机械性能的可量测性较差，无法预测机器的性能。而电子凸轮则在不需要改变外部机械结构的前提下，可灵活地设计电子凸轮曲线，且运行稳定，降低了维修周期与成本，可靠性大大提高，缩短了设计周期与机器的上市周期。

综合上述比较，无论从设计、调试、运行、维护等哪个方面出发，电子凸轮都有着机械凸轮无法比拟的优越性。随着我国经济的高速发展，国内机器设备的自动化水平日新月异，电子凸轮的应用发挥着巨大作用。

1.1.4 电子凸轮的应用场合

在复杂的运动控制中，特别是非线性运动时，需要对其进行相应的数学建模，将主轴与从轴的关系描绘出来，电子凸轮则是其最优的选择。典型的应用如飞剪、追剪等。

1.2 电子凸轮的实现

在实际应用中，虚轴、外部编码器、实轴（实际的伺服系统轴）均可作为主轴使用，而虚轴与实轴又可作为从轴使用。

目前，可以实现电子凸轮的运动控制器的方式主要以运动控制总线（如 CAN-Motion、SERCOS Ⅲ）以及脉冲控制为主。本书主要以 LMC058、LMC078 运动控制器中的相关功能进行介绍。

要实现电子凸轮功能，需要使用 MC_CamTableSelect、MC_CamIn、MC_CamOut 功能块，基本应用如图 1-3 所示。

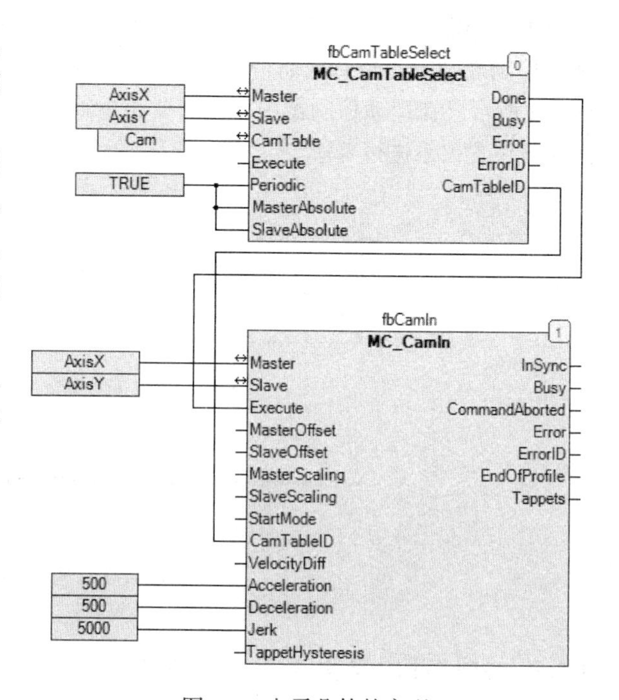

图 1-3 电子凸轮的实现

1.3 电子凸轮功能块详解

在 LMC058、LMC078 运动控制器中，无论是 CANMotion 或是 SERCOS Ⅲ 的控制方式，均遵循 PLC Open 状态机制，如图 1-4 所示。

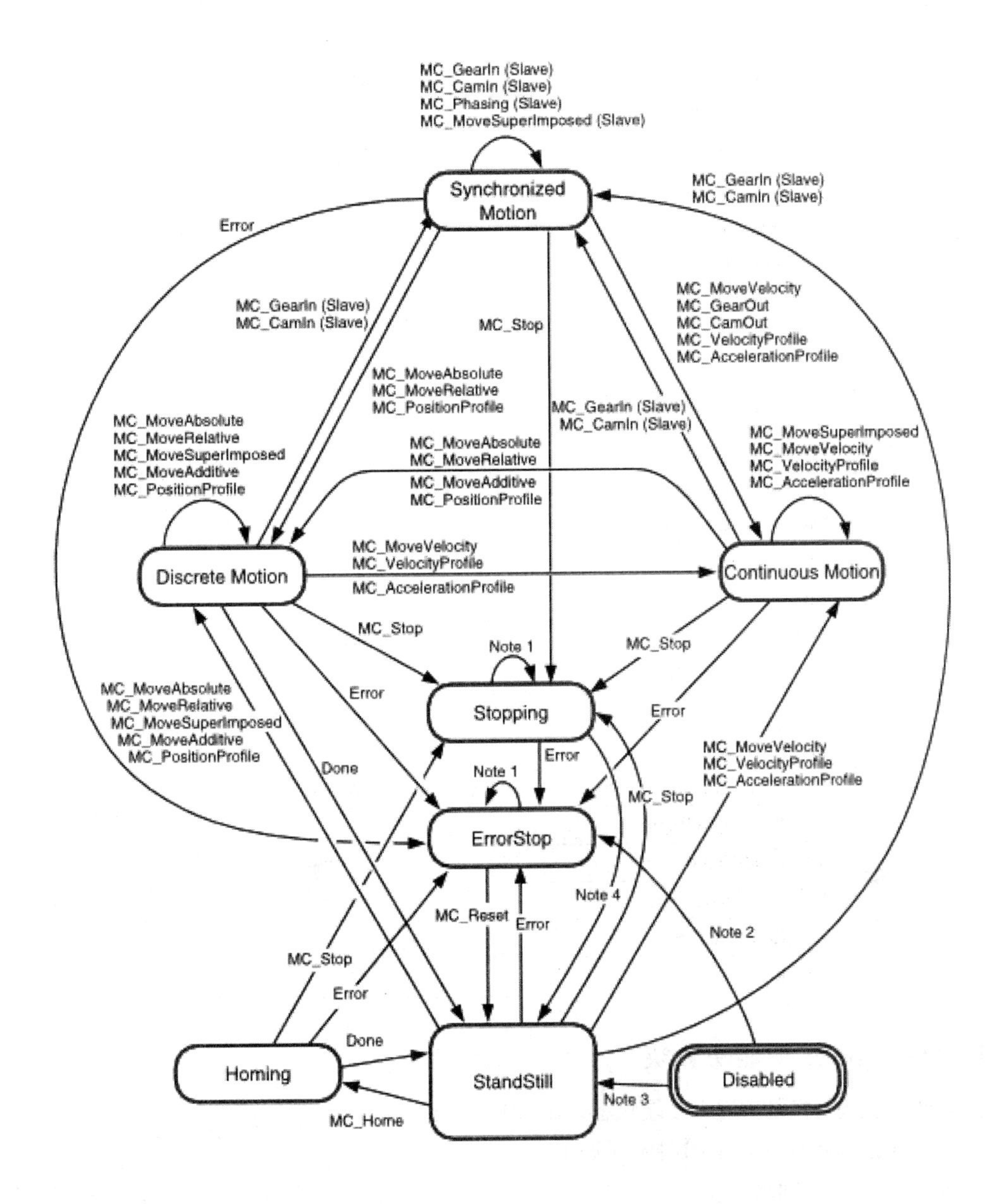

图 1-4　PLC Open 状态机制

所有与轴相关的控制功能块列表见表 1-1（此处的功能块仅适用于 CANMotion、SERCOS Ⅲ控制方式的 LMC058、LMC078 运动控制器，不适用于 CANopen 等通信方式控制的伺服系统的场合）。表 1-1 中的功能块适用于 Lexium 05、Lexium 23、Lexium 28、Lexium 32、Lexium SD3 系列的伺服系统。

表 1-1　控制功能块列表

类别	功能块	描述
单轴	MC_Power	初始化
	MC_Jog	操作模式：Jog
	MC_TorqueControl	操作模式：Profile Torque
	MC_MoveVelocity	操作模式：Profile Velocity
	MC_MoveAbsolute	操作模式：Profile Position
	MC_MoveAdditive	
	MC_MoveRelative	
	MC_Home	操作模式：Homing
	MC_SetPosition	
	MC_Stop	停止
	MC_Halt	
	MC_TouchProbe	通过信号输入进行位置捕捉
	MC_AbortTrigger	
管理	MC_ReadActualTorque	读取参数
	MC_ReadActualVelocity	
	MC_ReadActualPosition	
	MC_ReadAxisInfo	
	MC_ReadMotionState	
	MC_ReadStatus	
	MC_ReadParameter	
	MC_WriteParameter	写入参数
	MC_ReadDigitalInput	输入和输出
	MC_ReadDigitalOutput	
	MC_WriteDigitalOutput	
	MC_ReadAxisError	错误处理
	MC_Reset	

1.3.1　MC_Power 使能功能块

通过此功能块可控制轴进入使能状态，如图 1-5 所示。

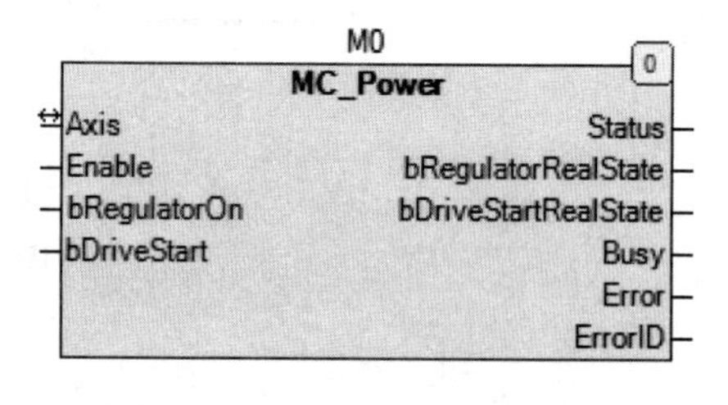

图 1-5　MC_Power 使能功能块

MC_Power 功能块的各个引脚定义如下。

Axis：受控轴的轴名称。

Enable：激活使能功能块。

bRegulatorOn：使能。

bDriveStart：取消快速停止。

Status：使能状态。

bRegulatorRealState：使能状态。

bDriveStartRealState：取消快速停止状态。

Busy：功能块执行中信号。

Error：功能块执行出错。

ErrorID：功能块执行出错的错误代码。

在需要单独控制某一个轴的使能时，可将 Enable、bDriveStart 设置为 TRUE，单独设置 bRegulatorOn 即可实现该轴的使能控制。

1.3.2　MC_Jog 点动功能块

通过此功能块可控制轴进行点动，如图 1-6 所示。

MC_Jog 功能块的各个引脚定义如下。

Axis：受控轴的轴名称。

JogForward：点动正转。

JogBackward：点动反转。

Velocity：点动速度，单位为 Unit/s。

Acceleration：加速度，单位为 Unit/s^2。

Deceleration：减速度，单位为 Unit/s^2。

Jerk：冲量，加速度或减速度的变化率，单位为 Unit/s^3。

Busy：功能块执行中信号。

CommandAborted：功能块被其他功能块中断信号。

Error：功能块执行出错。

ErrorID：功能块执行出错的错误代码。

图 1-6　MC_Jog 点动功能块

1.3.3　MC_MoveVelocity 速度移动功能块

通过此功能块可控制轴进行速度移动，如图 1-7 所示。

MC_MoveVelocity 速度移动功能块的各个引脚定义如下。

Axis：受控轴的轴名称。

Execute：触发速度移动功能块，上升沿立即生效。

Velocity：设定速度，单位为 Unit/s。

Acceleration：加速度，单位为 Unit/s^2。

Deceleration：减速度，单位为 Unit/s^2。

Jerk：冲量，单位为 Unit/s^3。

Direction：速度移动的方向，1 为正向，−1 为反向。

InVelocity：速度到达设定速度信号。

Busy：功能块执行中信号。

CommandAborted：功能块被其他功能块中断信号。

Error：功能块执行出错。

ErrorID：功能块执行出错的错误代码。

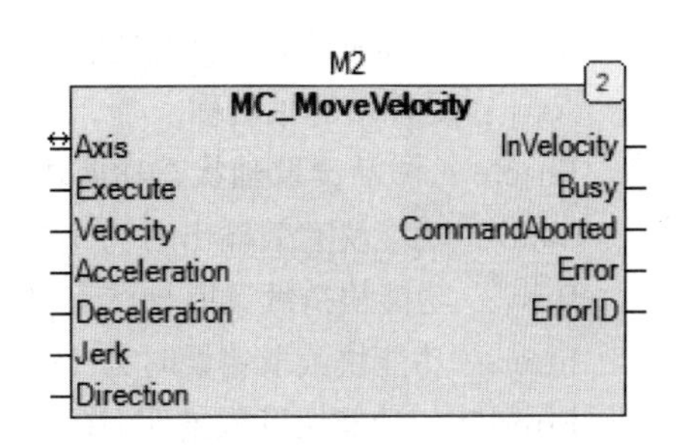

图 1-7　MC_MoveVelocity 速度移动功能块

当 Exceute 为 TRUE 时，InVelocity 在伺服轴加速到达设定速度后此信号为 TRUE，当 Exceute 为 FALSE 时，InVelocity 为 FALSE。

当 Exceute 为 TRUE 时，Busy 在伺服轴启动后此信号为 TRUE；当 Exceute 为 FALSE 时，Busy 仍为 TRUE，直至 MC_Stop 功能块发出命令使伺服轴停止。

如果有两个 MC_MoveVelocity 速度移动功能块，当第一个功能块的 Exceute 为 TRUE，如果此时触发第二个功能块的 Exceute 为 TRUE 时，第一个功能块的 CommandAborted 信号为 TRUE；当第一个功能块的 Exceute 为 FALSE 时，第一个功能块的 CommandAborted 信号变为 FALSE，若第一个功能块的 Exceute 为跳变沿触发，若第二个功能块的 Exceute 触发时，第一个功能块的 CommandAborted 信号为 FALSE；反之亦然。

1.3.4　MC_Stop 停止功能块

通过此功能块可控制轴的停止，如图 1-8 所示。

MC_Stop 停止功能块的各个引脚定义如下。

Axis：受控轴的轴名称。

Execute：触发停止功能块，上升沿立即生效。

Deceleration：减速度，单位为 Unit/s^2。

Jerk：冲量，单位为 Unit/s^3。

Done：功能块执行完成信号。

Busy：功能块执行中信号。

Error：功能块执行出错。

ErrorID：功能块执行出错的错误代码。

图 1-8　MC_Stop 停止功能块

1.3.5　MC_ReadStatus 读取轴状态功能块

该功能块用来读取轴的工作状态，如图 1-9 所示。

MC_ReadStatus 读取轴状态功能块的各个引脚定义如下。

Axis：受控轴的轴名称。

Enable：激活读取轴状态功能块。

Valid：功能块有效输出时为 TRUE。

Busy：功能块持续读取轴状态时为 TRUE。

Error：功能块读取错误时为 TRUE。

ErrorID：功能块读取错误时的错误代码。

Disabled：当轴未使能时，此信号为 TRUE，使能后此信号为 FALSE。

Errorstop：异常停止时此信号为 TRUE，直至轴被复位。

Stopping：执行 MC_STOP 功能块时，停止过程中此信号为 TRUE，停止完成后此信号为 FALSE。

StandStill：当轴被使能，无任何运动指令被执行，无报警时，此信号为 TRUE。

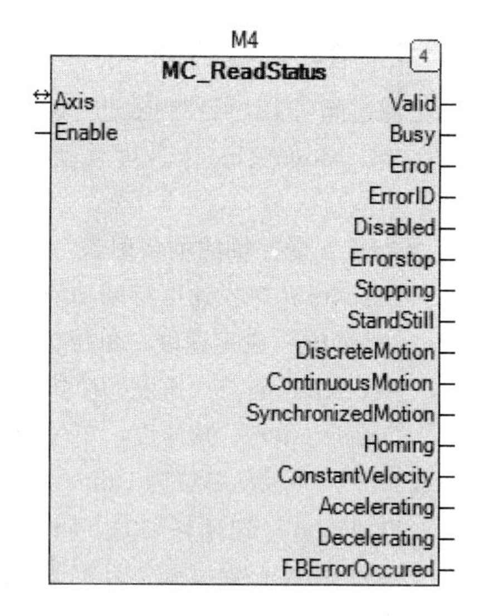

图 1-9　MC_ReadStatus 读取轴状态功能块

DiscreteMotion、ContinuousMotion、SynchronizedMotion 三种类型的状态，参考 PLC Open 的状态机制。

Homing：执行原点回归时此信号为 TRUE。

ConstantVelocity：到达设定的速度后此信号为 TRUE。

Accelerating：加速过程中此信号为 TRUE。

Decelerating：减速过程中此信号为 TRUE。

FBErrorOccured：功能块错误，且没有被 SMC_ClearFBError 功能块清除错误时，此信号为 TRUE。

1.3.6　MC_CamTableSelect 电子凸轮表选择功能块

该功能块用来选择电子凸轮的表格，如图 1-10 所示。

MC_CamTableSelect 电子凸轮表选择功能块的各个引脚定义如下。

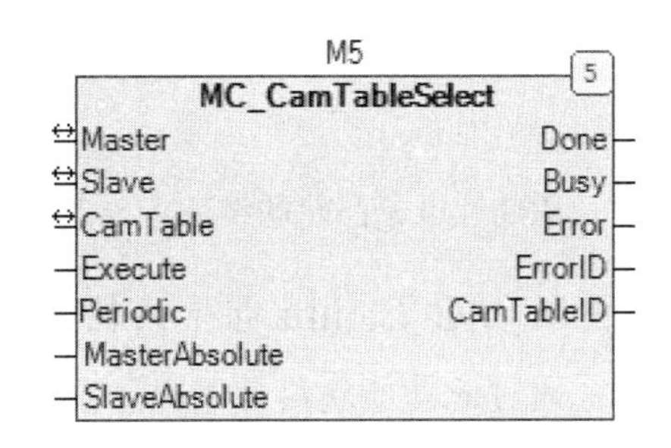

图 1-10　MC_CamTableSelect 电子凸轮表选择功能块

Master：主轴。

Slave：从轴。

CamTable：需要选择的电子凸轮表。

Execute：触发电子凸轮表选择功能块，上升沿立即生效。

Periodic：周期或非周期凸轮选择，TRUE 为周期性电子凸轮，重复执行电子凸轮；FALSE 为非周期性电子凸轮，触发后执行一次电子凸轮。默认为周期性凸轮。

MasterAbsolute：主轴的坐标系，TRUE 为绝对坐标，主轴的当前位置以电子凸轮曲线的起始位置开始；FALSE 为相对坐标，电子凸轮曲线的起始位置以主轴的当前位置开始。

SlaveAbsolute：从轴的坐标系，TRUE 为绝对坐标，从轴的当前位置以电子凸轮曲线的起始位置开始；FALSE 为相对坐标，电子凸轮曲线的起始位置以从轴的当前位置开始。

Done：功能块执行完成信号。

Busy：功能块执行中信号。

Error：功能块执行出错。

ErrorID：功能块执行出错的错误代码。

CamTableID：电子凸轮表格，连接 MC_CamTableSelect 功能块的 CamTableID 输出引脚。

非周期性电子凸轮如图 1-11 所示。

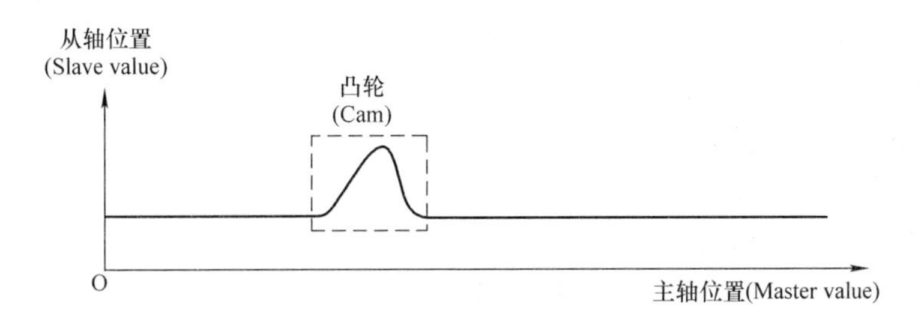

图 1-11　非周期性电子凸轮图

每次触发后只执行一个电子凸轮周期。

电子凸轮的坐标与主从轴的位置不一致时，会导致电子凸轮周期不完整或有相移的现象。

周期性电子凸轮如图 1-12 所示。

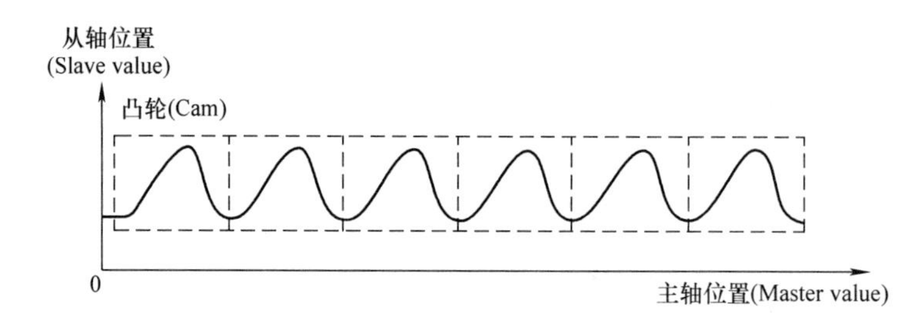

图 1-12　周期性电子凸轮图

周期性电子凸轮的结束点与起始点需要无缝连接，必须保证速度与加速度恒定。

1.3.7　MC_CamIn 电子凸轮啮合功能块

通过此功能块可控制电子凸轮轴的啮合，如图 1-13 所示。

图 1-13　MC_CamIn 电子凸轮啮合功能块

MC_CamIn 功能块的各个引脚定义如下：

Master：主轴。

Slave：从轴。

Execute：触发电子凸轮啮合功能块，上升沿立即生效。

MasterOffset：主轴的偏移量。

SlaveOffset：从轴的偏移量。

MasterScaling：主轴的缩放比例。

SlaveScaling：从轴的缩放比例。

StartMode：启动模式，有绝对坐标模式、相对坐标模式、加速跟踪模式，最常用的是加速跟踪模式，即 ramp_in。

CamTableID：电子凸轮表格，连接 MC_CamTableSelect 功能块的 CamTableID 输出引脚。

VelocityDiff：速度偏差，当主从轴位置在电子凸轮周期中无法匹配时，以该速度进行跟踪。

Acceleration：加速度，单位为 Unit/s^2。

Deceleration：减速度，单位为 Unit/s^2。

Jerk：冲量，单位为 Unit/s^3。

TappetHysteresis：凸点滞后的尺寸。

InSync：电子凸轮在同步中。

Busy：功能块执行中信号。

CommandAborted：功能块被其他功能块中断信号。

Error：功能块执行出错。

ErrorID：功能块执行出错的错误代码。

EndOfProfile：电子凸轮的周期信号，每执行完成一个电子凸轮周期，该信号导通一个扫描周期的时间。

Tappets：凸点的状态数据。

1.3.8　MC_CamOut 电子凸轮脱开功能块

通过此功能块可控制电子凸轮的脱开，如图 1-14 所示。

MC_CamOut 功能块的各个引脚定义如下。

Slave：从轴。

Execute：触发电子凸轮脱开功能块，上升沿立即生效。

Done：功能块执行完成信号。

Busy：功能块执行中信号。

Error：功能块执行出错。

ErrorID：功能块执行出错的错误代码。

M7
MC_CamOut
Slave　Done
Execute　Busy
Error
ErrorID

图 1-14　MC_CamOut 电子凸轮脱开功能块

电子凸轮功能停止时，单独控制主轴的减速停止可实现电子凸轮的减速停止，然后再使能 MC_CamOut 功能块脱开电子凸轮，如果直接使用 MC_CamOut 功能块脱开电子凸轮，则从轴会以上一次的速度继续运行，因此在停止电子凸轮并脱开时，先停止主轴，然后再脱开电子凸轮，同时停止从轴，部分程序如图 1-15 和图 1-16 所示。

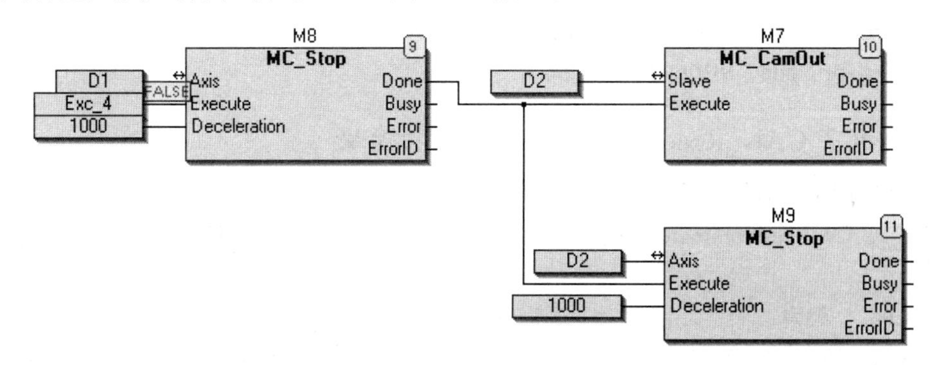

图 1-15　电子凸轮的停止逻辑

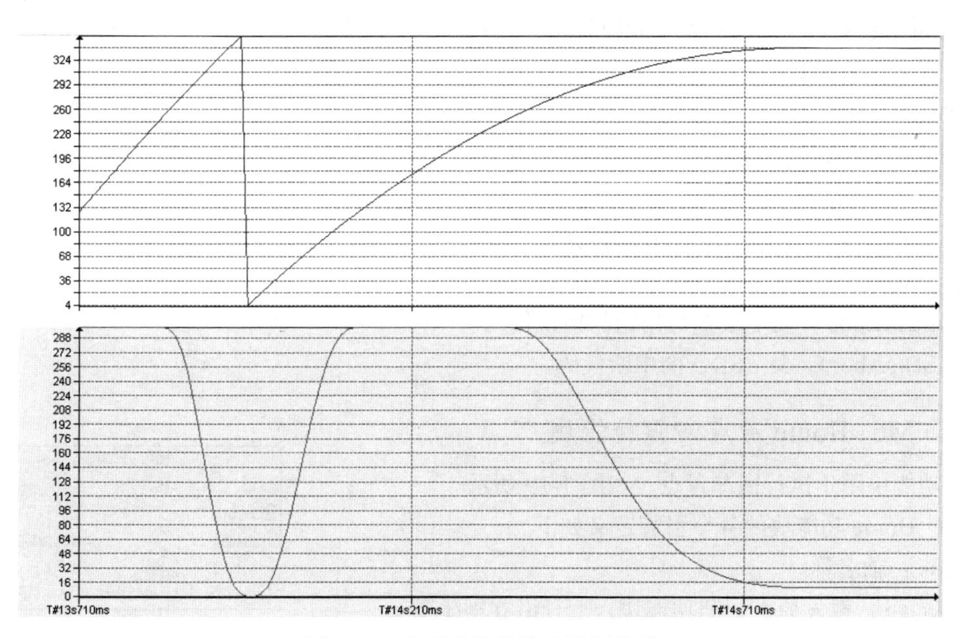

图 1-16　电子凸轮的停止运行曲线

1.3.9 SMC3_CAN_WriteParameter 写参数功能块

该功能块用于写入轴的参数，如图 1-17 所示。

SMC3_CAN_WriteParameter 功能块的各个引脚定义如下。

xExecute：触发写参数功能块，上升沿立即生效。

xAbort：中断写参数功能块。

uiIndex：写入参数的索引号。

usiSubIndex：写入参数的子索引号。

Axis：写入参数的轴名称。

usiDataLength：写入参数的数据长度，单位为字节。

dwValue：写入参数的数值。

xDone：功能块执行完成信号。

xBusy：功能块执行中信号。

xError：功能块执行出错。

dwErrorCode：功能块执行出错的错误代码。

dwSDOAbortCode：SDO 的中断代码。

图 1-17 SMC3_CAN_WriteParameter 写参数功能块

1.3.10 SMC3_CAN_ReadParameter 读参数功能块

该功能块用于读取轴的参数，如图 1-18 所示。

SMC3_CAN_ReadParameter 功能块的各个引脚定义如下。

xExecute：触发读参数功能块，上升沿立即生效。

xAbort：中断读参数功能块。

uiIndex：读取参数的索引号。

usiSubIndex：读取参数的子索引号。

Axis：读取参数的轴名称。

xDone：功能块执行完成信号。

xBusy：功能块执行中信号。

xError：功能块执行出错。

usiDataLength：读取参数的数据长度，单位为字节。

dwValue：读取参数的数值。

dwErrorCode：功能块执行出错的错误代码。

dwSDOAbortCode：SDO 的中断代码。

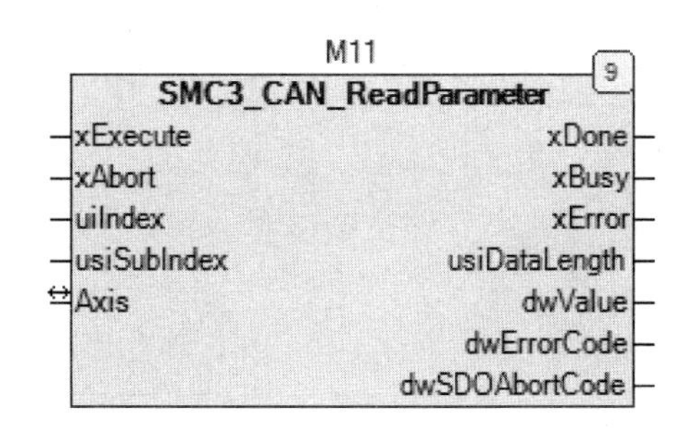

图 1-18 SMC3_CAN_ReadParameter 读参数功能块

1.3.11 MC_Home 原点回归功能块

该功能块用于执行回参考点，如图 1-19 所示。

MC_Home 功能块的各个引脚定义如下。

Axis：轴名称。

Execute：触发原点回归功能块，上升沿立即生效。

Position：原点回归完成后，该参数的数值被设置为当前

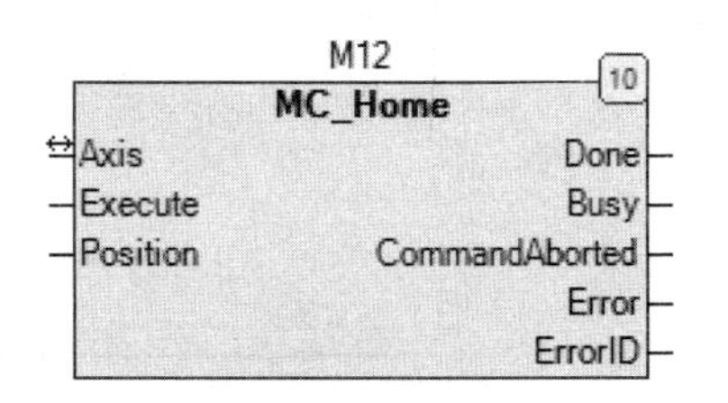

图 1-19 MC_Home 原点回归功能块

位置。

Done：功能块执行完成信号。

Busy：功能块执行中信号。

CommandAborted：功能块被其他功能块中断信号。

Error：功能块执行出错。

ErrorID：功能块执行出错的错误代码。

在实轴应用中，该功能块只触发原点回归的动作，其他原点回归相关等参数（如原点回归方式、原点回归速度）可以使用 SMC3_CAN_WriteParameter 写参数功能块进行写入，或通过轴的服务数据对象进行初始值写入。

在虚轴应用中，其默认的原点回归方式为 35，即设置当前位置为原点，或者使用 MC_SetPosition 功能块。

当需要使用外部 DI 作为原点信号（原点信号不进伺服驱动器，而是连接 PLC 的输入点上）的原点回归模式时，可以使用 SMC_Home 功能块。

1.4　如何在线切换电子凸轮曲线

在现场应用中，我们常常需要建立多个电子凸轮曲线，在使用时进行电子凸轮曲线的切换，本节介绍了实现电子凸轮曲线切换的方法。

创建两个不同的电子凸轮曲线如下：

CAM 曲线如图 1-20 所示。

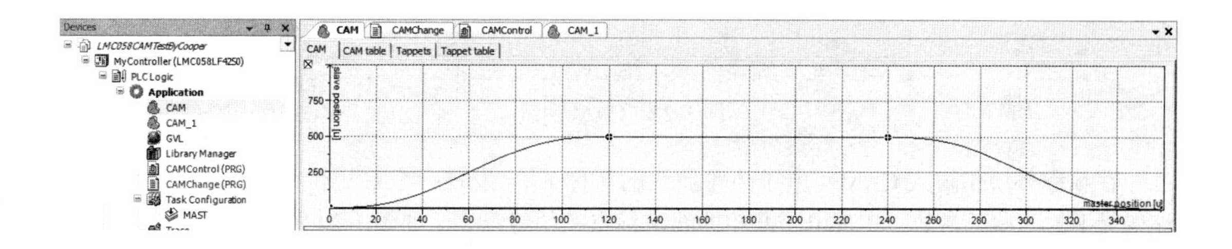

图 1-20　CAM 曲线

CAM_1 曲线如图 1-21 所示。

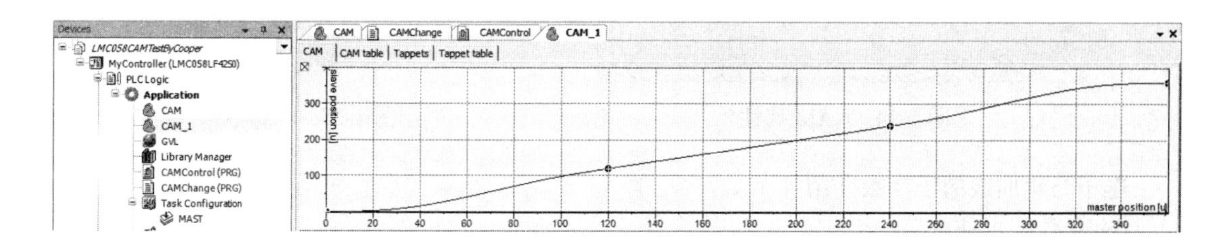

图 1-21　CAM_1 曲线

程序如图 1-22 所示。

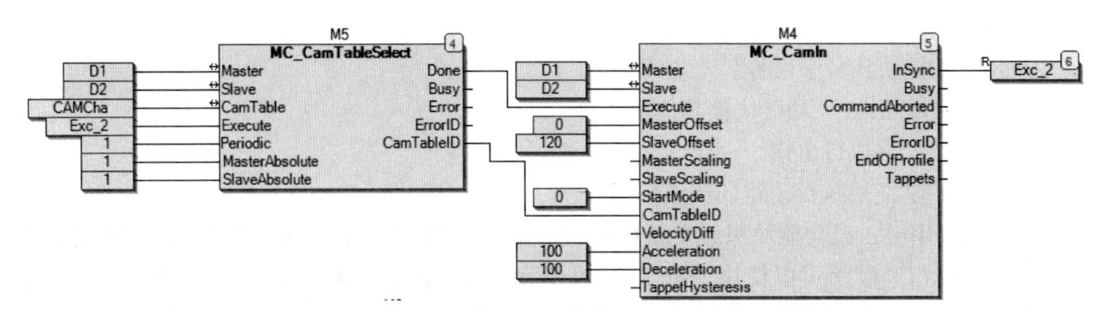

图 1-22　程序 1

在 MC_CamTableSelect 中的 CamTable 添加一个同类型的变量 CAMCha，在启动之前将 CAM 或 CAM_1 传送至 CAMCha 变量，然后通过 MC_CamIn 的 EndOfProfile（一个电子凸轮周期结束信号）输出信号重新触发 MC_CamTableSelect 功能块即可。

1.5　如何在线修改电子凸轮曲线的坐标

创建两个不同的电子凸轮曲线。

CAM 曲线如图 1-23 所示。

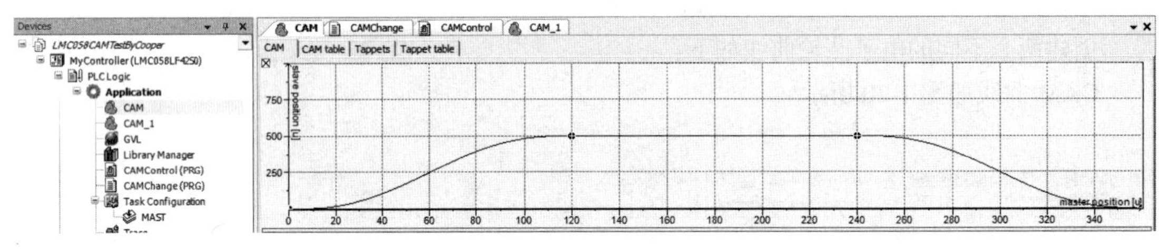

图 1-23　CAM 曲线

在编程环境中输入 CAM（电子凸轮曲线的名称），会发现一个 CAM_A 的变量，可以通过该变量下的一些子参数，实现电子凸轮曲线坐标点的位置修改，如图 1-24 和图 1-25 所示。

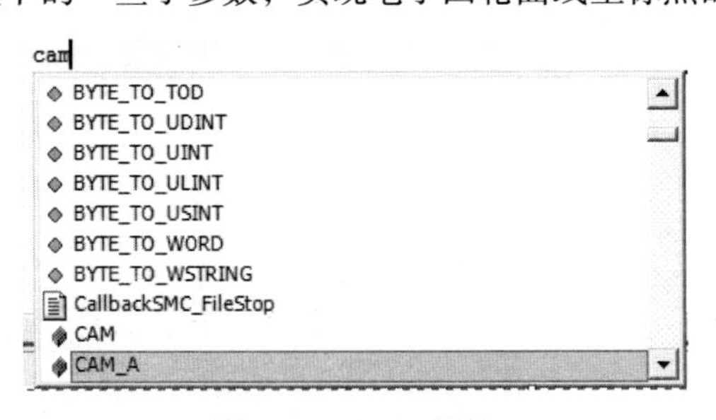

图 1-24　CAM 属性

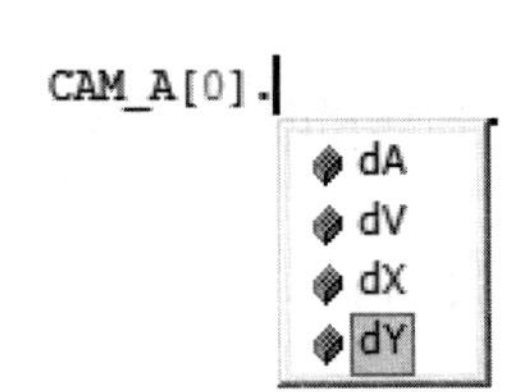

图 1-25　子参数

电子凸轮曲线的子参数介绍如下。

dA 参数：加速度。

dV 参数：速度。

dX 参数：X 轴坐标，也就是主轴位置。

dY 参数：Y 轴坐标，也就是从轴位置。

程序如图 1-26 所示。

CAMControl | CAMChange | CAM | GVL

```
1  PROGRAM CAMChange
2  VAR
3      Master_1: LREAL := 120.0;
4      Slave_1: LREAL := 300.0;
5      Master_2: LREAL := 240.0;
6  END_VAR
7
```

```
1  CAM_A[0].dX:=0;
2  CAM_A[0].dY:=0;
3
4  CAM_A[1].dX:=Master_1;
5  CAM_A[1].dY:=Slave_1;
6
7  CAM_A[2].dX:=Master_2;
8  CAM_A[2].dY:=Slave_1;
9
10 CAM_A[3].dX:=360;
11 CAM_A[3].dY:=0;
```

图 1-26　程序 2

通过修改这些坐标位置即可实现电子凸轮曲线的变更，但也要注意 dA 与 dV 所带来的曲线跳变。

1.6　如何在线创建电子凸轮曲线

在现场应用中，很多的工艺要求电子凸轮的曲线是可以更改的，比较常用的方法是建立多个电子凸轮曲线，在使用时进行电子凸轮曲线的切换，本节介绍的这种方法是事先规划好电子凸轮曲线，在实际运行中可通过填写曲线点的位置自动生成电子凸轮曲线。

本节以下面的例子进行电子凸轮曲线的创建，如图 1-27 和图 1-28 所示。

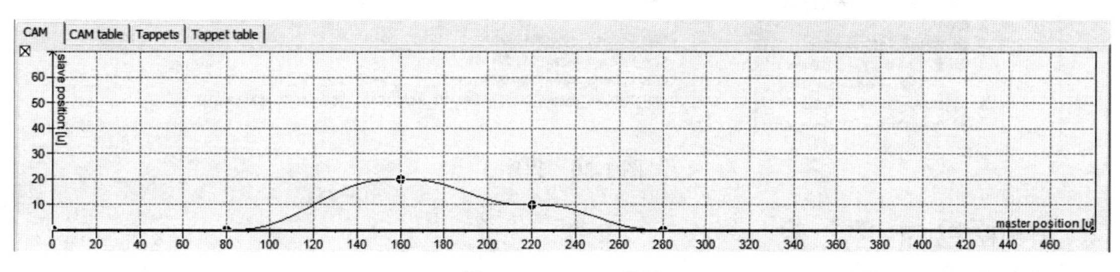

图 1-27　CAM 曲线

CAM | CAM table | Tappets | Tappet table

	X	Y	V	A	J	Segme...	min(Po...	max(P...	max(|V...	max(|A...
	0	0	0	0	0					
⊕						Poly5	0	0	0	0
🗑	80	0	0	0	0					
⊕						Poly5	0	20	0.46875	0.01804...
🗑	160	20	0	0	0					
⊕						Poly5	10	20	0.3125	0.01603...
🗑	220	10	0	0	0					
⊕						Poly5	0	10	0.3125	0.01603...
🗑	280	0	0	0	0					
⊕						Poly5	0	0	0	0
	480	0	0	0	0					

图 1-28　CAM 坐标值

创建 GVL 全局变量表，并添加以下变量，如图 1-29 所示。

```
CAM_UpDownTest | CAMProfile | CAMSwitch | GVL_SYN | MAST
1 VAR_GLOBAL
2     CAM_UpDown                    : MC_CAM_ref;
3     CAM_UpDown_xyva               : ARRAY[0..5] OF smc_camxyva;
4     Gint_UpDown_Distance          : INT;
5 END_VAR
```

图 1-29　全局变量表

创建以下程序，如图 1-30 所示。

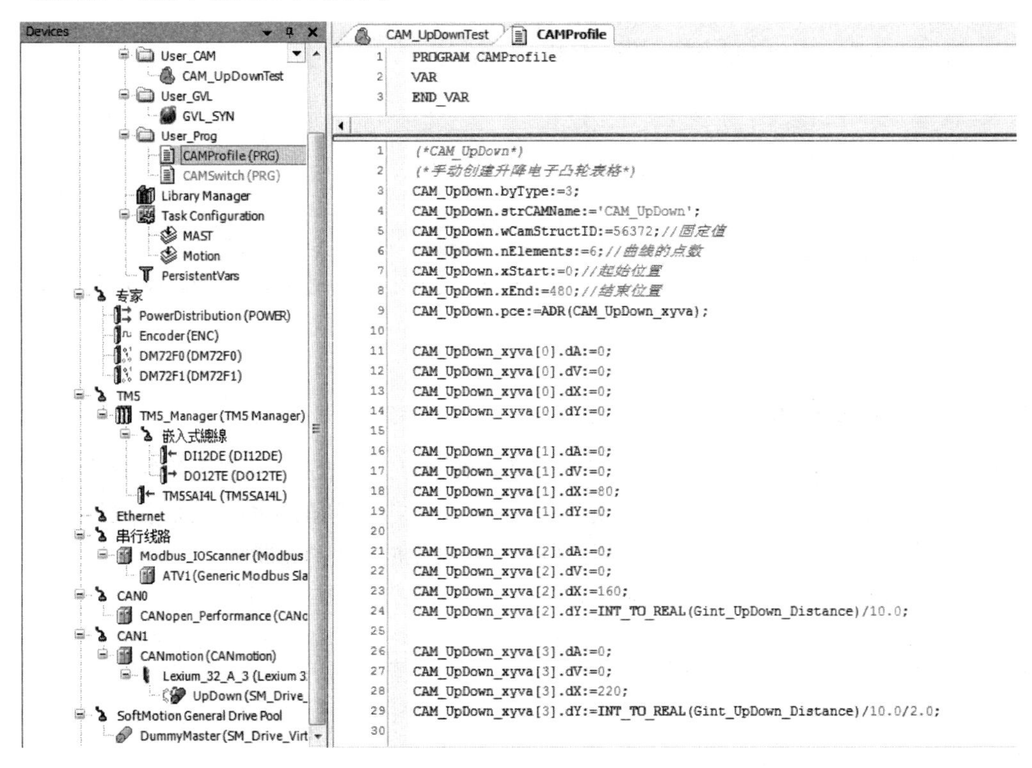

图 1-30　程序 3

详细程序如下：

(*CAM_UpDown*)

(* 手动创建升降电子凸轮表格 *)

设定 CAM 的类型，如下：

CAM_UpDown.byType:=3;

设定 CAM 曲线的名称为 CAM_UpDown，如下：

CAM_UpDown.strCAMName:='CAM_UpDown';

CAM_UpDown.wCamStructID:=56372;// 固定值

设定 CAM 曲线的点数如下：

CAM_UpDown.nElements:=6;// 曲线的点数

设定 CAM 曲线的起始与结束位置如下：

CAM_UpDown.xStart:=0;// 起始位置

CAM_UpDown.xEnd:=480;// 结束位置

CAM_UpDown.pce:=ADR(CAM_UpDown_xyva);

设定 CAM 曲线的第 1 个坐标点如下：

CAM_UpDown_xyva[0].dA:=0;

CAM_UpDown_xyva[0].dV:=0;

CAM_UpDown_xyva[0].dX:=0;

CAM_UpDown_xyva[0].dY:=0;

设定 CAM 曲线的第 2 个坐标点如下：

CAM_UpDown_xyva[1].dA:=0;

CAM_UpDown_xyva[1].dV:=0;

CAM_UpDown_xyva[1].dX:=80;

CAM_UpDown_xyva[1].dY:=0;

设定 CAM 曲线的第 3 个坐标点如下：

CAM_UpDown_xyva[2].dA:=0;

CAM_UpDown_xyva[2].dV:=0;

CAM_UpDown_xyva[2].dX:=160;

CAM_UpDown_xyva[2].dY:=INT_TO_REAL(Gint_UpDown_Distance)/10.0;

设定 CAM 曲线的第 4 个坐标点如下：

CAM_UpDown_xyva[3].dA:=0;

CAM_UpDown_xyva[3].dV:=0;

CAM_UpDown_xyva[3].dX:=220;

CAM_UpDown_xyva[3].dY:=INT_TO_REAL(Gint_UpDown_Distance)/10.0/2.0;

设定 CAM 曲线的第 5 个坐标点如下：

CAM_UpDown_xyva[4].dA:=0;

CAM_UpDown_xyva[4].dV:=0;

CAM_UpDown_xyva[4].dX:=280;

CAM_UpDown_xyva[4].dY:=0;

设定 CAM 曲线的第 6 个坐标点如下：

CAM_UpDown_xyva[5].dA:=0;

CAM_UpDown_xyva[5].dV:=0;

CAM_UpDown_xyva[5].dX:=480;

CAM_UpDown_xyva[5].dY:=0;

通过此方法可实现在程序中灵活地在线创建电子凸轮曲线。

1.7　电子凸轮曲线的缩放功能

当规划好的电子凸轮曲线需要进行比例缩放时，可以通过 MC_CamIn 功能块的比例缩放功能（MasterScaling 与 SlaveScaling 引脚）进行比例缩放。

MC_CamIn 功能块如图 1-31 所示。

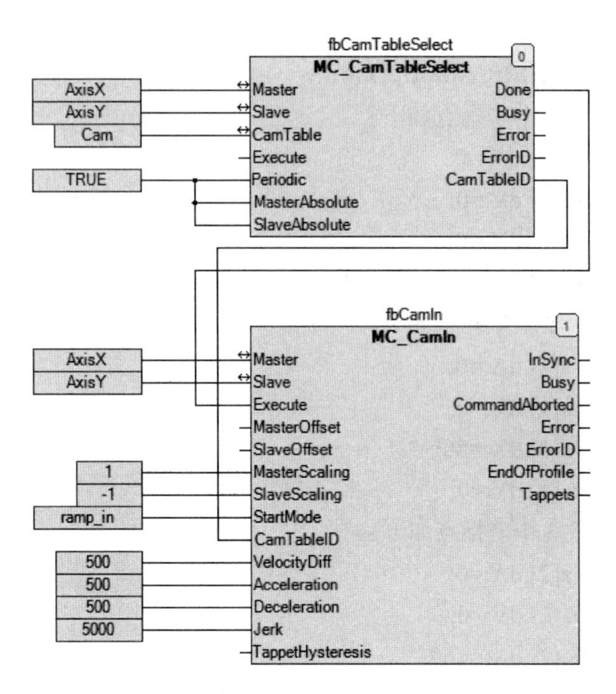

图 1-31　MC_CamIn 功能块

下面举例说明 MasterScaling、SlaveScaling 参数是如何实现比例缩放功能的。

CAM 曲线如图 1-32 所示。

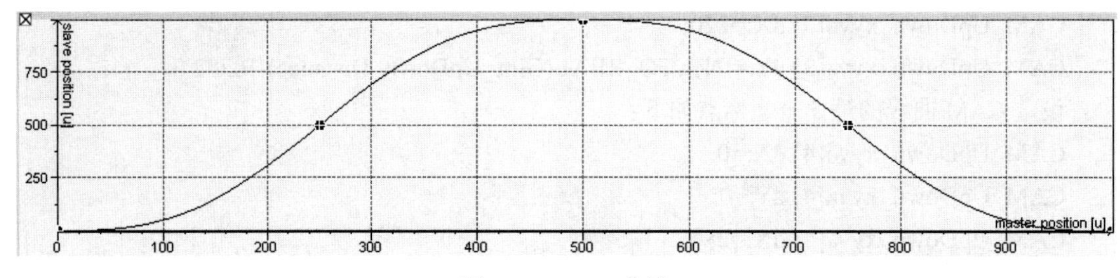

图 1-32　CAM 曲线

CAM 曲线坐标值如图 1-33 所示。

	X	Y	V	A	J	Segme...	min(Po...	max(Po...	max(|V...	max(|A...
	0	0	0	0	0					
						Poly5	0	500	4	0.024
	250	500	4	0	0					
						Poly5	500	1000	4	0.024
	500	1000	0	0	0					
						Poly5	500	1000	4	0.024
	750	500	-4	0	0					
						Poly5	0	500	4	0.024
	1000	0	0	0	0					

图 1-33　CAM 曲线坐标值

CAM 表格中，主轴为 *X* 轴，从轴为 *Y* 轴。

如图 1-34 所示，主轴为实轴，定义为有限轴，数值范围为 0.0~1000.0；从轴为虚轴，定义为无限轴，数值范围为 0.0~1000.0。

假设，当 Y 轴的顶端位置发生变化时，如 500.0，则其占用整个行程的比例为 500.0/1000.0=0.5，则曲线被缩放为如图 1-34 所示的形状，此值应设置为 SlaveScaling。

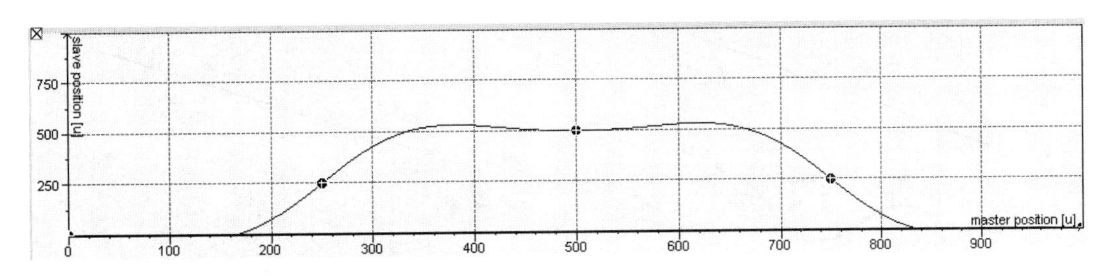

图 1-34　缩放比例的 CAM 曲线

但是，此时主轴与从轴的数值对应关系发生了变化，在以上的对应表格中可以看到当主轴为 500.0 时，从轴为 1000.0，而只设置 SlaveScaling 时，当主轴为 500.0 时，从轴也变为 500.0，从而导致了 CAM 曲线的形状发生变化，为了保证 CAM 曲线各个点数据的对应，在对从轴进行缩放的同时，也要对主轴进行缩放，因此，只有将主轴周期进行放大才能实现 CAM 曲线形状不变，在进行了从轴缩放之后，按照设定的 CAM 曲线比例，在从轴为 500.0 时主轴对应的数据应该是 250.0，所以主轴应该向放大方向延伸，从而计算出缩放比例为 500.0/250.0=2，此值应设置为 MasterScaling。

因此，MasterScaling 与 SlaveScaling 两个参数的计算方法如下：

MasterScaling：=1000.0（主轴周期单位长度）/ 设定距离。

SlaveScaling：= 设定距离 /1000.0（从轴周期单位长度）。

1.8　电子凸轮曲线的镜像功能

当规划好的电子凸轮曲线按照主轴或者从轴进行镜像时，也可以通过 MC_CamIn 功能块的镜像功能（MasterScaling、SlaveScaling 引脚）进行相应的镜像。MC_CamIn 功能块如图 1-31 所示。

下面举例说明 MasterScaling 与 SlaveScaling 参数是如何实现主轴或从轴镜像功能的。

主轴正向运行时，如果需要电子凸轮中的从轴运行方向相反时，可设置 SlaveScaling 为 −1，则执行电子凸轮时，从轴的位置与电子凸轮表中的从轴位置是以主轴镜像的；如果 MasterScaling 也设置为 −1，则执行电子凸轮时，从轴的位置与电子凸轮表中的从轴位置是以主轴与从轴镜像的。

CAM 表曲线如图 1-35 所示。

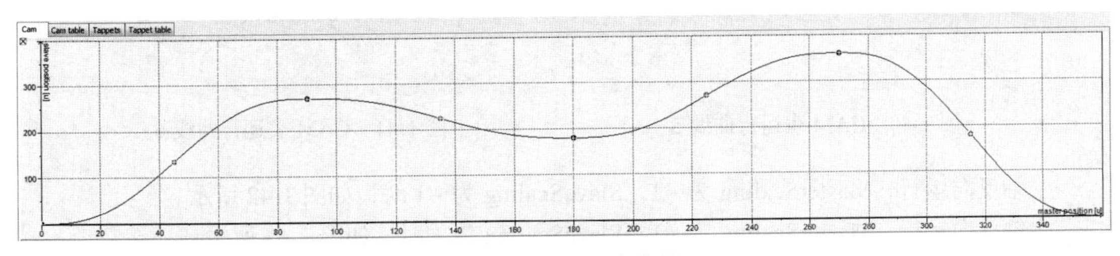

图 1-35　CAM 表曲线

主轴正向运行，MasterScaling 为 1，SlaveScaling 为 1 时，如图 1-36 所示。

主轴正向运行，MasterScaling 为 1，SlaveScaling 为 −1 时，如图 1-37 所示。

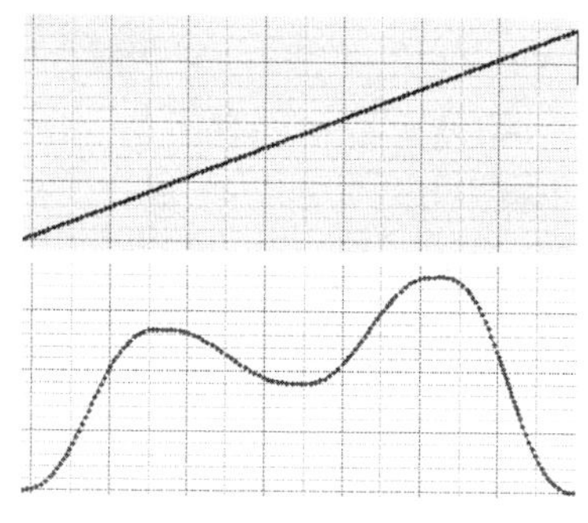

图 1-36　CAM 表运行曲线 1

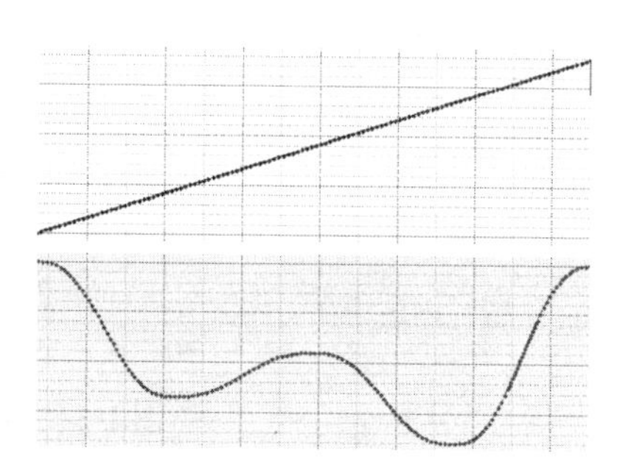

图 1-37　CAM 表运行曲线 2

主轴正向运行，MasterScaling 为 −1，SlaveScaling 为 −1 时，如图 1-38 所示。

主轴正向运行，MasterScaling 为 −1，SlaveScaling 为 1 时，如图 1-39 所示。

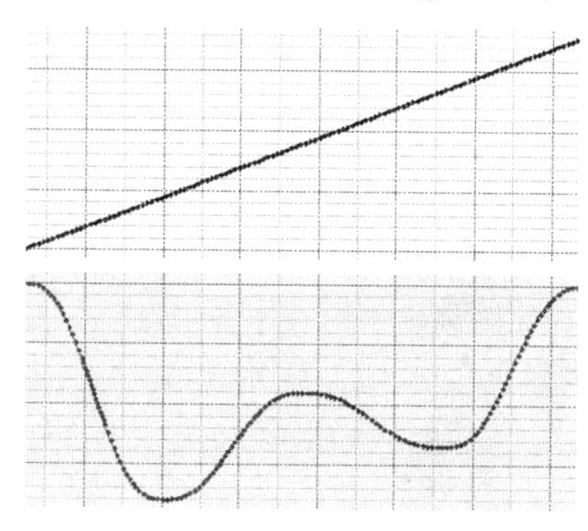

图 1-38　CAM 表运行曲线 3

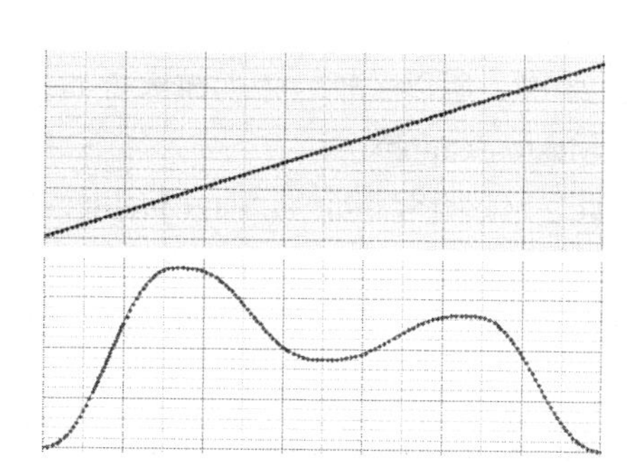

图 1-39　CAM 表运行曲线 4

主轴反向运行，MasterScaling 为 1，SlaveScaling 为 1 时，如图 1-40 所示。

主轴反向运行，MasterScaling 为 1，SlaveScaling 为 −1 时，如图 1-41 所示。

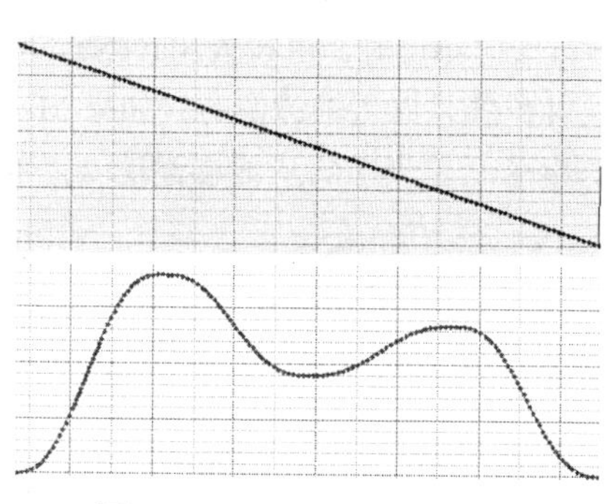

图 1-40　CAM 表运行曲线 5

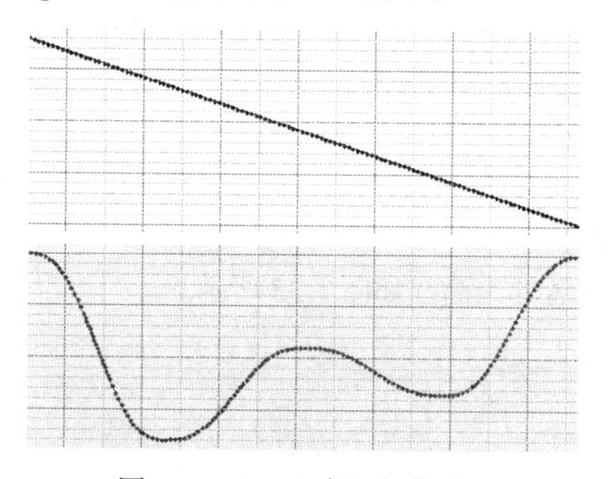

图 1-41　CAM 表运行曲线 6

主轴反向运行，MasterScaling 为 −1，SlaveScaling 为 −1 时，如图 1-42 所示。

主轴反向运行，MasterScaling 为 −1，SlaveScaling 为 1 时，如图 1-43 所示。

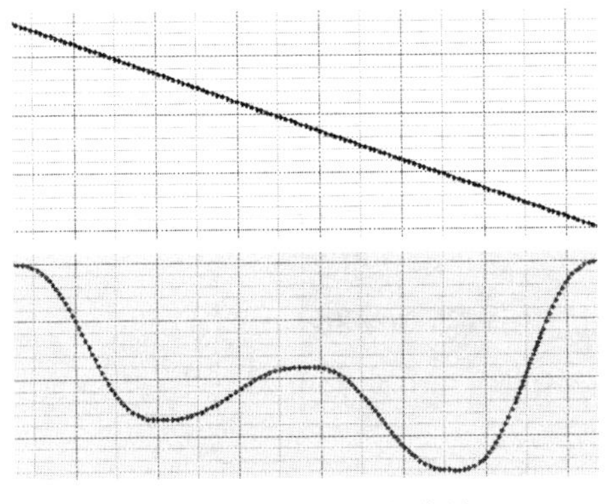

图 1-42　CAM 表运行曲线 7

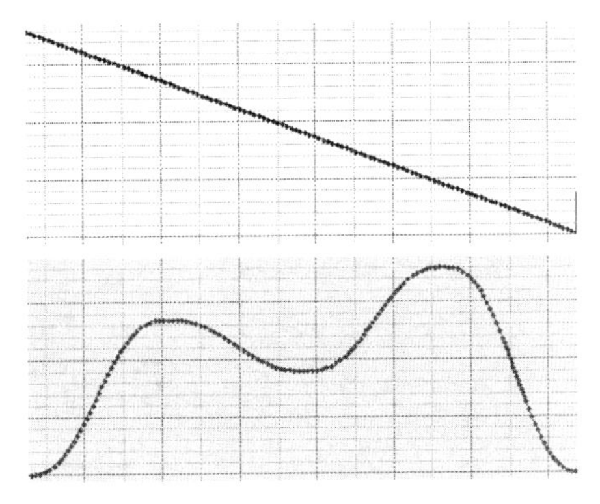

图 1-43　CAM 表运行曲线 8

1.9　电子凸轮凸点 Tappets 的应用

在使用电子凸轮的过程中，如飞剪、追剪等典型应用中，当达到同步区（主轴与从轴线速度相等）后，需要输出一个信号用来控制板材的切断，可使用电子凸轮的凸点功能。在机械手搬运物体时，也需要一个与抓取放下吸盘同步控制气阀的凸点开关，这些凸点开关就像八音盒的转鼓凸点，转鼓一转，音乐就流畅地播出了。而与八音盒凸点不同的是电子凸轮的凸点在凸轮转动时，可以播出很多首曲子，因此电子凸轮凸点的设计方法之一应根据工艺，预先在 CAM 表中进行设计规划。

在 CAM 表中，设置凸点的数量以及相应的动作，如图 1-44 和图 1-45 所示。

Cam | Cam table | Tappets | Tappet table

	Track ID	X	positive pass	negative pass
	1			
		0	switch ON	none
		45	switch OFF	none
	2			
		90	switch ON	none
		135	switch OFF	none
	3			
		180	switch ON	none
		225	switch OFF	none
	4			
		270	switch ON	none
		315	switch OFF	none

图 1-44　电子凸轮凸点设置

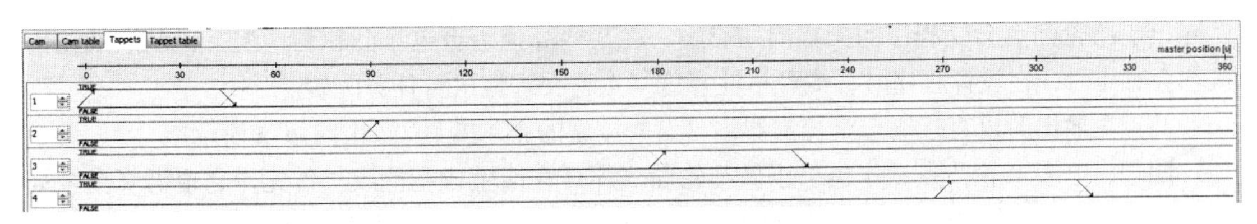

图 1-45　电子凸轮凸点动作示意图

在程序中，需要使用 SMC_GetTappetValue 功能块读取凸点的数值，如图 1-46 所示。

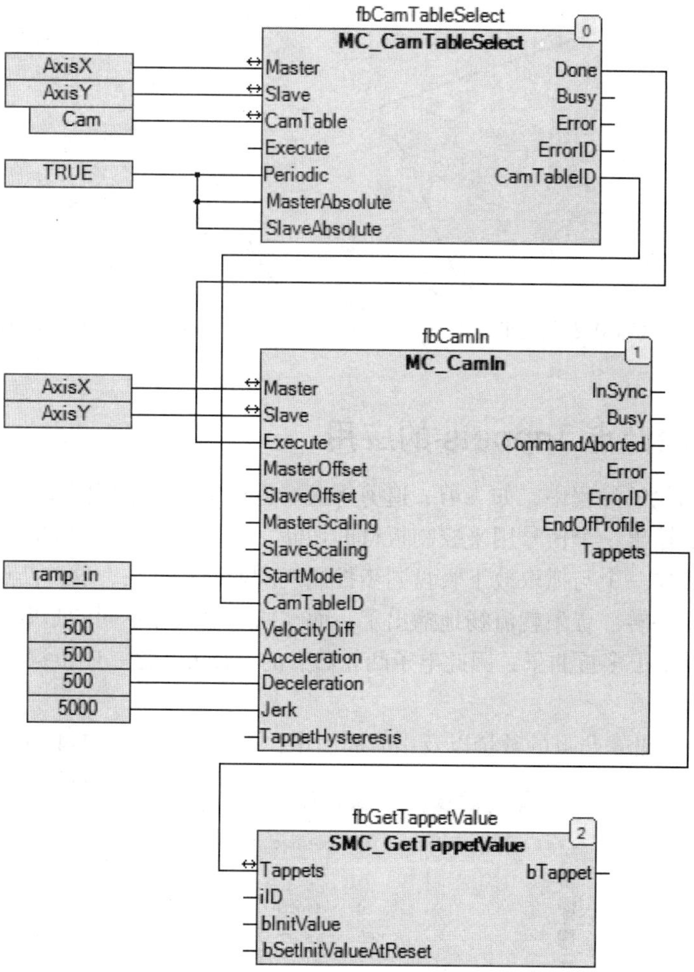

图 1-46　获取电子凸轮凸点的状态

SMC_GetTappetValue 功能块的各个引脚定义如下。

Tappets：连接 MC_CamIn 功能块的 Tappets 输出引脚。

iID：凸点的编号 Track ID。

bInitValue：第一次调用时的初始化值。

bSetInitValueAtReset：初始化凸点的状态。TRUE 为重启 MC_CamIn 功能块时，凸点的状态被设置为 bInitValue 的值；FALSE 为重启 MC_CamIn 功能块时，保留凸点的状态。

bTappet：凸点的输出状态。

电子凸轮凸点会受程序的扫描周期影响，在某些高速运行电子凸轮的情况下，凸点的输出状态会有滞后，在设计程序时，应严格注意这一点，合理地进行任务配置。

凸点在输出时可直接输出至控制器输出点或定义的布尔变量，如图 1-47a 所示。

同理，电子凸轮凸点动作也可以像凸轮曲线那样在线生成和修改。首先，它也需要在全局变量表中对凸轮曲线凸点变量用 SMC_CAMTappet 做一个声明，如图 1-47b 所示。

然后，在初始化程序中定义开关点动作，如图 1-47c 所示。

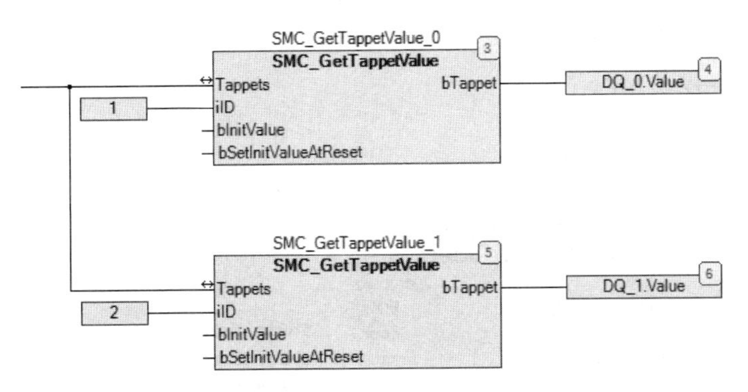

a) 凸点的输出

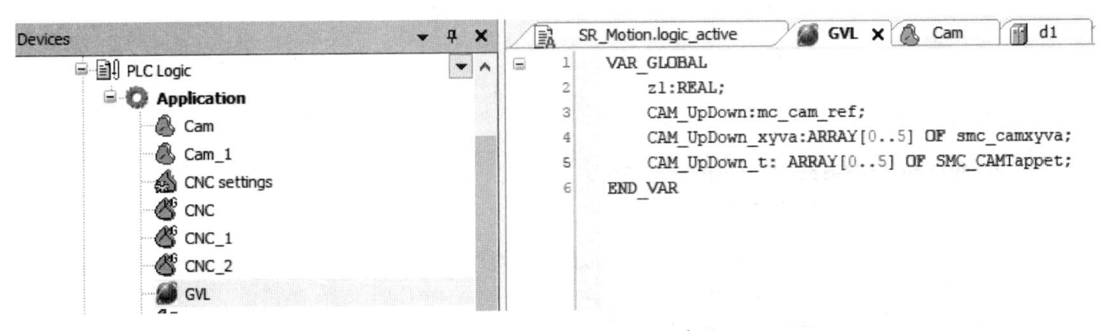

b) 凸点变量用 SMC_CAMTappet 声明

```
CAM_UpDown_t[0].cta := 0 ;                    // 0:开关打开; 1: 开关关闭 ;  2: 状态取反;  3: 周期打开一定时间
CAM_UpDown_t[0].ctt := 1 ;                    // 0: 正向通过;  1: 双向通过 ; 2: 反向通过
CAM_UpDown_t[0].dwActive   := 16#FFFFFFFF ;   //  内部变量
CAM_UpDown_t[0].dwDelay    :=0  ;             // 凸点动作延迟时间, 单位是微秒
CAM_UpDown_t[0].dwDuration := 1000;           //  基于cta的周期打开时间, 单位是微秒
CAM_UpDown_t[0].iGroupID   := 0 ;
CAM_UpDown_t[0].x          := 90;             //主轴凸点动作位置, 90位置开关打开

CAM_UpDown_t[1].cta := 1 ;                    // 0:开关打开; 1: 开关关闭 ;  2: 状态取反;  3: 周期打开一定时间
CAM_UpDown_t[1].ctt := 1 ;                    // 0: 正向通过;  1: 双向通过 ; 2: 反向通过
CAM_UpDown_t[1].dwActive   := 16#FFFFFFFF ;   //  内部变量
CAM_UpDown_t[1].dwDelay    :=0  ;             // 凸点动作延迟时间, 单位是微秒
CAM_UpDown_t[1].dwDuration := 1000;           //  基于cta的周期打开时间, 单位是微秒
CAM_UpDown_t[1].iGroupID   := 0 ;
CAM_UpDown_t[1].x          := 180;            //主轴凸点动作位置, 180位置开关关闭
```

c) 定义开关点动作

图 1-47　凸点动作相关定义

在运行过程中，可以随时对以上这些变量赋值，从而达到修改凸点动作的效果。

1.10　电子凸轮开关的应用

电子凸轮开关是类似于电子凸轮凸点的另一种应用，它不局限于在 CAM 表中进行设计规划，也可在程序中通过变量定义的方式灵活地修改其相应的参数，非常适用于在线修改。

MC_DigitalCamSwitch 电子凸轮开关功能块用来定义电子凸轮开关，可以是位置区间输出也可以是时间段输出。

规划完 CAM 表之后，在程序中可直接使用 MC_DigitalCamSwitch 电子凸轮开关功能块定义输出的状态，从而控制外部控制信号，如图 1-48 所示。

变量定义如图 1-49 所示。

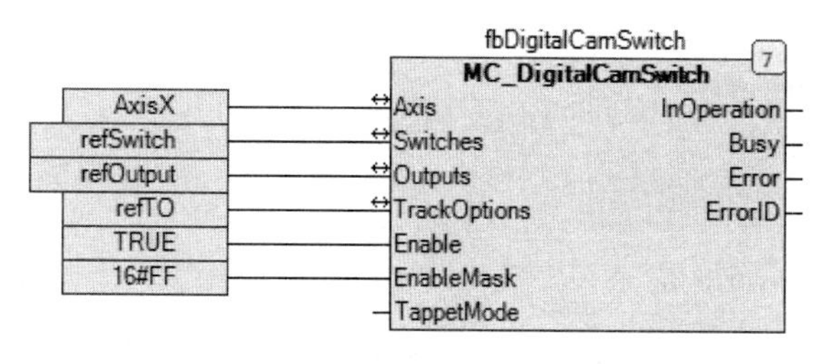

图 1-48　电子凸轮开关功能块

```
fbDigitalCamSwitch: MC_DigitalCamSwitch;
refSwitch: MC_CAMSWITCH_REF;
refOutput: MC_OUTPUT_REF;
refTO: MC_TRACK_REF;
arSwTR: ARRAY [1..8] OF MC_CAMSWITCH_TR;
```

图 1-49　变量定义

在程序中开关点的定义如图 1-50 所示。

```
refSwitch.CamSwitchPtr:=ADR(arSwTR);
refSwitch.NoOfSwitches:=8;
// 电子凸轮输出点定义
arSwTR[1].TrackNumber:=1; // TrackNumber 可以相同，同一个输出有多个不同的位置区间
arSwTR[1].CamSwitchMode:=0; // Position(0) or Time(1)
arSwTR[1].AxisDirection:=1; // Pos
arSwTR[1].FirstOnPosition:=0;
arSwTR[1].LastOnPosition:=30;

arSwTR[2].TrackNumber:=2;
arSwTR[2].CamSwitchMode:=0; // Position(0) or Time(1)
arSwTR[2].AxisDirection:=1; // Pos
arSwTR[2].FirstOnPosition:=60;
arSwTR[2].LastOnPosition:=90;

arSwTR[3].TrackNumber:=3;
arSwTR[3].CamSwitchMode:=0; // Position(0) or Time(1)
arSwTR[3].AxisDirection:=1; // Pos
arSwTR[3].FirstOnPosition:=90;
arSwTR[3].LastOnPosition:=120;

arSwTR[4].TrackNumber:=4;
arSwTR[4].CamSwitchMode:=0; // Position(0) or Time(1)
arSwTR[4].AxisDirection:=1; // Pos
arSwTR[4].FirstOnPosition:=150;
arSwTR[4].LastOnPosition:=180;

arSwTR[5].TrackNumber:=5;
arSwTR[5].CamSwitchMode:=0; // Position(0) or Time(1)
arSwTR[5].AxisDirection:=1; // Pos
arSwTR[5].FirstOnPosition:=180;
arSwTR[5].LastOnPosition:=210;
```

图 1-50　开关点的定义

```
33
34    arSwTR[6].TrackNumber:=6;
35    arSwTR[6].CamSwitchMode:=0; // Position(0) or Time(1)
36    arSwTR[6].AxisDirection:=1; // Pos
37    arSwTR[6].FirstOnPosition:=210;
38    arSwTR[6].LastOnPosition:=240;
39
40    arSwTR[7].TrackNumber:=7;
41    arSwTR[7].CamSwitchMode:=0; // Position(0) or Time(1)
42    arSwTR[7].AxisDirection:=1; // Pos
43    arSwTR[7].FirstOnPosition:=240;
44    arSwTR[7].LastOnPosition:=270;
45
46    arSwTR[8].TrackNumber:=8;
47    arSwTR[8].CamSwitchMode:=0; // Position(0) or Time(1)
48    arSwTR[8].AxisDirection:=1; // Pos
49    arSwTR[8].FirstOnPosition:=270;
50    arSwTR[8].LastOnPosition:=300;
```

图 1-50　开关点的定义（续）

输出点的状态可在 refOutput 数组变量中读取，如图 1-51 所示。

refOutput	ARRAY [1..32] OF BOOL	
refOutput[1]	BOOL	FALSE
refOutput[2]	BOOL	FALSE
refOutput[3]	BOOL	FALSE
refOutput[4]	BOOL	FALSE
refOutput[5]	BOOL	FALSE
refOutput[6]	BOOL	FALSE
refOutput[7]	BOOL	FALSE
refOutput[8]	BOOL	FALSE
refOutput[9]	BOOL	FALSE
refOutput[10]	BOOL	FALSE
refOutput[11]	BOOL	FALSE
refOutput[12]	BOOL	FALSE
refOutput[13]	BOOL	FALSE
refOutput[14]	BOOL	FALSE
refOutput[15]	BOOL	FALSE
refOutput[16]	BOOL	FALSE
refOutput[17]	BOOL	FALSE
refOutput[18]	BOOL	FALSE
refOutput[19]	BOOL	FALSE
refOutput[20]	BOOL	FALSE
refOutput[21]	BOOL	FALSE
refOutput[22]	BOOL	FALSE
refOutput[23]	BOOL	FALSE
refOutput[24]	BOOL	FALSE
refOutput[25]	BOOL	FALSE
refOutput[26]	BOOL	FALSE
refOutput[27]	BOOL	FALSE
refOutput[28]	BOOL	FALSE
refOutput[29]	BOOL	FALSE
refOutput[30]	BOOL	FALSE
refOutput[31]	BOOL	FALSE
refOutput[32]	BOOL	FALSE

图 1-51　输出点的状态

1.11 电子凸轮的高级功能块

1. SMC_CAMBounds 功能块

该功能块用来读取 CAM 表中从轴的相关参数，如图 1-52 所示。

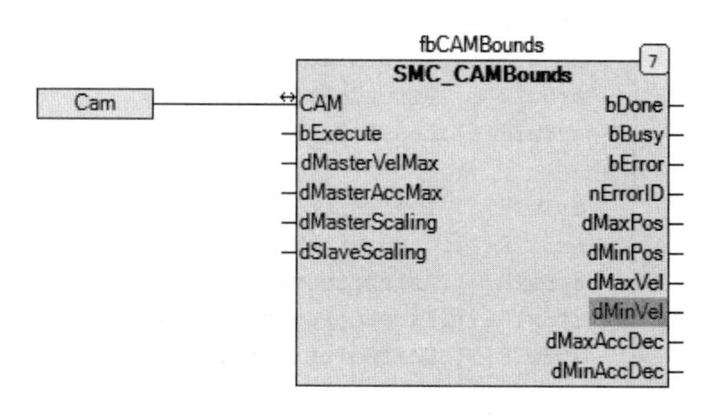

图 1-52 SMC_CAMBounds 功能块

SMC_CAMBounds 功能块的各个引脚定义如下。

CAM：CAM 表。

bExecute：触发功能块，上升沿立即生效。

dMasterVelMax：主轴的最大速度。

dMasterAccMax：主轴的最大加速度。

dMasterScaling：主轴的缩放比例。

dSlaveScaling：从轴的缩放比例。

bDone：功能块执行完成信号。

bBusy：功能块执行中信号。

bError：功能块执行出错。

nErrorID：功能块执行出错的错误代码。

dMaxPos：从轴的最大位置。

dMinPos：从轴的最小位置。

dMaxVel：从轴的最大速度。

dMinVel：从轴的最小速度。

dMaxAccDec：从轴的最大加减速度。

dMinAccDec：从轴的最小加减速度。

2. SMC_GetCamSlaveSetPosition 功能块

该功能块用来读取主轴的位置在 CAM 中所对应的从轴的位置，如图 1-53 所示。

SMC_GetCamSlaveSetPosition 功能块的各个引脚定义如下。

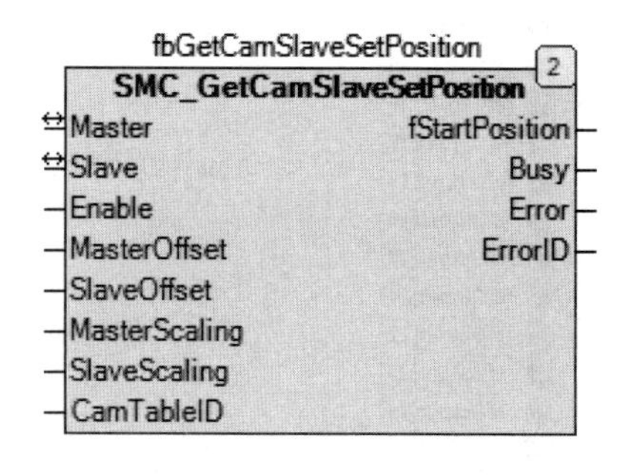

图 1-53 获取从轴位置功能块

Master：电子凸轮中的主轴。

Slave：电子凸轮中的从轴。

Enable：使能功能块。

MasterOffset：主轴的位置偏移。

SlaveOffset：从轴的位置偏移。

MasterScaling：主轴的缩放比例。

SlaveScaling：从轴的缩放比例。

CamTableID：电子凸轮表格。

fStartPosition：根据主轴的实际位置获取的从轴的相应位置。

Busy：功能块执行中信号。

Error：功能块执行出错。

ErrorID：功能块执行出错的错误代码。

3.SMC_GetCAMFirstSlavePosition、SMC_GetCAMLastSlavePosition 功能块

这两个功能块用来读取 CAM 表中从轴的第一个位置和最后一个位置，如图 1-54 所示。

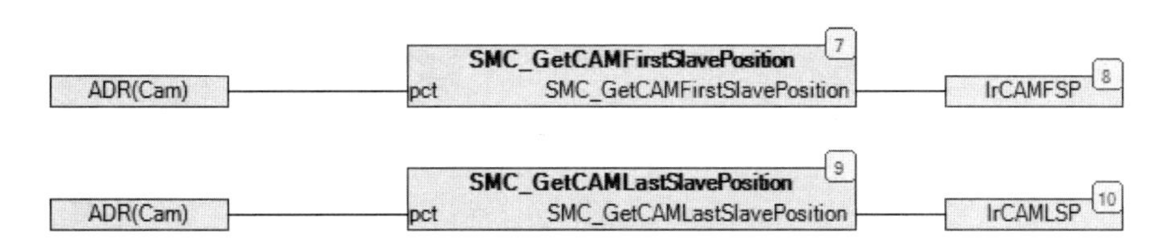

图 1-54　获取从轴第一个和最后一个位置的功能块

4. MC_MoveSuperImposed 相位移动功能块

该功能块用来控制从轴的相位移动，如图 1-55 所示。

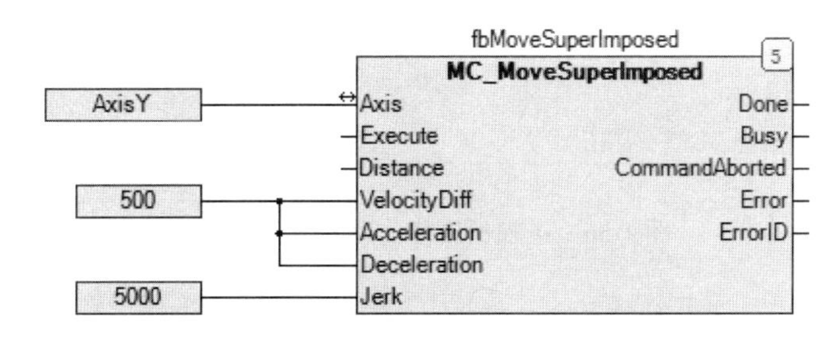

图 1-55　MC_MoveSuperImposed 相位移动功能块

MC_MoveSuperImposed 功能块的各个引脚定义如下。

Axis：执行相位移动的从轴。

Execute：触发相位移动功能块，上升沿立即生效。

Distance：相位移动位置。

VelocityDiff：相位移动速度。

Acceleration：加速度，单位为 Unit/s^2。

Deceleration：减速度，单位为 Unit/s^2。

Jerk：冲量，单位为 Unit/s^3。

Done：功能块执行完成信号。

Busy：功能块执行中信号。

CommandAborted：功能块被其他功能块中断信号。

Error：功能块执行出错。

ErrorID：功能块执行出错的错误代码。

以主轴相位移动为 10 为例，如图 1-56 所示。

相位移动为 0 时，电子凸轮的起点坐标为（0，0）。

相位移动为 10 时，从轴跟随电子凸轮曲线进行调整。

完成一个周期后，电子凸轮的起点坐标为（0，0）。

以主轴相位移动为 90 为例，如图 1-57 所示。

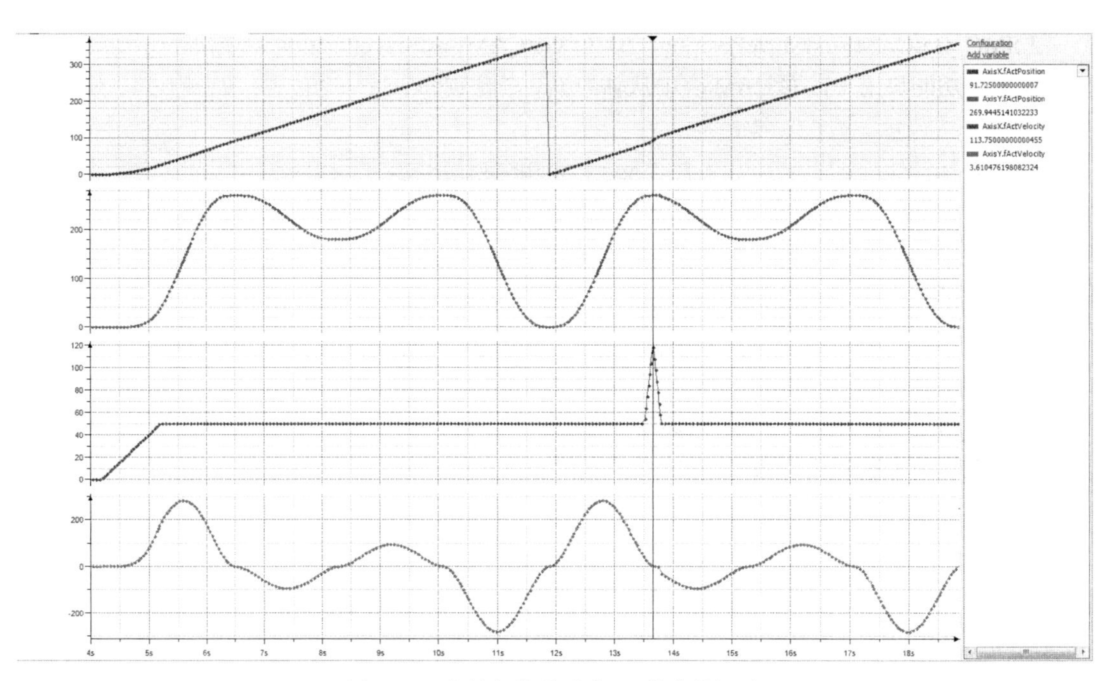

图 1-56　主轴相位移动为 10 的曲线记录

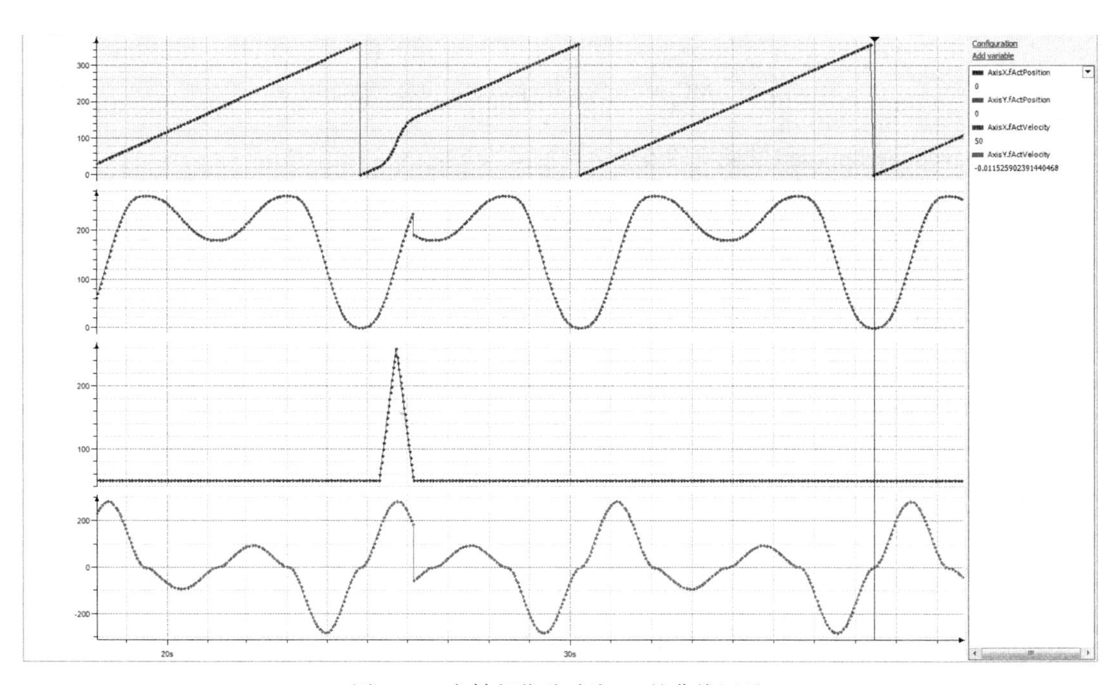

图 1-57　主轴相位移动为 90 的曲线记录

相位移动为 0 时，电子凸轮的起点坐标为（0，0）。

相位移动为 90 时，从轴跟随电子凸轮曲线进行调整，相位移动过大时则产生跳变。

完成一个周期后，电子凸轮的起点坐标为（0，0）。

以从轴相位移动为 90 为例，如图 1-58 所示。

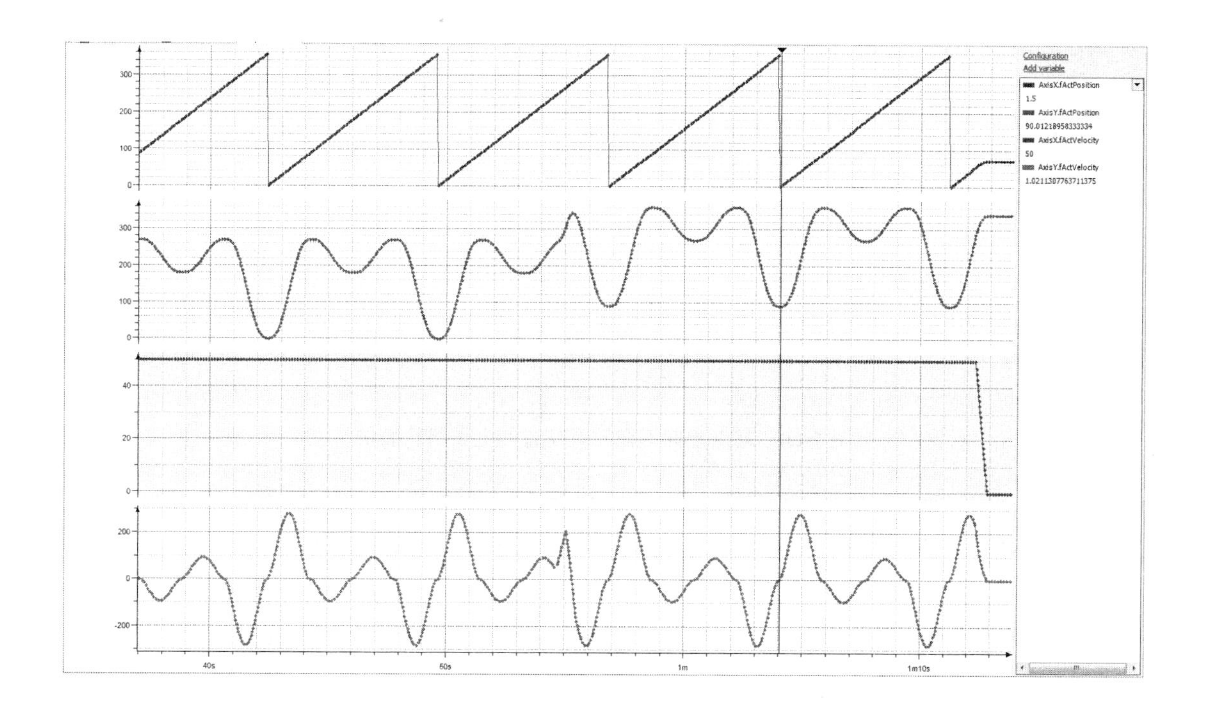

图 1-58　从轴相位移动为 90 的曲线记录

相位移动为 0 时，电子凸轮的起点坐标为（0，0）。

相位移动为 90 时，电子凸轮的起点坐标为（0，90）。

综上所述，在电子凸轮的应用中，MC_MoveSuperImposed 相位移动功能块在主轴相位移动时会给从轴的位置带来跳变，因此这个功能更适用于从轴的相位移动。

此功能块可应用在电子凸轮功能中。

5. 起始坐标不在零点位置时的电子凸轮应用

用来规划起始坐标不在零点位置时的电子凸轮应用，如图 1-59 所示。

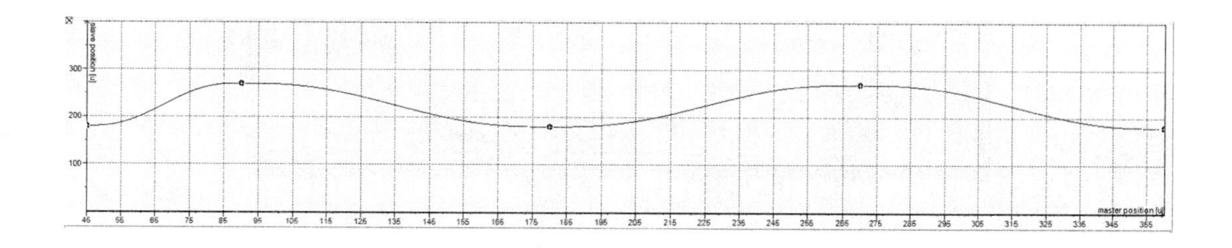

图 1-59　起点坐标不在零点位置的电子凸轮曲线

电子凸轮曲线的表格数据如图 1-60 所示。

	X	Y	V	A	J	Segme...	min(Po...	max(P...	max(|V...	max(|A...
	45	180	0	0	0					
						Poly5	180	270	3.74999...	0.25660...
	90	270	0	0	0					
						Poly5	180	270	1.87499...	0.06415...
	180	180	0	0	0					
						Poly5	180	270	1.87499...	0.06415...
	270	270	0	0	0					
						Poly5	180	270	1.87499...	0.06415...
	360	180	0	0	0					

图 1-60　起点坐标不在零点位置的电子凸轮表格

需要在 CAM 的属性中，对电子凸轮的起点做相应的设置，如图 1-61 所示。

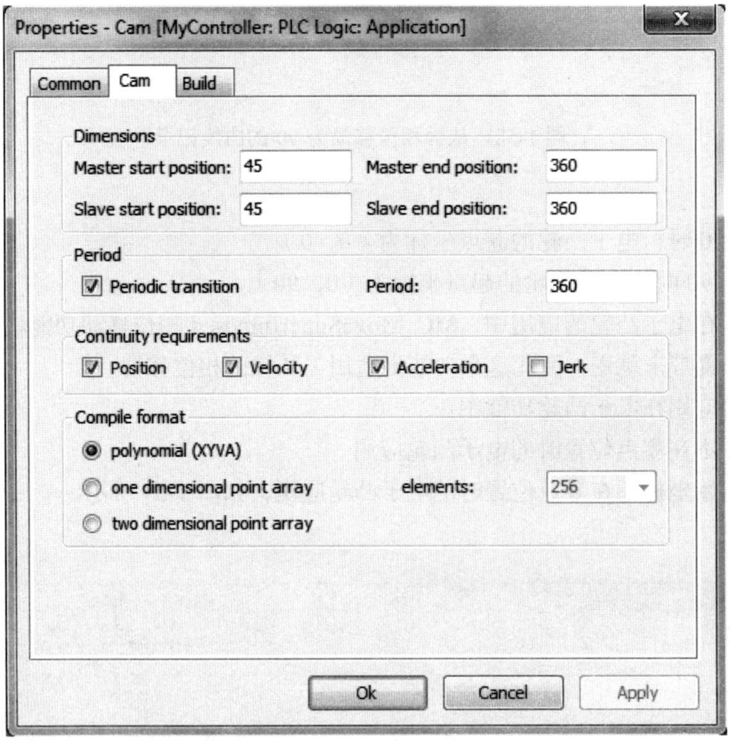

图 1-61　起点坐标的设置

相关功能块的输入引脚设置如图 1-62 所示。

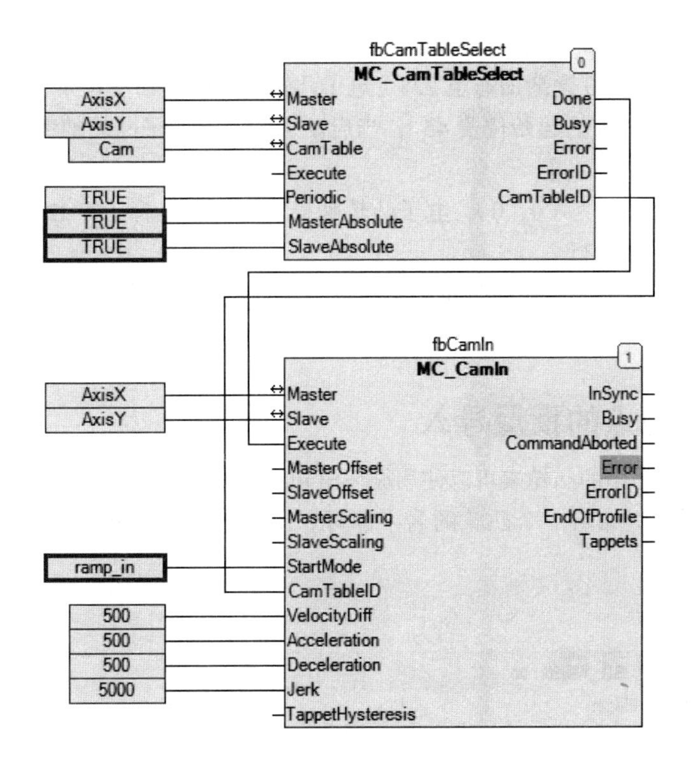

图 1-62　起点坐标不在零点位置的功能块引脚设置

运行曲线如图 1-63 所示。

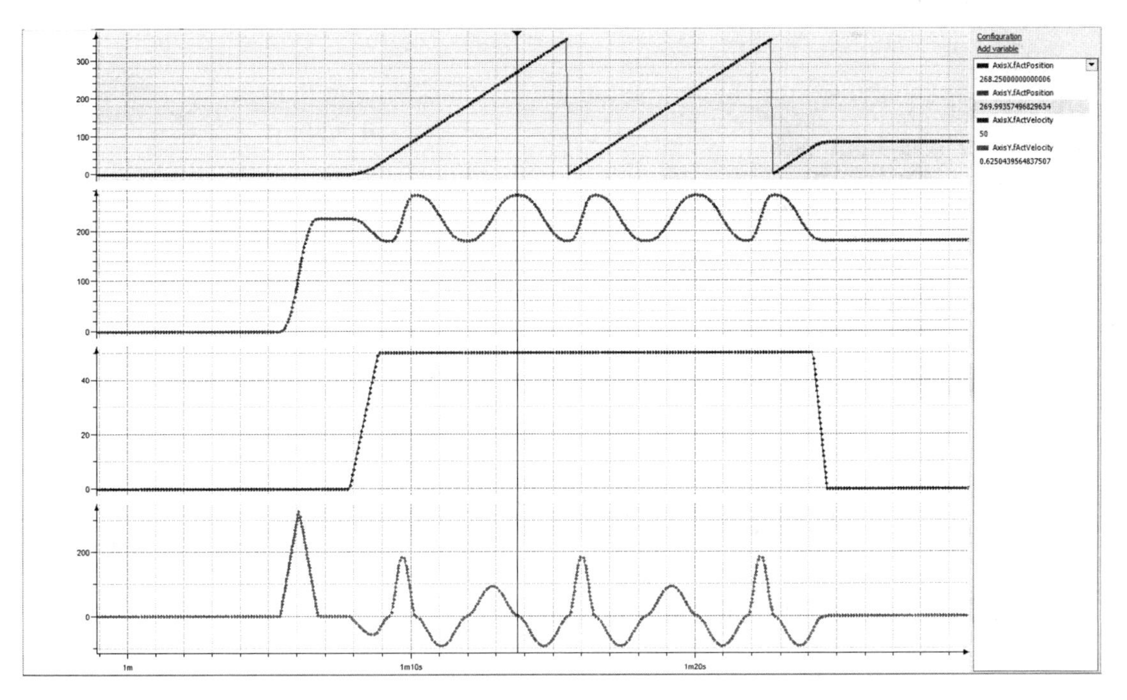

图 1-63　运行曲线

从图 1-62 中可以看出，电子凸轮啮合时，从轴以 MC_CamIn 功能块 VelocityDiff 输入引脚的最大速度差从当前位置 0 逐渐加速至 225（电子凸轮曲线中主轴位置 45 所对应的从轴的位置 180+ 电子凸轮曲线中从轴的起始位置 45）；当启动主轴时，电子凸轮的曲线从主轴 45 的位置启动。

电子凸轮的起始坐标为（0，0），电子凸轮啮合，加速至坐标（0, 225），启动主轴，电子凸轮从主轴位置 45 开始运行。

在实际应用中，如果主从轴的凸轮关系超过一个周期时，可使用坐标起点为（0, 0）和设置偏移位置来实现。

1.12 电子凸轮点的批量导入

对于凸轮点，程序中的凸轮表可以使用循环语句将凸轮点的相关数据导入。

在凸轮组态时，只命名一个凸轮的名字即可。还应注意的是要配置出足够的点数，如图 1-64 所示。

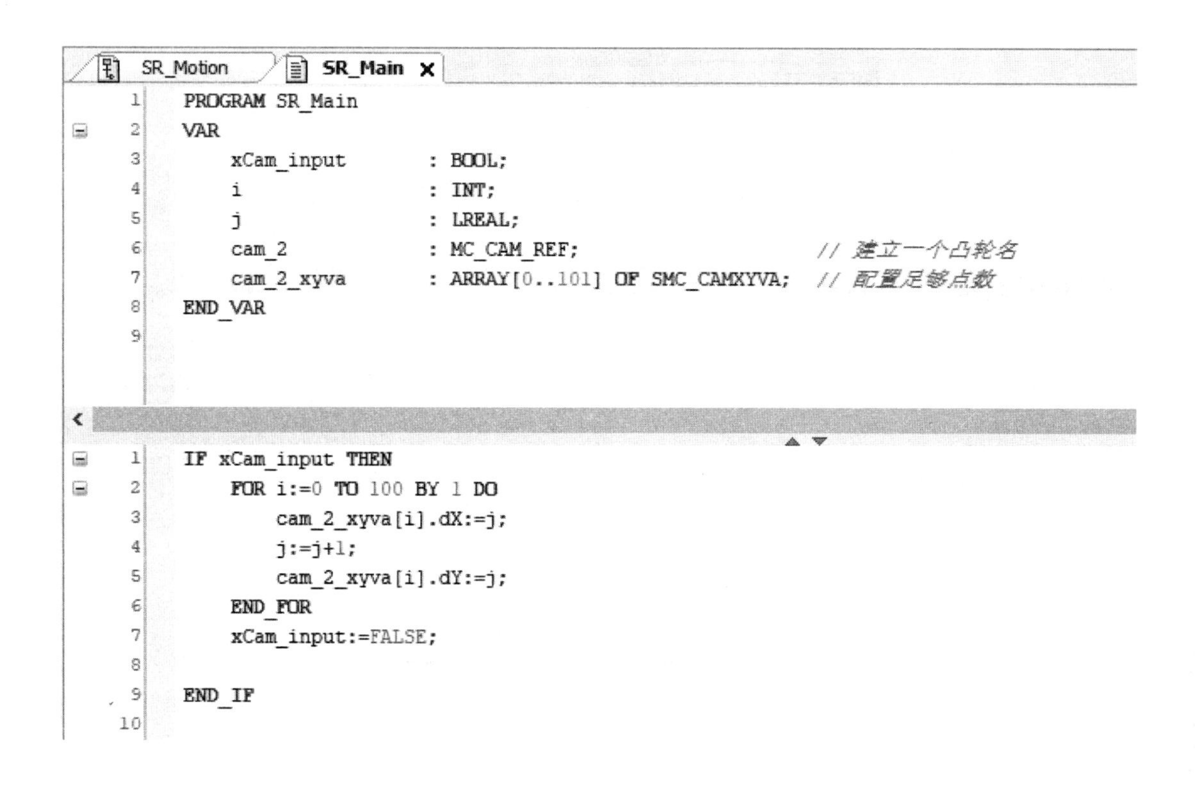

图 1-64 建立一个凸轮，使用循环语句将凸轮点导入

运行此程序，将凸轮点导入的结果如图 1-65 所示。

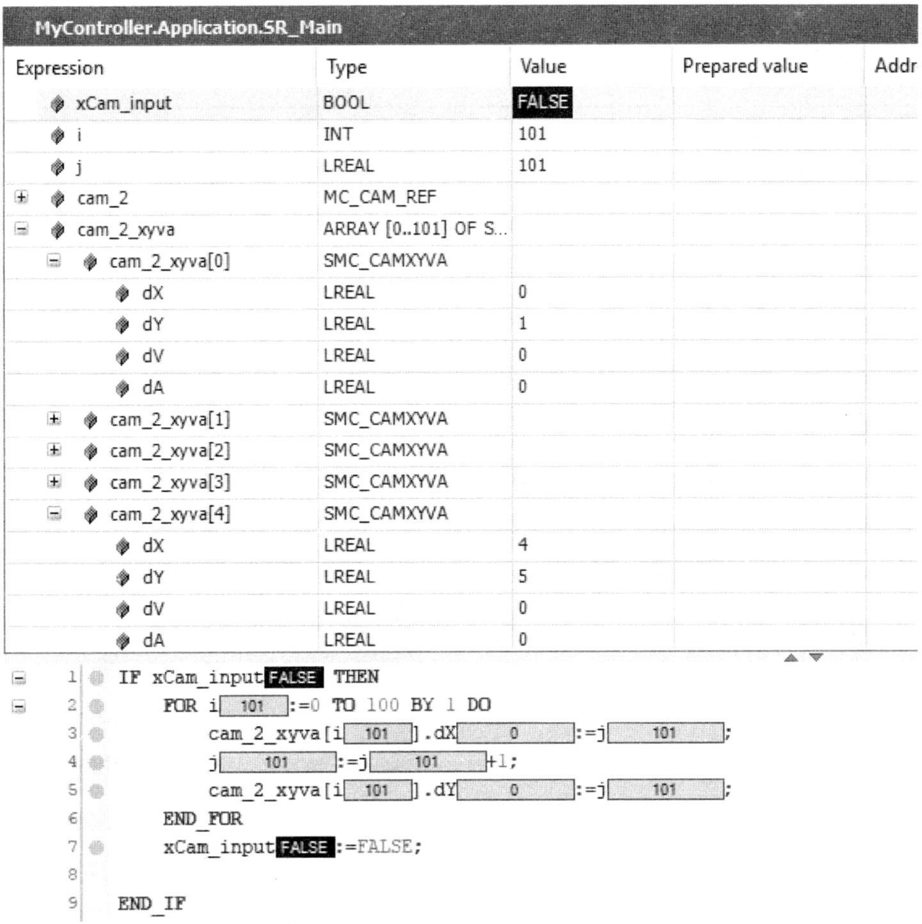

MyController.Application.SR_Main

Expression	Type	Value	Prepared value	Addr
xCam_input	BOOL	FALSE		
i	INT	101		
j	LREAL	101		
⊞ cam_2	MC_CAM_REF			
⊟ cam_2_xyva	ARRAY [0..101] OF S...			
⊟ cam_2_xyva[0]	SMC_CAMXYVA			
dX	LREAL	0		
dY	LREAL	1		
dV	LREAL	0		
dA	LREAL	0		
⊞ cam_2_xyva[1]	SMC_CAMXYVA			
⊞ cam_2_xyva[2]	SMC_CAMXYVA			
⊞ cam_2_xyva[3]	SMC_CAMXYVA			
⊟ cam_2_xyva[4]	SMC_CAMXYVA			
dX	LREAL	4		
dY	LREAL	5		
dV	LREAL	0		
dA	LREAL	0		

```
1  IF xCam_input[FALSE] THEN
2      FOR i[101]:=0 TO 100 BY 1 DO
3          cam_2_xyva[i[101]].dX[0]:=j[101];
4          j[101]:=j[101]+1;
5          cam_2_xyva[i[101]].dY[0]:=j[101];
6      END_FOR
7      xCam_input[FALSE]:=FALSE;
8
9  END_IF
```

图 1-65　执行导入

第 2 章

CNC 功能

2.1 常用 G 代码的功能

在 LMC058、LMC078 运动控制器的 CNC 功能中，其执行流程如图 2-1 所示。

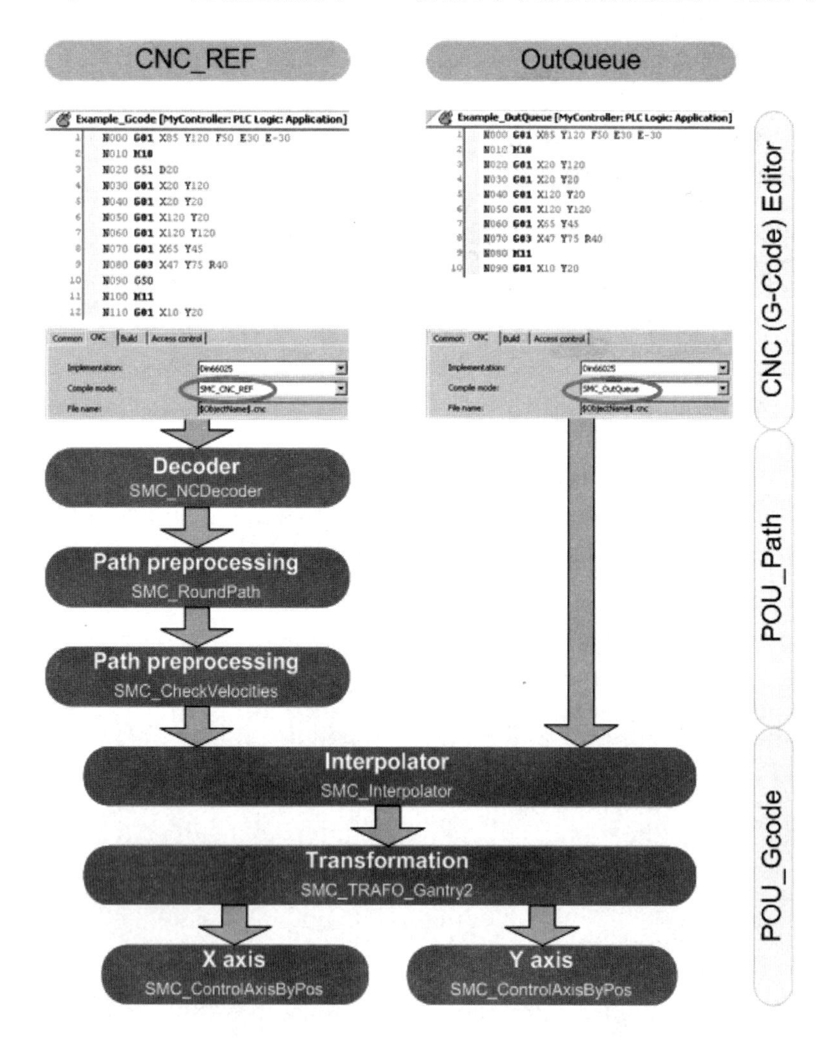

图 2-1 流程图

G 代码的格式为 SMC_OutQueue 时，CNC 编辑器中的 G 代码指令可直接通过插补功能块与坐标转换功能块分配给各个执行轴。此格式不支持在 CNC 编辑器中使用变量。

G 代码的格式为 SMC_CNC_REF 或使用外部 NC 文件时，CNC 编辑器中的 G 代码指令或外部 NC 文件需要使用解码功能块以及路径预处理功能块做路径处理之后，再通过插补功能块与坐标转换功能块分配给各个执行轴。此格式支持在 CNC 编辑器或外部 NC 文件中使用变量。

其支持的 G 代码功能见表 2-1。

表 2-1　G 代码功能

G 代码	功能	G 代码	功能
G00	没有工具接触、定位的直接运动	G40	结束工具半径的修正
G01	有工具接触的线性（直线）运动	G41	从工件左侧开始工具半径的修正
G02	顺时针绕圆（部分圆）	G42	从工件右侧开始工具半径的修正
G03	逆时针绕圆（部分圆）	G50	结束圆滑路径 / 圆滑路径函数
G04	延迟时间	G51	开始圆滑路径函数
G05	一个 2D 基样条点	G52	开始圆滑路径函数
G06	抛物线	G53	结束坐标偏移
G08	顺时针方向椭圆（部分椭圆）	G54	下列全部坐标轴设置偏移到指定位置
G09	逆时针方向椭圆（部分椭圆）	G55	添加指定位置到当前偏移
G10	一个 3D 基样条点	G56	按当前位置等于指定位置那样设置偏移
G15	更改为 2D	G60	结束 avoid-loop 函数
G16	在平面正规 I/J/K 中，通过激活 3D 模式更改为 3D	G61	开始 avoid-loop 函数
G17	在 X/Y 平面，通过激活 3D 模式更改为 3D	G75	与插补器时间同步
G18	在 Z/X 平面，通过激活 3D 模式更改为 3D	G90	开始诠释下一个坐标值（为 X/Y/Z/P-W/A/B/C）为绝对值（默认）
G19	在 Y/Z 平面，通过激活 3D 模式更改为 3D	G91	开始诠释下一个坐标值（为 X/Y/Z/P-W/A/B/C）为相对值
G20	条件跳转（如果 K<>0，至 L）	G92	不用移动设置位置
G36	给变量 (O) 写值 (D)	G98	开始诠释下一个坐标值 I/J/K 为绝对值
G37	按值 (D) 增加变量 (O)	G99	相对于起始点，开始诠释下一个坐标值 I/J/K 为相对值（标准）

对常用的 G 代码说明如下：

G00：快速定位，最多控制 8 个轴，每个轴按照各自的位置与速度进行控制。允许的语法如下：

N_G00 X_Y_Z_A_B_C_P_Q_F_E_。

G01：直线插补，最多控制 8 个轴，所有轴按照各自的位置与合成速度进行控制，同起同停。允许的语法如下：

N_G01 X_Y_Z_A_B_C_P_Q_F_E_。

G02：顺时针圆弧或螺旋插补，最多控制 3 个轴（单通道）。允许的语法如下：

N_G02 X_Y_Z_A_B_C_P_Q_I_J_（或 I_K_/J_K_）F_E_。

G03：逆时针圆弧或螺旋插补，最多控制 3 个轴（单通道）。允许的语法如下：

N_G03 X_Y_Z_A_B_C_P_Q_I_J_（或 I_K_/J_K_）F_E_。

G04：延时时间。允许的语法如下：

N_G04 K_，单位为 s（秒），范围为 0.001~100000s。

G15：更改为 2D 模式。

G16：更改为 3D 模式。

G17：在 3D 模式中指定 X/Y 平面。

G18：在 3D 模式中指定 X/Z 平面。

G19：在 3D 模式中指定 Y/Z 平面。

测试程序如下：

```
N000 G16 I0 J0 K1
N010 G02 X22.737 Y-7.859 Z46.181 I31.10152790342255 J53.160442160595295 K0
N020 G01 X10 Y20 Z30
N030 G01 X0 Y0 Z0
N040 G17
N050 G02 X100 Y100 R100
N060 G01 X0 Y0 Z0
N070 G18
N080 G02 X50 Z50 R50
N090 G01 X0 Y0 Z0
N100 G19
N110 G02 Y70 Z70 R100
```

G16 更改为 3D 模式，实际效果如图 2-2 所示。

```
N000 G16 I0 J0 K1
N010 G02 X22.737 Y-7.859 Z46.181 I31.10152790342255 J53.160442160595295 K0
N020 G01 X10 Y20 Z30
N030 G01 X0 Y0 Z0
```

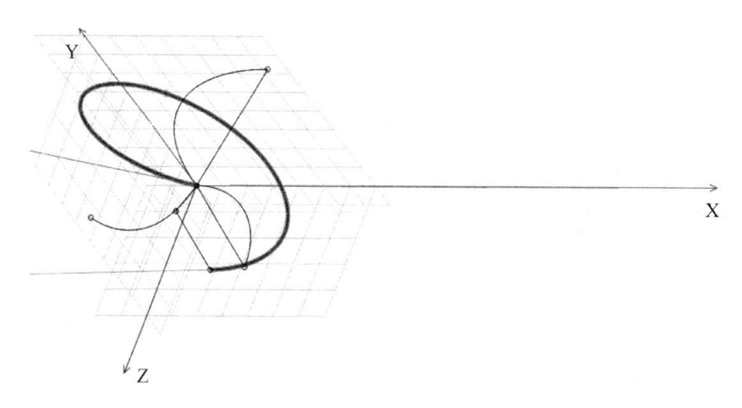

图 2-2　3D 模式下的圆弧曲线

G17：在 3D 模式中指定 X/Y 平面，实际效果如图 2-3 所示。

```
N040 G17
N050 G02 X100 Y100 R100
```

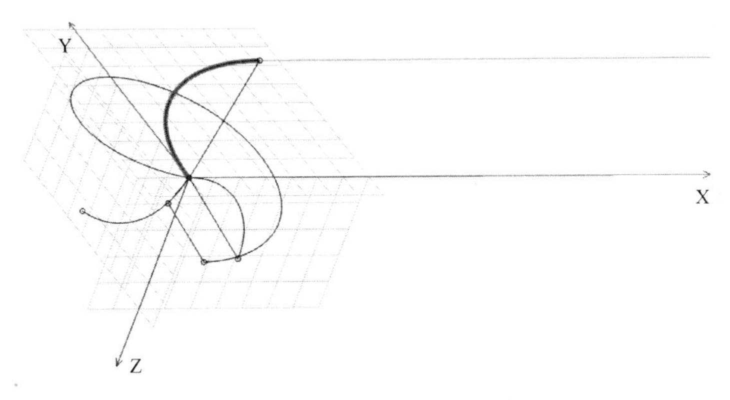

图 2-3　X/Y 平面的圆弧曲线

G18：在 3D 模式中指定 X/Z 平面，实际效果如图 2-4 所示。

N070 G18

N080 G02 X50 Z50 R50

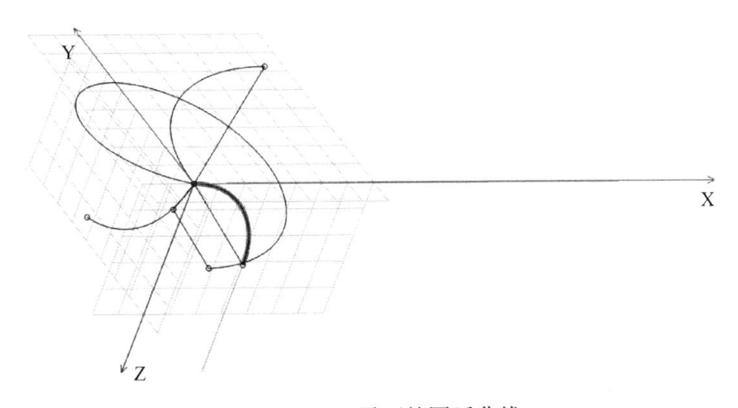

图 2-4　X/Z 平面的圆弧曲线

G19：在 3D 模式中指定 Y/Z 平面，实际效果如图 2-5 所示。

N100 G19

N110 G02 Y70 Z70 R100

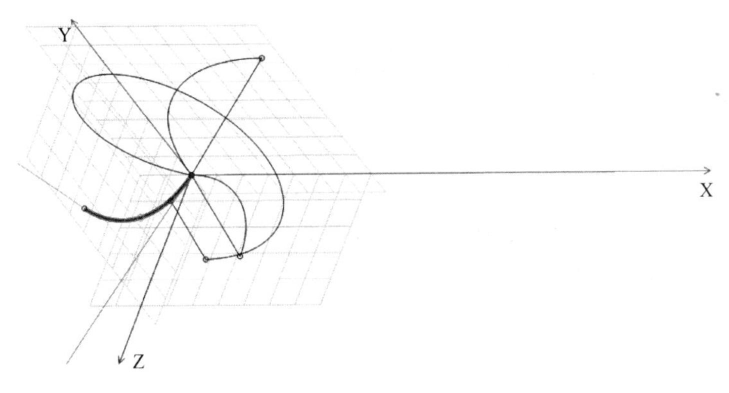

图 2-5　Y/Z 平面的圆弧曲线

G20：条件跳转。

G40：停止 SMC_ToolCorr 功能。

G41：启动 SMC_SmoothPath 功能。

G42：启动 SMC_RoundPath 功能。

测试程序如下：

G40&G41：

N0 G0 X100 Y100 F10 E100 E-100

N1 G41 D50

N2 G1 X200 Y100

N3 G1 X300 Y200

N4 G40

N5 G1 X0 Y0

实际效果：

N0 G0 X100 Y100 F10 E100 E-100>>> X100 Y100

N1 G41 D50>>> X100 Y150

N2 G1 X200 Y100>>> X179.289322 Y150

N3 G1 X300 Y200>>> X264.644661 Y235.355339

N4 G40>>> X300 Y200

N5 G1 X0 Y0>>> X0 Y0

G40&G42：

N0 G0 X100 Y100 F10 E100 E-100

N1 G42 D50

N2 G1 X200 Y100

N3 G1 X300 Y200

N4 G40

N5 G1 X0 Y0

实际效果：

N0 G0 X100 Y100 F10 E100 E-100>>> X100 Y100

N1 G42 D50>>> X100 Y50

N2 G1 X200 Y100>>> X235.355339 Y64.644661

N3 G1 X300 Y200>>> X335.355339 Y164.644661

N4 G40>>> X300 Y200

N5 G1 X0 Y0>>> X0 Y0

G50：停止 SMC_RoundPath 或 SMC_SmoothPath 功能。

G51：启动 SMC_SmoothPath 功能，如图 2-6 所示。

G52：启动 SMC_RoundPath 功能，如图 2-7 所示。

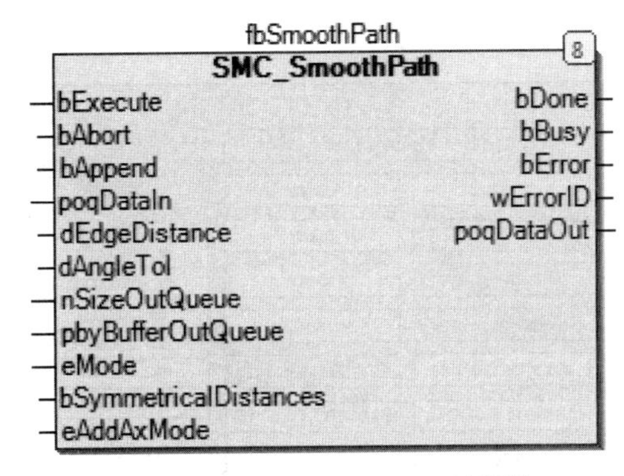

图 2-6　SMC_SmoothPath 功能块

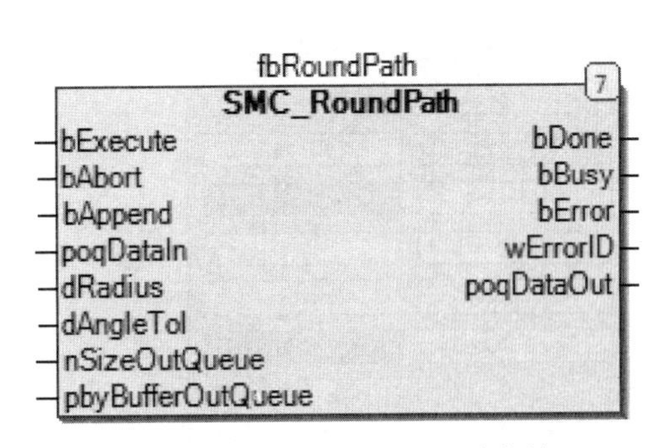

图 2-7　SMC_RoundPath 功能块

测试程序如下：

N000 G01 X200 Y0 F10

N010 G51 D50

N020 G01 X200 Y400

N030 G01 X400 Y400

N040 G01 X400 Y0

N050 G50

N060 G01 X0 Y0

实际运行效果如图 2-8 所示。

G53：结束坐标偏移。

G54：启动坐标偏移。

G60：停止 SMC_AvoidLoop 功能。

G61：启动 SMC_AvoidLoop 功能。

G75：与 SMC_Interpolator 功能块的插补时间同步。

测试程序如下：

N10 G1 X100 Y100 F10 E100 E-100

N20 G75

N30 G1 XKA YKB

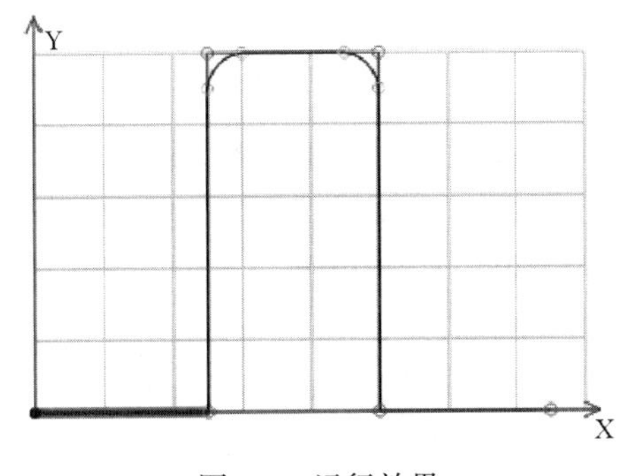

图 2-8　运行效果

实际效果如图 2-9 所示。

启动（电平或跳变）SMC_ReadNCFile 功能块时，SMC_NCDecoder 功能块解码至 N020 G75 指令行时停止，停留在 N020 G75 指令行，在这之前 KA 与 KB 两个变量的值可随时修改，当执行 G75 指令时，这两个变量的数值被更新至所在行的指令中，然后解码继续并完成，SMC_Interpolator 功能块继续执行直至完成；当 SMC_Interpolator 功能块继续执行完成并再次启动该功能块时 [不再启动（电平或跳变）SMC_ReadNCFile、SMC_NCDecoder 功能块]，再次改变 KA 与 KB 两个变量值，当执行 G75 指令时，这两个变量的数值不再被刷新，SMC_Interpolator 功能块会以上一次的 KA 与 KB 的变量值执行直至完成，原因是未启动 SMC_ReadNCFile、SMC_NCDecoder 功能块时，SMC_Interpolator 功能块执行的路径被存储在 SMC_RestoreQueue 功能块（改变 KA 与 KB 两个变量值不会引起该功能块存储路径的变化）中，再次执行时，SMC_Interpolator 功能块读取 SMC_RestoreQueue 功能块中的路径并执行。

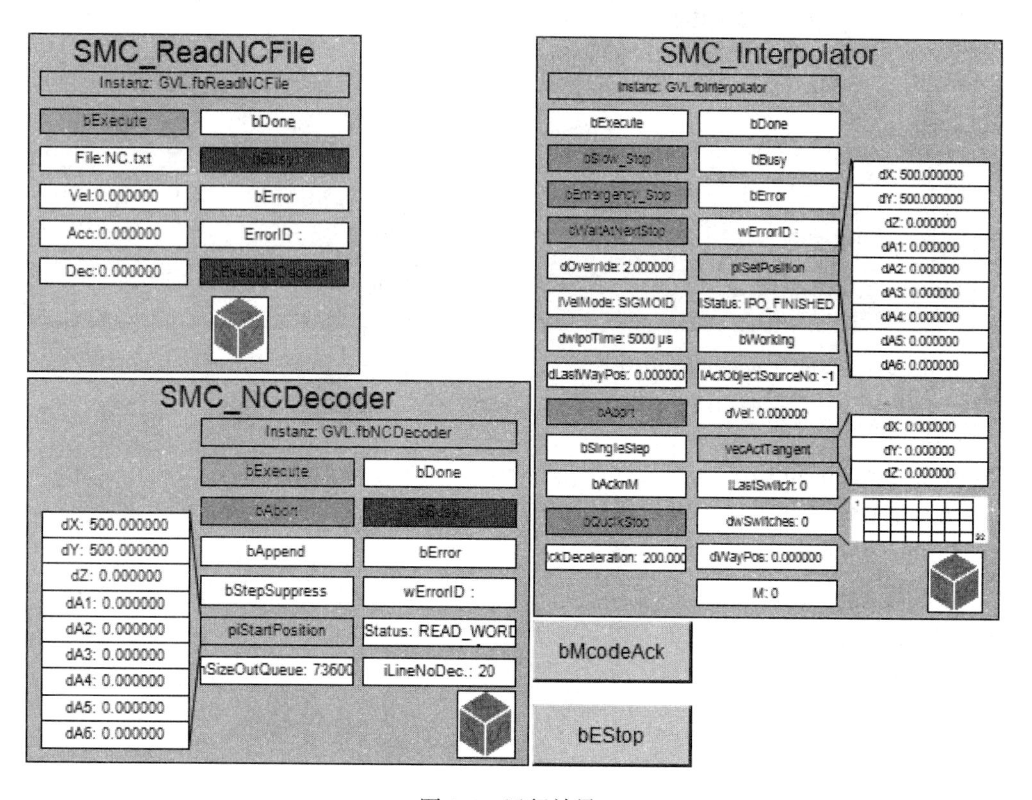

图 2-9　运行效果

G90：设置轴的位置为绝对定位模式，默认值。

G91：设置轴的位置为相对定位模式。

G92：设置位置。

测试程序：

N10 G1 X100 Y100 F100 E100 E-100

N30 G1 XKA YKB

N40 G92 X50 Y50 F20

实际效果：

以 SMC_ControlAxisByPos 功能块的 fGapVelocity 设置速度值移动至 X/Y 位置（速度为单轴控制）。

G98：设置轴的 I/J/K 参数的数值为绝对定位模式。

G99：设置轴的 I/J/K 参数的数值为相对定位模式。

2.2　如何在 CNC 编辑器中直接使用带变量的 G 代码指令

右键单击“Application”，添加“CNC program”，Compile mode 选择“SMC_CNC_REF”，并对该 CNC 文件命名为“CNCFiles”，如图 2-10 所示。

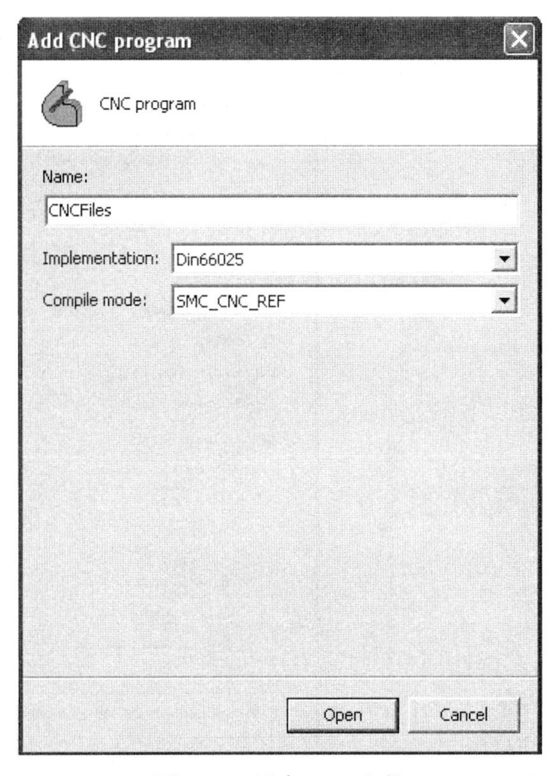

图 2-10　创建 CNC 文件

CNC 文件创建完成如图 2-11 所示。

图 2-11　CNC 文件创建完成

“CNC settings”保持默认设置，双击“CNCFiles”文件，输入要执行的 G 代码，如果是使用变量的，则输入变量的名字，命名规则如图 2-12 所示。

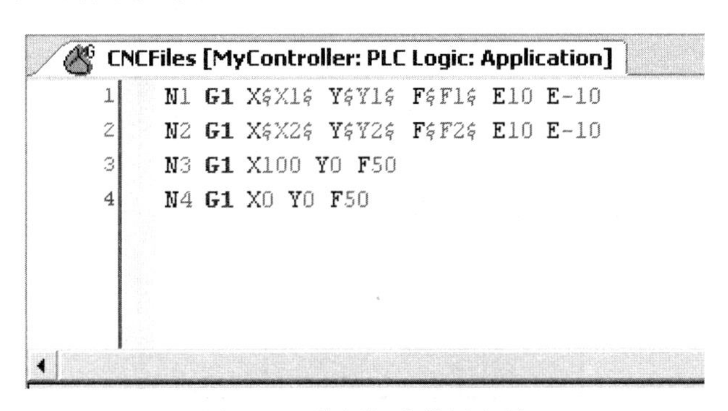

图 2-12　编辑框中使用变量

右键单击“CNCFiles”文件，选择“Properties”选项，如图 2-13 所示。

选择“CNC”选项卡，如图 2-14 所示。

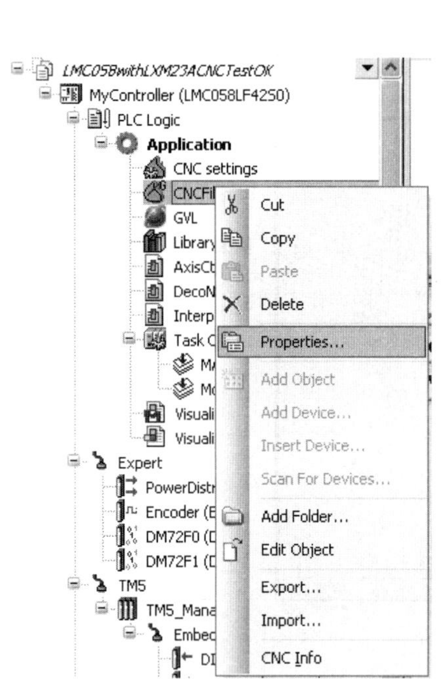

图 2-13 属性设置

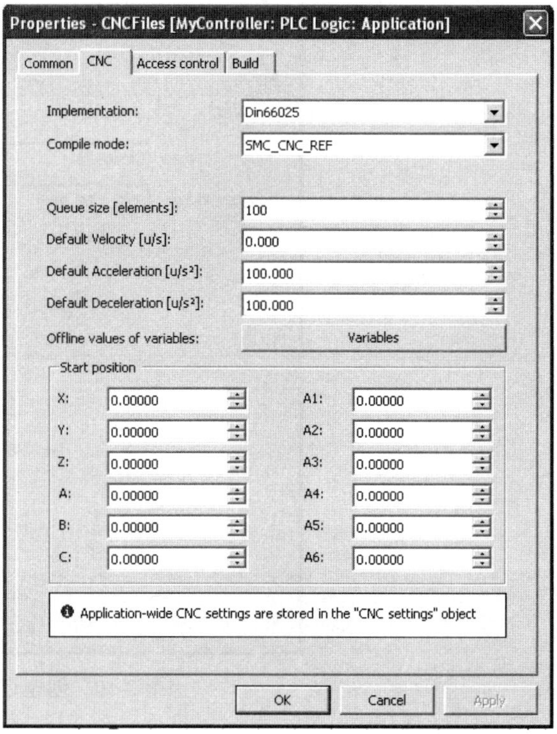

图 2-14 CNC 属性设置

单击“Variables”按钮，进入以下界面并进行变量的初始值设置，如图 2-15 所示。

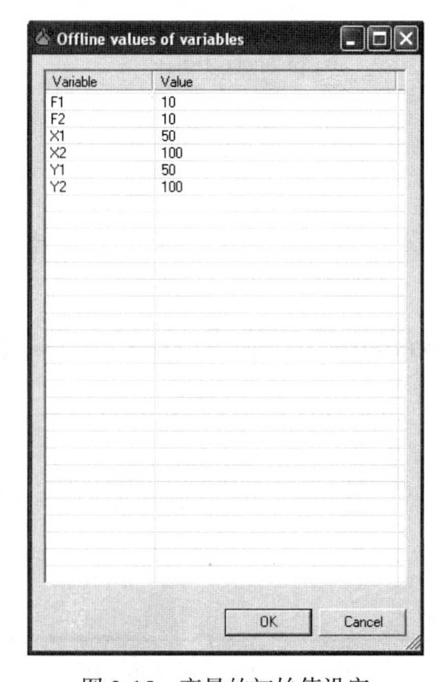

图 2-15 变量的初始值设定

这样，可以显示 G 代码文件的图形，如图 2-16 所示。

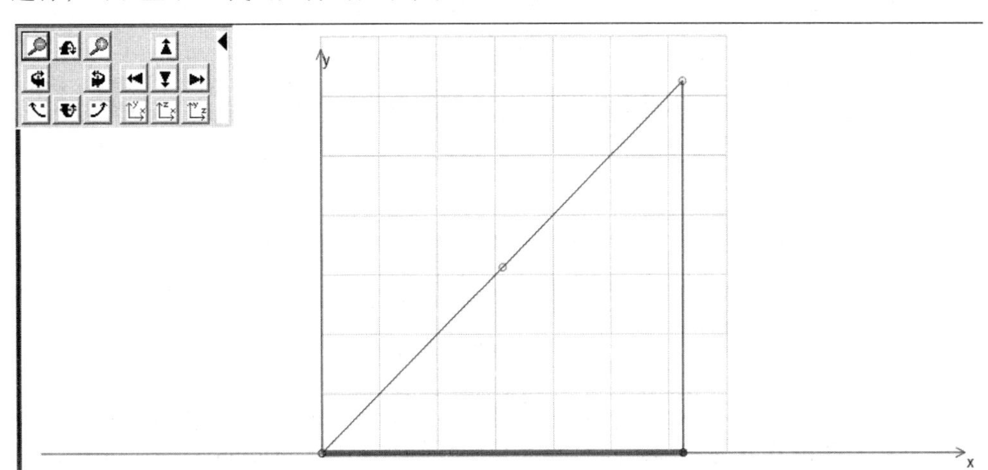

图 2-16　CNC 图形显示

双击“GVL”全局变量表，并进行变量的声明（包含 G 代码文件中的变量），如图 2-17 所示。

```
CNCFiles [MyController: PLC Logic: Application]    GVL
VAR_GLOBAL
    X1                  : LREAL := 20;
    Y1                  : LREAL := 50;
    X2                  : LREAL := 100;
    Y2                  : LREAL := 100;
    F1                  : LREAL := 10;
    F2                  : LREAL := 10;

    fbNCDecoder         : SMC_NCDecoder;
    De_Buffer           : ARRAY [0..299] OF SMC_GEoinfo;
    fbCV                : SMC_CheckVelocities;
    bEmgStop            : BOOL;
    rOverride           : LREAL :=1.0;
    bMcodeAck           : BOOL;
    fbInterpolator      : SMC_Interpolator;
    fbTrafo             : SMC_TRAFO_Gantry2;
    fbControlaxisposX   : SMC_ControlAxisByPos;
    fbControlaxisposY   : SMC_ControlAxisByPos;
    iActMCode           : INT;
    iActNCStep          : INT;
    fbTRAFOF            : SMC_TRAFOF_Gantry2;

    bEnable             : BOOL;
    bNCDecoder          : BOOL;
    bNCStart            : BOOL;
END_VAR
```

图 2-17　变量声明

双击“Library Manager”库管理器，查看是否有“SM3_CNC”的库文件，如无则可手动添加，如图 2-18 所示。

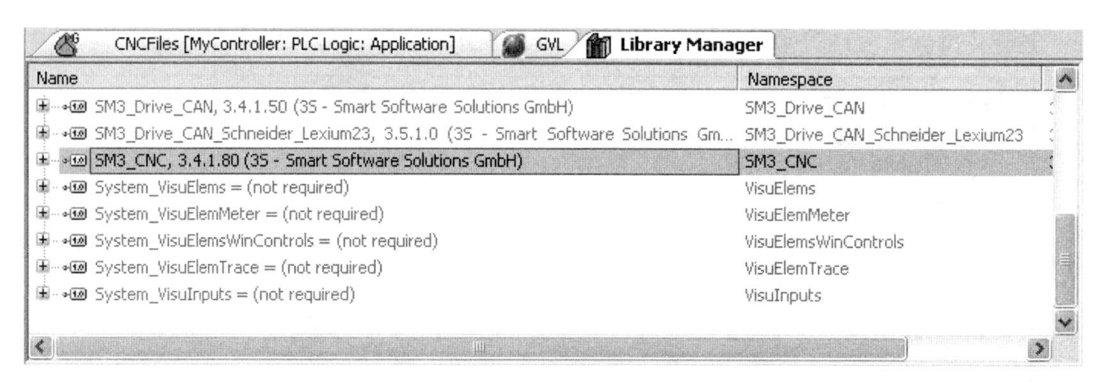

图 2-18　添加库文件

在 CAN1 端口下添加“CANmotion”驱动程序，创建两个 Lexium 23 的轴，分别命名为“M1”和“S1”，并设置其为虚轴，同时设置与确认轴被分配至 Motion 任务。添加设备如图 2-19 所示，轴参数设置如图 2-20 所示。

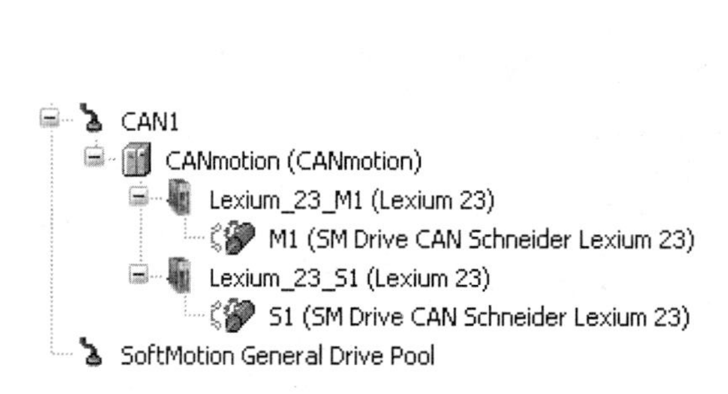

图 2-19　添加设备

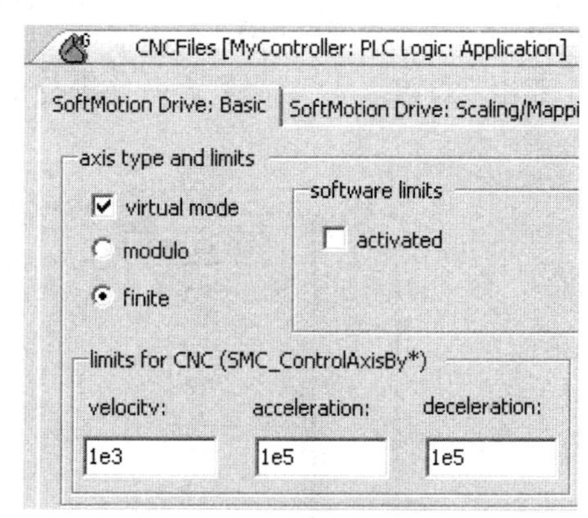

图 2-20　轴参数设置

创建控制程序如图 2-21 所示。

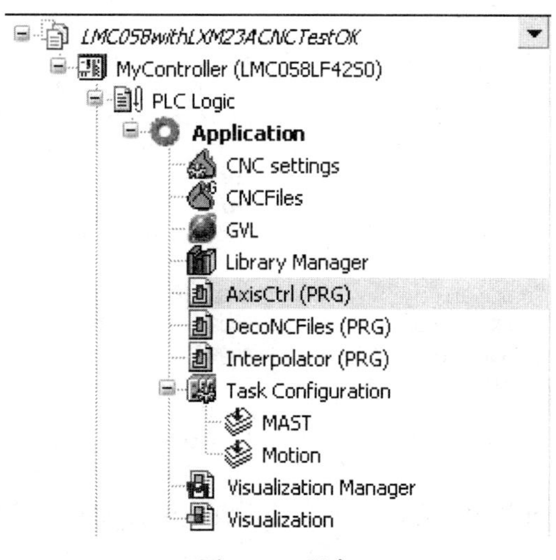

图 2-21　程序

AxisCtrl 程序主要控制轴的使能、PTP 等功能，如图 2-22 所示。

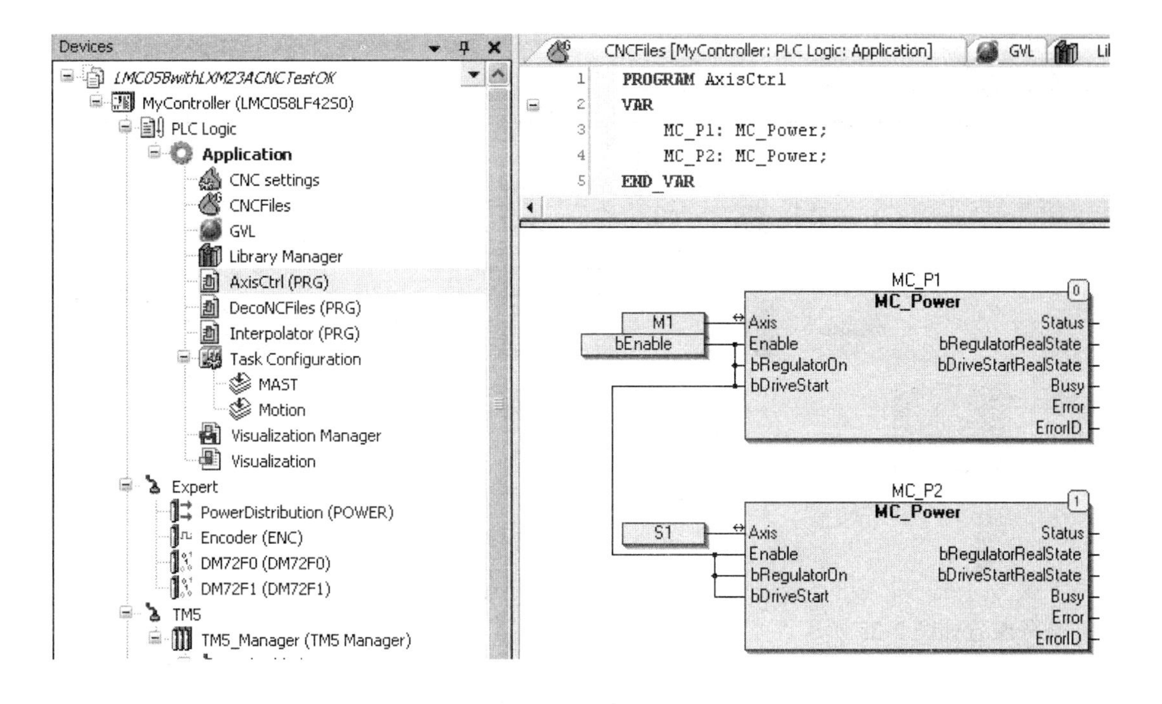

图 2-22　轴基本控制程序

DecoNCFiles 程序主要控制 G 代码文件的解码，如图 2-23 所示。

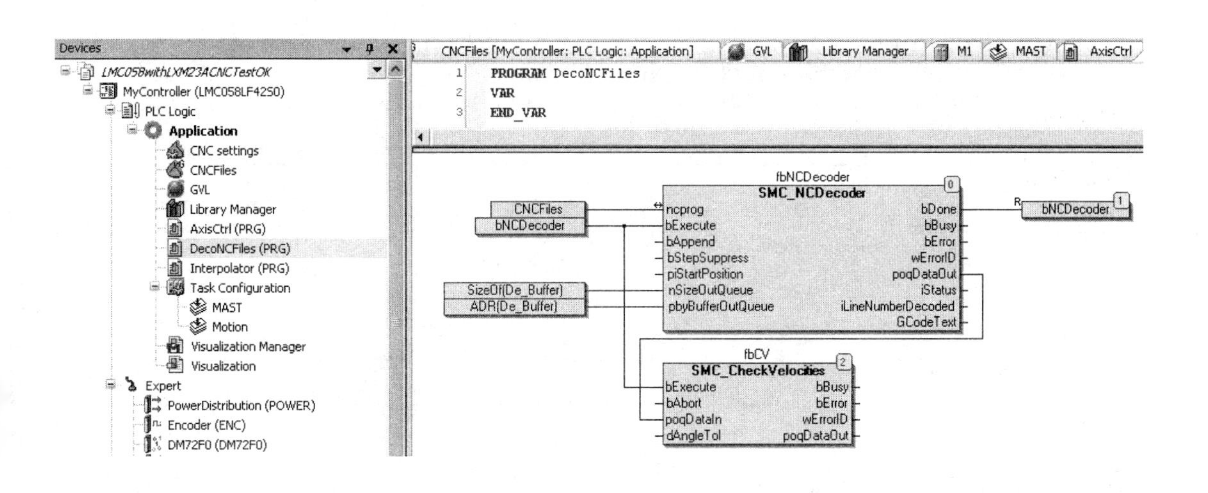

图 2-23　CNC 文件解码程序

Interpolator 程序主要控制 G 代码文件的执行，如图 2-24 所示。

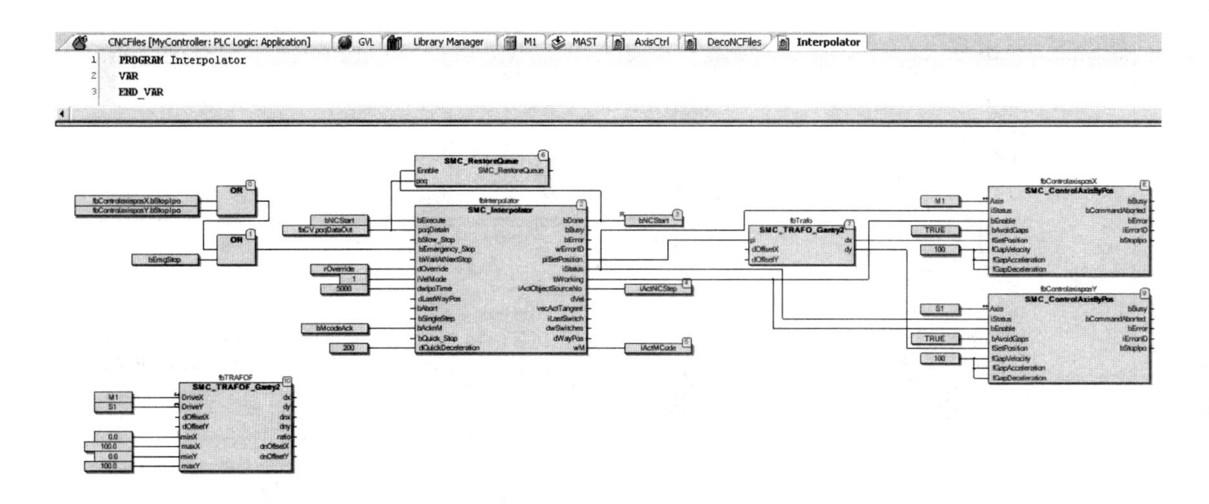

图 2-24　插补程序

任务配置如图 2-25 所示。

图 2-25　任务配置

MAST 任务配置如图 2-26 所示。

Configuration

Priority (0..31): 15

Type

Cyclic　Interval (e.g. t#200ms): 20 ms

Watchdog

☑ Enable

Time (e.g. t#200ms): 100 ms

Sensitivity: 1

POUs

Add POU

Remove POU

POU	Comment
DecoNCFiles	

图 2-26　MAST 任务配置

Motion 任务配置如图 2-27 所示。

Configuration
Priority (0..31): 1
Type
External　External event: CAN1_SYNC
Watchdog
Enable
Time (e.g. t#200ms):　ms
Sensitivity:
POUs
Add POU
Remove POU

POU	Comment
AxisCtrl	
Interpolator	

图 2-27　Motion 任务配置

添加 Visualization 视图，则在启动后可以在视图中查看轴的运动轨迹，如图 2-28 所示。

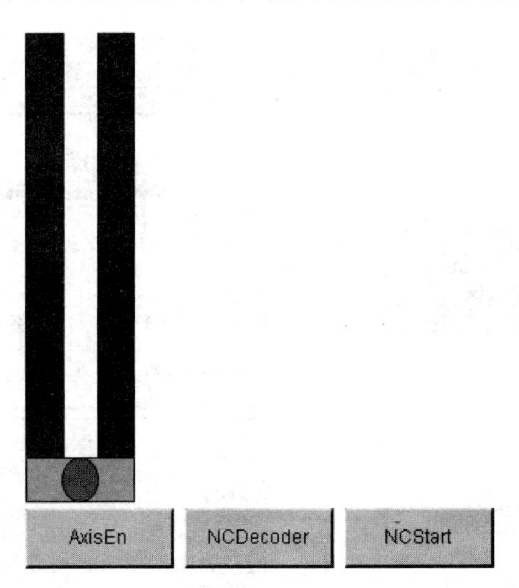

图 2-28　视图

2.3　如何在 NC 文件中直接使用带变量的 G 代码指令

在很多的应用场合，不但需要执行 NC 文件里的 G 代码，而且还需要 NC 文件的 G 代码数据是一个可以修改的变量，如以下的 G 代码文件：

```
N001 E200 E-200
N010 G01 X100 Y100 F50
N020 G01X$Ka$ Y$Kb$ F100
N030 G01 X200 Y200 F50
N050 G01 X300 Y300 F50
```

N070 G01 X400 Y400 F50

N090 G01 X500 Y500 F50

此例中的 N020 行，X 与 Y 轴的位置是使用外部变量进行设定的，因此必须按照以下的方法进行设置。

NC 文件中用到的变量声明如图 2-29 所示。

```
Ka                    : LREAL;
Kb                    : LREAL :=0;
stSingleVar           : ARRAY[0..1] OF SMC_SingleVar :=
                        [(strVarName := 'KA', eVarType := SMC_TYPE_LREAL),
                        (strVarName := 'KB', eVarType := SMC_TYPE_LREAL)];
stVarList             : SMC_VarList := (wNumberVars := 2);
```

图 2-29　变量声明

注意，stSingleVar 中的 strVarName 的值必须全部为大写，虽然变量名为 Ka 和 Kb，但在此处必须设置为 KA、KB，stVarList 中的 wNumberVars 的数值是 NC 文件中引用外部变量的个数，且 stSingleVar 数组的范围也与此相同。

程序中的变量定义如图 2-30 所示。

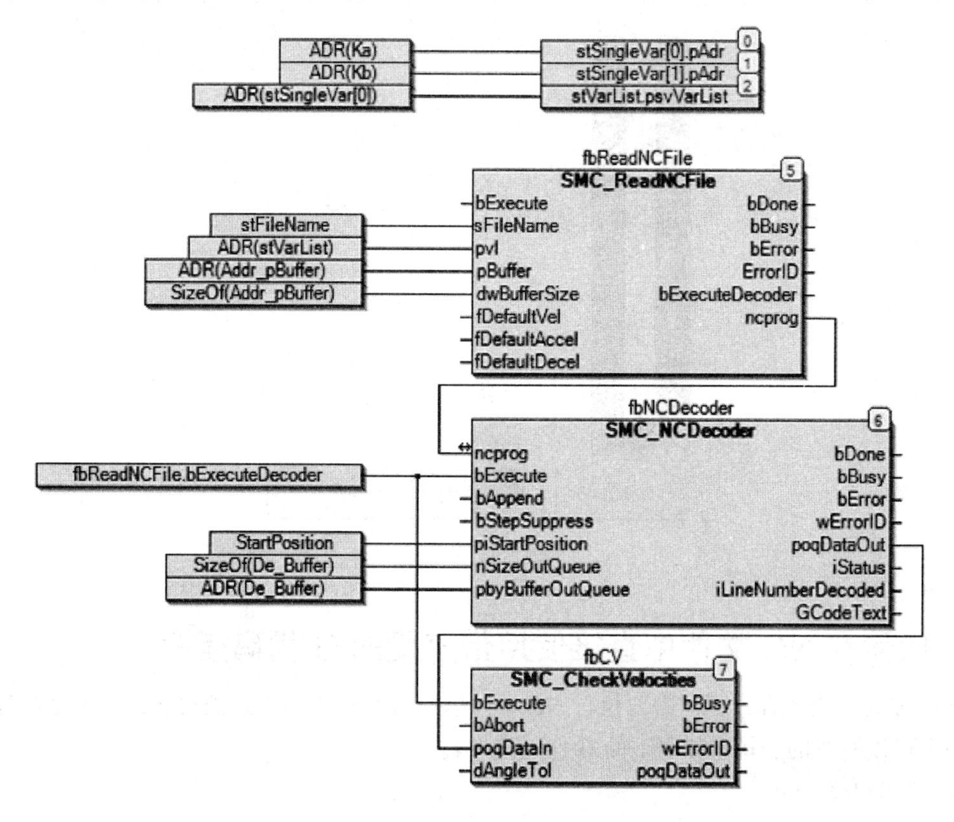

图 2-30　程序中的变量定义

读取外部的 NC 文件时，必须先将该文件加载至 LMC058、LMC078 运动控制器的根目录下[此为在 Somachine V4 开发平台下加载的路径。而在 Somachine V3

中，必须加载至 /usr/Syslog 文件夹内，如果是通过 Somachine 开发平台加载至根目录（/usr）时，则会自动加载至 /usr/Syslog 文件夹内]，然后再通过 SMC_ReadNCFile 功能块进行读取，再进行解码等操作。

加载后的文件如图 2-31 所示。

Runtime | Location: | Syslog

Name	Size	Modified
NC.txt	69 bytes	2014/7/18 19:20

图 2-31　加载后的文件

插补功能块在程序中的应用如图 2-32 所示。

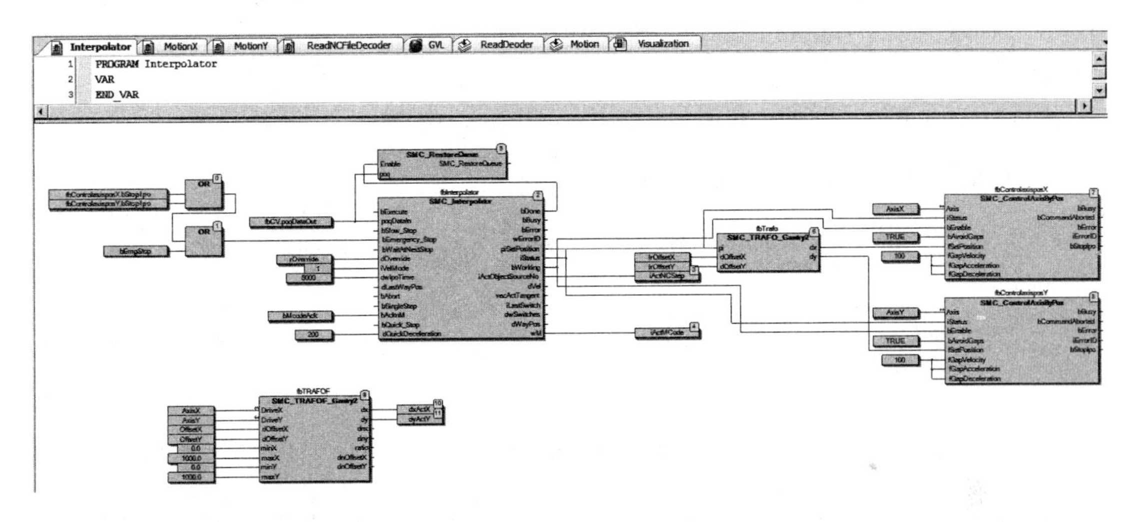

图 2-32　插补功能块程序

任务分配如图 2-33 所示。

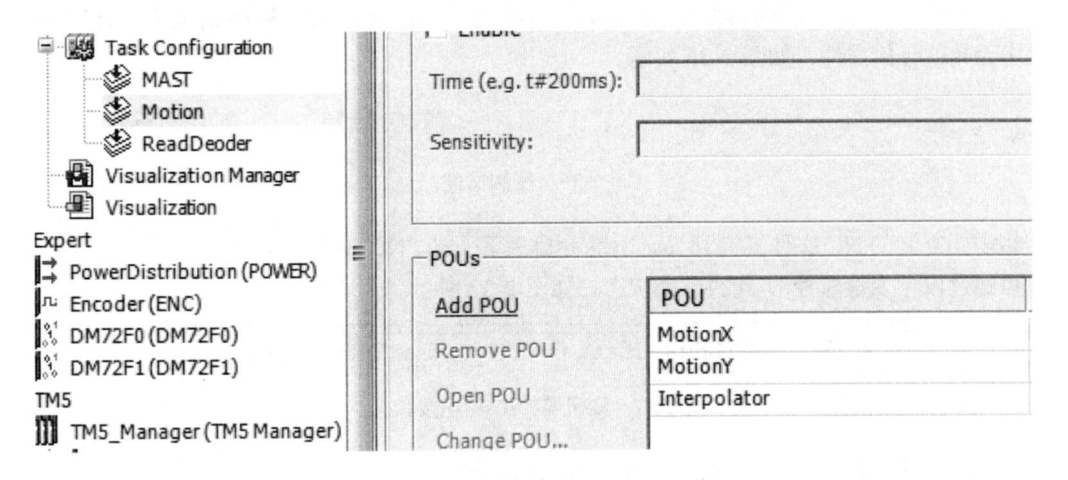

图 2-33　任务分配

2.4 LMC058 读取并执行 U 盘上的 NC 文件

插入 U 盘后，直接将文件复制到 LMC058 指定的目录中。

将“U1”文件夹中的内容复制到 U 盘的根目录下，并且 U 盘已被格式化为 FAT32 格式，U 盘中无其他任何文件，如图 2-34 所示。

sys	2014/6/1 9:06	File folder
usr	2014/6/1 9:06	File folder

图 2-34　复制文件

将需要复制的 NC 文件复制到 LMC058、LMC078 运动控制器的根目录下（此为在 Somachine V4 开发平台下加载的路径。而在 Somachine V3 中，必须加载至 /usr/Syslog 文件夹内，如果是通过 Somachine 开发平台加载至根目录（/usr）时，则会自动加载至 /usr/Syslog 文件夹内)，如“NC.txt”。

编辑 \sys\Cmd\Script 文件，使用记事本方式打开并进行编辑，如图 2-35 所示。

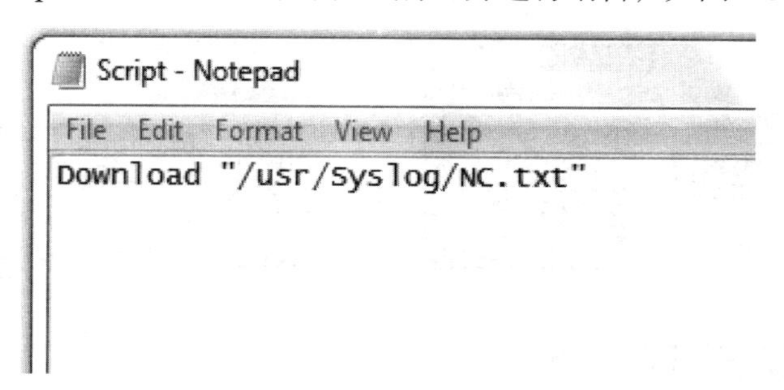

图 2-35　编辑文件

插入 U 盘后，则 NC.txt 文件自动复制到 LMC058、LMC078 运动控制器的指定目录中，复制多个文件参考“U3”文件夹内容。

插入 U 盘后，通过触发条件将文件复制到 LMC058、LMC078 运动控制器的指定目录中。

将“U2”文件夹中的内容复制到 U 盘的根目录下，并且 U 盘已被格式化为 FAT32 格式，U 盘中无其他任何文件，如图 2-36 所示。

2014/6/1 9:56　　File folder

图 2-36　复制文件

将需要复制的 NC 文件复制到 \usr\Syslog 目录下，如“NC.txt”。

可通过以下变量监控 U 盘的连接状态，如图 2-37 所示。

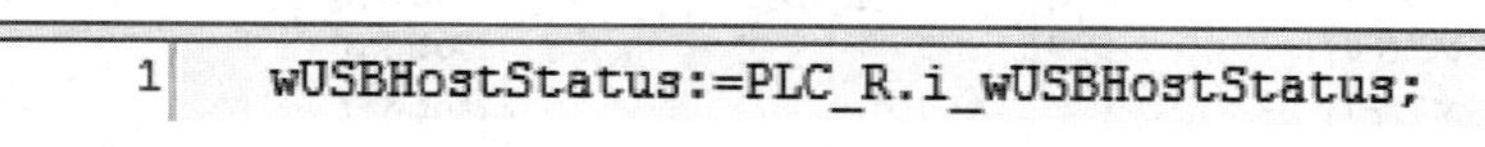

图 2-37　变量监控 U 盘连接状态

U 盘的连接状态变量 PLC_R.i_wUSBHostStatus 如下：

=0：无连接。

=1：正在进行数据交换。

=2：已连接。

=3：连接时检测到错误。

编写触发读取部分的程序如图 2-38 所示。

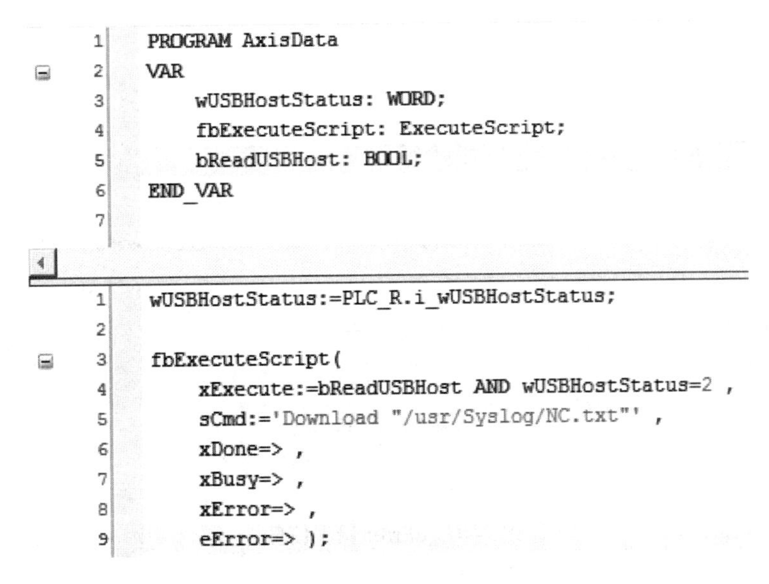

图 2-38　读取 U 盘 CNC 文件程序

触发后正常状态如图 2-39 所示。

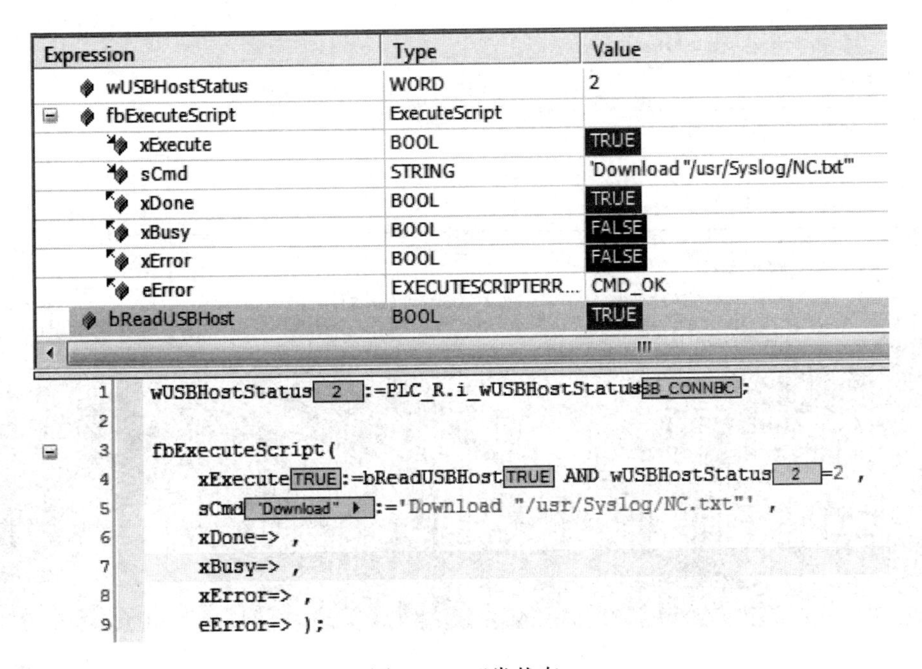

图 2-39　正常状态

eError 错误如图 2-40 所示。

ExecuteScriptError枚举数据类型包含下列值：

枚举器	值	说明
CMD_OK	00（十六进制）	未检测到错误。
ERR_CMD_UNKNOWN	01（十六进制）	不识别该命令。
ERR_USB_KEY_MISSING	02（十六进制）	USB 存储盘不存在。
ERR_SEE_FWLOG	03（十六进制）	在命令执行过程中检测到错误，参见 FwLog.txt。有关详细信息，请参阅*文件类型*。
ERR_ONLY_ONE_COMMAND_ALLOWED	04（十六进制）	试图同时执行多个脚本。
CMD_BEING_EXECUTED	05（十六进制）	表示某一脚本正在执行。

图 2-40　eError 错误信息

插入 U 盘后，当 bReadUSBHost 变量被触发时，NC.txt 文件复制到 LMC058、LMC078 运动控制器的指定目录中。

指令必须遵循图 2-41 中的格式。

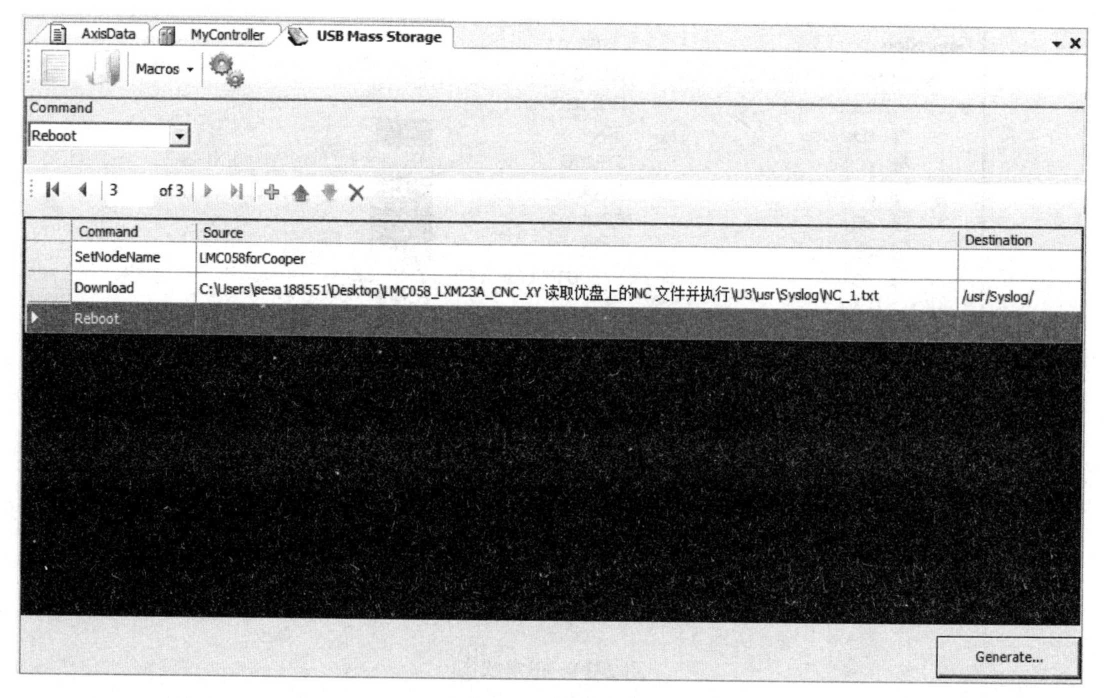

图 2-41　代码生成

“U3”文件夹中的内容用来复制多个文件到控制器，必须指定多个文件名进行复制，不能同时复制一个文件夹下的所有文件到控制器。

“U4”文件夹中的内容用来修改控制器的节点名称，控制器上电运行后插入 U 盘，USB Host 指示灯不再闪烁时，拔掉 U 盘即可，如图 2-42 所示。

图 2-42　扫描设备

在 Somachine V4 开发平台下，NC 文件的存储路径不局限于 LMC058、LMC078 运动控制器的根目录，可在线创建一个专用的文件夹存储 NC 文件。

2.5　SMC_Interpolator 插补功能块的应用

在 CNC 功能中，必须使用这个功能块实现 G 代码的运行，如图 2-43 所示。

当需要执行 SMC_CNC_REF 或者外部 NC 文件时，此功能块必须搭配 SMC_NCDecoder 功能块使用，在 SMC_NCDecoder 解码完成后，由 SMC_Interpolator 功能块执行 G 代码。

dOverride：倍率。可在 G 代码执行过程中改变运行速度，当设置为 0 时，停止执行 G 代码；不为 0 时，继续执行 G 代码，在运行过程中可修改此数值；范围：0.01-xx.00（1%-xx00%），但不能超过速度限制值，如图 2-44 所示。

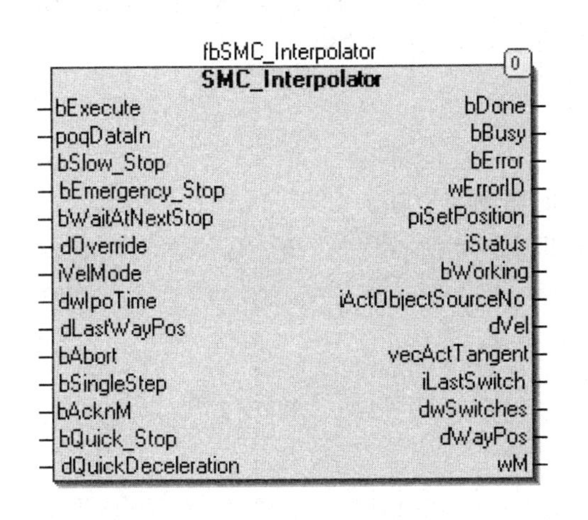

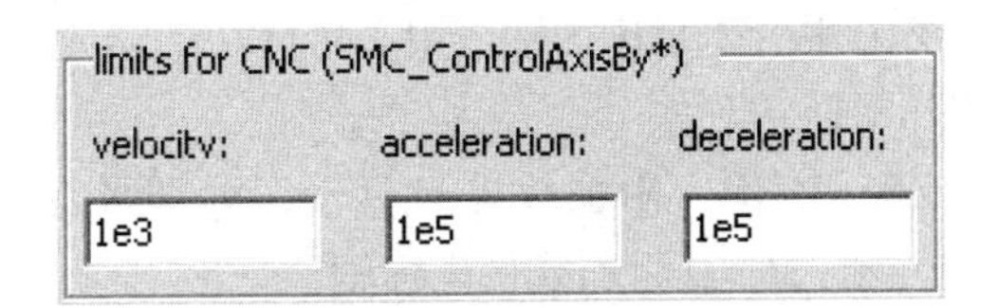

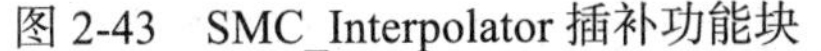

图 2-43　SMC_Interpolator 插补功能块

图 2-44　速度限制值

在运行过程中，调整 dOverride 值之后，轴没有快速停止下来，而是较慢地停止或者不停止，感觉在下一步 G 代码才会生效，这是由于加减速度太小造成的，在加大加减速度后，问题解决。在调整 Override 值之后，主轴可以很快地跟踪速度的瞬间变化。

dwIpoTime：设置与 CANMotion 的 Cycle Period 周期时间相同，否则会出现设定速度与实际速度等参数不匹配的现象。

wM：当前 M 代码值，当执行至 M 代码时，G 代码不再继续执行，wM 字中会包含当前的 M 代码值，可以借助此变量处理逻辑程序，当需要继续执行时，触发 bAcknM 即可进行下一步 G 代码的执行，同时 wM 中的值被清零；在执行 G04 指令时，wM 中的值会变为 -1，G04 执行完毕后，自动清零。

bSingleStep：单步运行或暂停功能。当 bWaitAtNextStop 设置为 TRUE 时，则 G 代码文件执行完成当前的 G 代码行后，停止运行；当 bWaitAtNextStop 设置为 FALSE 时，则 G 代码文件继续执行。

iActObjectSourceNo：显示当前的执行步。显示 G 代码文件中的 Nxxx 的 xxx，当完成 G 代码文件后显示值变为 -1。

bExecute：启动 SMC_Interpolator 功能块（在解码完成后），可使用上升沿启动。

bBusy：SMC_Interpolator 功能块工作状态指示。工作时为 TRUE，工作停止时为 FALSE。

bWorking：工作中状态指示。工作时为 TRUE，工作停止时为 FALSE。

bAbort：中断。中断 G 代码文件的执行，bWorking 为 FALSE，bBusy 为 FALSE；iActObjectSourceNo 中的数值变为 -1。

bQuick_Stop：快速停止。以 dQuickDeceleration 设定的减速度停止 G 代码文件的执行，但 bWorking 仍为 TRUE，bBusy 仍为 TRUE；当 bQuick_Stop 为 FALSE 时，恢复 G 代码文件的执行。

bSlow_Stop：慢速停止。慢速停止 G 代码文件的执行，但 bWorking 仍为 TRUE，bBusy 仍为 TRUE；当 bSlow_Stop 为 FALSE 时，恢复 G 代码文件的执行。

bEmergency_Stop：紧急停止。紧急停止 G 代码文件的执行，但 bWorking 仍为 TRUE，bBusy 仍为 TRUE；当 bEmergency_Stop 为 FALSE 时，恢复 G 代码文件的执行；当速度超过限制值或在执行 SMC_Interpolator 功能块时，启动解码也可导致紧急停止。

2.6 CNC 功能的多轴控制

在 Somachine 开发平台中，CNC 功能最多可同时驱动 8 个轴。

坐标轴的定义：轴的命名根据 DIN66217 标准如图 2-45 所示。

X、*Y*：机床的基本坐标轴，主要的工作平面；

Z：平行于机床的轴，用来传递切削动力，垂直于 *X*、*Y* 工作平面；

U、*V*、*W*：附加线性坐标轴，分别平行于 *X*、*Y*、*Z* 的线性轴；*P*、*Q* 附加线性坐标轴。

A/*B*/*C*：附加样条轴，相对于 *X*、*Y*、*Z* 的旋转轴；

坐标轴的排序：*X*/*Y*/*Z*/*A*/*B*/*C*/*P*/*Q*/*U*/*V*/*W*。

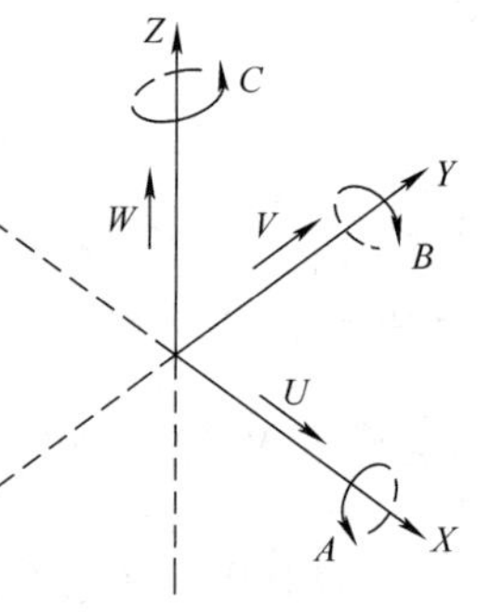

图 2-45　坐标轴的定义

图 2-46 是以带有倾斜工作台的铣床为例，说明坐标轴的定义。

坐标轴的排序为 *X*/*Y*/*Z*/*A*/*B*/*C*/*P*/*Q*/*U*/*V*/*W*，下例中将重点介绍如何在 LMC058、LMC078 运动控制器中实现 8 个轴的控制。

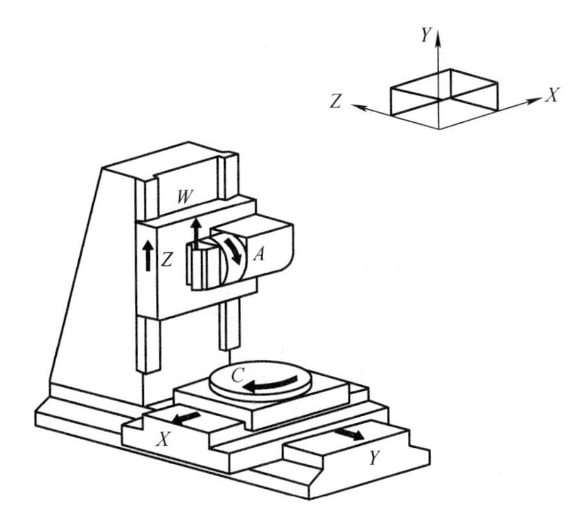

图 2-46　带有倾斜工作台的铣床坐标轴的定义

创建一个 CNC 文件，并包含 8 个轴的控制如图 2-47 所示。

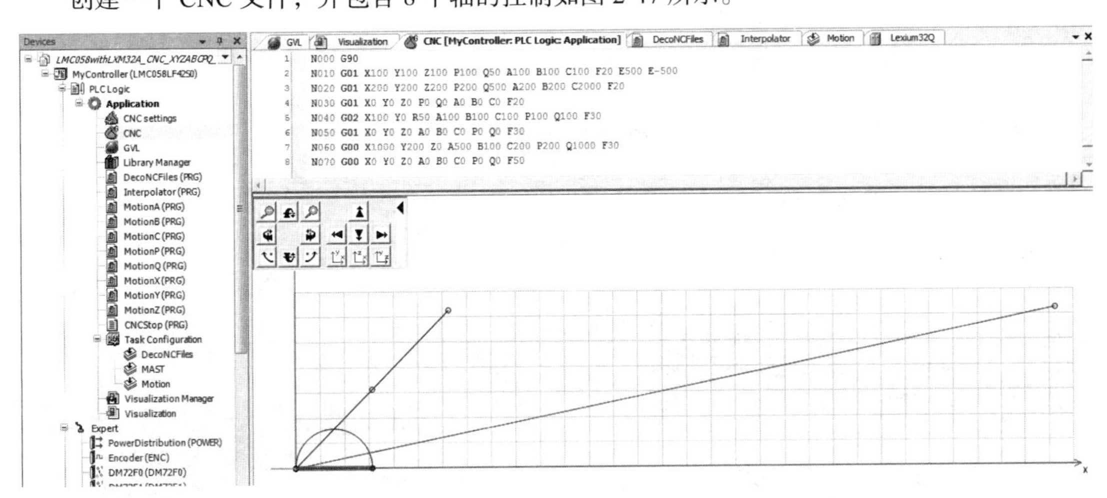

图 2-47　创建 CNC 文件

G 代码如下：

```
N000 G90
N010 G01 X100 Y100 Z100 P100 Q50 A100 B100 C100 F20 E500 E-500
N020 G01 X200 Y200 Z200 P200 Q500 A200 B200 C2000 F20
N030 G01 X0 Y0 Z0 P0 Q0 A0 B0 C0 F20
N040 G02 X100 Y0 R50 A100 B100 C100 P100 Q100 F30
N050 G01 X0 Y0 Z0 A0 B0 C0 P0 Q0 F30
N060 G00 X1000 Y200 Z0 A500 B100 C200 P200 Q1000 F30
N070 G00 X0 Y0 Z0 A0 B0 C0 P0 Q0 F50
```

解码操作如图 2-48 所示。

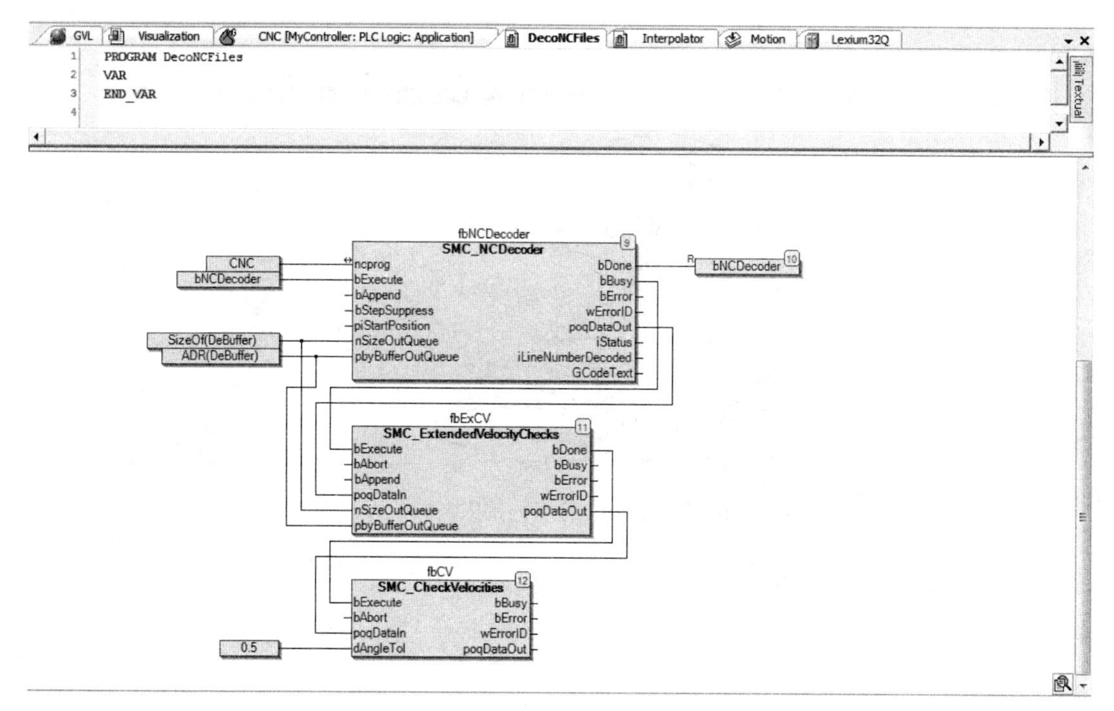

图 2-48　解码程序

执行插补操作如图 2-49 所示。

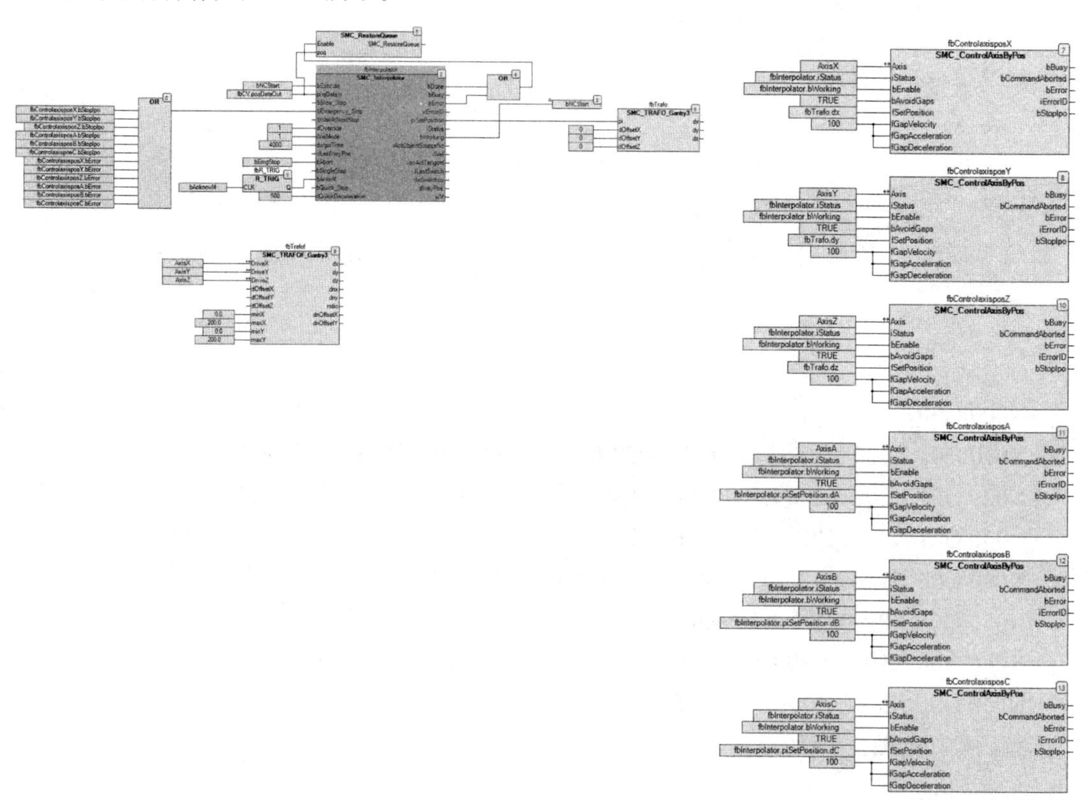

图 2-49　插补程序

其中最关键的参数是插补功能块的输出如何分配给 8 个轴，如图 2-50 所示。

SMC_TRAFO_Gantry3 功能块虽然只是三轴的转换模块，但是其 pi 参数接收来自 SMC_Interpolator 功能块的数据，因此在控制 8 个轴时，每个 SMC_ControlAxisByPos 功能块的 fSetPosition 可以单独输入，按照 8 个轴的顺序，分配如下：

SMC_ControlAxisByPos.dx 连接外部的 *X* 轴；

SMC_ControlAxisByPos.dy 连接外部的 *Y* 轴；

SMC_ControlAxisByPos.dz 连接外部的 *Z* 轴；

SMC_ControlAxisByPos.dA 连接外部的 *A* 轴；

SMC_ControlAxisByPos.dB 连接外部的 *B* 轴；

SMC_ControlAxisByPos.dC 连接外部的 *C* 轴；

SMC_ControlAxisByPos.dA1 连接外部的 *P* 轴；

SMC_ControlAxisByPos.dA2 连接外部的 *Q* 轴。

fbTrafo
SMC_TRAFO_Gantry3 5
pi dx
dOffsetX dy
dOffsetY dz
dOffsetZ

图 2-50　插补功能块

其余的 SMC_ControlAxisByPos.dA3、SMC_ControlAxisByPos.dA4、SMC_ControlAxisByPos.dA5 被分配给 *U*/*V*/*W*3 个轴。

在 8 个轴的控制中，只有 *X*/*Y*/*Z* 轴可以实现圆弧或者螺旋插补，其他轴无法实现此功能，在 G01 的控制中，可以实现 8 个轴的同起、同停。

2.7　CNC 功能的多通道控制

在现场应用中，有很多的设备往往需要几组轴的控制，而在每组中的轴又可以实现插补等功能。在 LMC058 运动控制器中，其最多控制轴数为 8 个轴，如果每两轴之间可以相互插补，那么其最多实现的通道数为 4 通道。而在 LMC078 运动控制器中，其最多控制轴数为 24 个轴，如果每两轴之间可以相互插补，那么其最多实现的通道数为 12 通道。

本文以程序内部的 CNC 文件为例讲解如何实现 4 通道的控制。

创建 4 个 CNC 文件如下：

CNC_1 如图 2-51 所示。

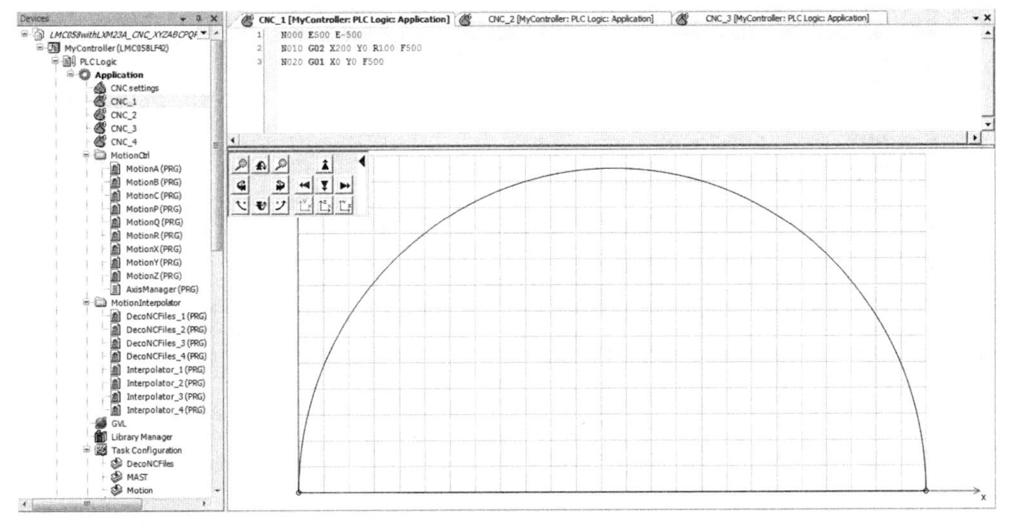

图 2-51　CNC_1 文件

CNC_2 如图 2-52 所示。

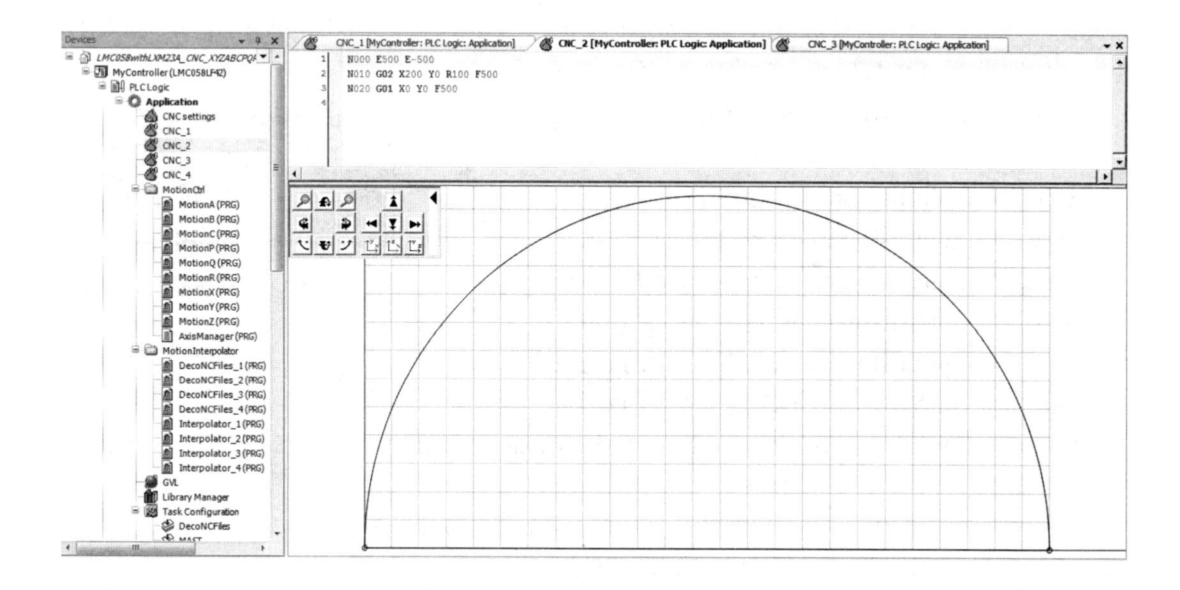

图 2-52　CNC_2 文件

CNC_3 如图 2-53 所示。

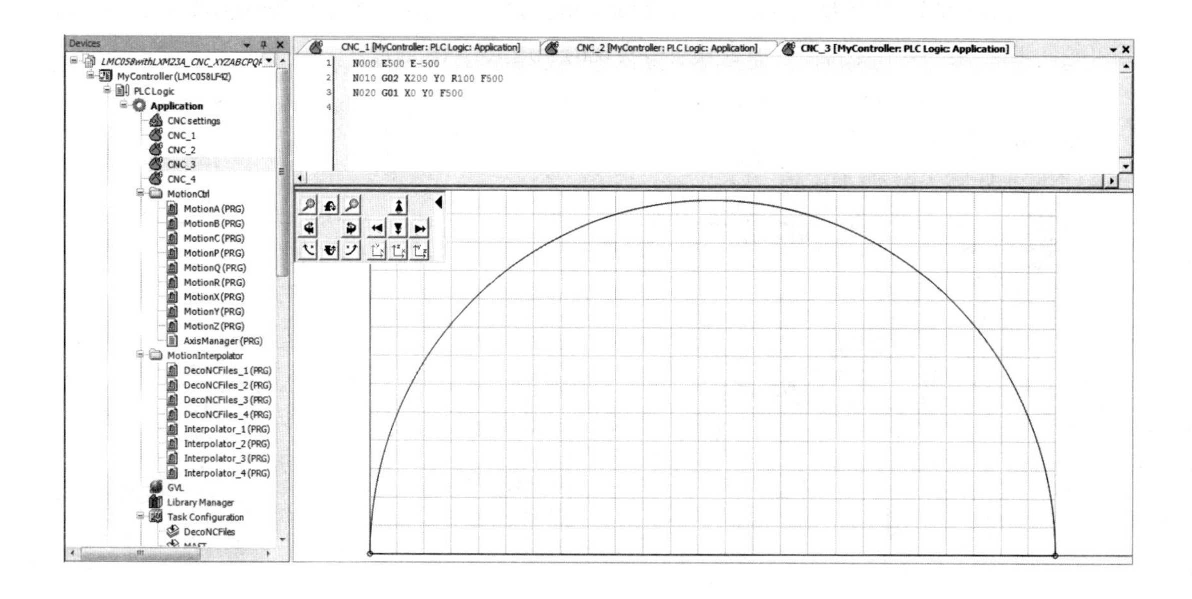

图 2-53　CNC_3 文件

CNC_4 如图 2-54 所示。

这 4 个 CNC 文件的 G 代码相互独立，独立执行，互不影响；也可以是外部的 NC 文件。

创建 8 个轴控制基本程序块如图 2-55 所示。

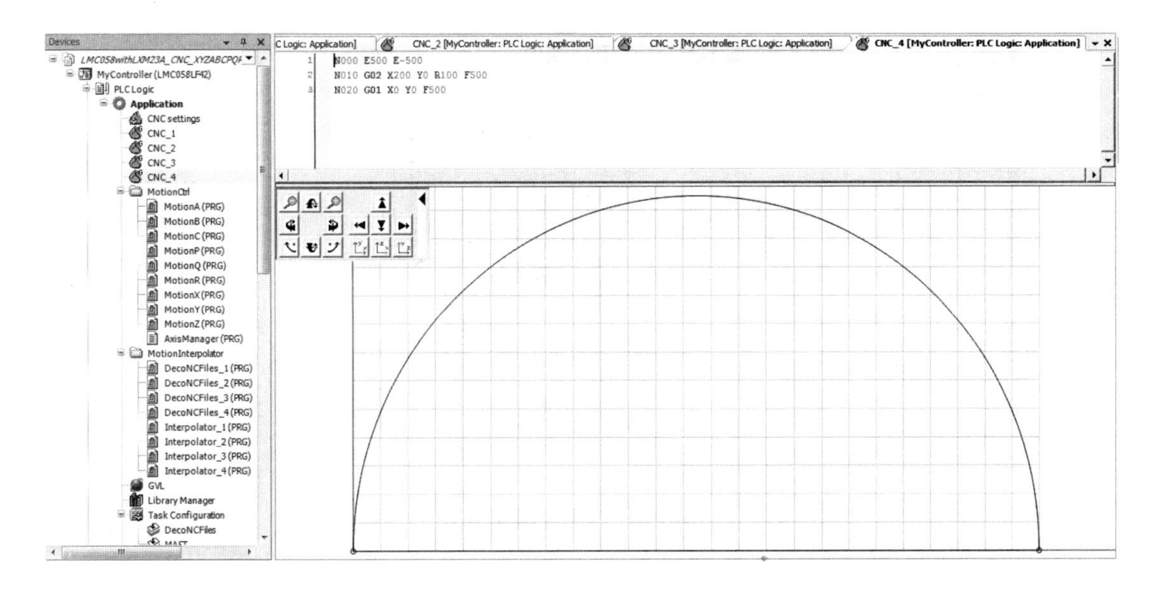

图 2-54　CNC_4 文件

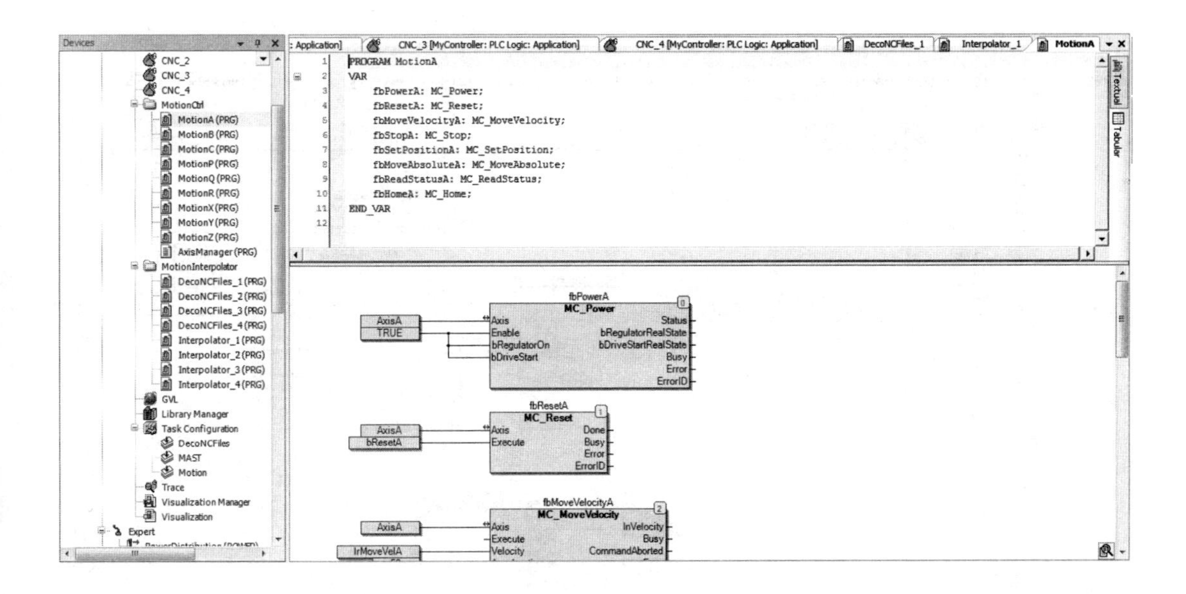

图 2-55　轴控制基本程序块

其他 7 个轴可使用替换的功能快速复制。

创建每个通道的解码控制程序如图 2-56 所示。

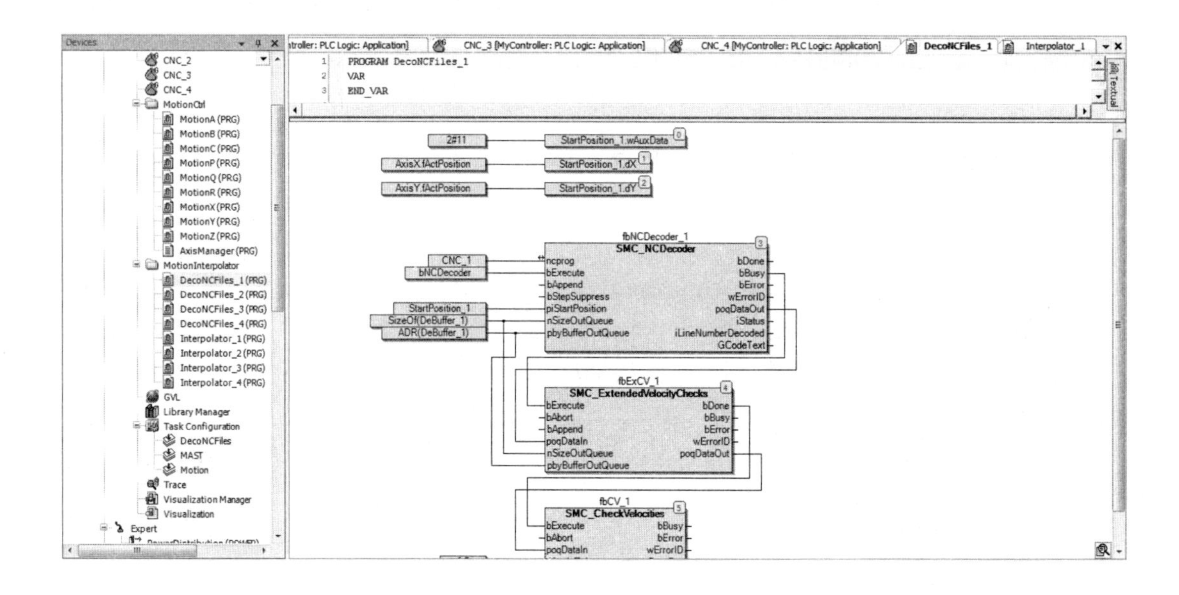

图 2-56　解码控制程序

其他 3 个通道可以使用替换的功能快速复制。

创建每个通道的插补控制程序如图 2-57 所示。

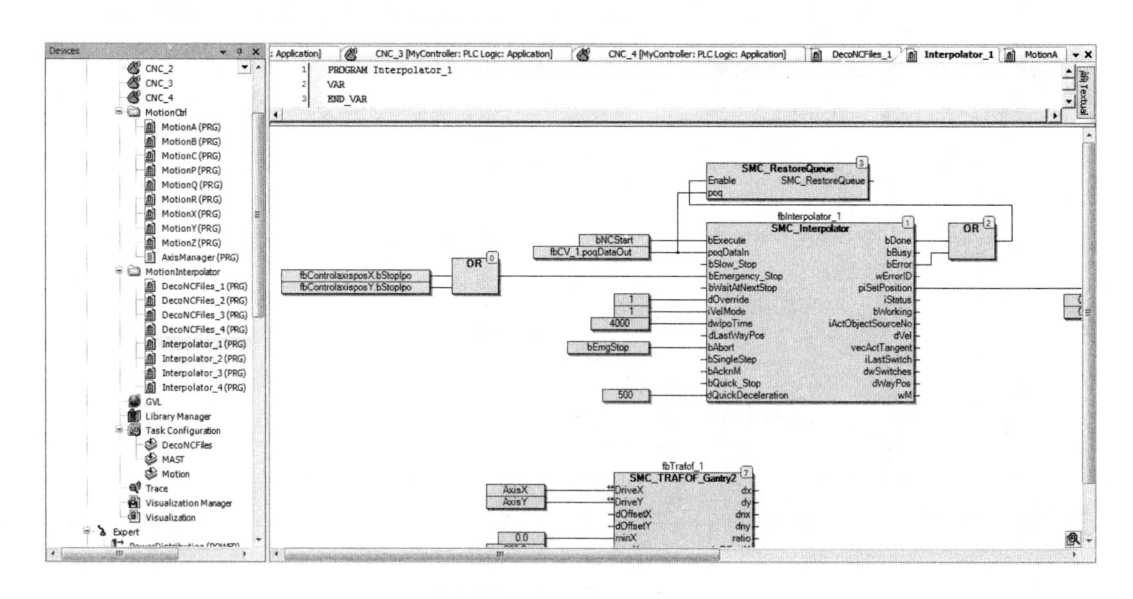

图 2-57　插补控制程序

其他 3 个通道可使用替换的功能快速复制。

监控视图如图 2-58 所示。

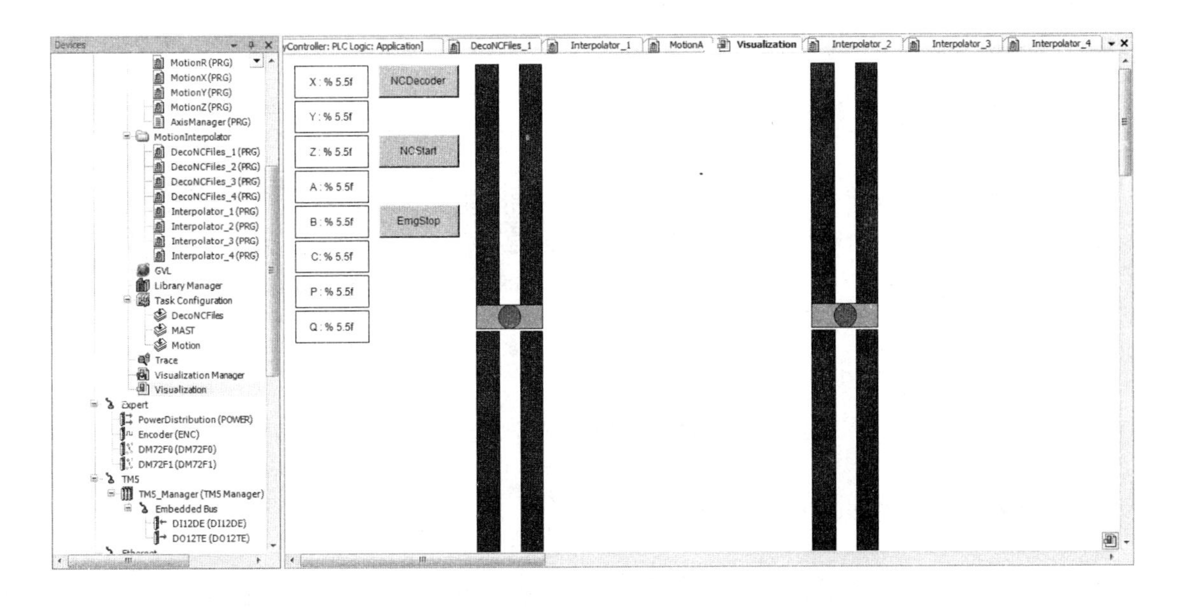

图 2-58　监控视图

在启动 4 个通道时，每个通道独立控制两个轴，通道与通道之间相互独立，互不影响操作。

2.8　如何显示正在执行的 G 代码行

在上述小节中，主要介绍了 G 代码的各种应用，如果在上位机或人机界面中可以显示当前执行的 G 代码行以及将要执行的 G 代码行就可以清晰地了解加工过程及进度情况，也便于查找执行中的错误。

创建显示变量如图 2-59 所示。

```
GC_Buffer             : ARRAY [0..599] OF SMC_GCODEVIEWER_DATA;
stGCodeViewstrings    : ARRAY[0..9] OF STRING(50);
```

图 2-59　创建显示变量

数组的大小可以设置为显示的行数，字符的范围不要小于 G 代码行数中的字符的最大个数即可。

除了上述小节中必须需要的那些插补与解码功能块之外，还需要一个 SMC_GCodeViewer 功能块实现 G 代码执行行的显示功能，如图 2-60 所示。

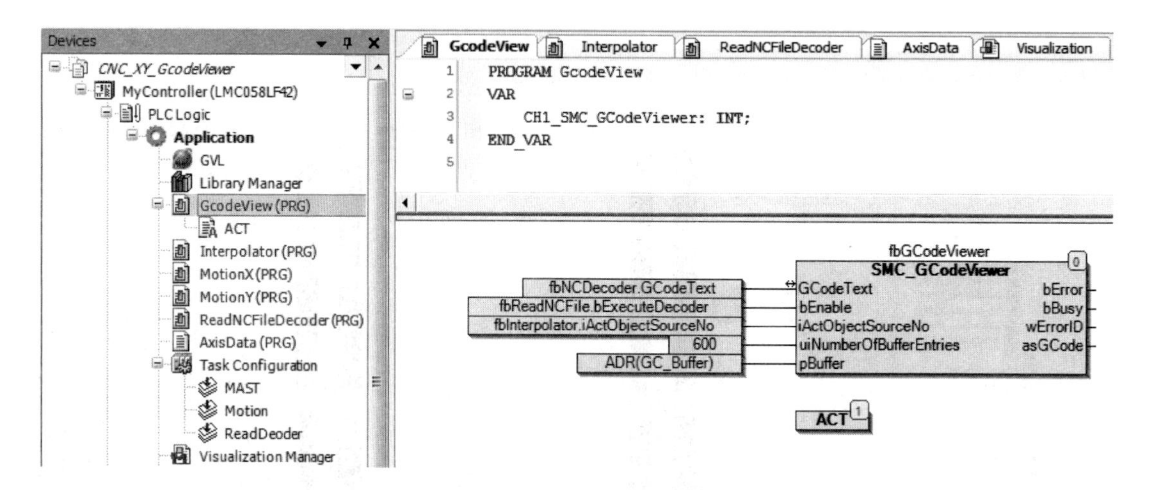

图 2-60　G 代码行显示功能块

ACT 中的程序如图 2-61 所示。

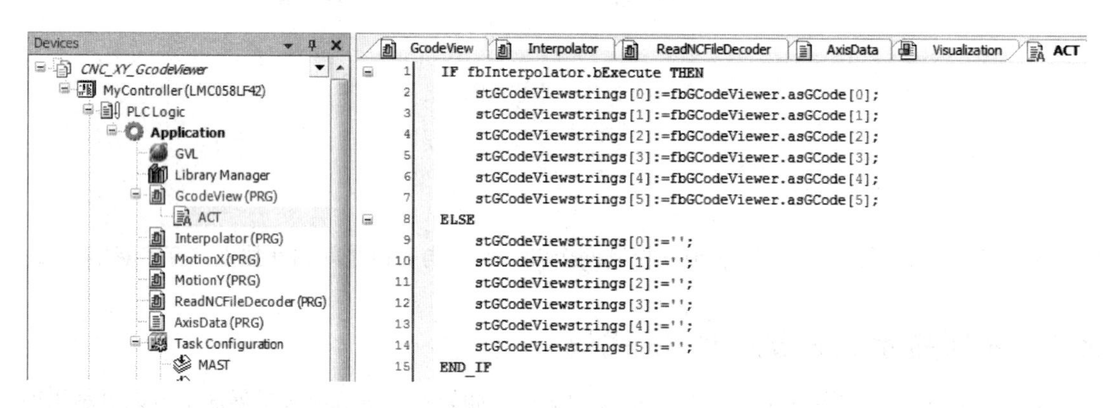

图 2-61　ACT 中的程序

SMC_GCodeViewer 显示执行代码功能块如图 2-62 所示。

图 2-62　SMC_GCodeViewer 功能块

SMC_GCodeViewer 功能块的主要引脚定义如下：

pBuffer：缓冲区，指针指向 GC_Buffer。

uiNumberOfBufferEntries：缓冲区大小，与 pBuffer 设定的数组大小保持一致。

视图中显示的运行效果如图 2-63 所示。

%s	ACt Gcode Step
%s	ACt+1 Gcode Step
%s	ACt+2 Gcode Step
%s	ACt+3 Gcode Step
%s	ACt+4 Gcode Step
%s	ACt+5 Gcode Step

图 2-63　运行效果

在 G 代码运行过程中，显示当前执行的 G 代码行以及将要执行的 G 代码行，如果需要在上位机或人机界面上显示，则在缓冲区数组 GC_Buffer 的声明处链接物理地址，在上位机或人机界面访问连续的物理地址即可。

2.9　如何在线切换 NC 文件的执行

在现场应用中，有时会遇到这样的控制方式，如在程序中有两个 G 代码文件，当执行完成第一个 G 代码文件后立即执行第二个。无论是外部 NC 文件还是内部的 G 代码文件都必须通过解码功能块进行解码，而这需要时间，且所需时间与 G 代码文件的大小成正比关系，因此常规的控制方式无法满足该应用，在此给出了可以实现该功能的方法。

创建 CNC 文件如下：

CNCFiles1 如图 2-64 所示。

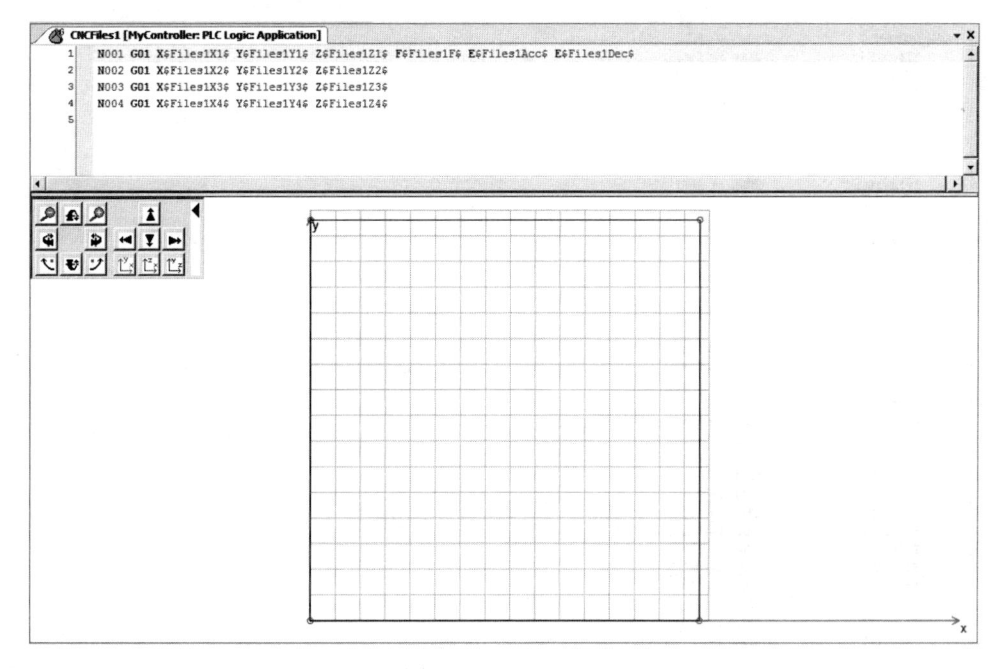

图 2-64　CNCFiles1

CNCFiles2 如图 2-65 所示。

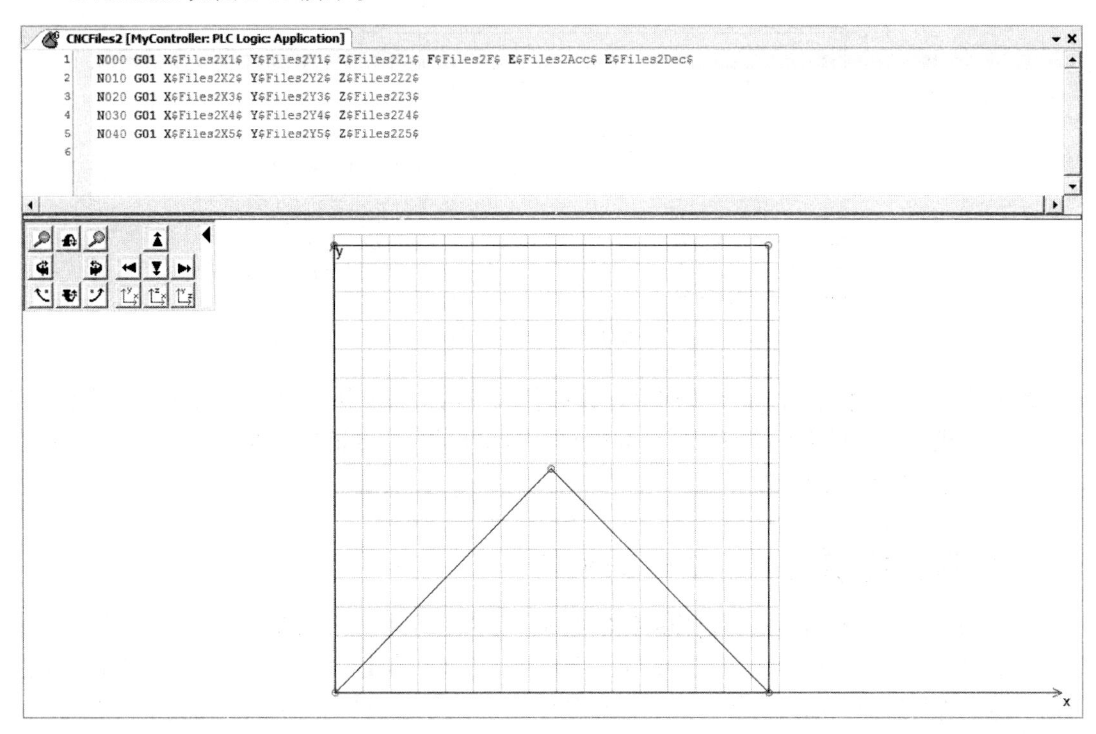

图 2-65 CNCFiles2

创建全局变量表，并给 G 代码中的变量赋初始值，如图 2-66、图 2-67 所示。

```
VAR_GLOBAL
    Files1F         : REAL := 500;
    Files1Acc       : REAL := 500;
    Files1Dec       : REAL := -500;
    Files1X1        : REAL := 0;
    Files1Y1        : REAL := 500;
    Files1Z1        : REAL := 500;
    Files1X2        : REAL := 500;
    Files1Y2        : REAL := 500;
    Files1Z2        : REAL := 0;
    Files1X3        : REAL := 500;
    Files1Y3        : REAL := 0;
    Files1Z3        : REAL := 500;
    Files1X4        : REAL := 0;
    Files1Y4        : REAL := 0;
    Files1Z4        : REAL := 0;

    Files2F         : REAL := 500;
    Files2Acc       : REAL := 500;
    Files2Dec       : REAL := -500;
    Files2X1        : REAL := 500;
    Files2Y1        : REAL := 500;
    Files2Z1        : REAL := 500;
    Files2X2        : REAL := 1000;
    Files2Y2        : REAL := 0;
    Files2Z2        : REAL := 0;
    Files2X3        : REAL := 1000;
    Files2Y3        : REAL := 1000;
    Files2Z3        : REAL := 500;
    Files2X4        : REAL := 0;
    Files2Y4        : REAL := 1000;
    Files2Z4        : REAL := 0;
    Files2X5        : REAL := 0;
    Files2Y5        : REAL := 0;
    Files2Z5        : REAL := 0;
```

图 2-66 全局变量表（1）

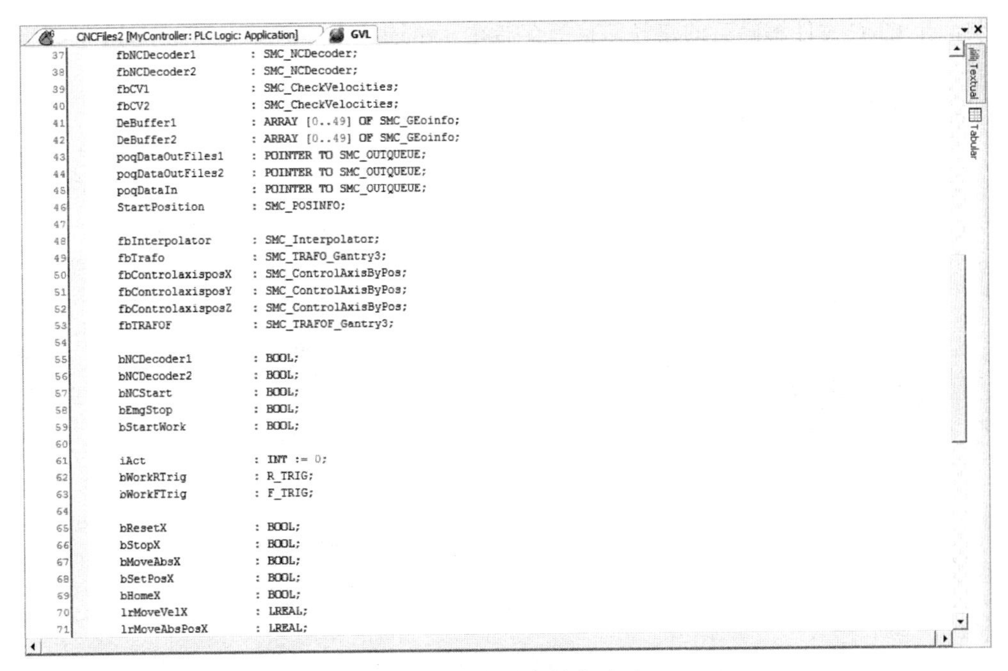

图 2-67　全局变量表（2）

其中，GVL 中的 poqDataOutFiles 1、poqDataOutFiles 2、poqDataIn 3 个变量是最关键的。解码程序如图 2-68 所示。

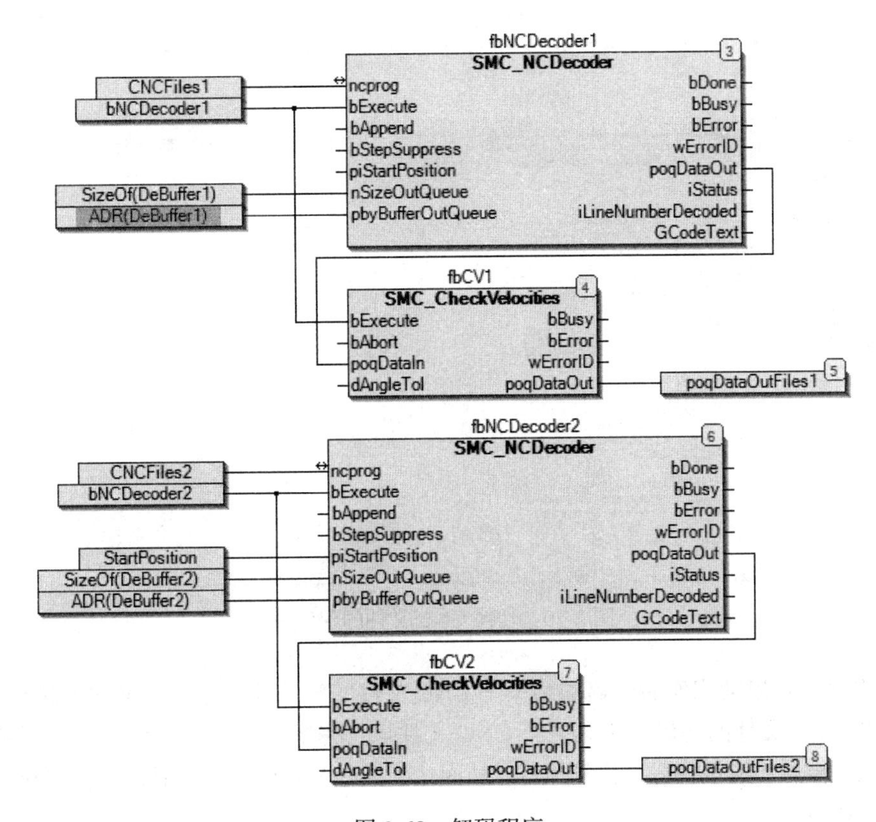

图 2-68　解码程序

将两个 CNC 文件解码后的路径信息等存储在 poqDataOutFiles1、poqDataOutFiles2 两个变量中。

插补程序如图 2-69 所示。

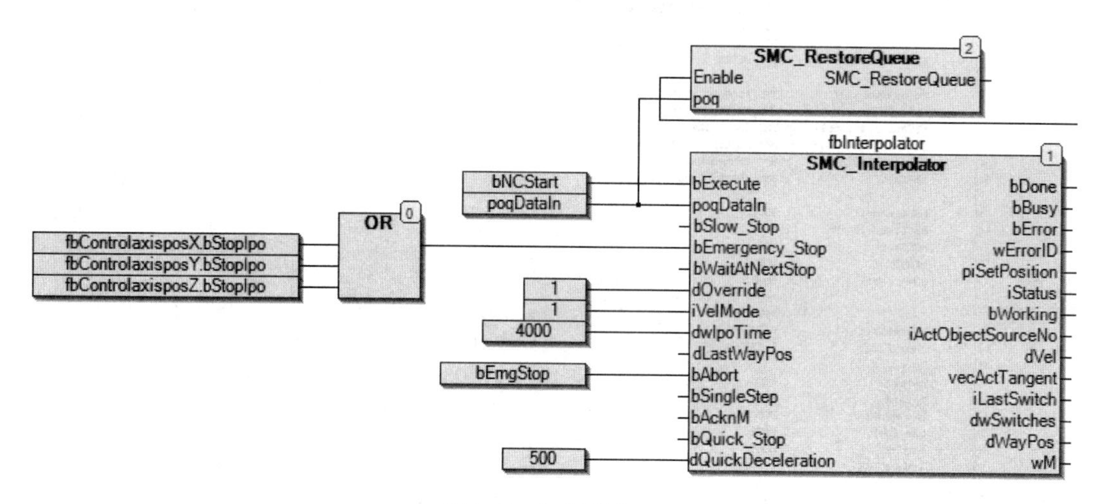

图 2-69　插补程序

将 poqDataIn 变量连接在 SMC_Interpolator 的 poqDataIn 路径信息输入引脚上。

创建一个切换 CNC 文件的程序块如图 2-70 所示。

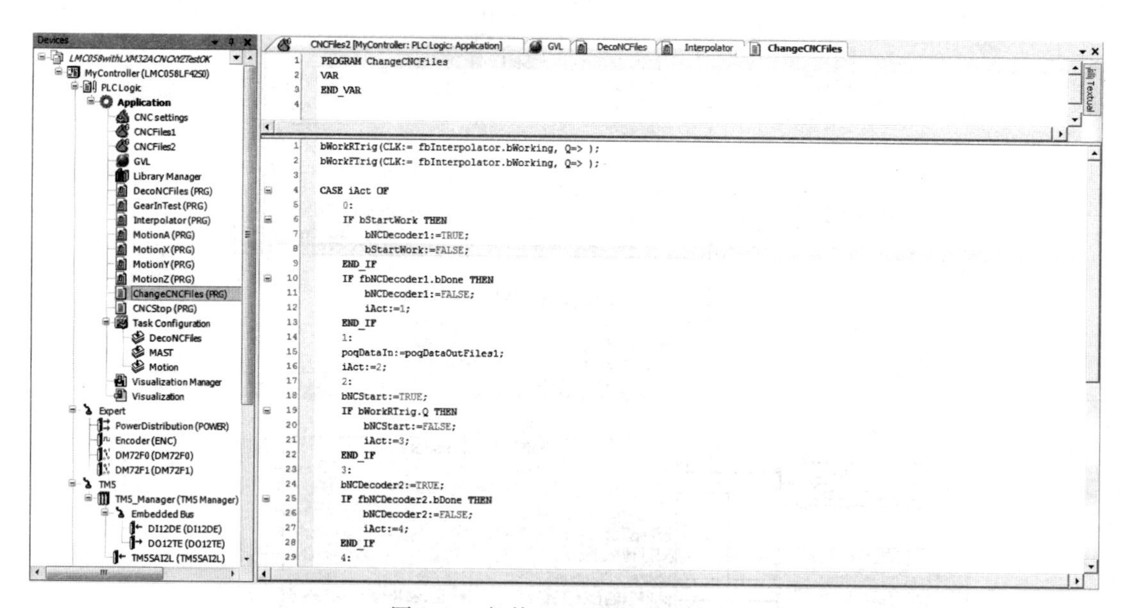

图 2-70　切换 CNC 文件的程序块

工作原理：在启动工作后，启动第一个 CNC 文件的解码并传送至插补功能块执行，同时启动第二个 CNC 文件的解码。当第一个 CNC 文件执行完毕后，将第二个 CNC 文件的解码文件直接传送至插补功能块执行，往复执行，从而达到了两个 CNC 文件间接执行在中间无需解码停顿的技术要求。

2.10　使用 CAD/CAM 软件转换成 G 代码文件时的注意事项

在实际应用中，我们常常会使用不同的软件进行 G 代码文件的生成（如 MasterCAM），但在生成 G 代码文件时，每个轴的定位位置保留多少位小数点，影响着 G 代码文件所生成图形的轨迹，尤其是在使用圆弧插补指令时起着至关重要的作用。

案例分析如下：

G 代码文件：

```
N106 E1200 E-1200
N108 G0 Z0 F400
N110 G0 X821.5 Y-51. F400
N112 M3 K12000
N114 M7
N116 Z25.
N118 Z5. F400
N120 G1Z-8. F20
N122 G3 X826.5 R2.5 F40
N124 X821.5 R2.5
N126 G1 Z-23. F20
N128 G3 X826.5 R2.5 F40
N130 X821.5 R2.5
N132 G1 Z-42. F20
N134 G3 X826.5 R2.5 F40
N136 X821.5 R2.5
N138 G0 Z-17. F400
N140 Z25. F400
N142 X843. F400
N144 Z5. F400
N146 G1Z-8. F20
N148 Y-51.5 F40
N150 G3 X845. Y-53.5 R2.
N152 G1 X857.3889
N154 G2 X859.872 Y-54.816 R3.
N156 G3 X871.128 Y-47.184 R6.79972
N158 X859.872 R6.79972
N160 G2 X857.389 Y-48.5 R3.00019
N162 G1 X845.
N164 G3 X843. Y-50.5 R2.
N166 G1 Y-51.
N168 Z-23. F20
```

N170 Y-51.5 F40
N172 G3 X845. Y-53.5 R2.
N174 G1 X857.3889
N176 G2 X859.872 Y-54.816 R3.
N178 G3 X871.128 Y-47.184 R6.79972
N180 X859.872 R6.79972
N182 G2 X857.389 Y-48.5 R3.00019
N184 G1 X845.
N186 G3 X843. Y-50.5 R2.
N188 G1 Y-51.
N190 Z-42. F20

在第三方软件中查看的图形，图形完全与 CAD 图样的一致，如图 2-71 所示。

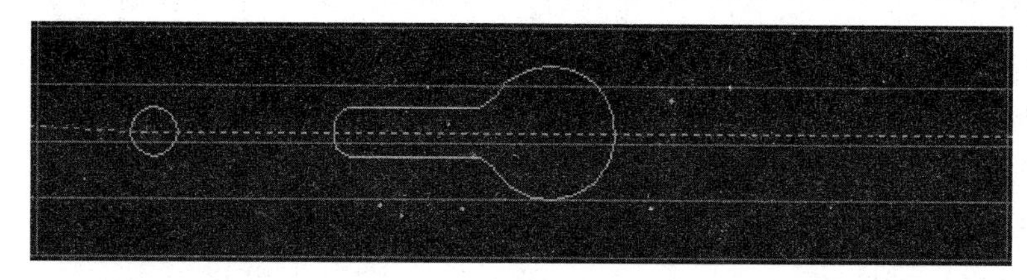

图 2-71　预览效果

但是，此 G 代码放在 Somachine 开发平台（V3 与 V4 效果一致）的 CNC 编辑器中，看到的效果则发生了变化，如图 2-72 所示。

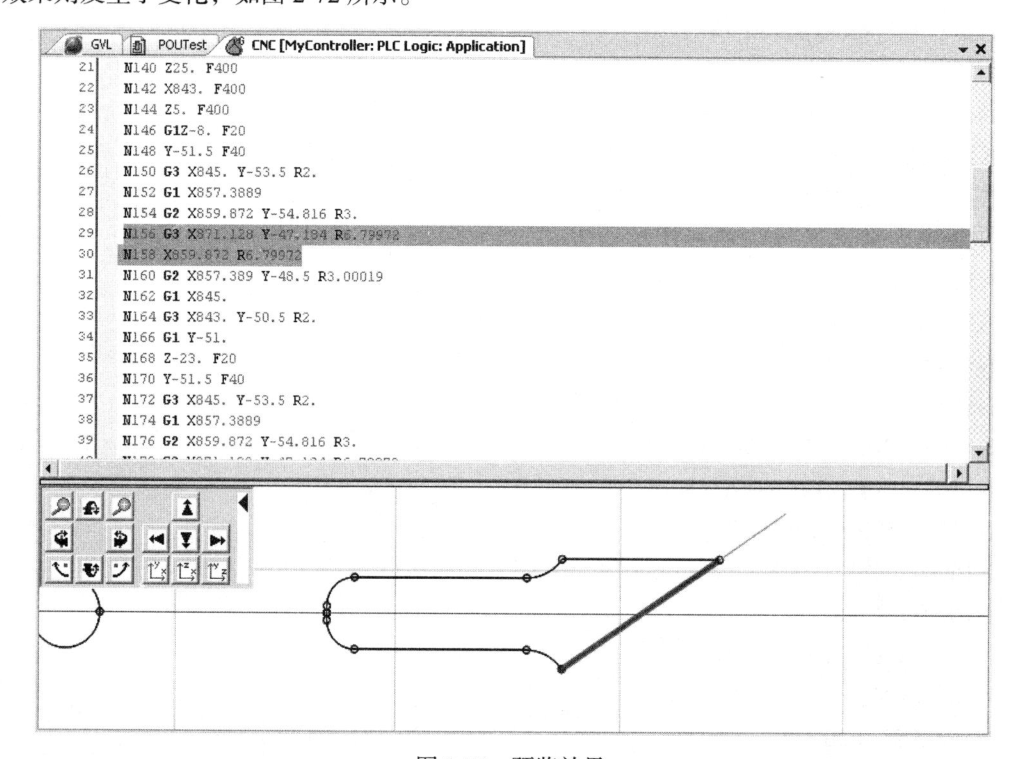

图 2-72　预览效果

在 MotionPro（LMC20 运动控制器的编程平台）中，看到的图形与 Somachine 开发平台中一致，也是不相符的图形，如图 2-73 所示。

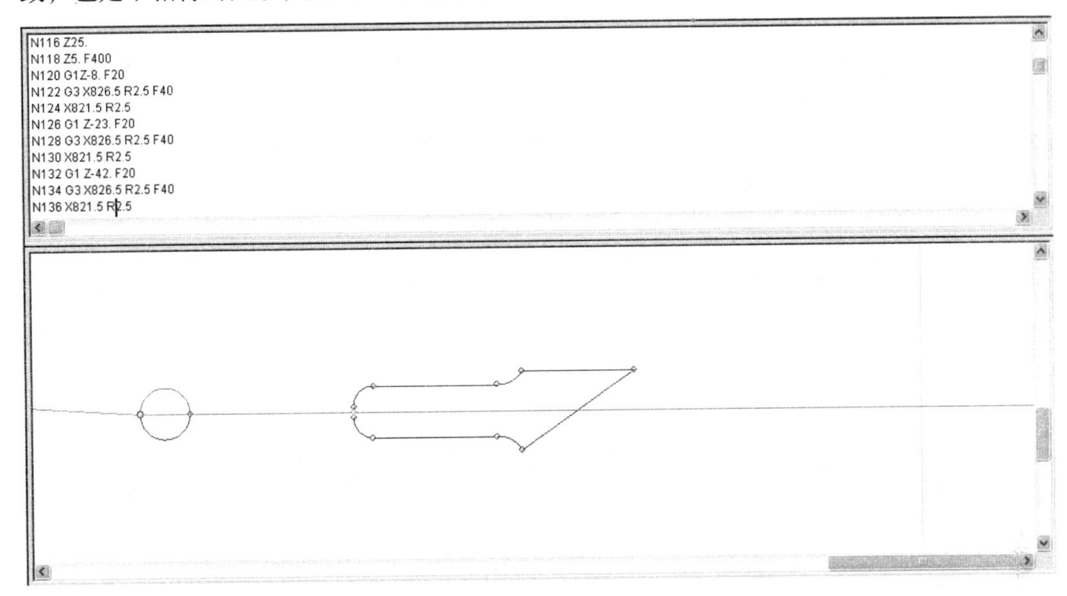

图 2-73　预览效果

根据三角函数计算：$R^2=\{(871.128-859.872)^2+[-47.184-(54.816)^2]\}/4$，得出 R= 6.799723523791243，而 G 代码文件给的数值为 6.79972，从而导致了加工图形发生变化，修改 R 值以后，则图形正常，如图 2-74 所示。

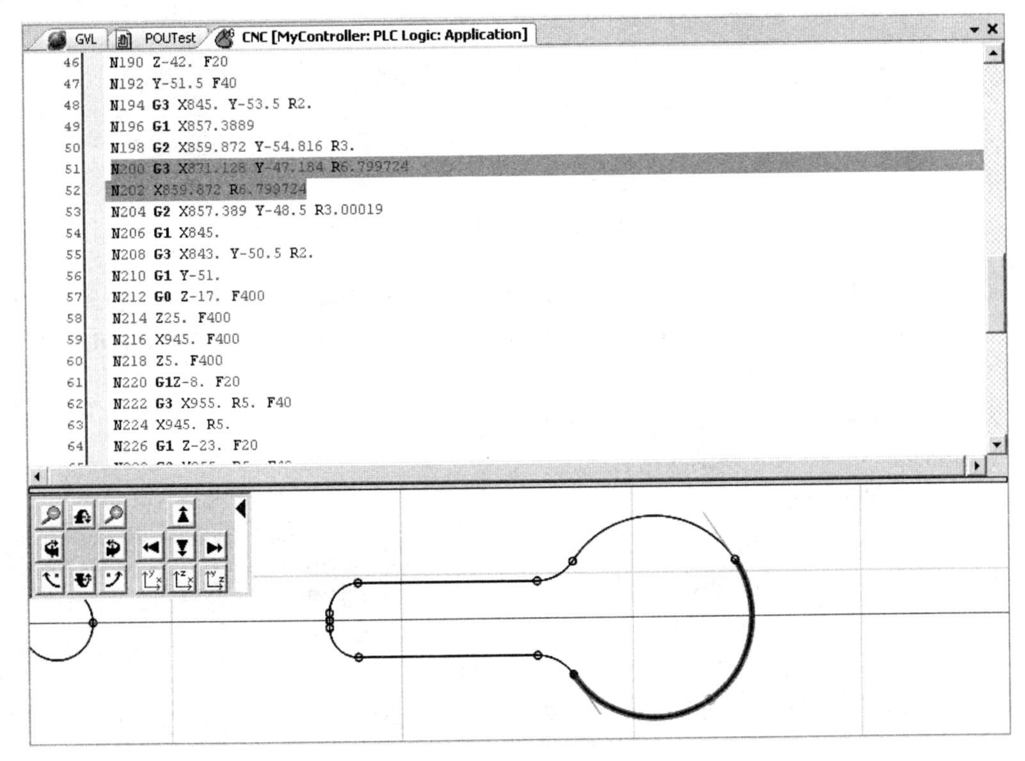

图 2-74　修改后的预览效果

在 Somachine 开发平台的 CNC 功能中，当执行 G 代码文件时，其对数据有一个计算过程，如果计算的数值与给定的数值不一致或位数精度不够时，则直接被识别为直线插补（G01），从而导致加工图形发生变化，例如在上面的例子中，*R* 的真实数据应为 6.799724259115218，而在 CAM 软件生成时其只保留了 5 位小数点，则变为了 6.79972，因而导致了图变形现象的发生。

因此，在 CAM 软件生成 G 代码文件时，设置其保留小数位数为最大值，在 Somachine 开发平台的计算精度中，其小数点位数保留了 13 位，因此在 CAM 软件生成 G 代码文件时，其保留小数位数应不小于 8 位，以确保被加工的图形得以正常加工。

2.11 CNC 的 M 码功能

M 代码是 DIN66025 中的附加功能，可以进行二进制输出的设定，启动另一个动作。当 M 码被执行时，G 代码程序会停止在当前位置，直到插补功能块的 M 码确认输入被激活时，程序才会继续执行。

在 M 代码中，可以使用关键字 K 和 L 同时进行两个参数的处理，如设置主轴的转速等，均可使用这两个参数进行设定。通过使用 Oxxx 可以同时处理更多的参数使用变量类型 SMC_M_PARAMETERS，如图 2-75 所示。

类型 SMC_M_PARAMETERS

成员	类型	初始值	描述
dP1	LREAL	0	M附加参数功能，通过 SMC_GetMParameters读取。
dP2	BYTE	0	
dP3	BYTE	0	
dP4	LREAL	0	
dP5	LREAL	0	
dP6	LREAL	0	
dP7	LREAL	0	
dP8	LREAL	0	

图 2-75　SMC_M_PARAMETERS 结构体参数

在程序中，可以通过使用功能块 SMC_GetMParameters 查看运行系统中 M 代码的参数值，如图 2-76 所示。所有使用的参数可以在解码的同时进行分析并存储在 SMC_OUTQUEUE 缓冲区的 SMC_GEOINFO 结构中。

SMC_GetMParameters 功能块的各个引脚定义如下：

Interpolator：插补功能块的实例名称。

bEnable：使能功能块。

bMActive：M 代码被执行。

dK：M 代码中的 K 参数的数值。

dL：M 代码中的 L 参数的数值。

MParameters：M 代码中的 O 参数的 SMC_M_PARAMETERS 结构体类型中的 dP1 参数的数值。

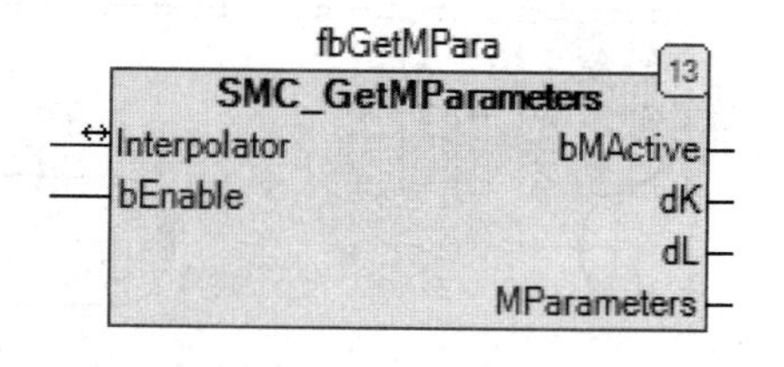

图 2-76　SMC_GetMParameters 功能块

M 代码的使用语法如下：

M K L O

M：M 代码的功能序号，M>0。

K：参数，LREAL。

L：参数，LREAL。

O：SMC_M_PARAMETERS 结构体参数。

程序示例，M 代码的使用如图 2-77 所示。

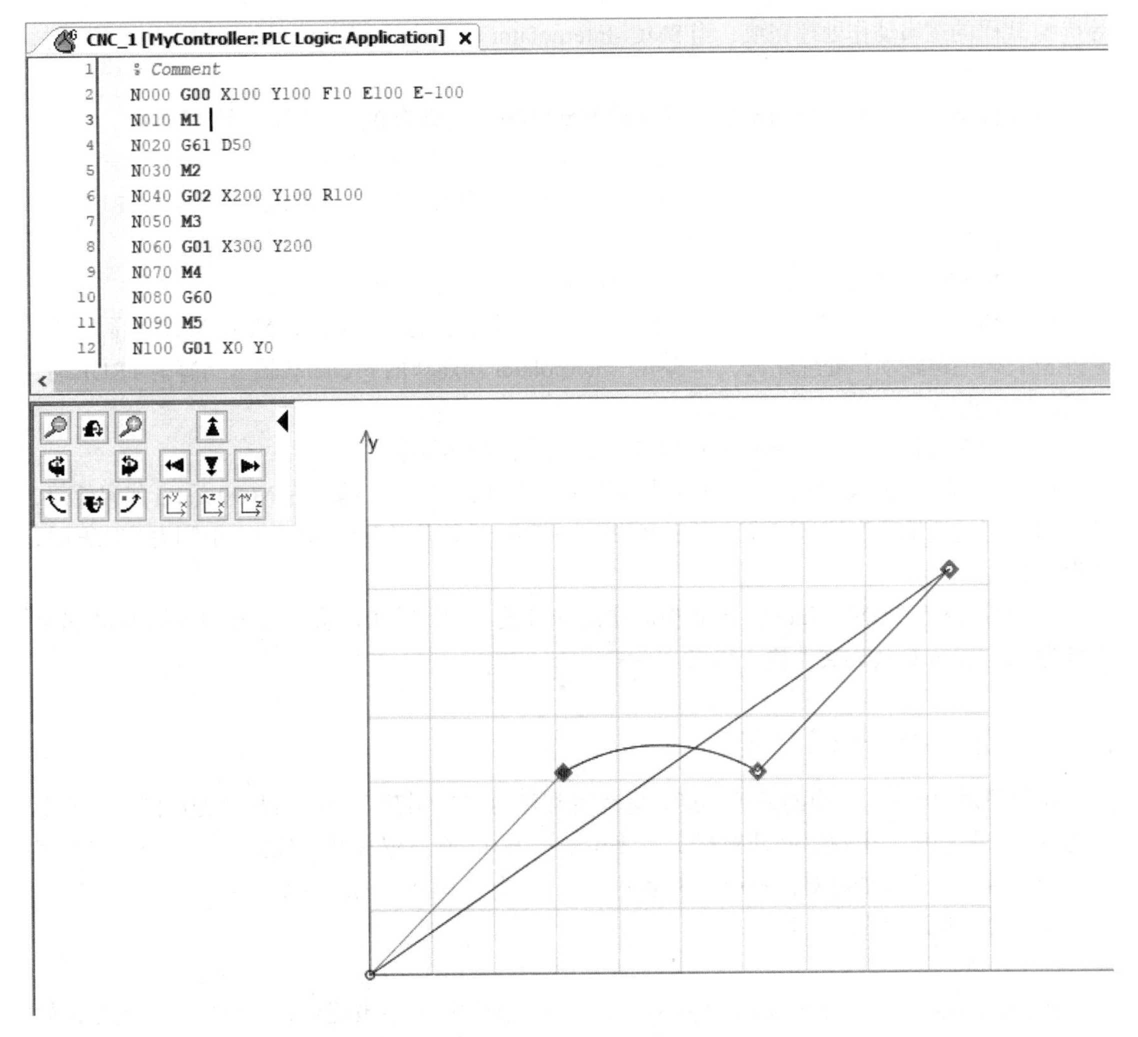

图 2-77　M 代码的使用

当 G 代码被执行时，SMC_Interpolator 功能块的 wM 输出引脚为当前 M 代码值，执行至 M 代码时，G 代码不再继续执行，wM 字中会包含当前的 M 代码值，可以借助此变量处理逻辑程序，当需要继续执行时，触发 bAcknM 即可进行下一步 G 代码的执行，同时 wM 中的值被清零。

在执行 G04 指令时，wM 中的值会变为 –1，G04 执行完毕后，自动清零。

当 G 代码被全部执行完成后，wM 中的值会变为 –1，表示 G 代码文件执行完成。

以图 2-77 中的程序进行分析，M 代码的动作结果如下：

执行 N000 时，SMC_Interpolator 功能块的 wM 输出引脚为 0。

执行 N010 时，SMC_Interpolator 功能块的 wM 输出引脚为 1，执行完 N010 后，G 代码暂停，等待 M 代码的逻辑动作处理完成，当 SMC_Interpolator 功能块的 bAcknM 输入引脚为 TRUE 时，G 代码继续执行。

执行 N020 时，SMC_Interpolator 功能块的 wM 输出引脚为 0。

执行 N030 时，SMC_Interpolator 功能块的 wM 输出引脚为 2，执行完 N030 后，G 代码暂停，等待 M 代码的逻辑动作处理完成，当 SMC_Interpolator 功能块的 bAcknM 输入引脚为 TRUE 时，G 代码继续执行。

执行 N040 时，SMC_Interpolator 功能块的 wM 输出引脚为 0。

执行 N050 时，SMC_Interpolator 功能块的 wM 输出引脚为 3，执行完 N050 后，G 代码暂停，等待 M 代码的逻辑动作处理完成，当 SMC_Interpolator 功能块的 bAcknM 输入引脚为 TRUE 时，G 代码继续执行。

执行 N060 时，SMC_Interpolator 功能块的 wM 输出引脚为 0。

执行 N070 时，SMC_Interpolator 功能块的 wM 输出引脚为 4，执行完 N070 后，G 代码暂停，等待 M 代码的逻辑动作处理完成，当 SMC_Interpolator 功能块的 bAcknM 输入引脚为 TRUE 时，G 代码继续执行。

执行 N080 时，SMC_Interpolator 功能块的 wM 输出引脚为 0。

执行 N090 时，SMC_Interpolator 功能块的 wM 输出引脚为 5，执行完 N090 后，G 代码暂停，等待 M 代码的逻辑动作处理完成，当 SMC_Interpolator 功能块的 bAcknM 输入引脚为 TRUE 时，G 代码继续执行。

执行 N100 时，SMC_Interpolator 功能块的 wM 输出引脚为 0，执行完 N100 后，wM 输出引脚为 –1，表示 G 代码文件执行完成。

2.12 CNC 的 H 码功能

H 代码是 DIN66025 中的开关功能，它允许程序对二进制基于路径的开关进行操作，通常情况下，开关的第一个数字必须被指定（“H< 序号 >”），然后定义开关位置，可以是通过关键字“L< 位置 >”定义的绝对位置或者关键字“O< 位置 >”定义的相对位置。

H 码功能允许的语法如下：

Gxx H O/L

H：H 功能的序号，序号范围为 1~32，超过此范围的序号不被记录；如果序号为正数，如 H1，则 H 功能表示开关 1 打开；序号为负数，如 H-1，则 H 功能表示开关 1 关闭。

O：对象 [0..1] 的相对位置，0：起点，1：终点。

L：插补线段的绝对位置，非 X/Y 坐标的位置；L>0：到起点的位置，L<0：到终点的位置。

程序示例如图 2-78 所示。

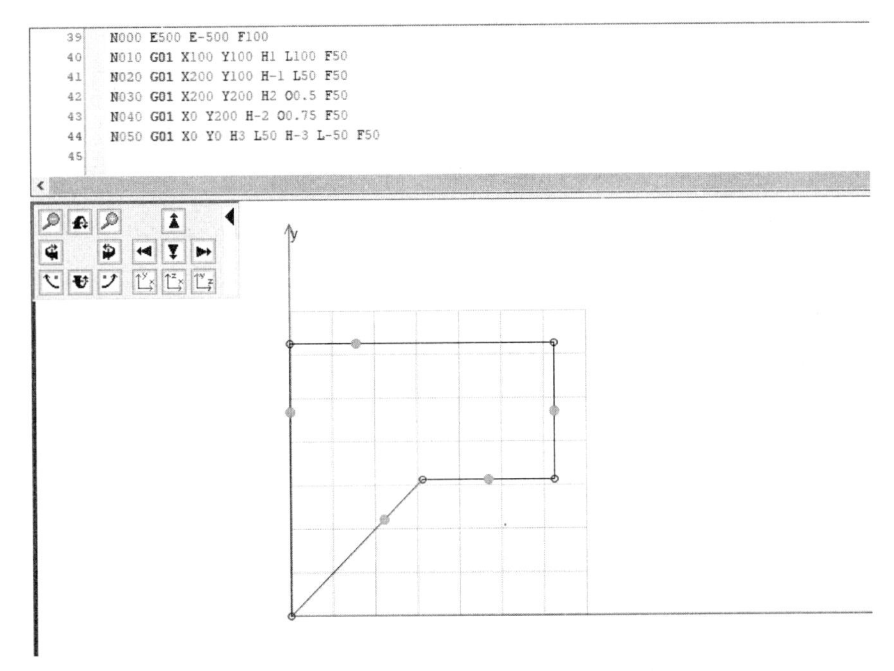

图 2-78　H 代码的使用

图 2-78 中的绿色圆点表示为 H 代码的动作位置。

当 G 代码被执行时，SMC_Interpolator 功能块的 dwSwitches（DWORD，双字）输出引脚为当前 H 代码值，其 Bit0~Bit31 的状态分别对应 H 代码的 H1~H32。SMC_Interpolator 功能块的 iLastSwitch（INT，整数）输出引脚为最后一个 H 代码的序号，当 H 代码开关打开时，此变量的数值是增加的，否则是减少的。

N000 E500 E-500 F100

本行定义加速度、减速度以及工作速度。

N010 G01 X100 Y100 H1 L100 F50

本行为直线插补，从起点（0,0）定位至终点（100,100），H1 L100 表示为在直线线段的绝对位置 100 时，H 代码开关 1 输出为 TRUE，F50 为工作速度。

N020 G01 X200 Y100 H-1 L50 F50

本行为直线插补，从起点（100,100）定位至终点（200,100），H-1 L50 表示为在直线线段的绝对位置 50 时，H 代码开关 1 输出为 FALSE，F50 为工作速度。

N030 G01 X200 Y200 H2 O 0.5 F50

本行为直线插补，从起点（200,100）定位至终点（200,200），H2 O 0.5 表示为在直线线段的 50% 处开始，H 代码开关 2 输出为 TRUE，F50 为工作速度。

N040 G01 X0 Y200 H-2 O0.75 F50

本行为直线插补，从起点（200,200）定位至终点（0,200），H-2 O0.75 表示为在直线线段的 75% 处开始，H 代码开关 2 输出为 FALSE，F50 为工作速度。

N050 G01 X0 Y0 H3 L50 H-3 L-50 F50

本行为直线插补，从起点（0,200）定位至终点（0,0），H3 L50 表示为在直线线段的绝对位置 50 时，H 代码开关 3 输出为 TRUE，H-3 L-50 表示为在直线线段的绝对位置离终点 50 处，

H 代码开关 3 输出为 FALSE，F50 为工作速度。

H 代码功能常应用于加工过程的换刀机构，在加工不同的路径时，应选择不同的刀具。

2.13 CNC 的路径圆滑或圆整功能

在 DIN66025 中，规定了一些预处理方式，路径圆滑或圆整即是其中之一。使用该功能时，需要在 G 代码命令中激活。

用于路径圆滑与圆整的命令如下：

G50：结束圆滑路径或圆滑路径函数。

G51：开始圆滑路径函数。

G52：开始圆滑路径函数。

路径圆滑或圆整功能允许的语法如下：

G50

G51 D

G52 D

D：路径圆滑或圆整的距离。

在 CNC 编辑器中，使用路径圆滑或圆整功能时，应在 CNC 设置中添加相应的预处理指令，如图 2-79 所示。

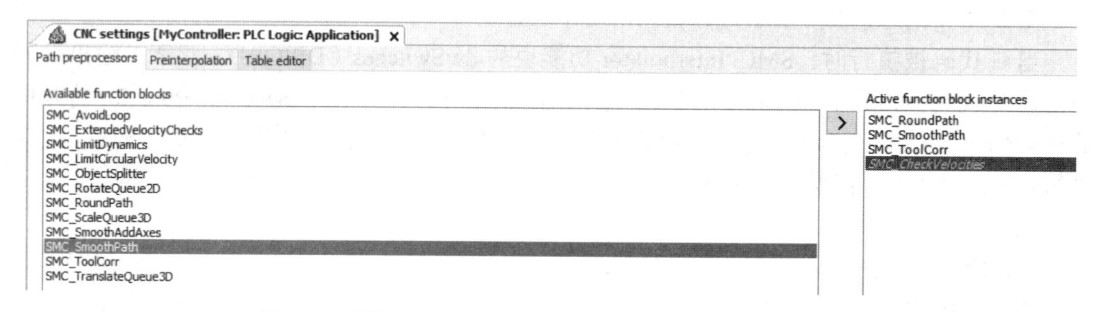

图 2-79　添加 SMC_RoundPath 与 SMC_SmoothPath 功能

G 代码指令如图 2-80 所示。

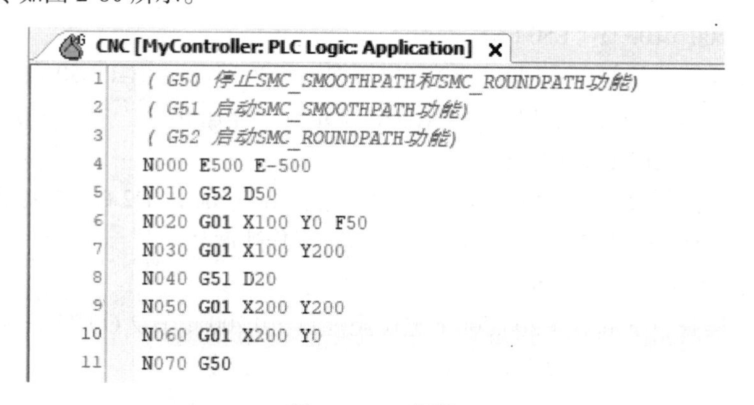

图 2-80　G 代码

图 2-80 中的 G 代码指令，其原始路径如图 2-81 所示。

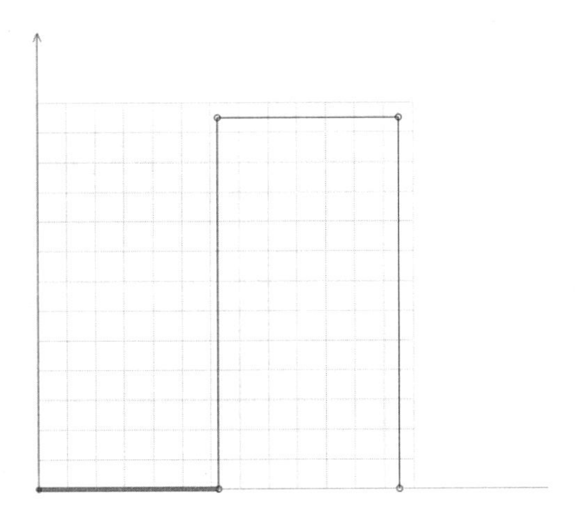

图 2-81　G 代码的原始路径

当 G 代码中的 G50/G51/G52 路径圆滑或圆整指令被执行时，其加工路径发生了变化，如图 2-82 所示。

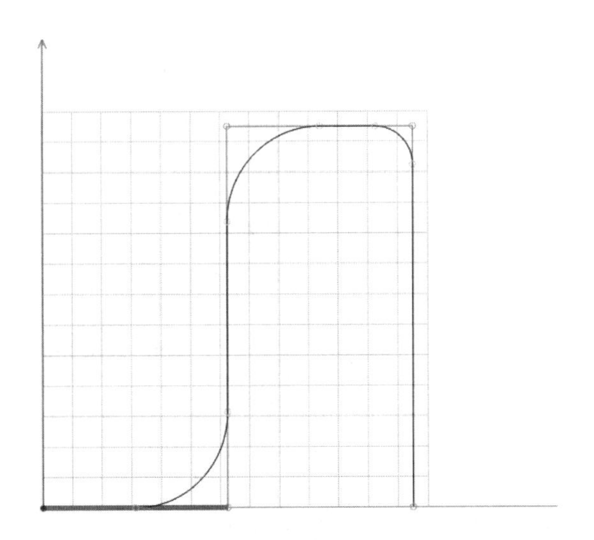

图 2-82　路径圆滑或圆整后的加工路径

在图 2-82 中，图形在原始路径的拐角处进行了路径圆滑或圆整。

在 CNC 编辑器中，使用路径圆滑或圆整功能时，可通过图 2-83 中的第二个图标切换显示原始路径以及加工路径的轨迹。

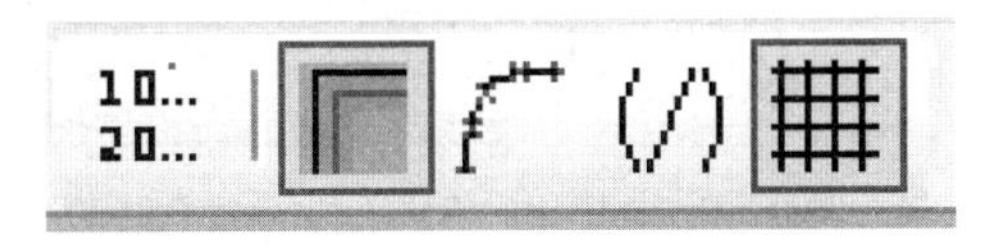

图 2-83　切换加工路径

在使用外部的 G 代码指令文件时，除了在 G 代码中使用 G50/G51/G52 路径圆滑或圆整指令之外，在进行路径的预处理时，也必须相应地使用 SMC_RoundPath、SMC_SmoothPath 功能块，使用方法如图 2-84 所示。

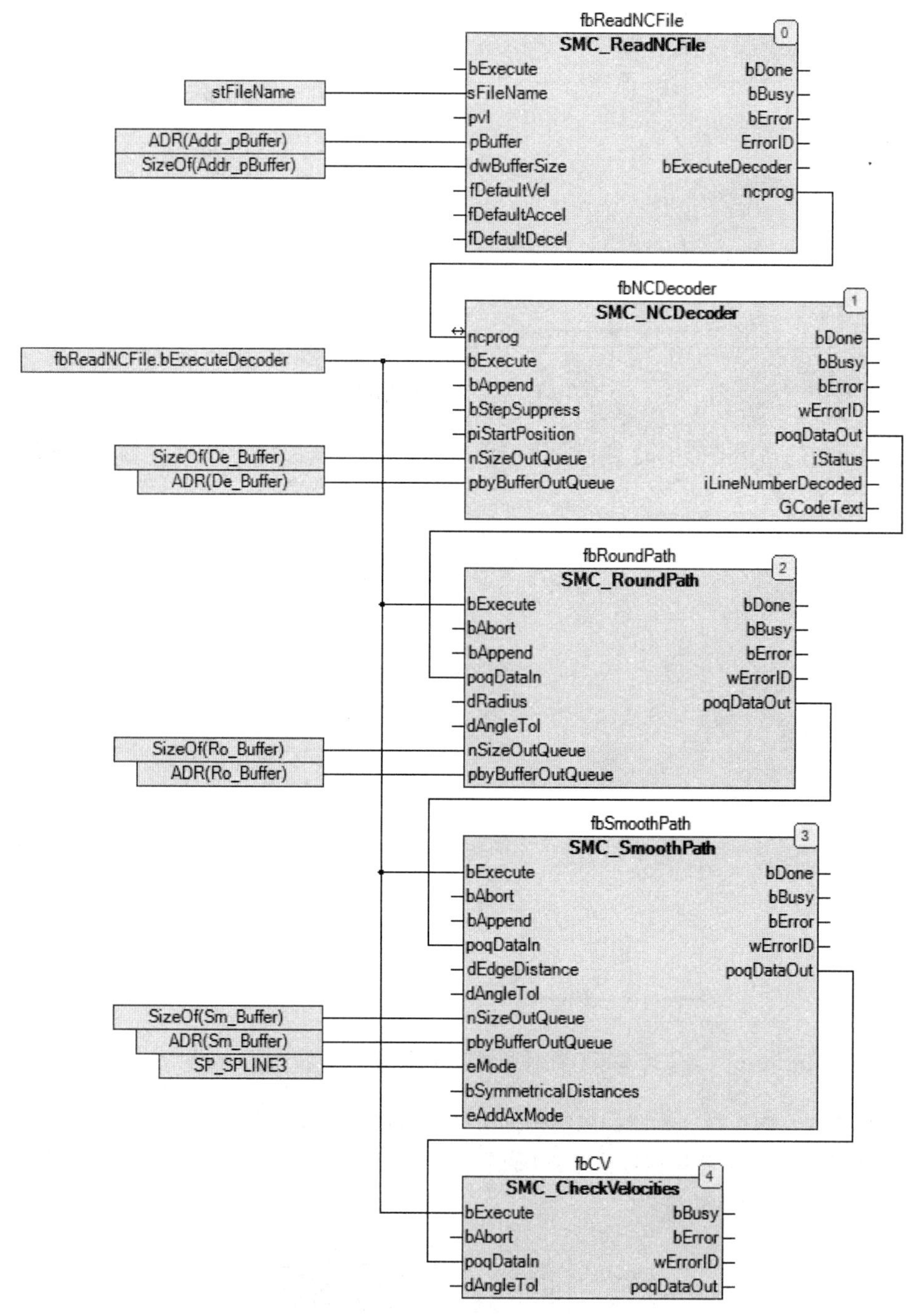

图 2-84　SMC_RoundPath、SMC_SmoothPath 功能块

SMC_RoundPath 功能块（对应 G52 功能）主要用于倒角，在两个连接的对象处通过圆角连接。如果拐角处有一个 M 代码，那么该 M 代码将会移动到圆整路径的结束位置。

SMC_SmoothPath 功能块（对应 G51 功能）将圆滑给定路径的转角并且创建一个圆滑路径。如果拐角处有一个 M 代码，那么该 M 代码将会移动到圆滑路径的结束位置。

两者最大的区别在于，SMC_RoundPath 功能块（对应 G52 功能）的路径为倒角，即半径与圆整 D 值一致，而 SMC_SmoothPath 功能块（对应 G51 功能）仅仅是按照圆滑方式给定的圆滑路径。

2.14　CNC 的路径规避功能

在 DIN66025 中规定了一些预处理方式，路径规避即是其中的一种。使用该功能时，需要在 G 代码命令中激活。

用于路径规避的命令如下：

G60：结束路径规避功能。

G61：启动路径规避功能。

路径规避功能允许的语法如下：

G60、G61

在 CNC 编辑器中，使用路径规避功能时，需要在 CNC 设置中添加相应的预处理指令，如图 2-85 所示。

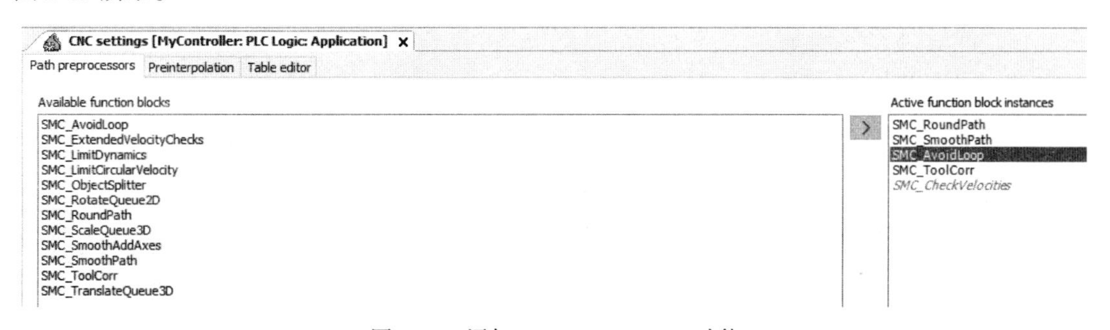

图 2-85　添加 SMC_AvoidLoop 功能

G 代码指令如图 2-86 所示。

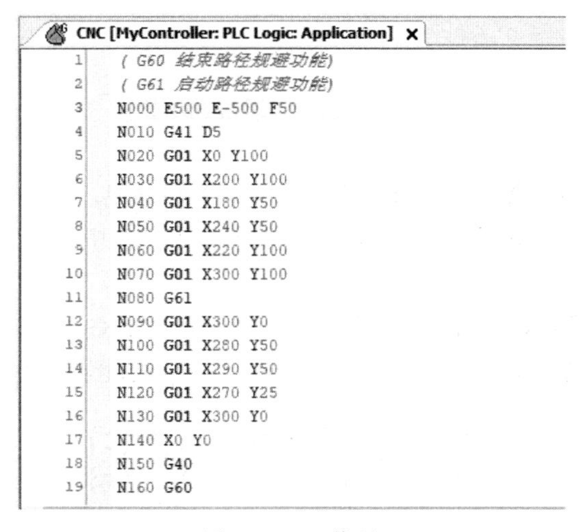

图 2-86　G 代码

图 2-86 中的 G 代码指令，其原始路径如图 2-87 所示。

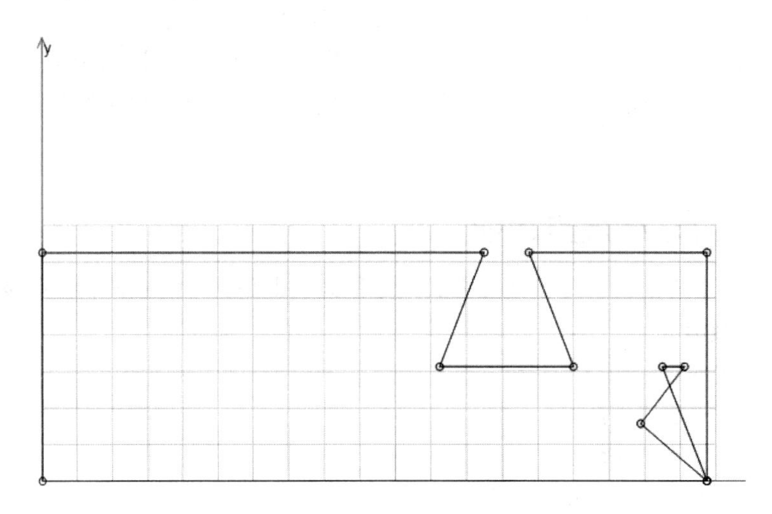

图 2-87　G 代码的原始路径

当 G 代码中的 G60/G61 路径规避指令被执行时，其加工路径发生了变化，如图 2-88 所示。

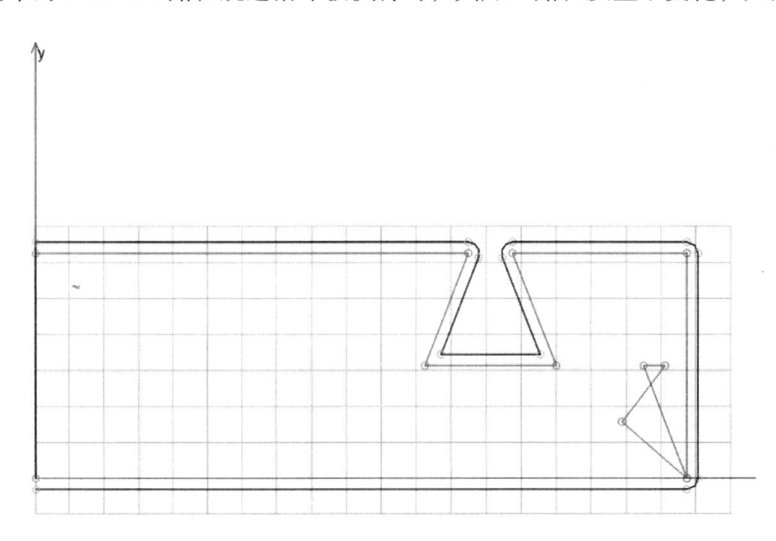

图 2-88　路径规避后的加工路径

在图 2-88 中，图形在原始路径的交叉点处进行了路径规避，在加工路径中被忽略。

在 CNC 编辑器中，使用路径规避功能时，可通过图 2-89 中的第二个图标切换显示原始路径以及加工路径的轨迹。

在使用外部的 G 代码指令文件时，除了在 G 代码中使用 G60/G61 路径规避指令之外，在进行路径的预处理时，也必须相应地使用 SMC_AvoidLoop 功能块，使用方法如图 2-90 所示。

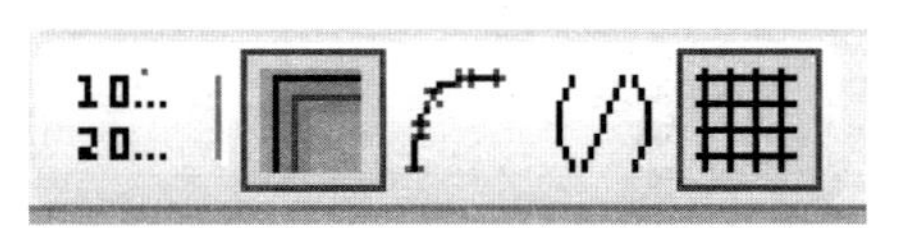

图 2-89　切换加工路径

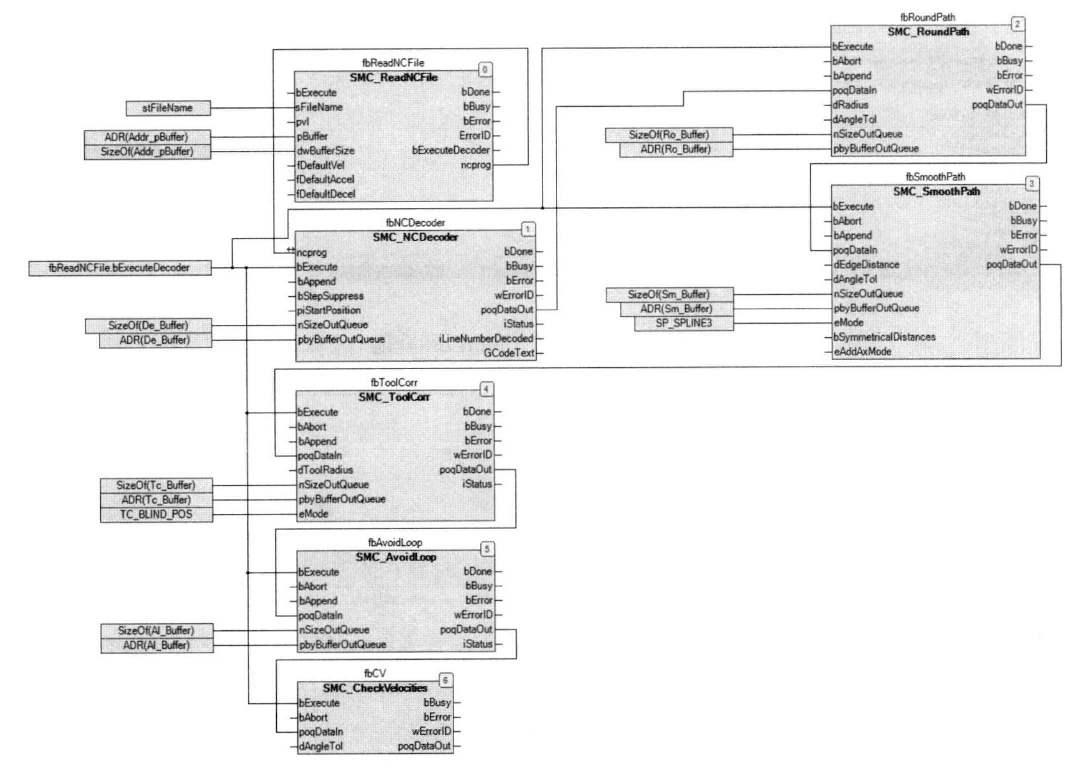

图 2-90　SMC_AvoidLoop 功能块

SMC_AvoidLoop 功能块首先会复制操作路径，但是会去除其中包含的循环。如果一个交叉点位于一个原始路径中，那么该路径将会切断交叉点，循环将会移除并且路径中包含的其他部分仍会继续执行，因此将会出现一个连续的路径循环。此功能通常用于规避刀具半径补偿时产生的路径交叉点。

2.15　CNC 的刀具半径补偿功能

在 DIN66025 中，规定了一些预处理方式，刀具补偿即是其中的一种。使用该功能时，需要在 G 代码命令中激活。

用于管理刀具补偿的命令如下：

G40：结束工具半径的修正。

G41：从工件左侧开始工具半径的修正。

G42：从工件右侧开始工具半径的修正。

刀具半径补偿功能允许的语法如下：

G40

G41 D

G42 D

D：刀具补偿的半径。

在 CNC 编辑器中，使用刀具半径补偿功能时，需要在 CNC 设置中添加相应的预处理指令，如图 2-91 所示。

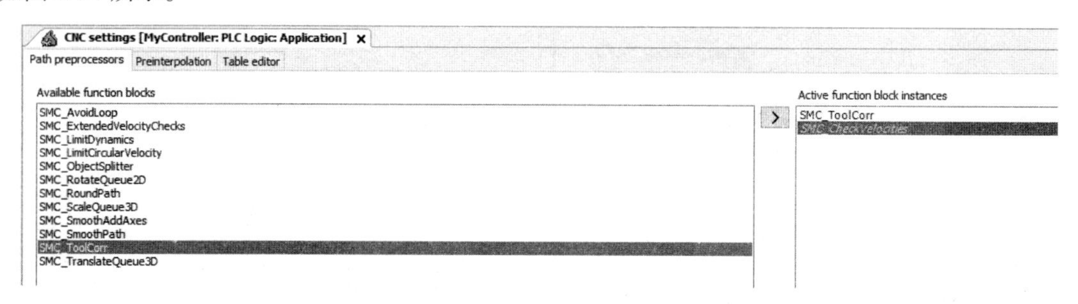

图 2-91 添加 SMC_ToolCorr 功能

G 代码指令如图 2-92 所示。

图 2-92 中的 G 代码指令，其原始路径如图 2-93 所示。

```
1  ; G40 停止ToolCorr刀具补偿功能
2  ; G41 启动ToolCorr从左侧开始刀具补偿功能
3  N000 E500 E-500 F100
4  N010 G41 D10
5  N020 G01 X50 Y0
6  N030 G01 X50 Y200 F30
7  N040 G01 X200 Y200
8  N050 G01 X200 Y0
9  N060 G40
10 ; G42 启动ToolCorr从右侧开始刀具补偿功能
11 N070 E500 E-500 F100
12 N080 G42 D10
13 N090 G01 X300 Y0
14 N100 G01 X300 Y200 F30
15 N110 G01 X500 Y200
16 N120 G01 X500 Y0
17 N130 G40
18 N140 G01 X600 Y0
```

图 2-92 G 代码

图 2-93 G 代码的原始路径

当 G 代码中的 G40/G41/G42 刀具半径补偿指令被执行时，其加工路径发生了变化，如图 2-94 所示。

图 2-94 中，左侧图形为 G41 指令执行时的加工路径，其加工轨迹在原始图形的外圈；右侧图形为 G42 指令执行时的加工路径，其加工轨迹在原始图形的内圈。这也是两个指令的区别所在。G40 为停止刀具半径补偿的指令。

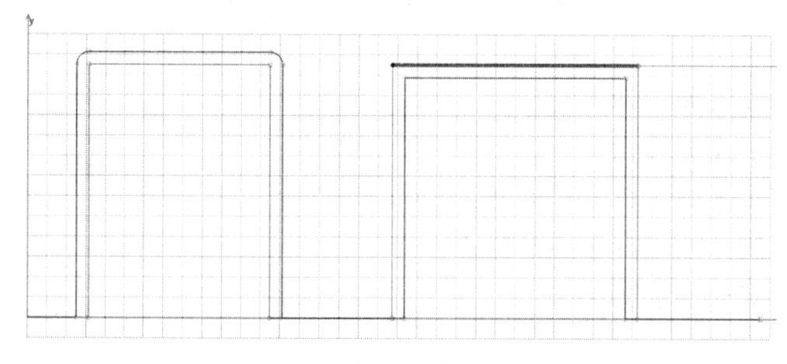

图 2-94 刀具半径补偿后的加工路径

在 CNC 编辑器中使用刀具半径补偿功能时，可通过图 2-95 中的第二个图标切换显示原始路径以及加工路径的轨迹。

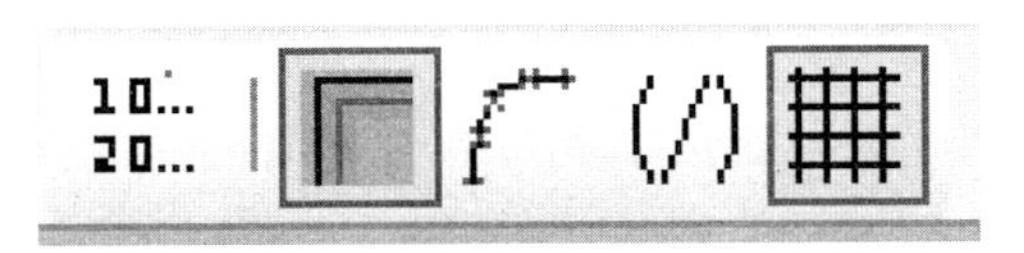

图 2-95　切换加工路径

在使用外部的 G 代码指令文件时，除了在 G 代码中使用 G40/G41/G42 刀具半径补偿指令之外，在进行路径预处理时，也必须相应的使用 SMC_ToolCorr 功能块，使用方法如图 2-96 所示。

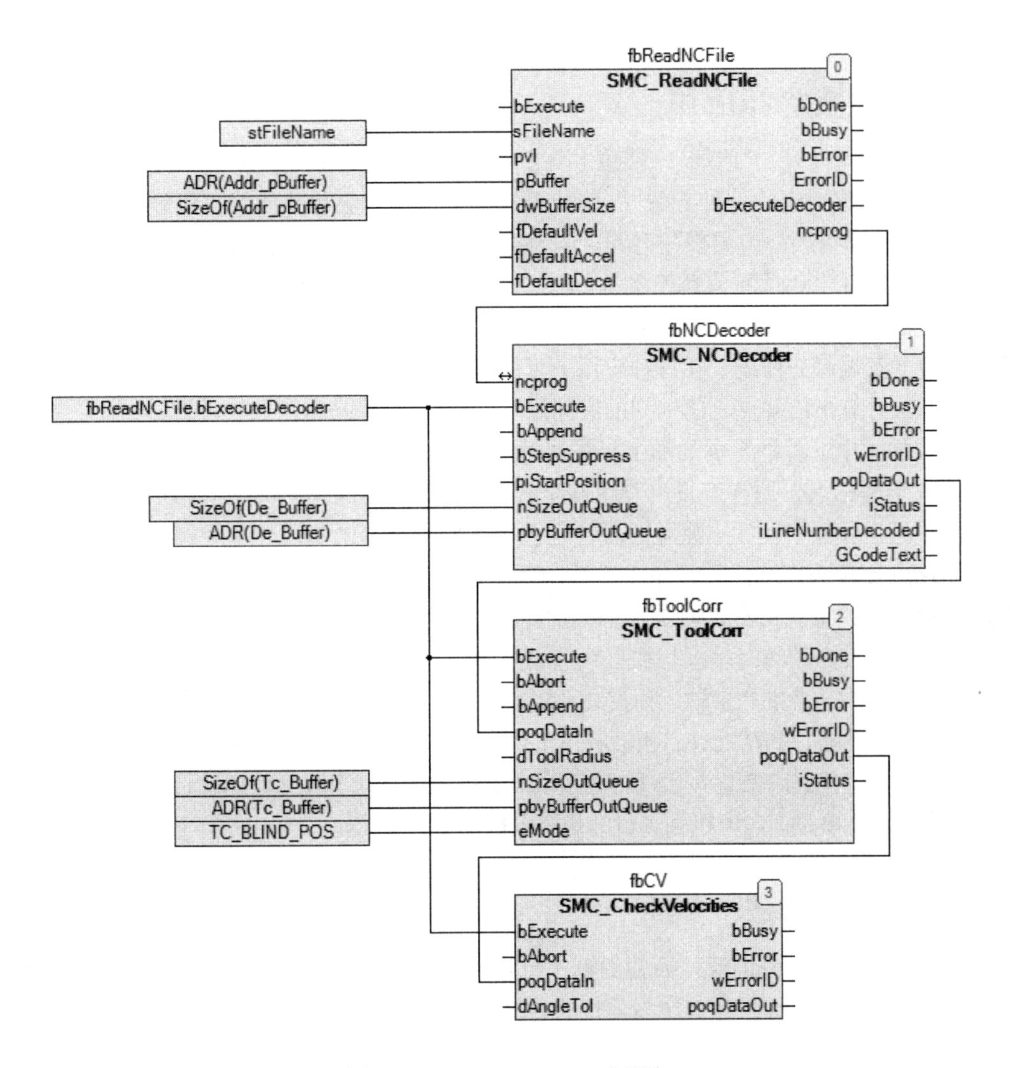

图 2-96　SMC_ToolCorr 功能块

SMC_ToolCorr 功能块主要用于刀具半径补偿，此功能块会在原始路径上产生一个偏移，在偏移路径上的每个路径对象的路径点到原始路径点都有一个固定的值，即刀具补偿值，因此偏移路径上的每个点到原始路径点都有一个恒定的距离。通常用在铣削钻孔直径定义的铣削轮廓中，为了补偿铣削孔的半径补偿而必须有一个路径补偿。

第 3 章

PLC 插补位置的控制

3.1 插补的概念和应用

插补也称“内插补”“内插”“插值”等。在数值分析里，插补是“在一组离散的已知数据点范围内构造新数据点的一种方法”。例如天气预报里的气温趋势曲线，假设气温采样周期是 1h、24h 连续采样得到一组离散的时间 – 气温数据，13:00 时测量到的气温为 20℃，14:00 测量到气温为 23℃，15:00 时测量到气温为 21℃，那么用插补算法可以计算出非采样时间为 13:30 时的气温是 21.5℃、14:30 时的气温是 22℃，按此方法计算出其他“中间点”，再逐点连线就可以得到完整的气温趋势曲线。在这种应用下可以将插补简单理解为“已知曲线上的某些数据点，按照某种算法计算出已知点之间未知的中间点”，插补的结果是将曲线点进行“密化”。

在数控加工中，各种轮廓的加工都是通过插补实现的。数控系统计算出轮廓线起点和终点之间的有限个坐标点，控制刀具沿着这些坐标点用折线运动轨迹逼近所要加工的轮廓线轨迹，这种应用下的插补除了曲线点密化之外，还包含了刀具轨迹的实时计算和控制。例如切削轮廓线时采用逐点比较法直线插补，每个插补循环由偏差判别、进给、偏差函数计算和终点判别 4 个步骤组成，数控系统每次仅向 1 个坐标轴输出 1 个进给脉冲，同时每走一步都要通过偏差函数计算，判断插补点的瞬时坐标与加工轨迹之间的偏差，然后决定下一步的进给方向。

在运动控制中，特别是多轴运动控制系统中，插补也是运动控制算法的关键。一般多轴运动控制系统中存在粗插补和精插补，粗插补由上位控制器（如计算机等）完成，主要是面向具体任务，目的是将轨迹位置离散化并通过特定手段（例如现场总线）发送给运动控制器；精插补由运动控制器完成，主要是面向电机轴，目的是对电机位置、加减速、电机安全等进行实时控制。

3.2 典型插补算法

因为插补的应用十分广泛，插补的算法也种类繁多，难以一一列举，本节只介绍直线插补算法、三次多项式插补算法和五次多项式插补算法。

3.2.1 直线插补算法

直线插补算法也称线性插补算法，可简单地描述为“已知曲线上的某些数据点，按照线性函数（一次函数）计算出已知点之间的中间点”。

假设曲线的某一段其起点 p_0 和终点 p_1 坐标依次为（x_0，y_0）、（x_1，y_1），用直线插补算法计算中间点 p_m 的纵坐标 y_m 的计算公式为

$$y_m=y_s+\frac{x_m-x_0}{x_1-x_0}\cdot(y_1-y_0)$$

如果 x_0=15，y_0=5，x_1=30，y_1=12.5，x_m 步长为 1，代入上面的计算公式，计算出这段曲线起点 p 和终点 p_1 中间点的坐标结果见表 3-1。

表 3-1　曲线起点 p_0 和终点 p_1 中间点的坐标结果

曲线点	X 坐标	Y 坐标	曲线点	X 坐标	Y 坐标
起点 p_0	15	5	p_{m8}	23	9
p_{m1}	16	5.5	p_{m9}	24	9.5
p_{m2}	17	6	p_{m10}	25	10
p_{m3}	18	6.5	p_{m11}	26	10.5
p_{m4}	19	7	p_{m12}	27	11
p_{m5}	20	7.5	p_{m13}	28	11.5
p_{m6}	21	8	p_{m14}	29	12
p_{m7}	22	8.5	终点 p_1	30	12.5

这样，从 p_0~p_1 这段曲线上的点从两个被密化成了 16 个，如图 3-1 所示。

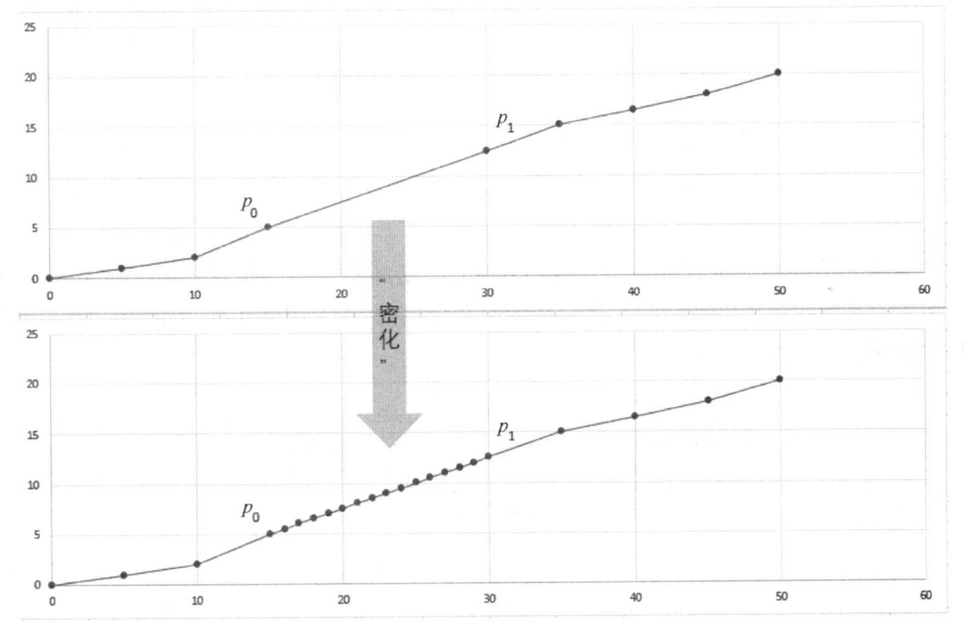

图 3-1　直线插补位置曲线

3.2.2　三次多项式插补算法

在运动控制中，直线插补相当于只考虑主轴和从轴之间的位置关系，难以保证运动轴速度的稳定，当把轴的速度也作为条件后，主轴和从轴之间位置关系的边界条件就从两个（起点位置、终点位置）变成了 4 个：起点位置、终点位置、起点速度、终点速度，此时就需要用三次多项式插补算法。为了便于理解，我们将曲线的主轴替换成时间，并假设起点时刻为 t_0、位置为 p_0、速度为 v_0，终点时刻为 t_1、位置为 p_1、速度为 v_1，建立三次多项式：

$$p(t)=A_0+A_1\cdot(t-t_0)+A_2\cdot(t-t_0)^2+A_3\cdot(t-t_0)^3 \quad t_0\leqslant t\leqslant t_1$$

根据边界条件，可求得 4 个系数分别为

$$\begin{cases} A_0=p_0 \\ A_1=v_0 \\ A_2=\dfrac{3\cdot\Delta p-(2\cdot v_0+v_1)\cdot\Delta t}{\Delta t^2} \\ A_3=\dfrac{-2\cdot\Delta p+(v_0+v_1)\cdot\Delta t}{\Delta t^3} \end{cases}$$

其中

$$\Delta p=p_1-p_0$$
$$\Delta t=t_1-t_0$$

已知 $t_0=0$、$p_0=0$、$v_0=0$、$t_1=10$、$p_1=15$、$v_1=0$、t 步长 1，根据三次多项式插补公式，计算出中间点 p_{m1}~p_{m9} 的结果见表 3-2。

表 3-2 计算出中间点 p_{m1}~p_{m9} 的结果

曲线点	t	p	v	曲线点	t	p	v
起点 p_0	0	0	0	p_{m6}	6	9.72	2.04
p_{m1}	1	0.42	1.14	p_{m7}	7	11.76	1.68
p_{m2}	2	1.56	1.68	p_{m8}	8	13.44	1.14
p_{m3}	3	3.24	2.04	p_{m9}	9	14.58	0.42
p_{m4}	4	5.28	2.22	终点 p_1	10	15	0
p_{m5}	5	7.5	2.22				

三次多项式插补后的位置曲线、速度曲线如图 3-2 所示，三次多项式插补后不仅位置曲线平滑，相应的速度曲线也是平滑的。在某些伺服系统里的 PVT（Position Velocity Time）插补模式的基本原理就是三次多项式插补。

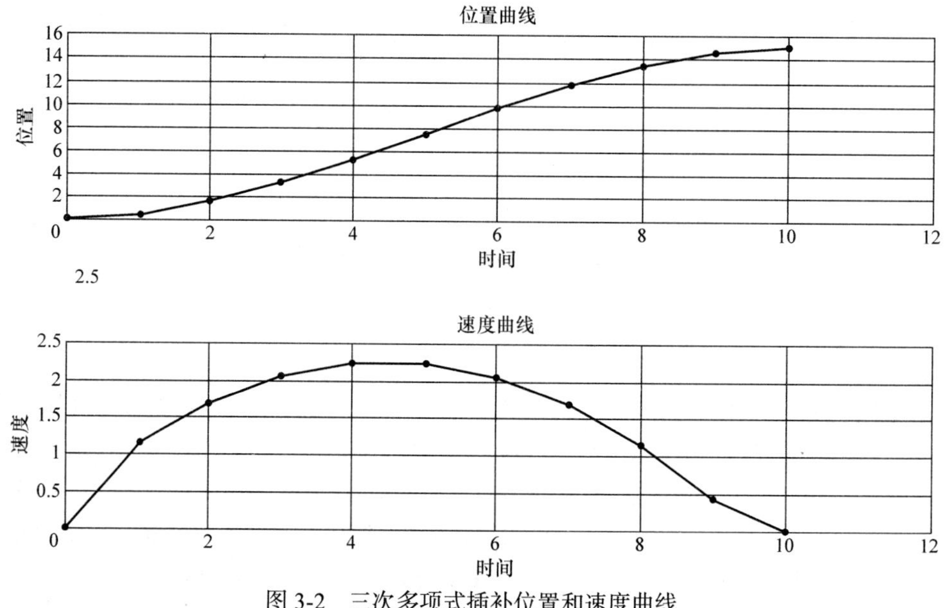

图 3-2 三次多项式插补位置和速度曲线

3.2.3　五次多项式插补算法

除了保证位置、速度的连续平滑，完善的运动控制算法中必须将加速度也纳入边界条件，于是边界条件的个数达到了 6 个，分别是起点位置、终点位置、起点速度、终点速度、起点加速度、终点加速度，此时就需要用 5 次多项式插补算法。假设起点时刻为 t_0、位置为 p_0、速度为 v_0、加速度为 a_0，终点时刻为 t_1、位置为 p_1、速度为 v_1、加速度为 a_1，五次多项式公式：

$$p(t)=A_0+A_1\bullet(t-t_0)+A_2\bullet(t-t_0)^2+A_3\bullet(t-t_0)^3+A_4\bullet(t-t_0)^4+A_5\bullet(t-t_0)^5$$

$$t_0\leqslant t\leqslant t_1$$

条件为

$$p(t_0)=p_0\ p(t_1)=p_1$$
$$\dot{p}(t_0)=v_0\ \dot{p}(t_1)=v_1$$
$$\ddot{p}(t_0)=a_0\ddot{p}(t_1)=a_1$$

求出系数为

$$\begin{cases} A_0=p_0 \\ A_1=v_0 \\ A_2=\dfrac{1}{2}a_0 \\ A_3=\dfrac{1}{2\Delta t^3}\left[20\Delta p-(8v_1+12v_0)\Delta t+(a_1-3a_0)\Delta t^2\right] \\ A_4=\dfrac{1}{2\Delta t^4}\left[-30\Delta p+(14v_1+16v_0)\Delta t+(3a_0-2a_1)\Delta t^2\right] \\ A_5=\dfrac{1}{2\Delta t^5}\left[12\Delta p+6(v_1+v_0)\Delta t+(a_1-a_0)\Delta t^2\right] \end{cases}$$

其中

$$\Delta p=p_1-p_0$$

$$\Delta t=t_1-t_0$$

已知 t_0=0，p_0=0，v_0=0，a_0=0，t_1=10，p_1=15，v_1=0，a_1=0，根据 5 次多项式插补公式，计算出的中间点 p_{m1}~p_{m9} 结果见表 3-3。

表 3-3　计算出中间点 p_{m1}~p_{m9} 结果

曲线点	t	p	v	a	曲线点	t	p	v	a
起点 p_0	0	0	0	0	p_{m6}	6	10.24	2.32	−0.74
p_{m1}	1	0.13	0.74	0.84	p_{m7}	7	12.55	1.58	−0.84
p_{m2}	2	0.87	1.58	0.74	p_{m8}	8	14.13	0.74	−0.61
p_{m3}	3	2.45	2.32	0.42	p_{m9}	9	14.87	0.13	−0.13
p_{m4}	4	4.76	2.74	0	终点 p_1	10	15	0	0
p_{m5}	5	7.50	2.74	−0.42					

图 3-3 是采用五次多项式插补绘制的位置、速度、加速度曲线。某些运动控制器的精插补采用的是五次多项式插补算法，如施耐德 LMC058 系列、LMC078 系列运动控制器，另外六关

节机器人轨迹规划算法也是以五次多项式插补为核心的。

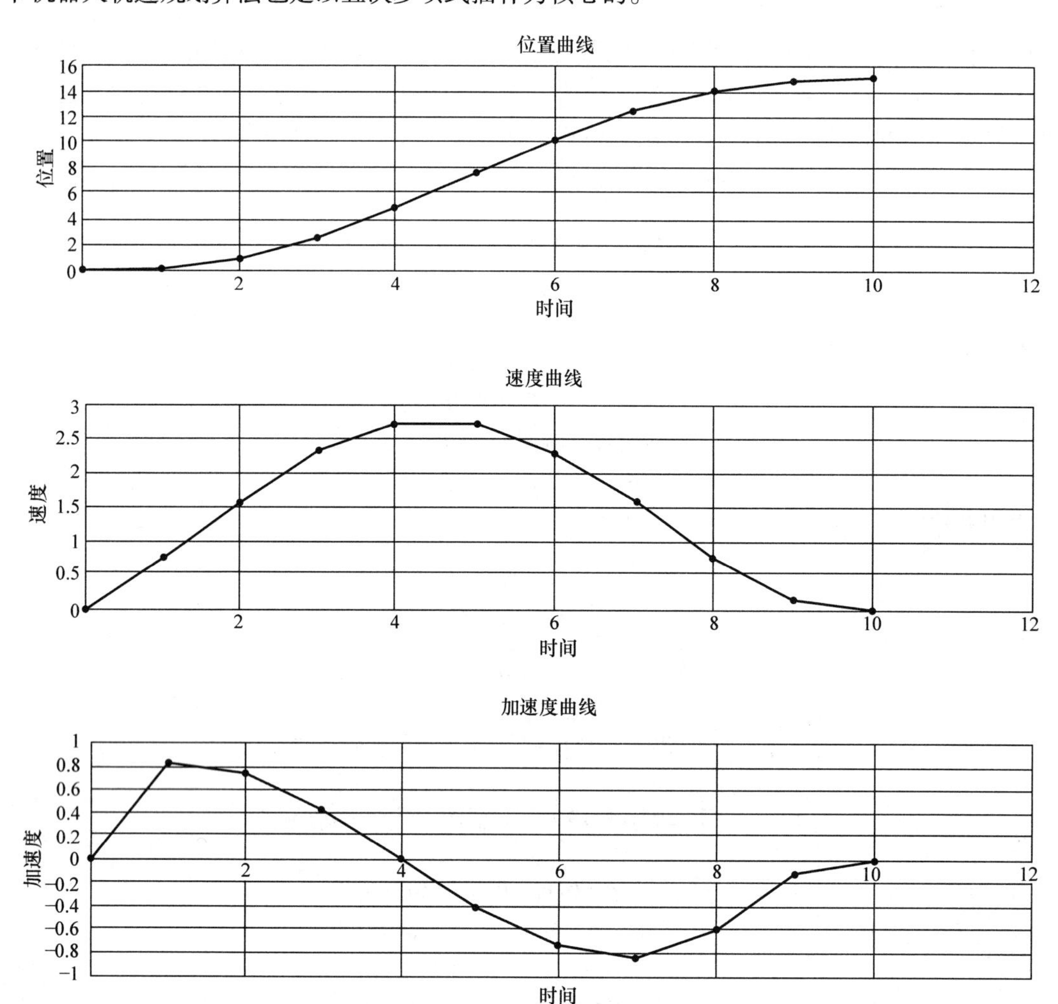

图 3-3　五次多项式插补位置、速度、加速度曲线

3.3　伺服驱动器插补位置模式

作为运动控制系统底层的伺服驱动器也设有插补位置模式，称为 Interpolated Position 模式，简称 IP 模式。设置了 IP 模式的伺服驱动器通常带有现场总线接口，某些现场总线协议里也有关于 IP 模式的描述，例如 CANopen 的 CiA 402 协议。

3.3.1　Interpolated Position 模式

在 CiA 402 协议的描述里，IP 模式用于多轴同步控制或需要对设定点数据进行时间插补的单轴控制。IP 模式通常使用时间同步机制，例如利用 CiA 301 协议定义的同步对象（SYNC）作为受控轴的时间坐标。下面分别举两个例子简单介绍 IP 模式。

（1）IP 模式用于两轴位置同步控制

图 3-4 是两个运动轴 X 和 Y 的空间位置关系曲线（已知速度为 v），坐标轴 X 和 Y 分别代表

轴 X 和轴 Y 的位置，采用 SYNC 作为时间坐标。

在指定时刻 t_i，上位控制器计算出此刻曲线上的数据点 p_i 的坐标（x_i，y_i），并分别传送给相应的运动轴 X 和 Y 作为其位置设定点。与 t_i 间隔 SYNC 周期整数倍的 t_{i+1} 时刻，计算出此刻曲线上的数据点 p_{i+1} 的坐标（x_{i+1}，y_{i+1}），并传送给相应的运动轴 X 和 Y，如此逐点计算和传送，直到将完整的位置关系曲线执行完毕。

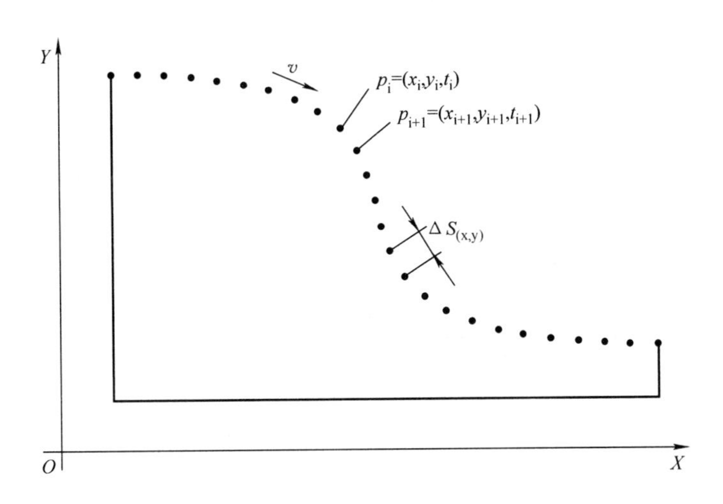

图 3-4　IP 模式实现两轴位置同步控制的原理

（2）IP 模式单轴位置插补

图 3-5 是上例中其中一个运动轴 X 的位置 - 时间曲线。t_i 时刻，上位控制器给定的位置设定点为 p_i，与 t_i 间隔 t_{sync}（SYNC 周期整数倍）的 t_{i+1} 时刻，上位控制器给定的位置设定点为 p_{i+1}，p_i 与 p_{i+1} 之间“缺少”的位置设定点就需要用插补来“补齐”，插补由运行于 IP 模式的轴 X 的伺服驱动器完成，伺服驱动器的位置插补计算一般内置在位置环控制器算法里。

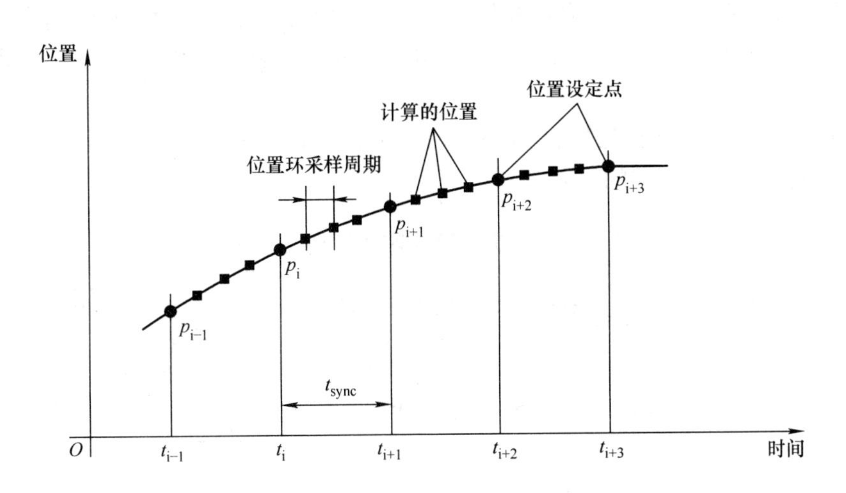

图 3-5　IP 模式实现单轴位置插补的原理

3.3.2 伺服驱动器 IP 模式原理和参数

如前所述，伺服驱动器的 IP 模式适用于单轴位置插补，伺服驱动器对于来自上位控制器的位置设定点进行插补（一般采用直线插补算法），并驱动电机执行插补后的位置曲线。

以施耐德 Lexium 32A 系列伺服驱动器为例，该伺服驱动器内置 CANopen 总线，运行于 IP 模式时，通过 PDO 接收来自上位控制器的位置设定点，采用同步对象（SYNC）作为时间坐标，插补采样周期为 250 μs。假定起始位置设定点为 1000Inc，如图 3-6 所示，IP 模式的执行过程如下：

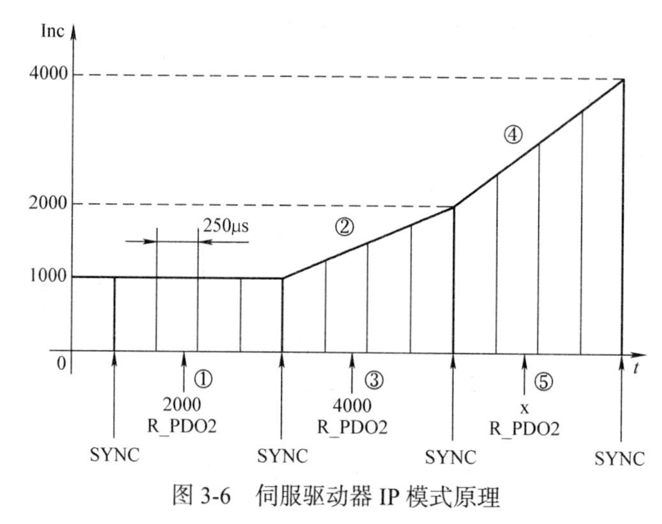

图 3-6 伺服驱动器 IP 模式原理

① 第 1 个 SYNC 信号：R_PDO2 接收来自上位控制器的第 1 个目标位置值给定 2000Inc；按照 250 μs 的采样周期插补出当前位置 1000Inc 和目标位置 2000Inc 之间的中间点。

② 第 2 个 SYNC 信号：驱动电机按照①计算出的中间点向目标位置 2000Inc 移动。

③ 同时，R_PDO2 接收第 2 个目标位置值给定 4000Inc，插补出 2000Inc 和新的目标位置 4000Inc 之间的中间点。

④ 第 3 个 SYNC 信号：驱动电机按照③计算出的中间点向目标位置 4000Inc 移动。

⑤ 同时，R_PDO2 接收第 3 个目标位置值给定 3Inc，插补出 4000Inc 和目标位置 3Inc 之间的中间点。

Lexium 32A 伺服驱动器 IP 模式的相关参数见表 3-4，其中插补周期 = IP_IntTimPerVal*10$^{\text{IP_IntTimInd}}$，单位为 s，一般为 SYNC 周期的整数倍。

表 3-4 Lexium 32A 伺服驱动器 IP 模式相关参数

名称	CANopen 地址	数据类型	操作类型	说明
SyncMechStart	3022:5	UINT16	R/W	启用同步系统 0：禁用同步系统 1：启用同步系统（CANmotion） 2：启用同步系统（CANopen）
SyncMechTol	3022:4	UINT16	R/W	同步公差，单位为 ms，数值范围 1~20

（续）

名称	CANopen 地址	数据类型	操作类型	说明
SyncMechStatus	3022:6	UINT16	R	同步系统状态 1：驱动放大器的同步系统被禁用 32：驱动放大器与外部同步信号同步 64：驱动放大器与外部同步信号同步
IP_IntTimPerVal	60C2:1	UINT16	R/W	插补周期：数值
IP_IntTimInd	60C2:2	UINT16	R/W	插补周期：指数
IPp_target	60C1:1	UINT32	R/W	IP 模式目标位置值

3.4　PLC 插补位置控制的实现

本节介绍了由 PLC、伺服驱动器和伺服电动机构成的单轴控制系统架构和单轴位置控制的实现原理，并总结了几种 PLC 位置算法。

3.4.1　PLC 插补位置控制系统架构

PLC 插补位置控制系统由 PLC、伺服驱动器、伺服电动机、HMI 构成，PLC 选用施耐德 TM241CEC24•，伺服选用 Lexium 32A 伺服驱动器及 BMH 或 BSH 伺服电动机，TM241CEC24•通过 CANopen 总线控制伺服，图 3-7 为系统架构图。

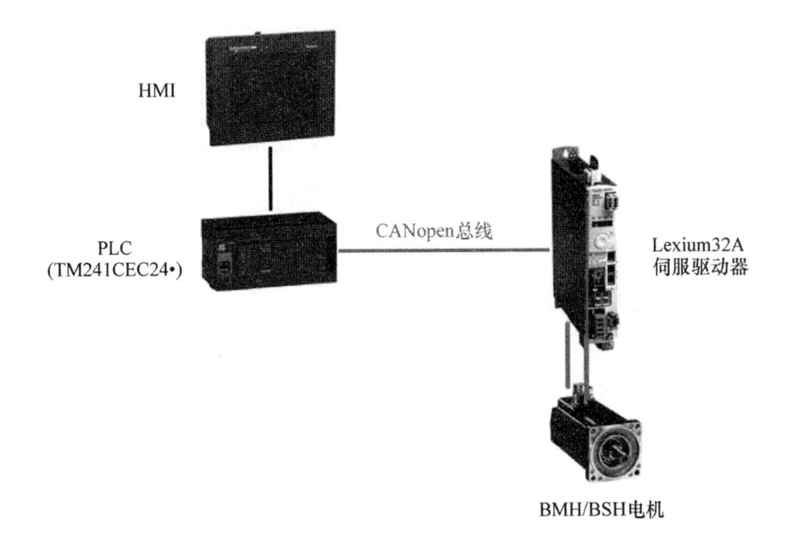

图 3-7　PLC 插补位置控制系统架构图

3.4.2　PLC 插补位置控制实现原理

图 3-7 中，作为上位控制器的 TM241CEC24 • 通过 CANopen 的 PDO（过程数据对象）将位置设定点数据发送给 Lexium 32A 伺服驱动器，同时通过 PDO 获取伺服驱动器的相关数据，

例如实际位置、实际速度等，PDO 的映射如图 3-8 所示。注意：所有 PDO 的传输类型应设置为“cyclic-synchronous”即“周期 - 同步”。

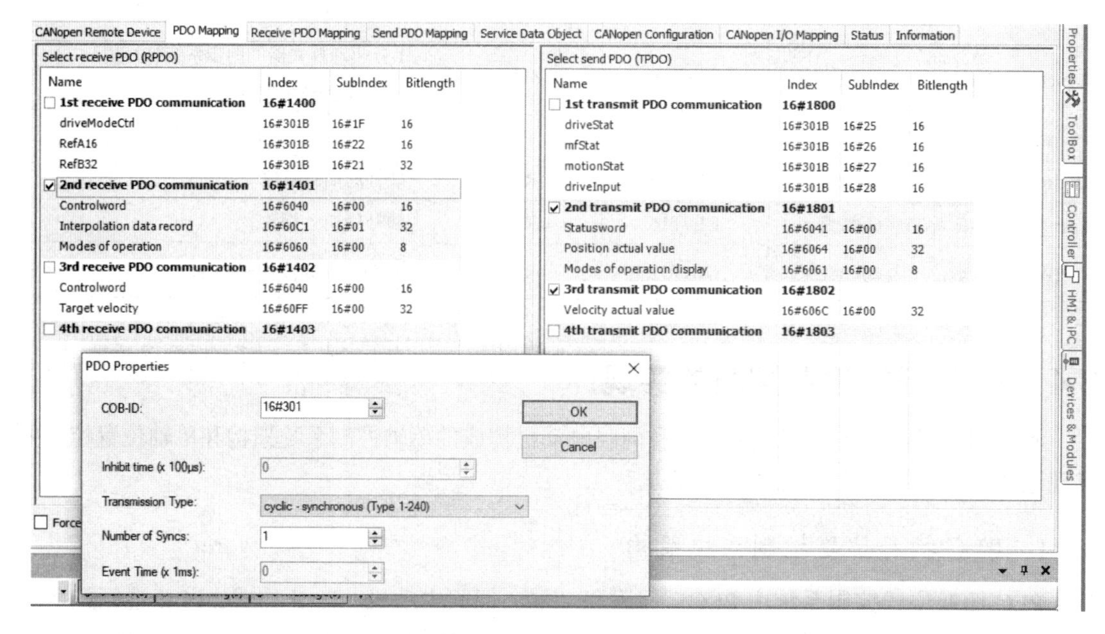

图 3-8　PLC 的 PDO 映射

PLC 按照特定的算法计算出位置设定点变量被映射到 PDO，图 3-9 中变量 IP_p_target 即位置设定点变量，p_act、v_act 分别为实际位置、实际速度。

CANopen Remote Device | PDO Mapping | Receive PDO Mapping | Send PDO Mapping | Service Data Object | CANopen Configuration | CANopen I/O Mapping | Status | Information

Channels

Variable	Mapping	Channel	Address	Type	Default Value	Unit	Description
Controlword		Controlword	%QW2	UINT			
IP_p_target		Interpolation data record	%QD2	DINT			
g_iMode		Modes of operation	%QB12	SINT			
Statusword		Statusword	%IW2	UINT			
p_act		Position actual value	%ID2	DINT			
mode_act		Modes of operation display	%IB12	SINT			
v_act		Velocity actual value	%ID4	DINT			

图 3-9　PLC 的变量映射

3.4.3　PLC 位置算法

作为上位控制器的 PLC 主要作用是按照特定算法计算出位置设定点，一般有两种情况：一是将已知的数学模型直接编写成计算程序，笔者称之为公式法；二是根据已知的位置曲线点坐标进行插补计算，笔者称之为插补法。

（1）公式法

顾名思义，公式法是在掌握了位置曲线数学模型的公式后，直接将公式转换成程序，计算求解出位置设定点数值。位置曲线数学模式往往不是由单一的公式描述的，例如图 3-10 所示的某位置 - 时间曲线，以 t_1=10 为分界，该曲线被分为“两段”。

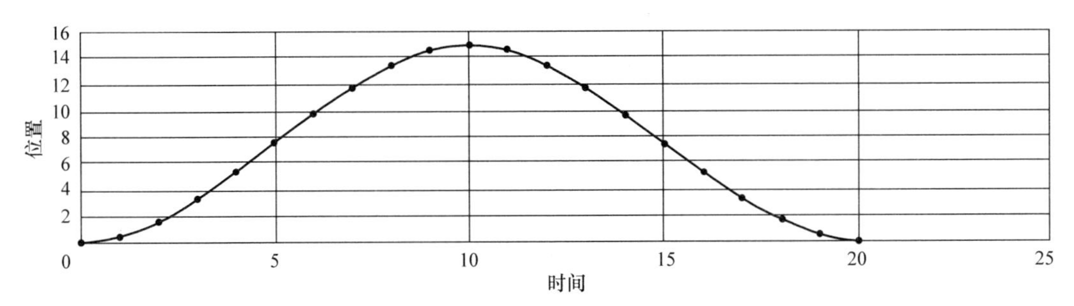

图 3-10　某位置 - 时间曲线

第一段的数学模型是为：

$$p(t)=A_0+A_1\bullet(t-t_0)+A_2\bullet(t-t_0)^2+A_3\bullet(t-t_0)^3\ t_0\leqslant t\leqslant t_1$$

已知 t_0=0，p=0，v_0=0，t_1=10000，p_1=15，v_1=0；

第二段的数学模型为：

$$p(t)=p_1-A_0-A_1\bullet(t-t_0-t_1)-A_2\bullet(t-t_0-t_1)^2-A_3\bullet(t-t_0-t_1)^3$$

$$t_1\leqslant t\leqslant t_2$$

已知 t_1=10000，p_1=15，v_1=0，t_2=20000，p_2=0，v_2=0。

设 t 单位为 ms，在 M241 的编程软件 Somachine 中编写的 POU 源代码如下：

```
(*--- 变量声明 ---*)
PROGRAM POU
VAR
t0: REAL := 0;
p0: REAL := 0;
v0: REAL := 0;
t1: REAL := 10000;
p1: REAL := 15;
v1: REAL := 0;
t2: REAL := 20000;
p2: REAL := 0;
v2: REAL := 0;
t: REAL;
p: REAL;
deltaP: REAL;
deltaT: REAL;
Cycle: UDINT;
A0: REAL;
A1: REAL;
A2: REAL;
A3: REAL;
```

```
END_VAR
(*--- 程序正文开始 ---*)
deltaP:=p1-p0;
deltaT:=t1-t0;
A0:=p0;
A1:=v0;
A2:=(3*deltaP-(2*v0+v1)*deltaT)/EXPT(deltaT,2);
A3:=(-2*deltaP+(v0+v1)*deltaT)/EXPT(deltaT,3);
IF Cycle<1000 THEN Cycle:=Cycle+1;
ELSE Cycle:=0; END_IF //t2 之后回到 t0
t:=UDINT_TO_REAL(Cycle*20);// 程序循环次数 * 程序循环周期
IF t>=0 AND t<=t1 THEN
p:=A0+A1*(t-t0)+A2*(EXPT((t-t0),2))+A3*(EXPT((t-t0),3));
ELSIF t>t1 AND t<=t2 THEN
p:=p1-A0-A1*(t-t0-t1)-A2*(EXPT((t-t0-t1),2))-A3*(EXPT((t-t0-t1),3));
END_IF
IP_p_target:=p;
(*--- 程序正文结束 ---*)
```

将“POU”加载到循环周期为 20ms 的任务中，启动 PLC 后，通过 Somachine 的 Trace 工具捕捉到变量 p、变量 t 的变化趋势如图 3-11 所示。

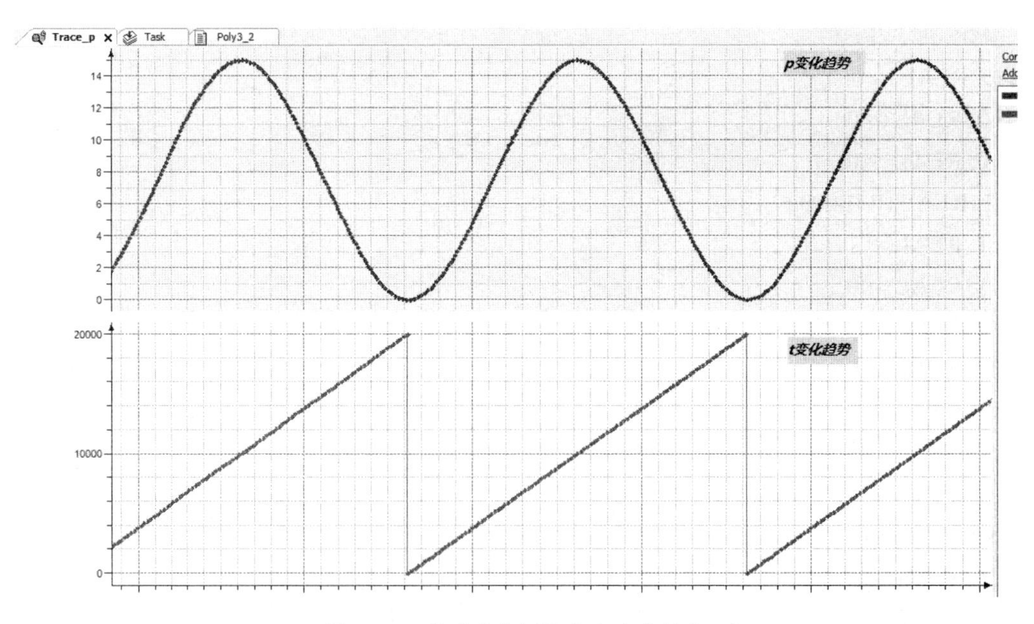

图 3-11　公式法位置设定点变化趋势

（2）插补法

在掌握了位置曲线的数学模型后，可以用高效简洁的 ST 语言将数学公式转换成计算程序。但实际应用中，更多的情况是没有位置曲线的数学模型，只有若干个曲线上点的坐标，此时应采用实时插补法，多数运动控制器的“电子凸轮”功能采用的都是实时插补法，常用插补算法有前文所述的三次多项式、五次多项式等，依赖运动控制器优异的性能确保实时插补的效果。而 PLC 作为逻辑控制器，其性能是难以与运动控制器相匹敌的，故而能够胜任的是静态插补法，即采用直线插补算法对已知位置曲线坐标进行适当密化后，提前存放在缓冲区（例如数组），再择机（例如 SYNC 触发事件）将缓冲区的数值赋值给已映射到 PDO 的变量。

3.5　PLC 插补位置控制的应用案例

1. 功能概述

环锭细纱机是一种常见的纺纱机器，其作用包括对粗纱条的牵伸、对细纱线的加捻和卷绕。卷绕是指将细纱线按照一定规律缠绕到纱管上，要求缠绕层次分明，纱穗卷装形状符合退绕工艺要求，环锭细纱机上卷绕是由锭子旋转和钢领板升降往复共同完成的，钢领板的升降运动决定了纱穗形状。图 3-12 描绘了钢领板升降如何实现纱线卷绕，环锭细纱机上采用的是圆锥形交叉卷绕，即纱线是被缠绕在圆锥面上（细纱纱管本身就是圆锥形的），且上下交替卷绕，其中向上卷绕纱线排列密集，称为“卷绕层”，向下卷绕纱线排列稀疏，称为“束缚层”，要实现“卷绕层”和“束缚层”的交替，钢领板必须不断重复上升 - 下降的过程，称为“升降往复”。钢领板升降的机构称为卷绕成形机构，在该机构里，伺服电动机经减速箱通过链条拉动钢领板，伺服电动机的正反向转动带动钢领板在垂直方向上的升降。

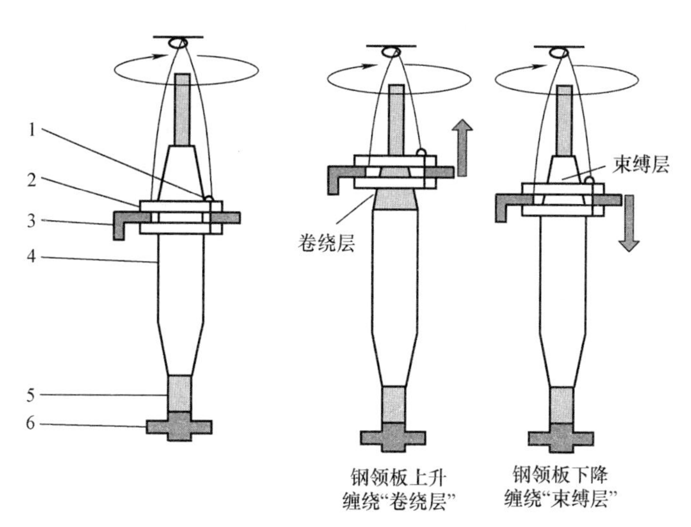

图 3-12　环锭细纱机钢领板升降实现纱线卷绕

1—钢丝圈　2—钢领　3—钢领板　4—纱穗　5—纱管　6—锭子

2. 主要参数

图 3-13 是“卷绕层”示意图，图中 H 为层高，也就是钢领板升降往复的动程；h_n、R、r、$2Y$ 分别为法向螺距、最大卷绕半径、最小卷绕半径、锥角，这 4 个参数是卷绕成形的主要参数。

1）向螺距 h_n　纱层中的相邻两根纱线之间最小距离。设“卷绕层”法向螺距为 h_s，“束缚层”法向螺距为 h_j。一般二者的比值 $i_h=\frac{h_j}{h_s}\approx2\sim3$。而 h_s 一般取值为纱线直径的 4 倍。

2）最大卷绕半径 R　即纱穗半径。根据纱线品种的不同，纱穗直径有 $\Phi35$、$\Phi39$、$\Phi42$ 等典型值。

3）最小卷绕半径 r　即纱管半径。纱管都是标准形状的，在计算时可以取其中间处的半径作为 r 的参考值。

4）锥角 $2Y$　卷绕圆锥形的锥角。一般经验数据为 Y=10° ~15° 。

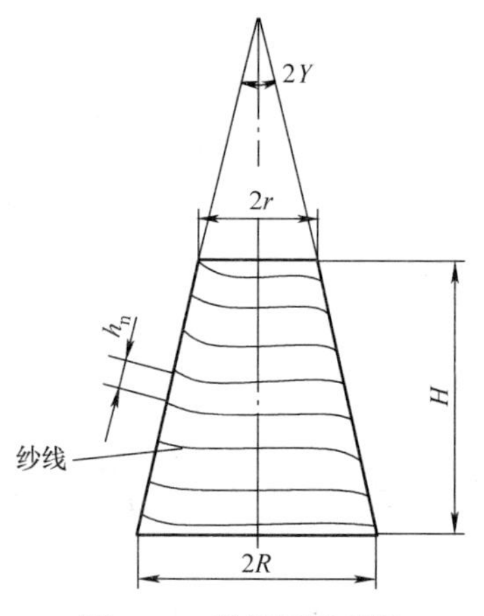

图 3-13　卷绕层示意图

3. 系统架构

卷绕成形机构控制系统架构如图 3-14 所示，钢领板升降位置曲线基于钢领板高度和前罗拉吐纱长度之间的数学关系，故前罗拉安装了编码器，PLC 接收编码器脉冲计算吐纱长度。

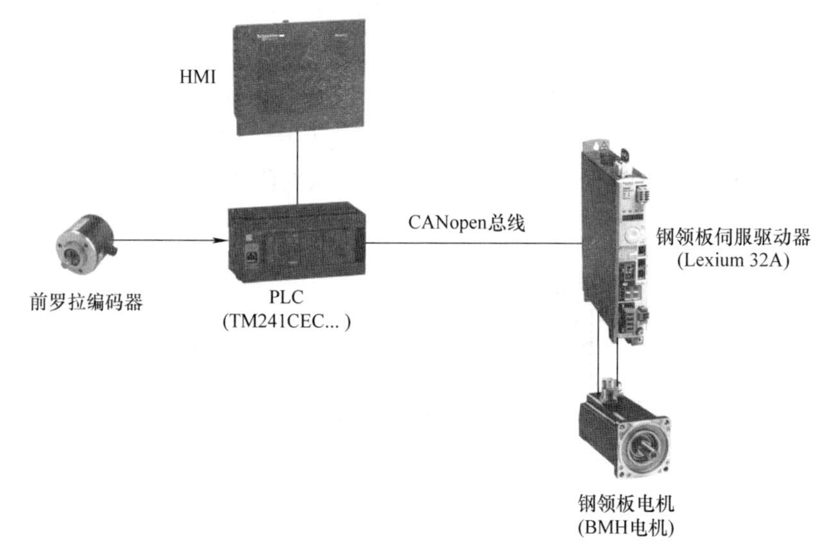

图 3-14　卷绕成形机构

4. 数学模型

1）升降周期内前罗拉吐纱长度

$$L=L+(\frac{\Delta P}{\text{RES}})\cdot D_r\cdot\pi$$

式中　L——升降周期内前罗拉吐纱长度，单位为 mm；

ΔP——采样周期内编码器脉冲增量；

RES——编码器分辨率；

D_r——前罗拉直径，单位为 mm。

2）卷绕层绕纱长度

$$L_s=\frac{\pi\cdot(R^2-r^2)}{h_s\cdot\sin Y}$$

式中　L_s——卷绕层（钢领板上升）绕纱长度，单位为 mm；

h_s——卷绕层法向螺距，单位为 mm；

R——最大卷绕半径，单位为 mm；

r——最小卷绕半径，单位为 mm；

Y——锥角 1/2。

3）束缚层绕纱长度

$$L_j = \frac{L_s}{i_h}$$

式中　L_j——束缚层（钢领板下降）绕纱长度，单位为 mm；

i_h——卷绕层与束缚层法向螺距比值。

4）上升阶段钢领板的当前高度

$$Y_s = \frac{H}{R-r} \times \left[R - \sqrt{R^2 - \left(R^2 - r^2\right) \times \frac{L}{L_s}} \right]$$

式中　Y_s——上升阶段当前钢领板高度，单位为 mm；

H——层高（升降动程），单位为 mm；

R——最大卷绕半径，单位为 mm；

r——最小卷绕半径，单位为 mm；

L——当前前罗拉吐纱长度，单位为 mm；

L_s——卷绕层（钢领板上升）绕纱长度，单位为 mm。

5）下降阶段钢领板的当前高度

$$Y_j = \frac{H}{R-r} \times \left[R - \sqrt{r^2 + \left(R^2 - r^2\right) \times \frac{\left(L - L_s\right)}{L_j}} \right]$$

式中　Y_j——下降阶段当前钢领板高度，单位为 mm；

H——层高（升降动程），单位为 mm；

R——最大卷绕半径，单位为 mm；

r——最小卷绕半径，单位为 mm；

L——当前前罗拉吐纱长度，单位为 mm；

L_s——卷绕层（钢领板上升）绕纱长度，单位为 mm；

L_j——束缚层（钢领板下降）绕纱长度，单位为 mm。

5. 程序片段

1）前罗拉吐纱长度计算

```
(*--- 变量声明 ---*)
g_rLen_act: REAL; // 升降周期内当前吐纱长度，单位为 mm
rRL_dia: REAL; // 前罗拉直径，单位为 mm
uiHscCycCnt: UINT := 0;// 循环计数
dwHsc_value: DWORD; //HSCCurrentValue
```

```
dwHsc_value_old: DWORD := 0;
dwPulseDelta: DWORD; // 脉冲增量
rLenDelta: REAL := 0;          // 吐纱长度增量，单位为 mm
(*--- 程序片段开始 ---*)
HscSimple_0(Enable:=TRUE,
    Sync:=TRUE,
ACK_Modulo:=FALSE,
CurrentValue=>dwHsc_value);// HSC FB
uiHscCycCnt:=uiHscCycCnt+1;
IF uiHscCycCnt>=1 THEN// 采样周期 =4ms
dwPulseDelta:=ABS(dwHsc_value-dwHsc_value_old);// 脉冲增量
rLenDelta:=(DWORD_TO_REAL(dwPulseDelta)/RES)*rRL_dia*PI;// 吐纱长度增量
g_rLen_act:=rLen_act+rLenDelta;      // 升降周期内当前吐纱长度
dwHsc_value_old:=dwHsc_value;
uiHscCycCnt:=0;
END_IF
IF g_rLen_act>=rLengthMax THEN// 当前吐纱长度超过升降周期内总绕纱长度时
g_rLen_act:=0; // 清零，以便下一个升降周期重新计算当前吐纱长度
END_IF
(*--- 程序片段结束 ---*)
```

2）绕纱长度计算

```
(*--- 变量声明 ---*)
R1: REAL;// 最大卷绕半径，单位为 mm
R2: REAL;// 最小卷绕半径，单位为 mm
h: REAL;// 卷绕层法向螺距，单位为 mm
siny: REAL;//1/2 锥角正弦值
Ratio: REAL :=3; // 卷绕层法向螺距 : 束缚层法向螺距
Ls: REAL;// 卷绕层绕纱长度，单位为 mm
Lj: REAL;// 束缚层绕纱长度，单位为 mm
(*--- 程序片段开始 ---*)
Ls:=(PI*(R1*R1-R2*R2))/(h*siny);// 卷绕层绕纱长度
Lj:=Ls/Ratio; // 束缚层绕纱长度
LengthMax:=Ls+Lj; // 升降周期内总绕纱长度
(*--- 程序片段结束 ---*)
```

3）钢领板高度分段计算

```
(*--- 变量声明 ---*)
H: real; // 层高，单位为 mm
Y: real; // 钢领板高度，单位为 mm
(*--- 程序片段开始 ---*)
```

```
IF rLen_act<=Ls THEN
Y:=(H/(R1-R2))*(R1-SQRT(EXPT(R1,2)-(E3PT(R1,2)-EXPT(R2,2))*g_rLen_act/Ls));
ELSIF rLen_act<=LengthMa3 THEN
Y:=(H/(R1-R2))*(R1-SQRT(EXPT(R2,2)+(E3PT(R1,2)-EXPT(R2,2))*(g_rLen_act-Ls)/Lj));
(*--- 程序片段结束 ---*)
```

6. 运行效果

通过 Somachine 的 Trace 工具 / 捕捉到系统运行中钢领板伺服实际位置、位置设定点变量 IP_p_target、前罗拉吐纱长度 g_rLen_act 的变化趋势如图 3-15 所示，纺纱成品如图 3-16 所示。

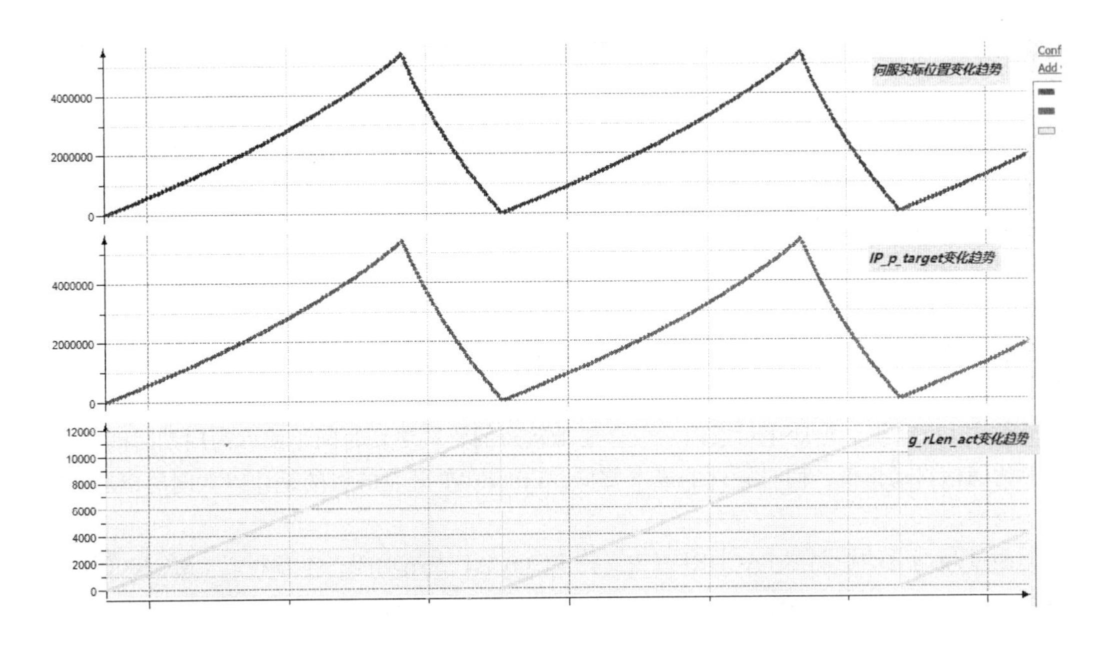

图 3-15 钢领板升降往复变量变化趋势

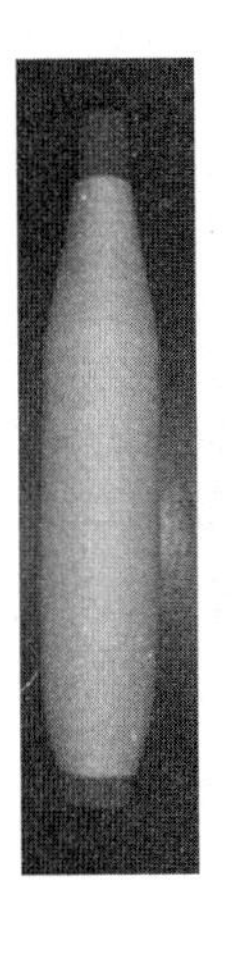

图 3-16 纺纱成品

第 4 章

EtherCAT 的应用

EtherCAT（以太网控制自动化技术）是一个开放架构，是基于以太网的现场总线系统，其名称中的 CAT 为控制自动化技术（Control Automation Technology）英文单词的缩写。

EtherCAT 是基于集束帧方法：EtherCAT 主站发送包含网络所有从站数据的数据包，这个帧按照顺序通过网络上的所有节点，当它到达最后一个帧，帧将被再次返回。当它在一个方向上通过时，节点处理帧中的数据。每个节点读出数据并将响应数据插入到帧中。为了支持 100 Mbit/s 的波特率，必须使用专用的 ASIC 或基于 FPGA 的硬件高速处理数据。因此，EtherCAT 网络拓扑总是构成一个逻辑环。

EtherCAT 的从站微处理器不需处理以太网的封包，因此其周期时间短。所有程序资料都是由从站控制器的硬件处理。此特性再配合 EtherCAT 的机能原理，使得 EtherCAT 可以成为高性能的分散式 I/O 系统。自动化对通信一般会要求较短的资料更新时间（或称为周期时间）、资料同步时的通信抖动量低，而且硬件的成本要低，EtherCAT 开发的目的是让以太网可以运用在自动化应用中。

施耐德高端运动控制器 PACDRIVE3 支持 EtherCAT 主站功能，本章将以 LMC300C 运动控制器通过 EtherCAT 通信控制 LXM32M 系列伺服为例，介绍 EtherCAT 的应用。

4.1 系统架构

LMC300C 运动控制器上的总线接口直接连到伺服通信卡上，如图 4-1 所示。

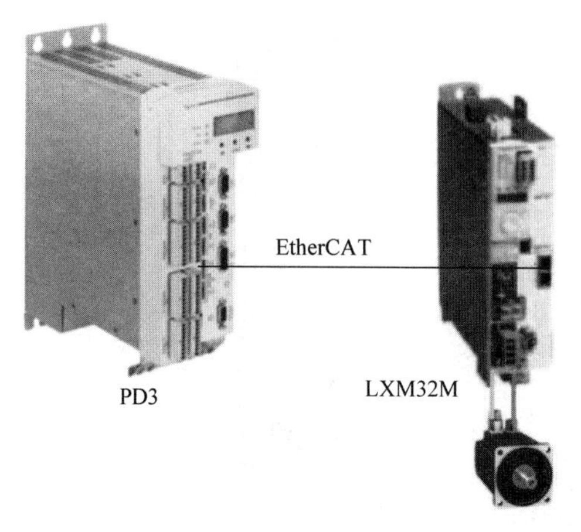

图 4-1 拓扑图

1. 使用的软件与驱动器固件版本

在整个系统中，使用的软件和驱动器固件版本如下：

1）LXM32M 驱动器的固件：V01.26.03。

2）SoMove：V2.6。

3）Somachine Motion：V4.3。

2.SoMove 中的设置

使用伺服调试软件 SoMove 设置伺服驱动器 EtherCAT 通信参数：LXM32M 驱动器的 EtherCAT 从站地址可以通过主站自动分配，也可以通过参数“ECAT2ndaddress”指定，如图 4-2 所示。

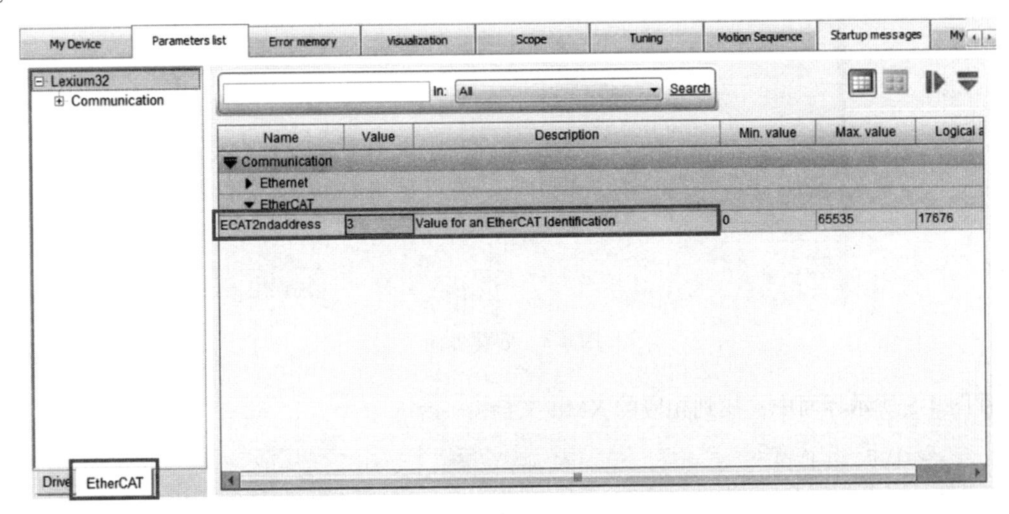

图 4-2　伺服通信参数的设置

4.2　Somachine Motion 中的操作

4.2.1　在 Somachine Motion 软件中添加 LXM32M 的 XML 文件

在 Somachine Motion 软件中，单击工具栏的 Tools/Device Repository…，

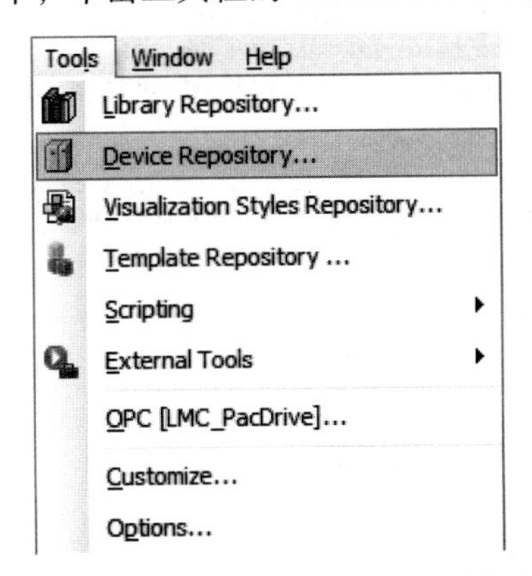

图 4-3　Tools/Device Repository 界面

确认后出现如图 4-4 所示安装界面，单击“Install”。

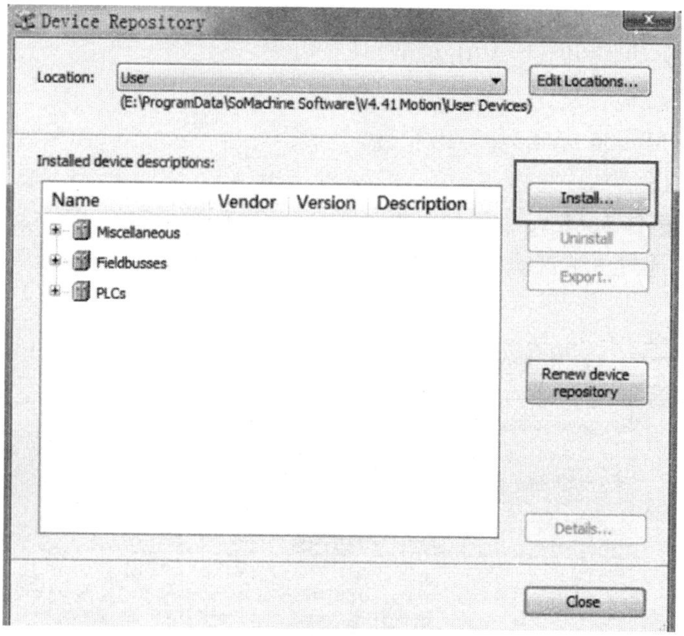

图 4-4　安装界面

在图 4-5 所示界面中，找到相应的 XML 文档。

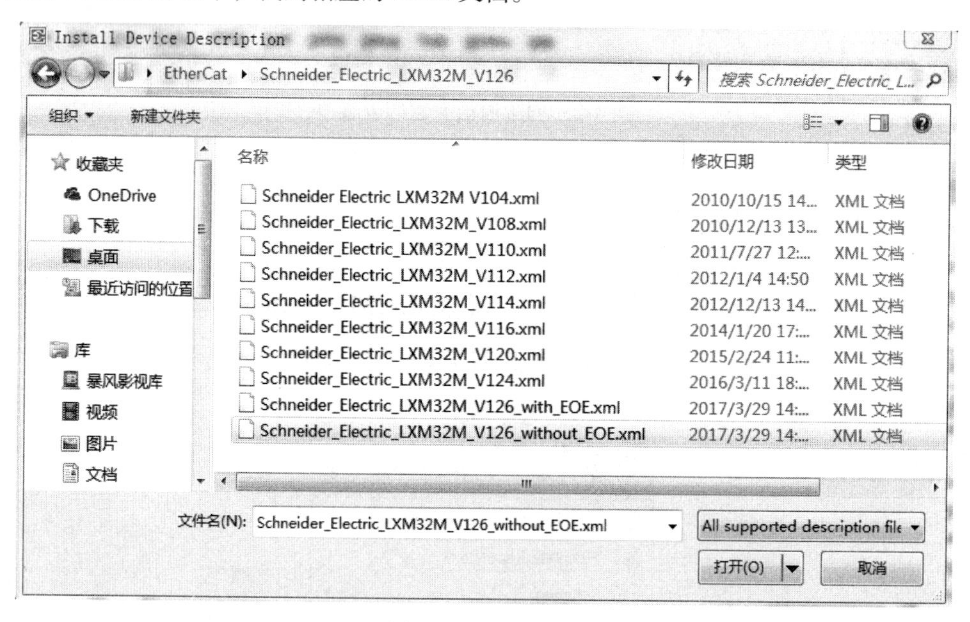

图 4-5　XML 文档

双击 LXM32M 的 XML 文档，完成安装。

4.2.2　硬件配置

在 Somachine Motion 软件中，用鼠标找到控制器点，单击右键并选中“Add Device……”

添加设备，如图 4-6 所示。

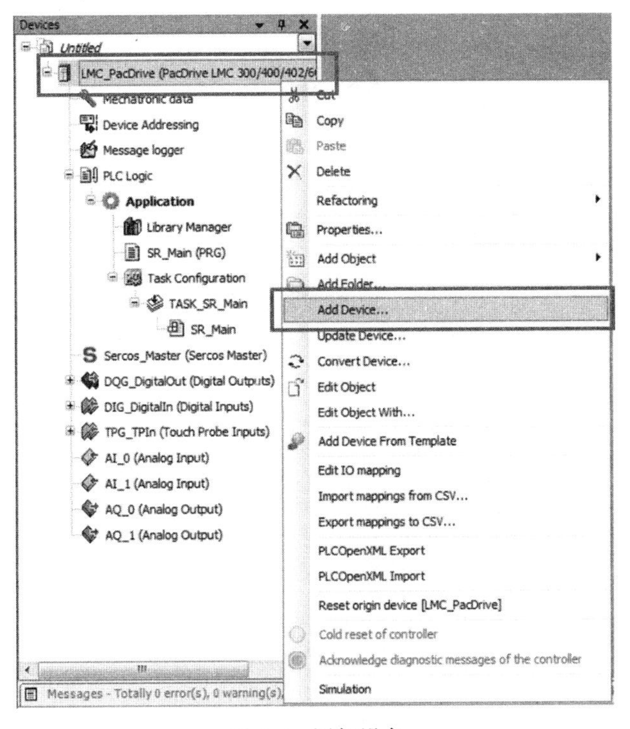

图 4-6　添加设备

在图 4-7 中，选择“EtherCAT-Master”，并确认添加。

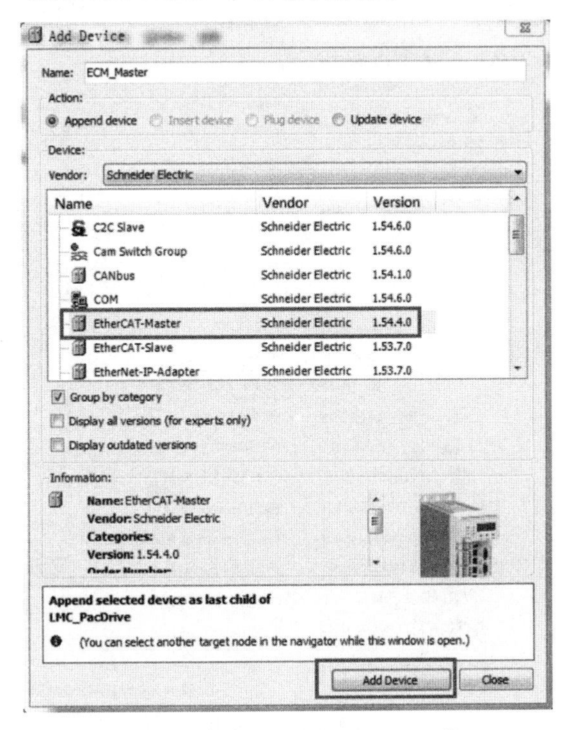

图 4-7　添加“EtherCAT-Master”

添加完成后，下载并联线，如图 4-8 所示。

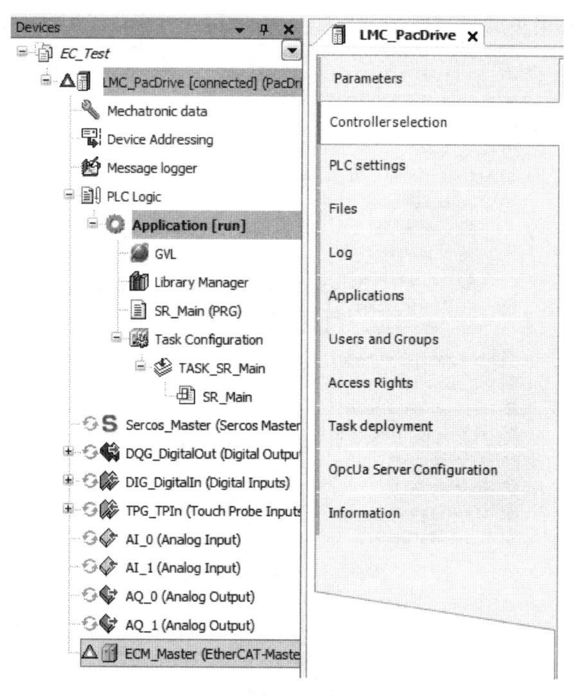

图 4-8　联机状态

单击右键“ECM_Master”，扫描网络上的设备，如图 4-9 所示。

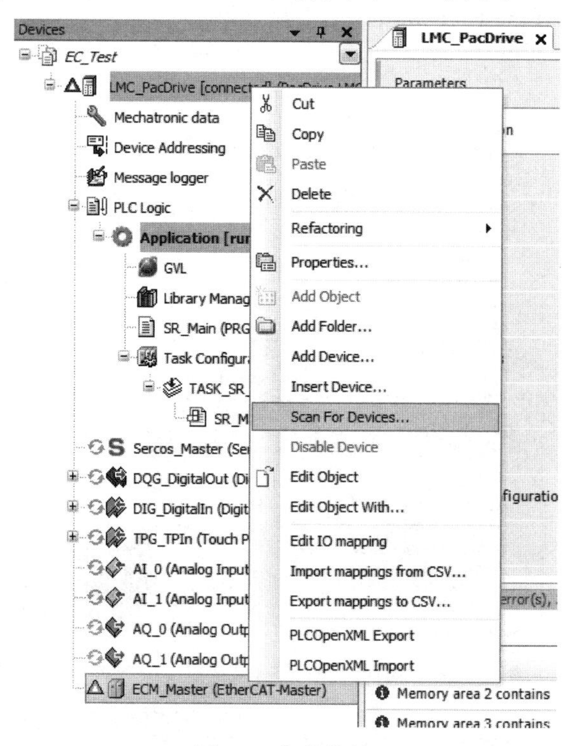

图 4-9　扫描从站

选中扫描出的设备，设置从站地址并单击“Copy to project”，如图 4-10 所示。

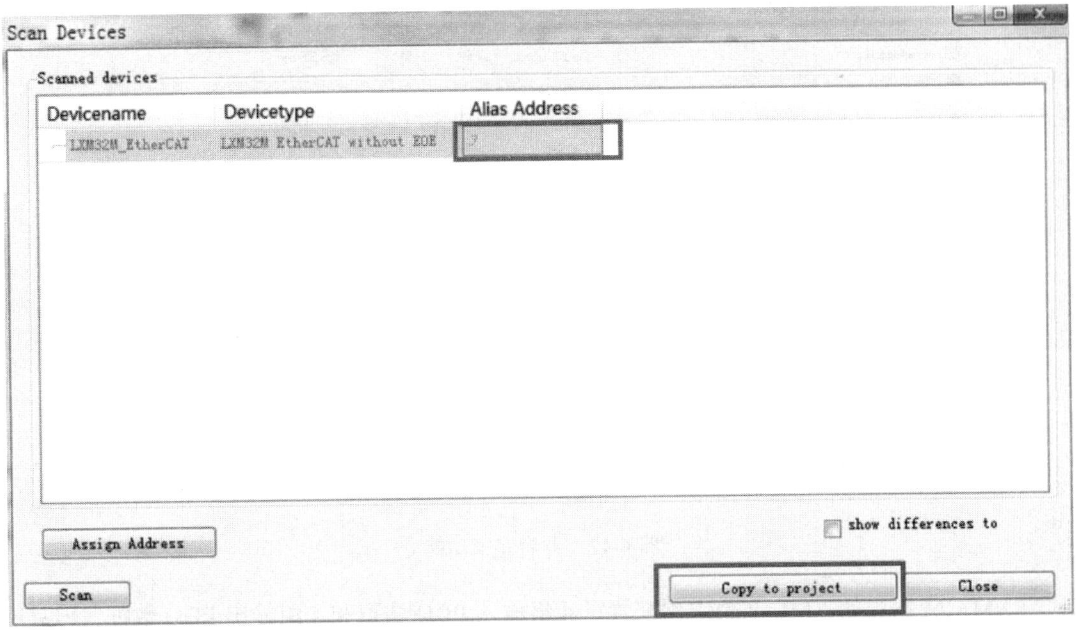

图 4-10　设置从站地址

添加后的效果如图 4-11 所示。

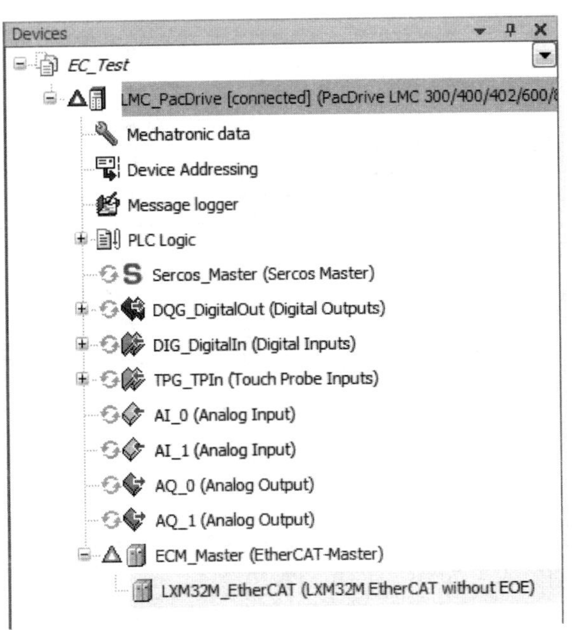

图 4-11　添加后的效果

离线后，双击从站，在“General”栏中勾选“Enable Expert Settings”，开启专家功能如图 4-12 所示。

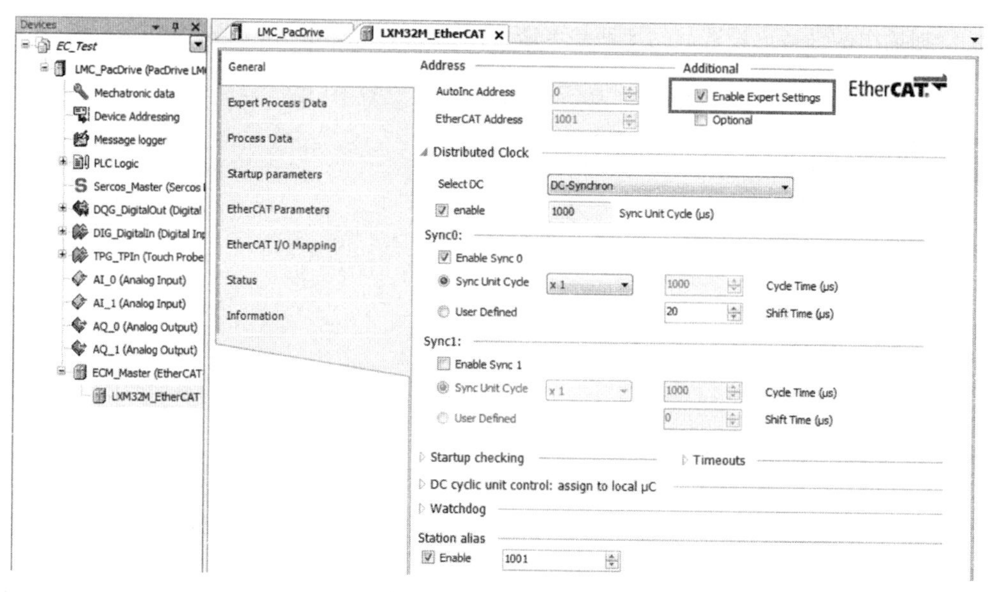

图 4-12 开启专家功能

LXM32M 伺服的 XML 文档中预配置了 4 组输入 PDO 数据和 4 组输出 PDO 数据，但只能使用其中 1 组输入 PDO 和输入 PDO 数据，且最多允许添加 10 个参数。进入“Expert Process Data”栏，在这里可以对输入、输出的 PDO 进行配置，如图 4-13 所示。

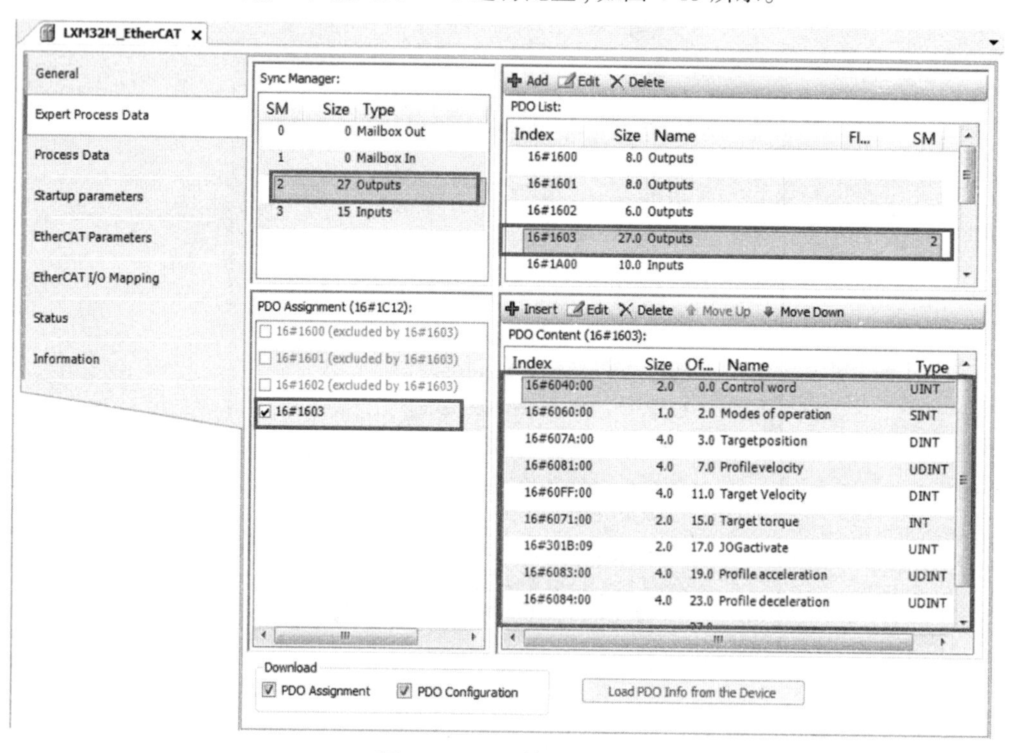

图 4-13 配置输出 PDO

配置一组输入 PDO，如图 4-14 所示。

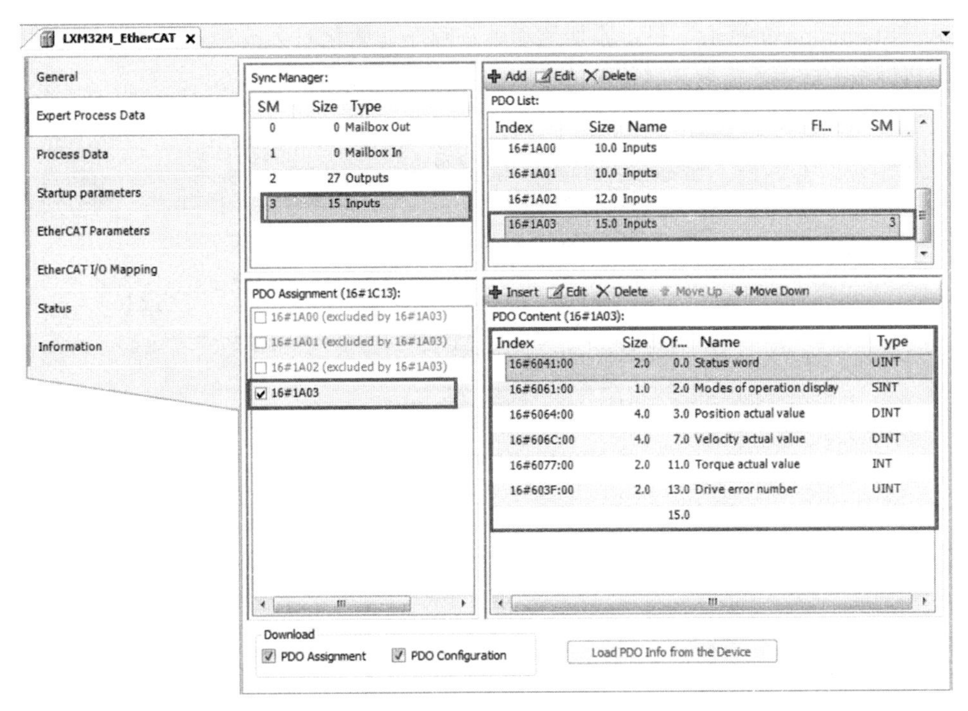

图 4-14　配置输入 PDO

配置输入、输出 PDO 数据完成后，在“EtherCAT I/O Mapping”栏中可以看到其自动分配的物理地址，如图 4-15 所示。

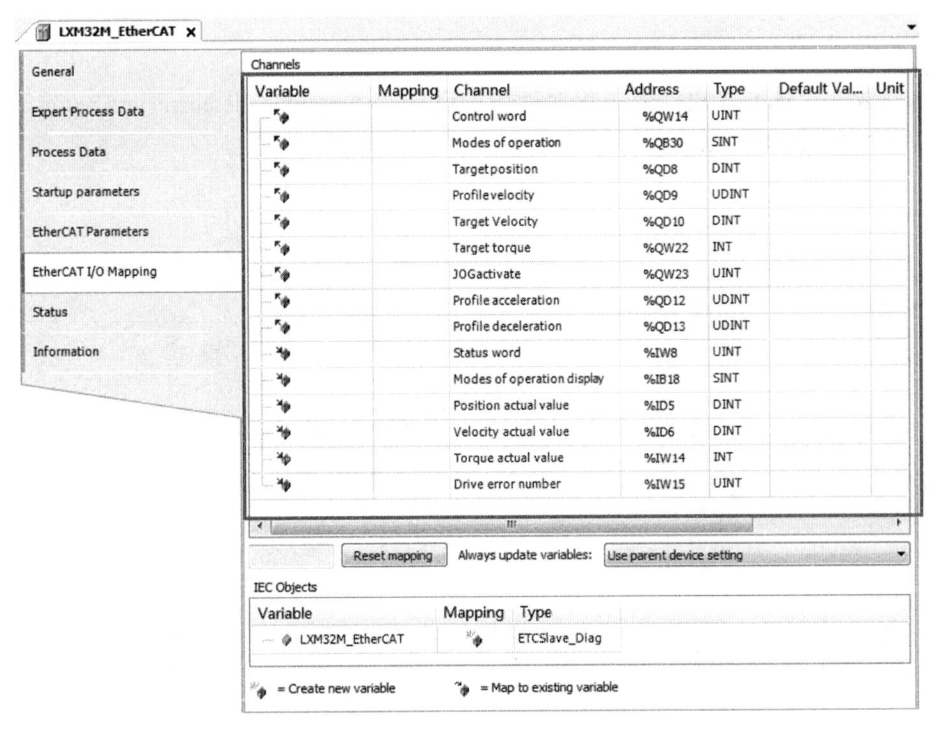

图 4-15　PDO 数据分配的 IO 地址

进入“Startup parameters”栏，添加的参数在程序初始化时会被写入驱动器，可以将位置比例、电机回零方式等不需要频繁修改的参数配置进去，如图 4-16 所示。

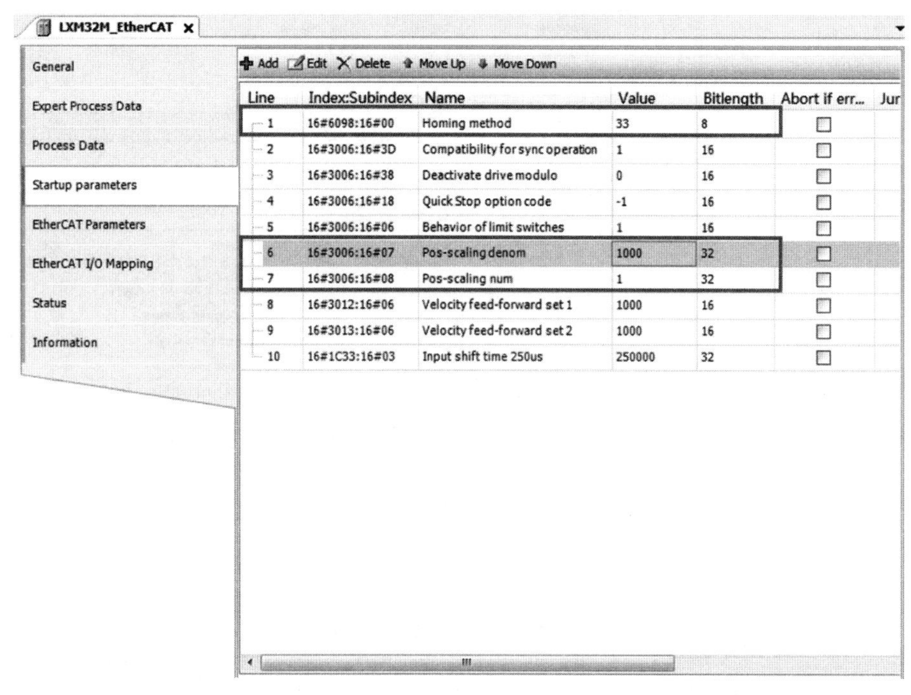

图 4-16　配置启动参数

4.2.3　工程设置

在 Somachine Motion 软件的工程属性中，设置“Allow unicode characters for identifiers”，这样可以使用中文命名变量，方便程序的阅读，如图 4-17 所示。

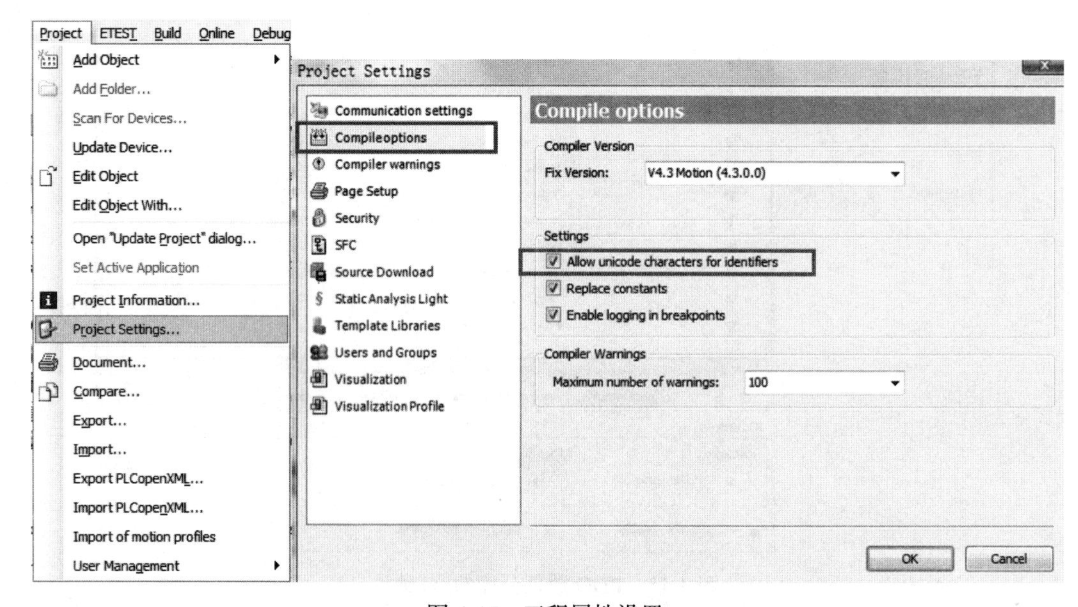

图 4-17　工程属性设置

4.2.4　PLC 设定

为通信配置循环任务，变量的数值将根据扫描周期持续更新，如图 4-18 所示。

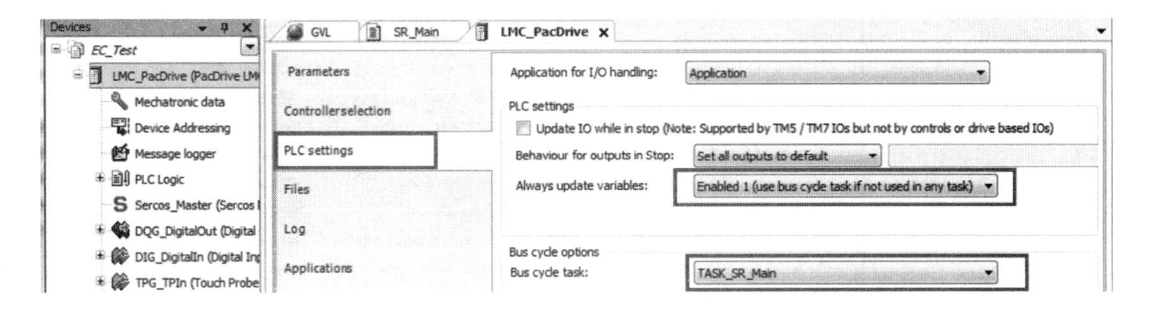

图 4-18　PLC settings 界面

4.2.5　声明全局变量并映射

根据之前配置的 PDO 数据，声明全局变量，如图 4-19 所示。

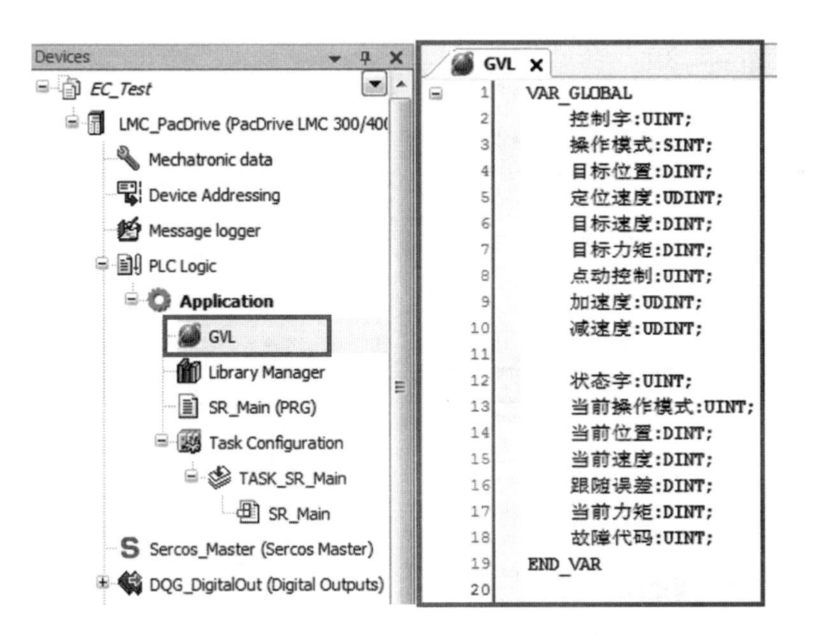

图 4-19　声明变量

将声明的全局变量与对应的 PDO 地址进行映射，如图 4-20 所示。

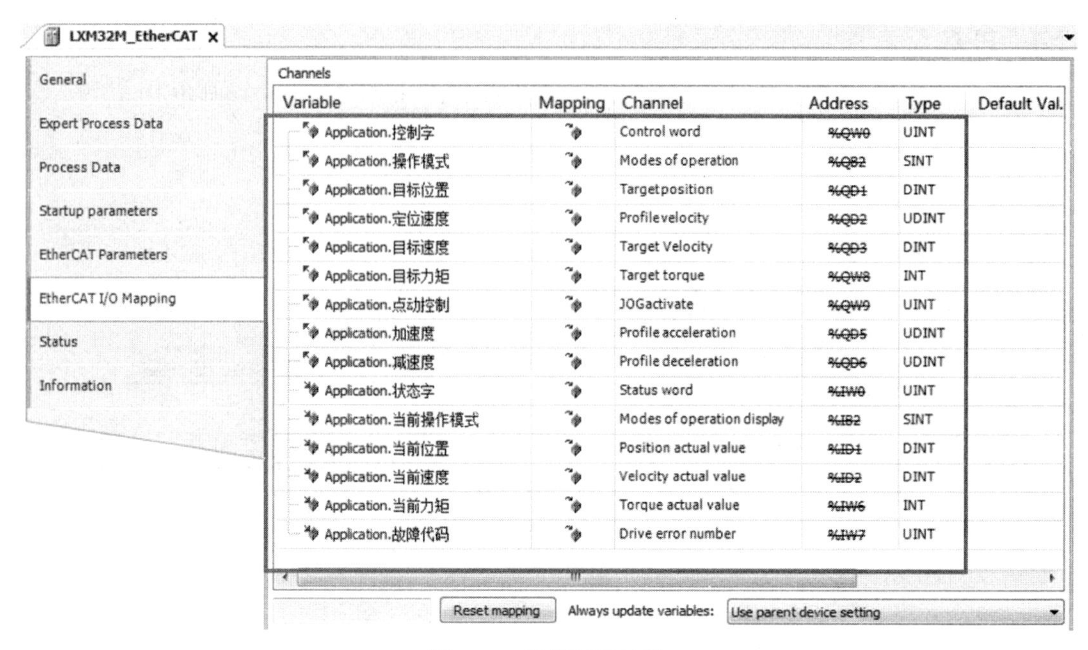

图 4-20　映射后的效果

4.2.6　声明控制需要用到的局域变量

在程序中，声明控制需要用到局域变量如图 4-21 所示。

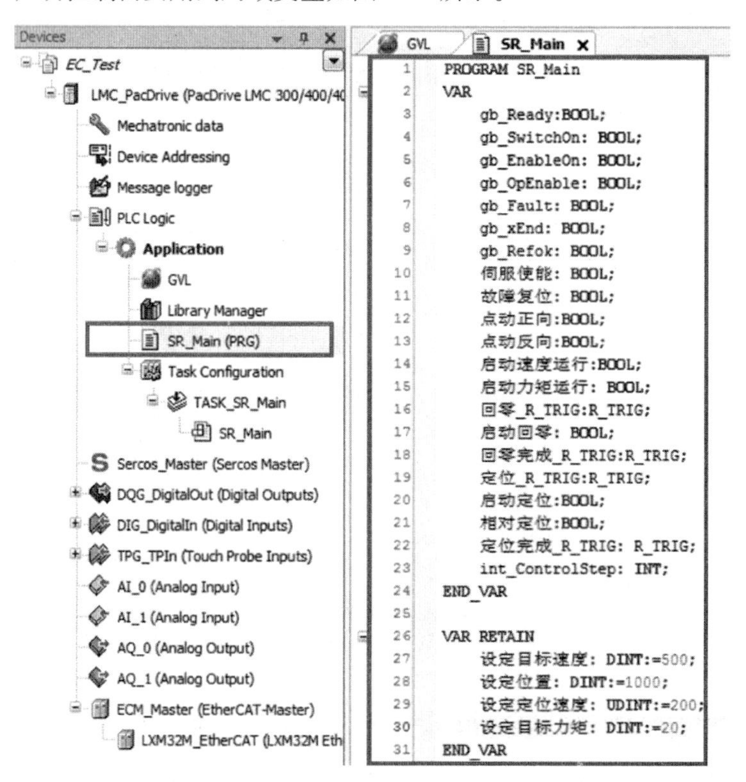

图 4-21　声明变量控制需要用到局域

4.2.7　状态字与控制字

查驱动器使用手册可知，状态字的定义如图 4-22、图 4-23 所示。

_DCOMstatus	DriveCom status word Bit assignments: Bits 0 ... 3: Status bits Bit 4: Voltage enabled Bits 5 ... 6: Status bits Bit 7: Warning Bit 8: HALT request active Bit 9: Remote Bit 10: Target reached Bit 11: Assignment can be set via parameter DS402intLim Bit 12: Operating mode-specific Bit 13: x_err Bit 14: x_end Bit 15: ref_ok

图 4-22　驱动状态字

Operating state	Bit 6 Switch On Disabled	Bit 5 Quick Stop	Bit 3 Fault	Bit 2 Operation enable	Bit 1 Switch On	Bit 0 Ready To Switch On
2 Not Ready To Switch On	0	X	0	0	0	0
3 Switch On Disabled	1	X	0	0	0	0
4 Ready To Switch On	0	1	0	0	0	1
5 Switched On	0	1	0	0	1	1
6 Operation Enabled	0	1	0	1	1	1
7 Quick Stop Active	0	0	0	1	1	1
8 Fault Reaction Active	0	X	1	1	1	1
9 Fault	0	X	1	1	1	1

图 4-23　模式状态字

添加状态相关的程序，如图 4-24 所示。

```
1    gb_Ready:=状态字.0 AND NOT 状态字.1 AND NOT 状态字.2 AND 状态字.5;
2    gb_SwitchOn:=状态字.0 AND 状态字.1 AND NOT 状态字.2 AND 状态字.5;
3    gb_OpEnable:=状态字.0 AND 状态字.1 AND 状态字.2 AND 状态字.5;
4    gb_Fault:=状态字.0 AND 状态字.1 AND 状态字.2 AND 状态字.3;
5    gb_xEnd:=状态字.14;
6    gb_Refok:=状态字.15;
```

图 4-24　添加状态相关的程序

查手册可知，控制字的定义如图 4-25、图 4-26 所示。

DCOMcontrol	DriveCom control word Refer to chapter Operation, Operating States, for bit coding information. Bit 0: Switch on Bit 1: Enable Voltage Bit 2: Quick Stop Bit 3: Enable Operation Bits 4 ... 6: Operating mode specific Bit 7: Fault Reset Bit 8: Halt Bit 9: Change on setpoint Bits 10 ... 15: Reserved (must be 0) Changed settings become active immediately.

图 4-25　控制字（一）

Fieldbus command	State transitions	State transition to	Bit 7, Fault Reset	Bit 3, Enable operation	Bit 2, Quick Stop	Bit 1, Enable Voltage	Bit 0, Switch On
Shutdown	T2, T6, T8	4 Ready To Switch On	X	X	1	1	0
Switch On	T3	5 Switched On	X	X	1	1	1
Disable Voltage	T7, T9, T10, T12	3 Switch On Disabled	X	X	X	0	X
Quick Stop	T7, T10 T11	3 Switch On Disabled 7 Quick Stop Active	X	X	0	1	X
Disable Operation	T5	5 Switched On	X	0	1	1	1
Enable Operation	T4, T16	6 Operation Enabled	X	1	1	1	1
Fault Reset	T15	3 Switch On Disabled	0->1	X	X	X	X

图 4-26　控制字（二）

添加使能程序和复位程序，如图 4-27、图 4-28 所示。

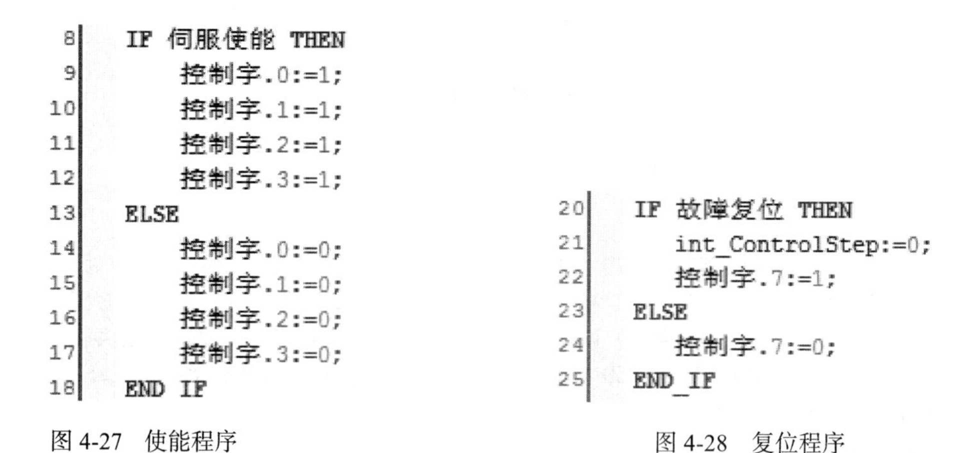

```
8   IF 伺服使能 THEN
9       控制字.0:=1;
10      控制字.1:=1;
11      控制字.2:=1;
12      控制字.3:=1;
13  ELSE
14      控制字.0:=0;
15      控制字.1:=0;
16      控制字.2:=0;
17      控制字.3:=0;
18  END IF
```

图 4-27　使能程序

```
20  IF 故障复位 THEN
21      int_ControlStep:=0;
22      控制字.7:=1;
23  ELSE
24      控制字.7:=0;
25  END_IF
```

图 4-28　复位程序

4.2.8　模式控制

LXM32M 支持多种控制模式，如图 4-29 所示。

DCOMopmode	Operating mode
	-6 / Manual Tuning / Autotuning: ManualTuning or Autotuning
	-3 / Motion Sequence: Motion Sequence
	-2 / Electronic Gear: Electronic Gear
	-1 / Jog: Jog
	0 / Reserved: Reserved
	1 / Profile Position: Profile Position
	3 / Profile Velocity: Profile Velocity
	4 / Profile Torque: Profile Torque
	6 / Homing: Homing
	7 / Interpolated Position: InterpolatedPosition
	8 / Cyclic Synchronous Position: Cyclic Synchronous Position
	9 / Cyclic Synchronous Velocity: Cyclic Synchronous Velocity
	10 / Cyclic Synchronous Torque: Cyclic Synchronous Torque

图 4-29　控制模式

本章以常用的点动、回零、速度、定位和力矩模式为例介绍其使用方法，关于其余模式的详细介绍请参考 LXM32M 的 EtherCAT 通信协议。

添加 CASE 语句，在第 0 步初始化以及根据不同模式指令跳转到相应的程序段，如图 4-30 所示。

```
32  CASE int_ControlStep OF
33  0:
34      操作模式:=-1;
35      目标速度:=0;
36      点动控制:=0;
37      目标位置:=0;
38      定位速度:=0;
39      控制字.4:=0;
40
41      IF gb_OpEnable AND (点动正向 OR 点动反向) THEN
42      int_ControlStep:=100;
43      END_IF
44
45      IF 启动速度运行 AND gb_OpEnable THEN
46      int_ControlStep:=200;
47      END_IF
48
49      IF 回零_R_TRIG.Q AND gb_OpEnable THEN
50      int_ControlStep:=300;
51      END_IF
52
53      IF 定位_R_TRIG.Q AND gb_OpEnable THEN
54      int_ControlStep:=400;
55      END_IF
56
57      IF 启动力矩运行 AND gb_OpEnable THEN
58      int_ControlStep:=500;
59      END IF
```

图 4-30　CASE 语句初始化

1 . 点动模式

点动模式的操作码如图 4-31 所示。

JOGactivate	Activation of operating mode Jog Bit 0: Positive direction of movement Bit 1: Negative direction of movement Bit 2: 0=slow 1=fast Changed settings become active immediately.

图 4-31　点动模式

根据操作码编辑的点动程序如图 4-32 所示。

```
61  100:
62      操作模式:=-1;
63      IF 当前操作模式=255 THEN
64      int_ControlStep:=110;
65      END_IF
66
67  110:
68      点动控制.0:=点动正向 AND NOT 点动反向;
69      点动控制.1:=点动反向 AND NOT 点动正向;
70      IF NOT 点动正向 AND NOT 点动反向 THEN
71      int_ControlStep:=120;
72      END_IF
73
74  120:
75      点动控制:=0;
76      IF gb_xEnd THEN
77      int_ControlStep:=0;
78      END_IF
```

图 4-32　点动模式

2 . 速度模式

在速度模式下，通过修改参数 PVv_target（程序中的“目标速度”）实现速度的给定，速度程序如图 4-33 所示。

```
81  200:
82      操作模式:=3;
83      IF 当前操作模式=3 THEN
84      int_ControlStep:=210;
85      END_IF
86
87  210:
88      目标速度:=设定目标速度;
89      IF NOT 启动速度运行 THEN
90      int_ControlStep:=220;
91      END_IF
92
93  220:
94      目标速度:=0;
95      int_ControlStep:=0;
```

图 4-33　速度程序

3. 回零模式

这里的回零方式选用 33，更多回零方式见 LXM32M 的手册。在回零模式下，通过控制字的 Bit4：触发回零动作状态字的 Bit12：1 表示回零完成且成功，回零程序如图 4-34 所示。

```
 98  300:
 99      操作模式:=6;
100      IF 当前操作模式=6 THEN
101      int_ControlStep:=310;
102      END_IF
103
104  310:
105      控制字.4:=1;
106      IF  回零完成_R_TRIG.Q THEN
107      int_ControlStep:=0;
108      END_IF
```

图 4-34　回零程序

4. 定位模式

在定位模式下，通过参数 PPp_target 设定目标位置，参数 PVv_target 是定位速度。

控制字的 Bit4：0→1 触发新的定位；

控制字的 Bit6：0 表示绝对定位 /1 表示相对定位；

状态字的 Bit10：1 表示定位完成。

定位程序如图 4-35 所示。

```
110  400:
111      操作模式:=1;
112      IF 当前操作模式=1 THEN
113      int_ControlStep:=410;
114      END_IF
115
116  410:
117      目标位置:=设定位置;
118      定位速度:=设定定位速度;
119      控制字.4:=1;
120      控制字.6:=相对定位;
121      int_ControlStep:=420;
122
123  420:
124      IF 定位完成_R_TRIG.Q THEN
125      int_ControlStep:=0;
126      END_IF
```

图 4-35　定位程序

5. 力矩模式

在力矩模式下，通过修改参数 PTtq_target（程序中的“目标力矩”），实现力矩的给定，力矩程序如图 4-36 所示。

```
129     500:
130         操作模式:=4;
131         IF 当前操作模式=4 THEN
132         int_ControlStep:=510;
133         END_IF
134
135     510:
136         目标力矩:=设定目标力矩;
137         IF NOT 启动力矩运行 THEN
138         int_ControlStep:=520;
139         END_IF
140
141     520:
142         目标力矩:=0;
143         int_ControlStep:=0;
144     END_CASE
```

图 4-36　力矩程序

第 5 章

EtherNet/IP 的应用

EtherNet/IP（EtherNet Industrial Protocol，以太网工业协议）具有开放的工业联网标准，支持实时 I/O 控制和消息传递功能。在讨论 EtherNet/IP 之前，首先应从它的名字讲起。EtherNet/IP 顾名思义，“EtherNet” 表示采用以太网技术，也就是 IEEE802.3 标准；“IP” 表示工业协议，以区别其他以太网协议。不同于其他工业以太网协议，EtherNet/IP 采用了已经被广泛使用的开放协议作为其应用层协议（CIP）。所以，可以认为 EtherNet/IP 是 CIP 在以太网 TCP/IP 基础上的具体实现。

EtherNet/IP 是一个工业使用的应用层通信协定，可以使控制系统与其元件之间建立通信，例如可编程序逻辑控制器、I/O 模组、变频器和伺服等。

施耐德 ModiconM241/251、221 等系列 PLC、LXM32M 伺服、ATV340、930 变频等主打产品都能够支持 EtherNet/IP 通信，本章通过以下两个例子介绍该通信的使用。

5.1 PD3 与 M241 之间的 EtherNet/IP 通信

PD3 通过 EtherNet/IP 通信对 M241 进行读写。硬件的结构如图 5-1 所示。

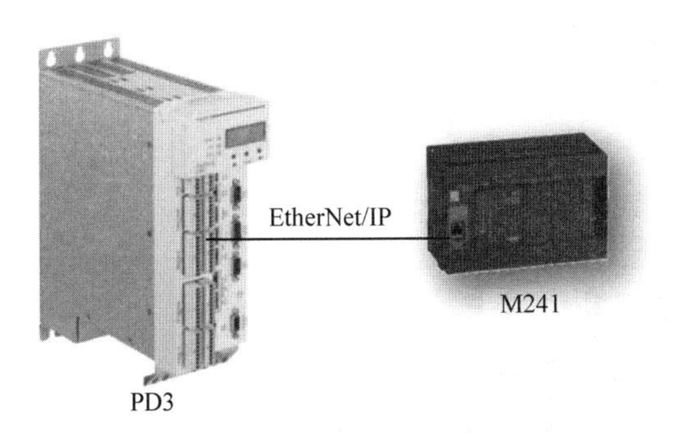

图 5-1 硬件结构

5.1.1 Somachine 中的配置

在 M241 程序中，双击 “EtherNet_1”，并在右侧的配置窗口中设定 “固定 IP 地址”，IP 地址和子网掩码如图 5-2 所示。

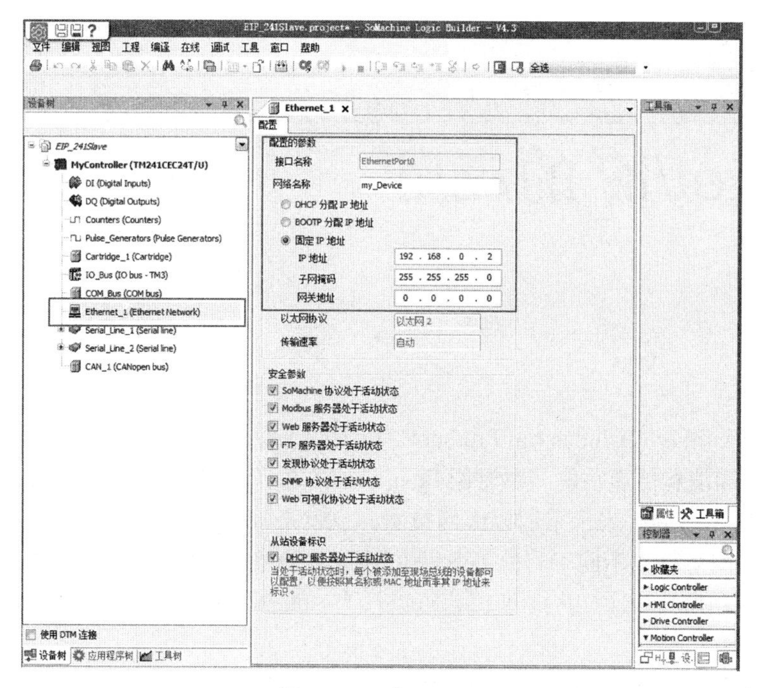

图 5-2　以太网配置

在以太网下，添加“EtherNet/IP”如图 5-3 所示。

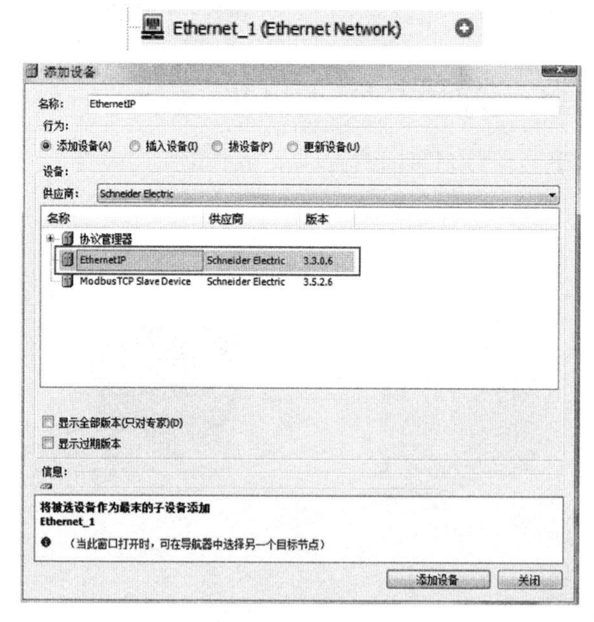

图 5-3　添加设备

默认输入、输出区大小各为 20 个字（最大输入、输出支持 120 个字），设置如图 5-4 所示。输入地址映射如图 5-5 所示。输出地址映射，如图 5-6 所示。

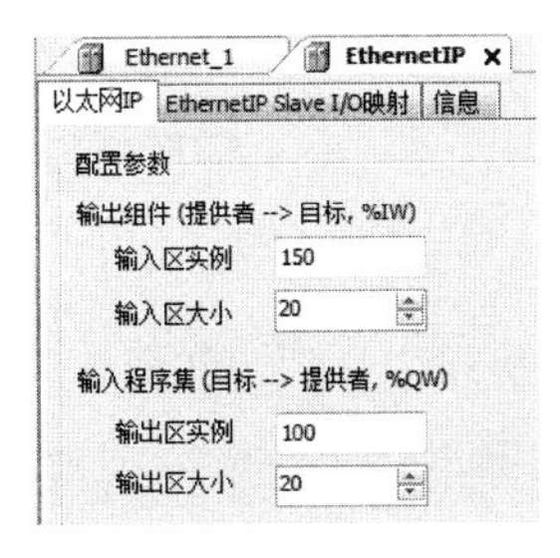

图 5-4　配置输入输出

以太网IP | EthernetIP Slave I/O映射 | 信息

通道

变量	映射	通道	地址	类型
Input				
iwEthernetIP_IW0		IW0	%IW2	WORD
iwEthernetIP_IW1		IW1	%IW3	WORD
iwEthernetIP_IW2		IW2	%IW4	WORD
iwEthernetIP_IW3		IW3	%IW5	WORD
iwEthernetIP_IW4		IW4	%IW6	WORD
iwEthernetIP_IW5		IW5	%IW7	WORD
iwEthernetIP_IW6		IW6	%IW8	WORD
iwEthernetIP_IW7		IW7	%IW9	WORD
iwEthernetIP_IW8		IW8	%IW10	WORD
iwEthernetIP_IW9		IW9	%IW11	WORD
iwEthernetIP_IW10		IW10	%IW12	WORD
iwEthernetIP_IW11		IW11	%IW13	WORD
iwEthernetIP_IW12		IW12	%IW14	WORD
iwEthernetIP_IW13		IW13	%IW15	WORD
iwEthernetIP_IW14		IW14	%IW16	WORD
iwEthernetIP_IW15		IW15	%IW17	WORD
iwEthernetIP_IW16		IW16	%IW18	WORD
iwEthernetIP_IW17		IW17	%IW19	WORD
iwEthernetIP_IW18		IW18	%IW20	WORD
iwEthernetIP_IW19		IW19	%IW21	WORD

图 5-5　输入地址映射

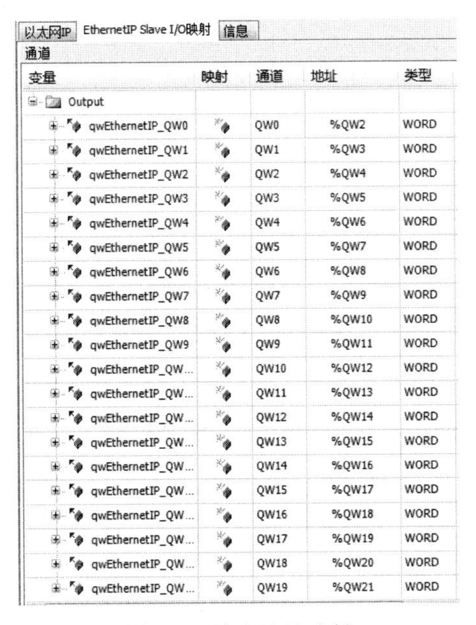

以太网IP | EthernetIP Slave I/O映射 | 信息

通道

变量	映射	通道	地址	类型
Output				
qwEthernetIP_QW0		QW0	%QW2	WORD
qwEthernetIP_QW1		QW1	%QW3	WORD
qwEthernetIP_QW2		QW2	%QW4	WORD
qwEthernetIP_QW3		QW3	%QW5	WORD
qwEthernetIP_QW4		QW4	%QW6	WORD
qwEthernetIP_QW5		QW5	%QW7	WORD
qwEthernetIP_QW6		QW6	%QW8	WORD
qwEthernetIP_QW7		QW7	%QW9	WORD
qwEthernetIP_QW8		QW8	%QW10	WORD
qwEthernetIP_QW9		QW9	%QW11	WORD
qwEthernetIP_QW...		QW10	%QW12	WORD
qwEthernetIP_QW...		QW11	%QW13	WORD
qwEthernetIP_QW...		QW12	%QW14	WORD
qwEthernetIP_QW...		QW13	%QW15	WORD
qwEthernetIP_QW...		QW14	%QW16	WORD
qwEthernetIP_QW...		QW15	%QW17	WORD
qwEthernetIP_QW...		QW16	%QW18	WORD
qwEthernetIP_QW...		QW17	%QW19	WORD
qwEthernetIP_QW...		QW18	%QW20	WORD
qwEthernetIP_QW...		QW19	%QW21	WORD

图 5-6　输出地址映射

5.1.2　Somachine Motion 中的配置

在 Somachine Motion 软件中，添加 M241 的 EDS 文件。在 PD3 程序中，单击工具栏上的“Tools/Device Repository…”，如图 5-7 所示。

在图 5-8 界面中，单击“Install”。

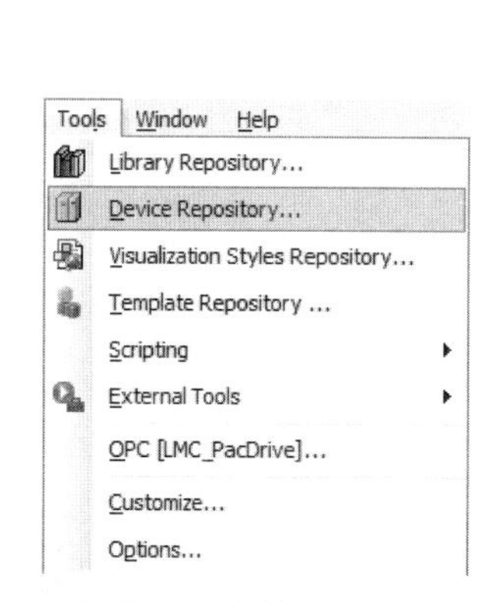

图 5-7　输出地址映射 Device Repository

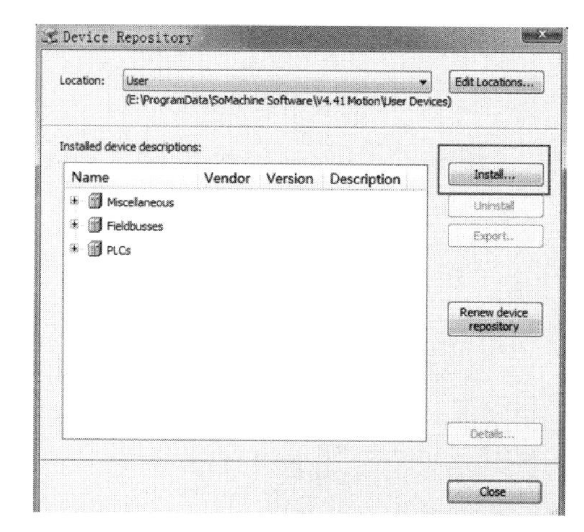

图 5-8　确认安装

确认安装后，相应的 EDS 文件可以在 Somachine 软件的安装目录中找到，如图 5-9 所示。

« SoMachine Software ▸ V4.3 ▸ LogicBuilder ▸ EDS　　搜索 EDS

组织 ▾　打开　新建文件夹

图片
文档
迅雷下载
音乐
计算机
Windows (C:)
CD 驱动器 (D:)

名称	修改日期	类型	大小
LMC058_Generic.eds	2017/10/11 14:41	EDS 文件	14 KB
LMC058_Generic.ico	2017/10/11 14:41	图标	6 KB
TM241_Generic.eds	2017/10/11 14:41	EDS 文件	44 KB
TM241_Generic.ico	2017/10/11 14:41	图标	17 KB
TM251_Generic.eds	2017/10/11 14:41	EDS 文件	44 KB
TM251_Generic.ico	2017/10/11 14:41	图标	17 KB
TM258_Generic.eds	2017/10/11 14:41	EDS 文件	14 KB
TM258_Generic.ico	2017/10/11 14:41	图标	6 KB

TM241_Generic.eds 修改日期: 2017/10/11 14:41　创建日期: 2017/10/11 14:41
EDS 文件　大小: 43.5 KB

图 5-9　选择 TM24 的 1EDS 文件

双击 TM241 的 EDS 文件，完成安装。

在 PD3 程序中，添加 EIPS_Scanner，如图 5-10 所示。

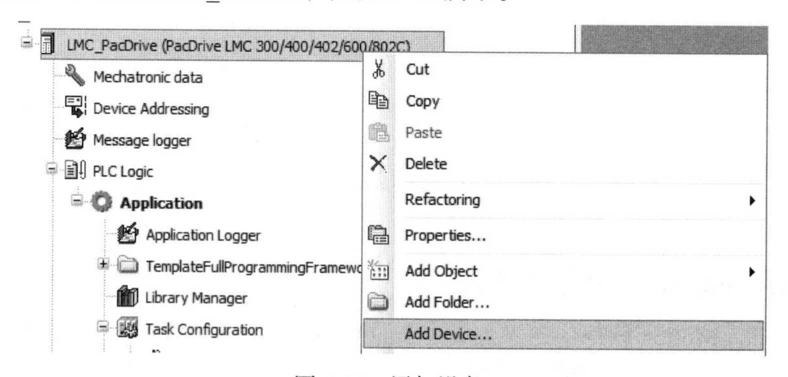

图 5-10　添加设备

在图 5-11 界面中，选择“EIPS_Scanner”。

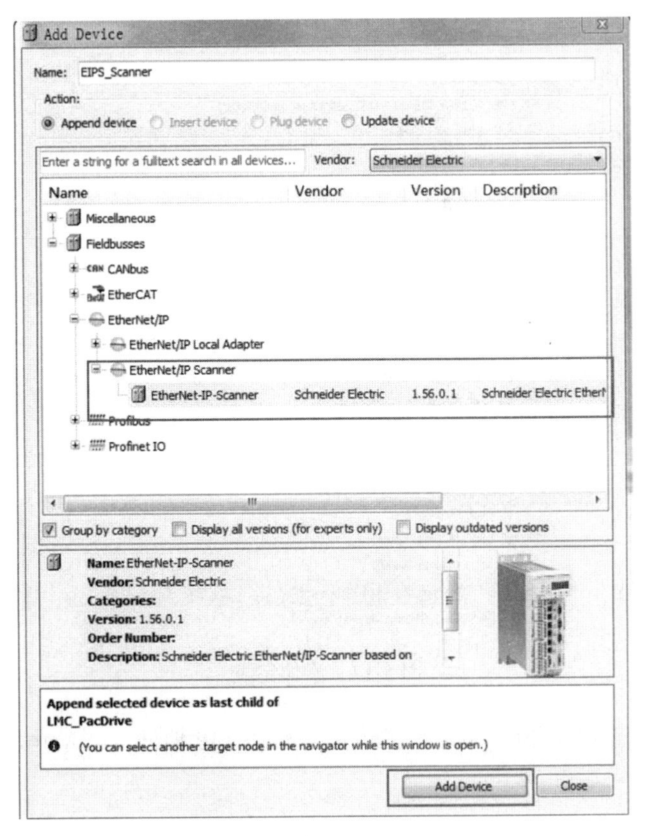

图 5-11　添加 EIPS_Scanner

然后，在“EIPS-Scanner”下添加 TM241 的 EDS 从站，如图 5-12 所示。

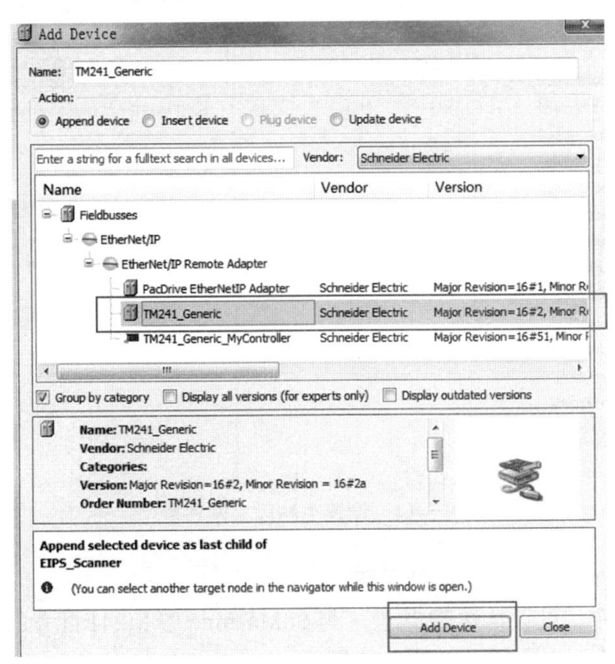

图 5-12　添加 TM241

确认添加如图 5-13 所示。

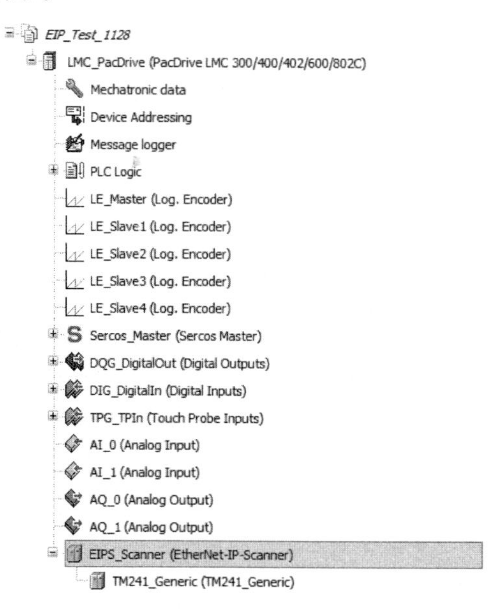

图 5-13　添加完成

在 PD3 程序中，双击“EIPS_Scanner”，设置主站的 IP 地址（与 M241 在同一网段），如图 5-14 所示。

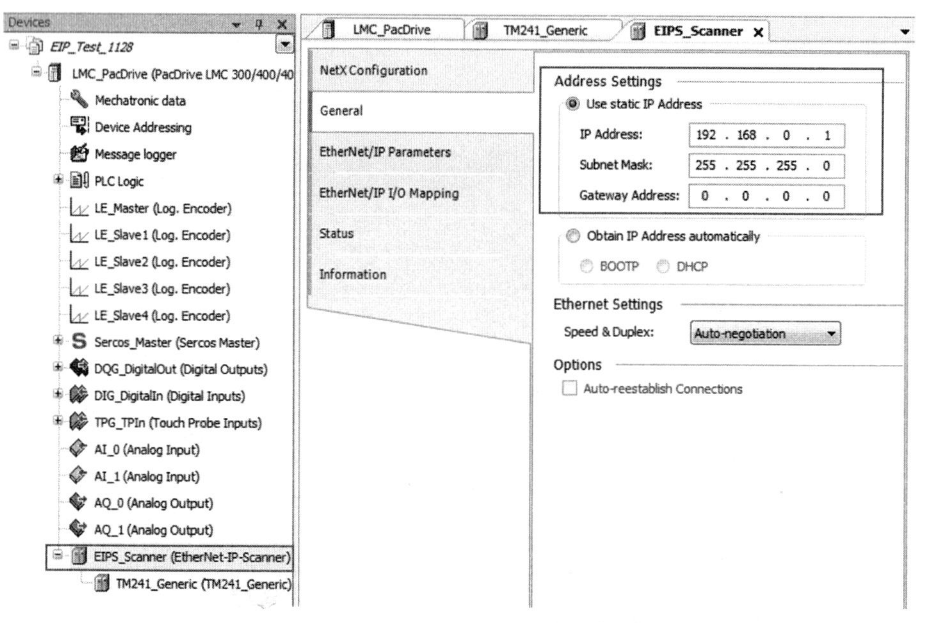

图 5-14　设置主站以太网参数

双击“TM241_Generic”，设置从站参数。

在“General”栏中，设置从站 IP 地址（与 SoMachine 中 M241 配置的 IP 地址相同），并取消默认设置中对产品的一些检测，如图 5-15 所示。

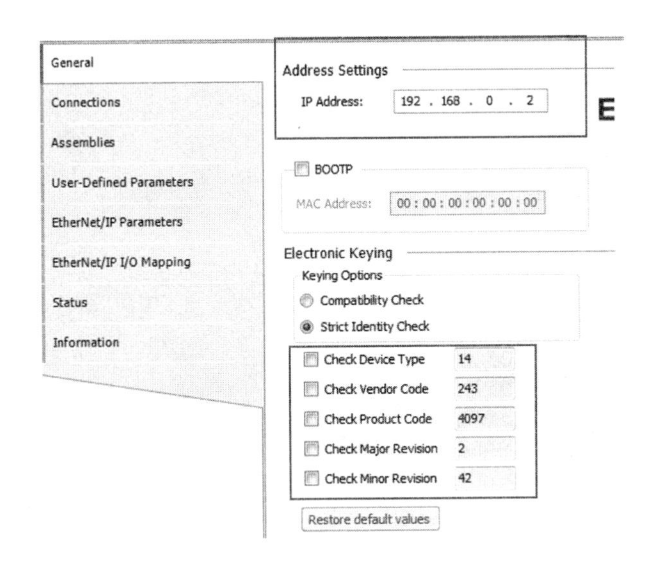

图 5-15　设置 TM241 以太网通信参数

在“Connection”栏中，添加通信连接，如图 5-16 所示。

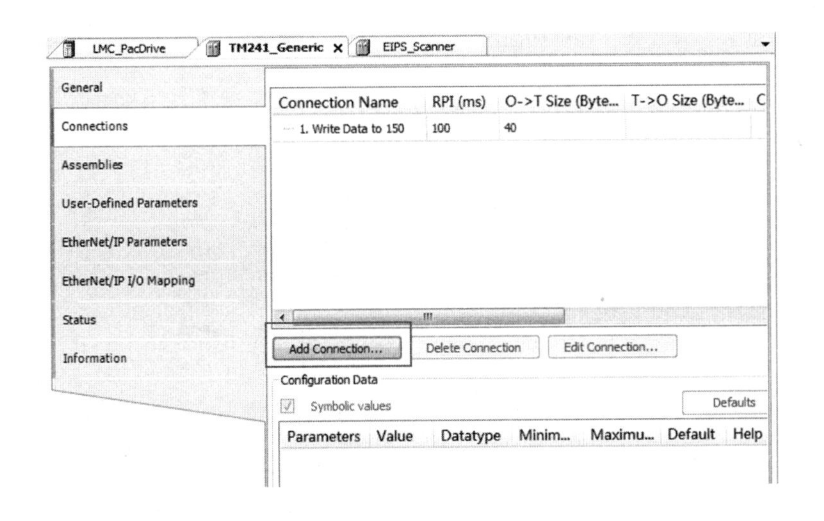

图 5-16　添加通信连接

然后设置通信连接参数，如图 5-17 所示。

连接类型包括以下三类：

1）写—Write Data to 150；

2）读—Read Data From 100；

3）读 / 写—Read From 100/Write to 150。

同时需要读和写操作时，必须选择“读 / 写”，不可以单独添加“读”和“写”两个连接，这里的数据长度是按字节计算的。

输入、输出地址映射如图 5-18、图 5-19 所示。

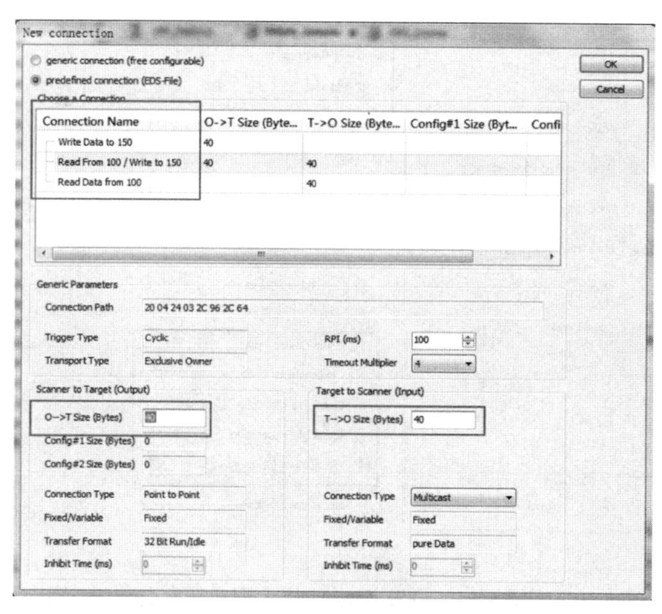

图 5-17　设置通信连接参数

General	Find	Filter Show all
Connections		
Assemblies		
User-Defined Parameters		
EtherNet/IP Parameters		
EtherNet/IP I/O Mapping		
Status		
Information		

Variable	Ma...	Channel	Address	Type	Unit	Description
		Unused Parameter	%IB0	BYTE		
		Unused Parameter	%IB1	BYTE		
		Unused Parameter	%IB2	BYTE		
		Unused Parameter	%IB3	BYTE		
		Unused Parameter	%IB4	BYTE		
		Unused Parameter	%IB5	BYTE		
		Unused Parameter	%IB6	BYTE		
		Unused Parameter	%IB7	BYTE		
		Unused Parameter	%IB8	BYTE		
		Unused Parameter	%IB9	BYTE		
		Unused Parameter	%IB10	BYTE		

图 5-18　输入地址映射

General	Find	Filter Show all
Connections		
Assemblies		
User-Defined Parameters		
EtherNet/IP Parameters		
EtherNet/IP I/O Mapping		
Status		
Information		

Variable	Ma...	Channel	Address	Type	Unit	Description
		Unused Parameter	%QB0	BYTE		
		Unused Parameter	%QB1	BYTE		
		Unused Parameter	%QB2	BYTE		
		Unused Parameter	%QB3	BYTE		
		Unused Parameter	%QB4	BYTE		
		Unused Parameter	%QB5	BYTE		
		Unused Parameter	%QB6	BYTE		
		Unused Parameter	%QB7	BYTE		
		Unused Parameter	%QB8	BYTE		
		Unused Parameter	%QB9	BYTE		
		Unused Parameter	%QB10	BYTE		

图 5-19　输出地址映射

双击运动控制器，在弹出的界面中选择“PLC Setting”栏，修改 IO 更新的方式，并配上相应的循环任务。

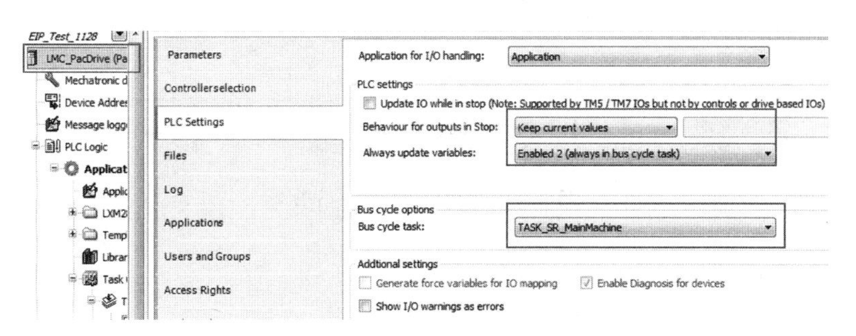

图 5-20　选择“PLC Setting”栏

5.1.3　联机后的测试

分别将程序下载后，断电重启（PD3 修改硬件配置后必须重启）并联线。

PD3 侧的输出 %QB0~%QB39 对应 M241 侧的 %IW0~%IW19；

PD3 侧的输入 %IB0~%IB39 对应 M241 侧的 %QW0~%QW19。

PD3 侧的输出：

在 PD3 侧对输出 %qW0 赋值 100，如图 5-21 所示。

Watch 1

Expression	Application	Type	Value	Prepared val...
%qw0	LMC_PacDrive.Appli...	WORD	5000	
%iw0	LMC_PacDrive.Appli...	WORD	0	

图 5-21　运行效果

在 M241 侧可以看到输入，如图 5-22 所示。

以太网IP | EthernetIP Slave I/O映射 | 信息

通道

变量	映射	通道	地址	类型	缺省值	当前值	准备值
Input							
iwEthernetIP_IW0		IW0	%I...	WORD		100	
iwEthernetIP_IW1		IW1	%I...	WORD		0	
iwEthernetIP_IW2		IW2	%I...	WORD		0	
iwEthernetIP_IW3		IW3	%I...	WORD		0	
iwEthernetIP_IW4		IW4	%I...	WORD		0	
iwEthernetIP_IW5		IW5	%I...	WORD		0	
iwEthernetIP_IW6		IW6	%I...	WORD		0	

图 5-22　运行效果

PD3 侧的输入：

M241 侧对输出 %QW1 赋值 200，如图 5-23 所示。

变量	映射	通道	地址	类型	缺省值	当前值	准备值
Input							
Output							
qwEthernetIP_QW0		QW0	%...	WORD		0	
qwEthernetIP_QW1		QW1	%...	WORD		200	
qwEthernetIP_QW2		QW2	%...	WORD		0	

图 5-23　M241 输出运行效果

在 PD3 侧可以读到 %IW1=200，如图 5-24 所示。

Watch 1

Expression	Application	Type	Value	Prepared val...
%qw0	LMC_PacDrive.Appli...	WORD	5000	
%iw0	LMC_PacDrive.Appli...	WORD	0	
%iw1	LMC_PacDrive.Appli...	WORD	200	

图 5-24　PD3 输入运行效果

于是轻松地实现 PD3 运动控制器与 M241PLC 之间的 EtherNet/IP 通信，PD3 运动控制器与第三方的远程 IO，阀岛等设备的 EtherNet/IP 通信都与其类似。

5.2　M241 与 ATV340 之间的 EtherNet/IP 通信

M241 通过 EtherNet/IP 通信控制 ATV340 变频器硬件连接，如图 5-25 所示。

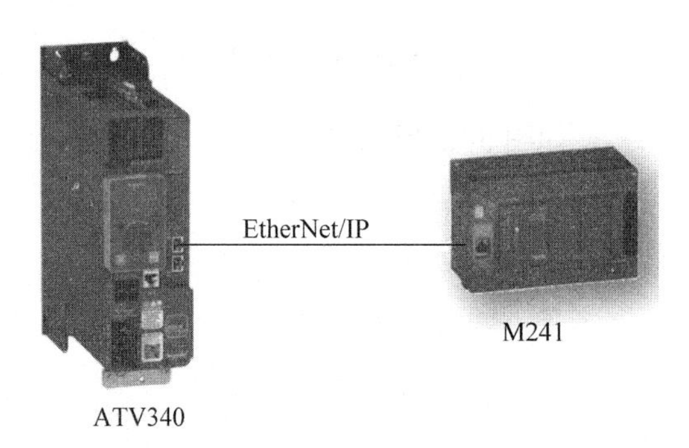

图 5-25　结构拓扑图

M241 对变频器也可以视作采用第三方设备之前介绍的直接扫描的方式控制，但需要用户根据流程自己去编写程序对控制字进行操作；对施耐德旗下变频器、伺服产品，Somachine 软件提供了一些相应的功能块，便于实现对其的控制。这里以 M241 控制 ATV340 变频器为例。

5.2.1　变频器的参数设置

设置电机铭牌相关参数如图 5-26 所示。

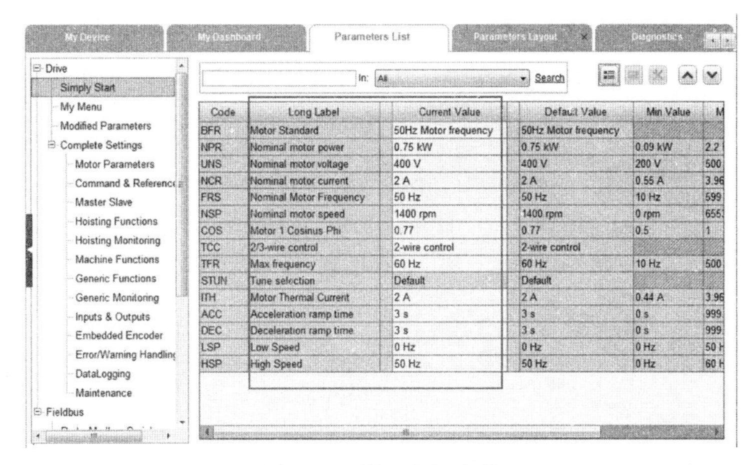

图 5-26　设置电机参数

设置命令通道、给定通道如图 5-27 所示。

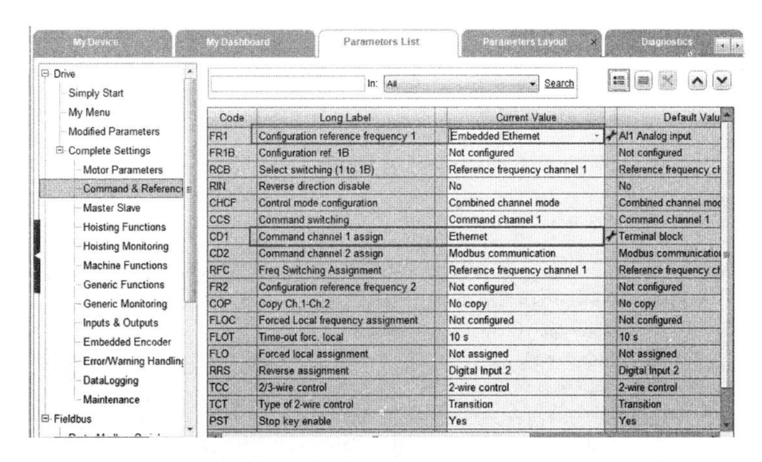

图 5-27　设置命令通道、给定通道

设置内置以太网参数（固定地址）如图 5-28 所示。

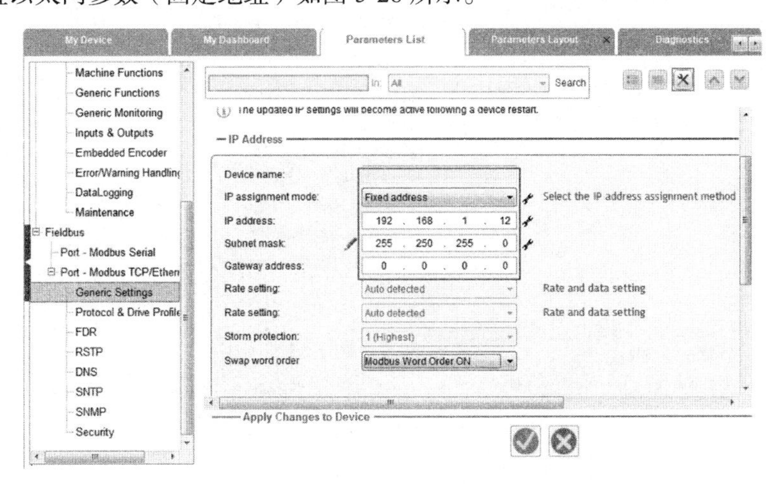

图 5-28　设置内置以太网参数

设置以太网的通信协议参数如图 5-29 所示。

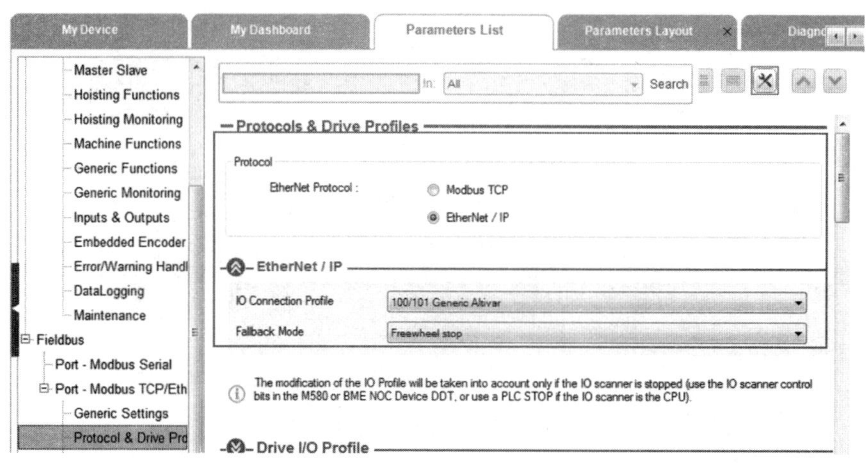

图 5-29　设置以太网的通信协议参数

5.2.2　Somachine 的配置

双击“EtherNet_1”，设置 PLC 的 IP 地址如图 5-30 所示。

在“EtherNet”_1 下，添加“工业以太网管理器”，如图 5-31 所示。

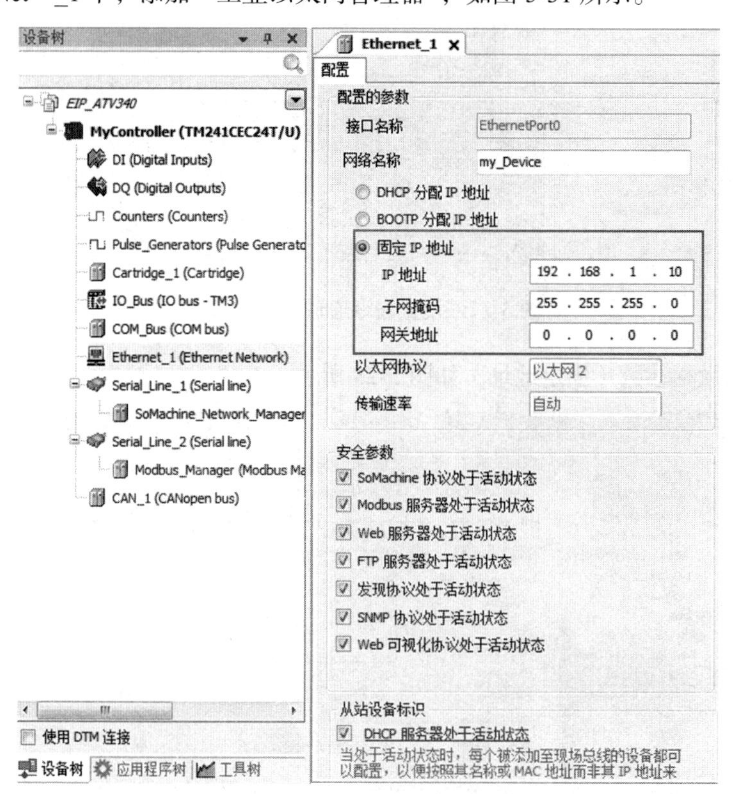

图 5-30　以太网参数地址

图 5-31　添加设备

在“工业以太网管理器”下，添加设备“Altivar 340”，如图 5-32 所示。

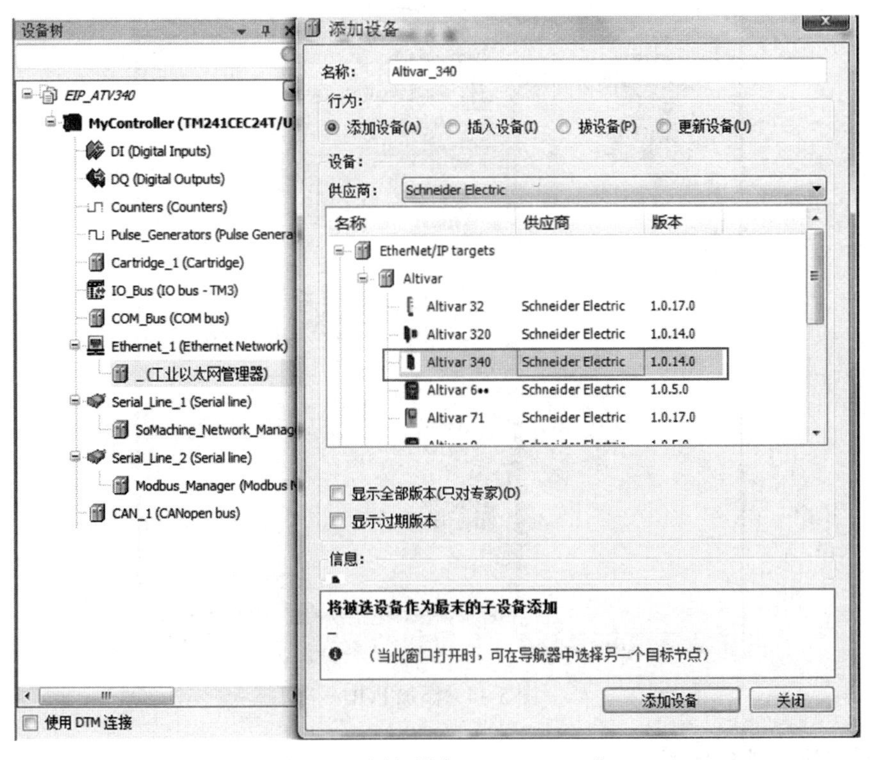

图 5-32　添加设备“Altivar 340”

双击“Altivar 340”，设置 IP 地址，如图 5-33 所示。

图 5-33　设置 IP 地址

在应用程序树中，添加 POU，如图 5-34 所示。

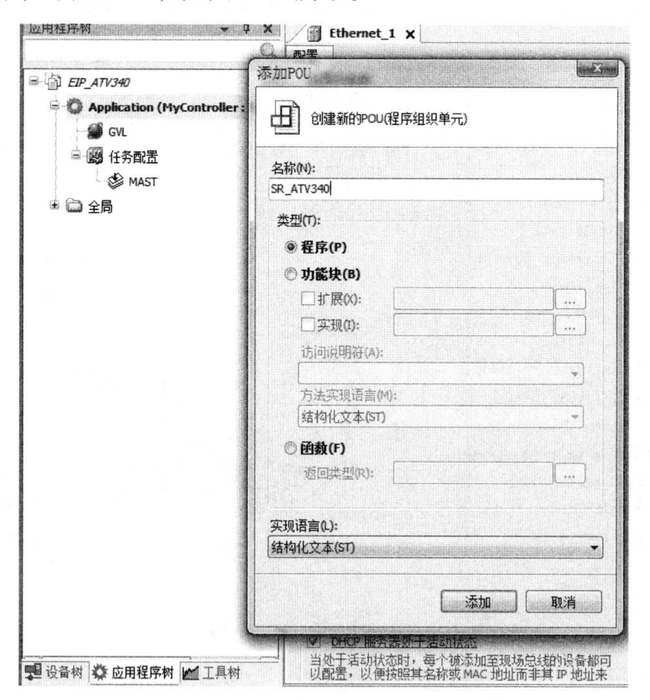

图 5-34　添加 POU

调用功能块如图 5-35 所示。

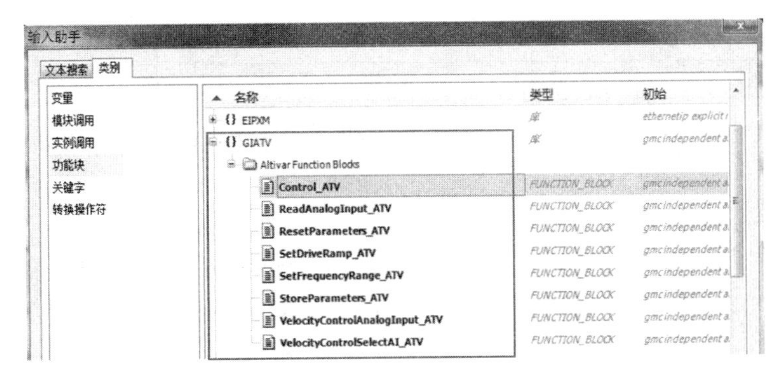

图 5-35　调用功能块

库 GIATV 是 Somachine 软件提供用于控制变频器的主要库之一，其中功能块 Control_ATV 是控制变频器的主要功能块，如图 5-36 所示，功能块 Control_ATV 引脚说明见表 5-1。

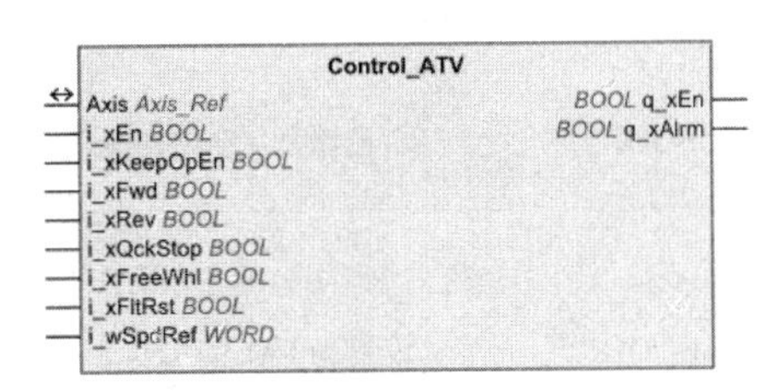

图 5-36　功能块 Control_ATV

表 5-1　功能块 Control_ATV 引脚说明

引　脚	数据类型	描　述
i_xEn	BOOL	激活或停用功能块的命令 FALSE：停用功能块 TRUE：激活功能块
i_xKeepOpEn	BOOL	FALSE：如果没有活动命令，则禁用电源级 TRUE：如果没有活动命令，则保持电源级处于启用状态
i_xFwd	BOOL	FALSE：停止正方向运动 TRUE：如果驱动器处于“已打开”操作状态，并且无本地强制活动，则以速度参考值 i_wSpdRef 启动负方向（后退）运动 “后退”命令由上升沿触发。为 FALSE 时运动停止
i_xRev	BOOL	FALSE：停止负方向运动 TRUE：如果驱动器处于“已打开”操作状态，并且无本地强制活动，则以速度参考值 i_wSpdRef 启动正方向（前进）运动 “前进”命令由上升沿触发。为 FALSE 时运动停止

（续）

引　脚	数据类型	描　述
i_xQckStop	BOOL	FALSE：如果存在电机运动，则驱动器触发“快速停止” TRUE：不触发“快速停止”
i_xFreeWhl	BOOL	FALSE：如果存在电机运动，则驱动器触发“滑行停止” TRUE：不触发“滑行停止”
i_xFltRst	BOOL	FALSE：不触发故障复位 TRUE：驱动器触发“故障复位”
i_wSpdRef	WORD	驱动器的参考速度
q_xEn	BOOL	已激活 / 停用功能块。从 i_xEn 直接复制
q_xAlrm	BOOL	当功能块已停用且当驱动器过渡到“已禁用打开”时，设置为 FALSE 当驱动器检测到错误（状态字的位 3）时，设置为 TRUE
Axis	Axis_Ref	该轴的名称定义在 Somachine 设备树形结构中

添加并声明变量如图 5-37 所示。

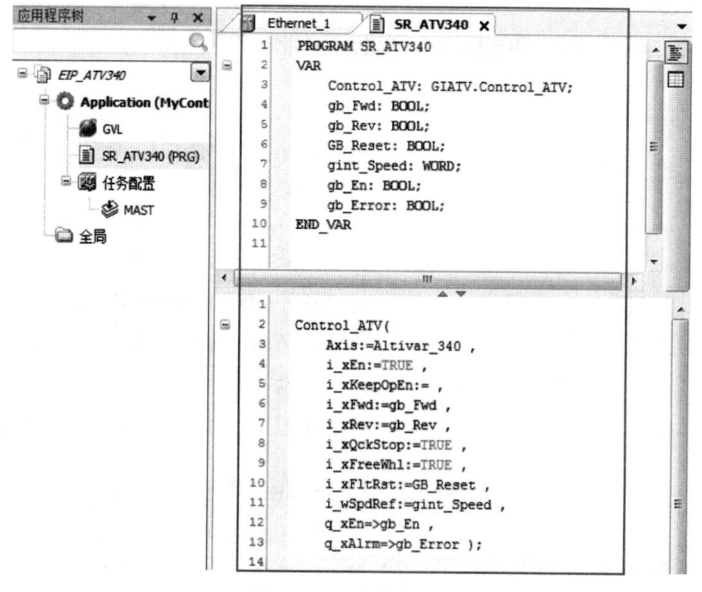

图 5-37　声明变量

调用程序如图 5-38 所示。

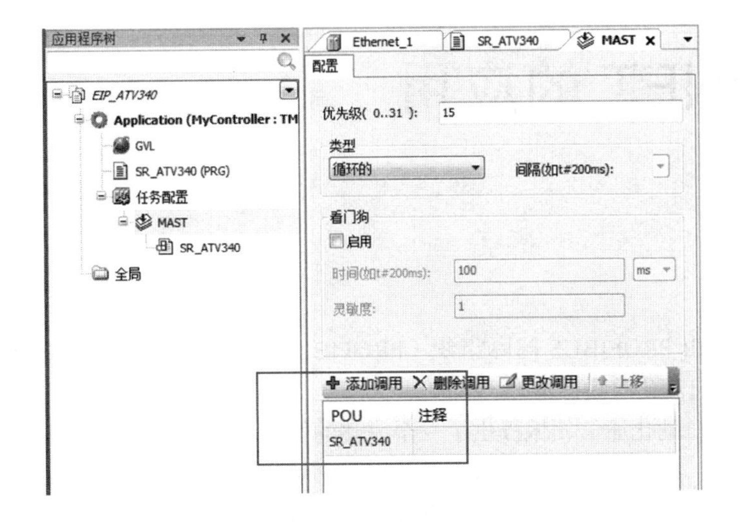

图 5-38　调用程序

5.2.3　联机测试

下载程序后，设置给定速度并置位正转或反转信号后，变频按照给定的速度、方向运行，如图 5-39 所示。

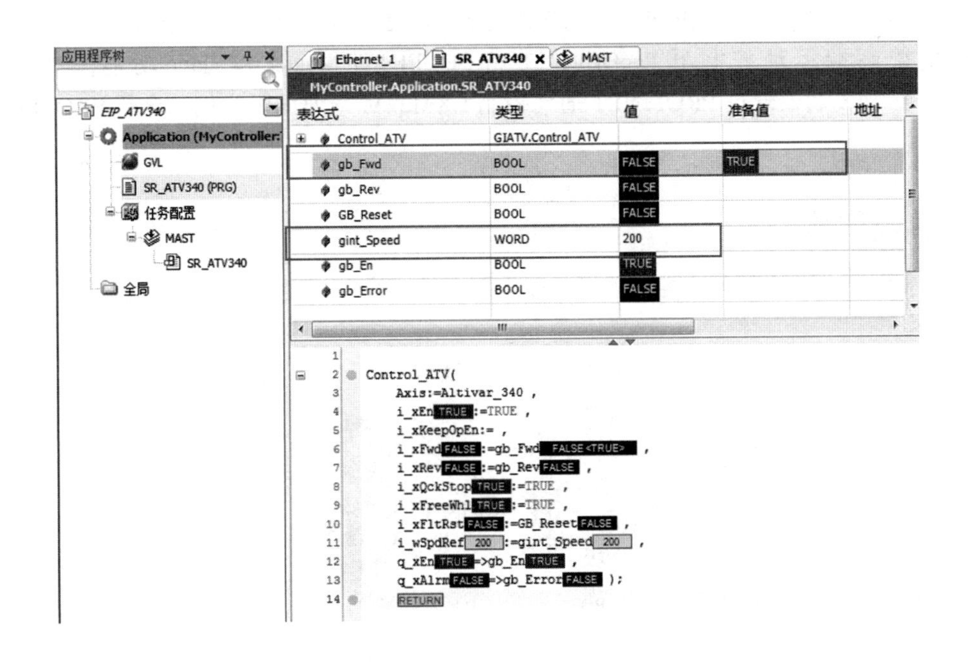

图 5-39　联机测试效果

第 6 章

PROFINET 的应用

PROFINET 是由 PROFIBUS 国际组织（PROFIBUS International，PI）推出的新一代基于工业以太网技术的自动化总线标准。

PROFINET 为自动化通信领域提供了一个完整的网络解决方案，包括实时以太网、运动控制、分布式自动化、故障安全以及网络安全等当前自动化领域的热点话题，并且具有跨供应商兼容技术，可以完全兼容工业以太网和现有的现场总线（如 PROFIBUS）技术，以保护现有的投资。

PROFINET 网络和外部设备的通信是由 PROFINET IO 实现的，PROFINET IO 定义与现场连接的外部设备的通信功能，其基础是级联性的实时概念，PROFINET IO 定义控制器（有“主站机能”的设备）和其他设备（有“从站机能”的设备）之间的信息交换、参数设定及诊断功能。PROFINET IO 基于以太网连接的设备提供快速的信息传输，且支持生产者 – 消费者模型（provider-consumer model）。支持 PROFIBUS 通信协定的设备可以无缝地和 PROFINET 网络连接，不需要 IO 代理器（IO-Pro6y）之类的设备。设备开发者可以利用市面上销售的以太网控制器开发 PROFINET IO 设备。PROFINET IO 适用于网络循环时间为 ms 的系统。

施耐德高端运动控制器 PacDrive3 支持 PROFINET Master 和 Slave 功能，本章将以 LMC300C 运动控制器通过 PROFINET 通信控制 LXM32M 系列伺服为例，介绍 PROFINET 的应用。

6.1 系统架构

控制系统的连接是由 PD3 控制器通过以太网现场总线口连接到 LXM32M 的通信卡上，如图 6-1 所示。

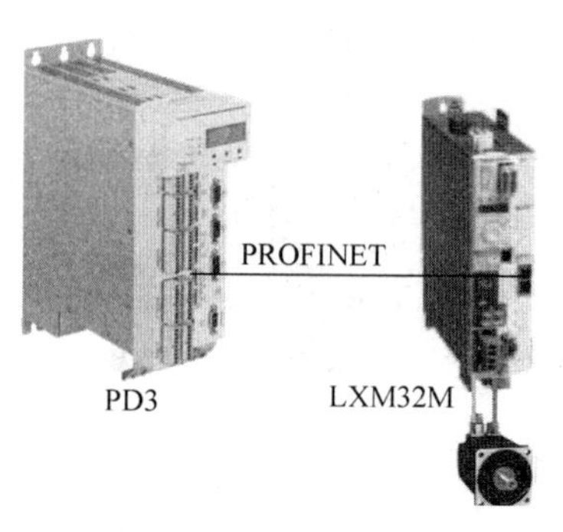

图 6-1　拓扑图

6.2　使用的软件和固件版本

系统各个单元的软件和固件版本如下：

- LXM32 驱动器的固件：V01.26.03；
- PROFINET 卡的固件：V1.0.12；
- 驱动器调试软件 SoMove：V2.6；
- 控制器编程软件为 Somachine Motion：V4.3。

6.3　SoMove 的设置

采用驱动器调试软件 SoMove 设置伺服驱动器 PROFINET 通信参数，如图 6-2 所示。

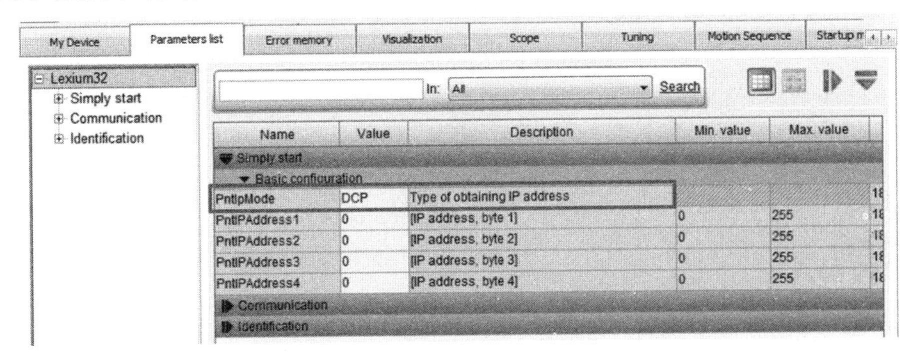

图 6-2　伺服驱动器通信参数

6.4　Somachine Motion 的操作

6.4.1　在 Somachine Motion 软件中添加 LXM32M 的 XLM 文件

在 PD3 编程软件中，单击工具栏的“Tools/Device Repository…”如图 6-3 所示。

出现图 6-4 界面后，单击“Install”。

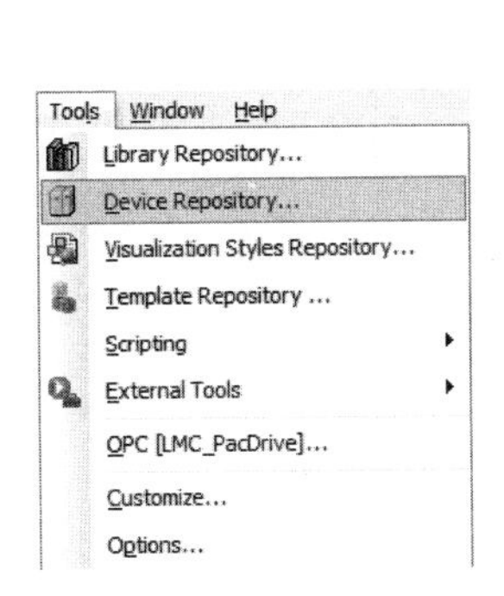

图 6-3　Device Repository

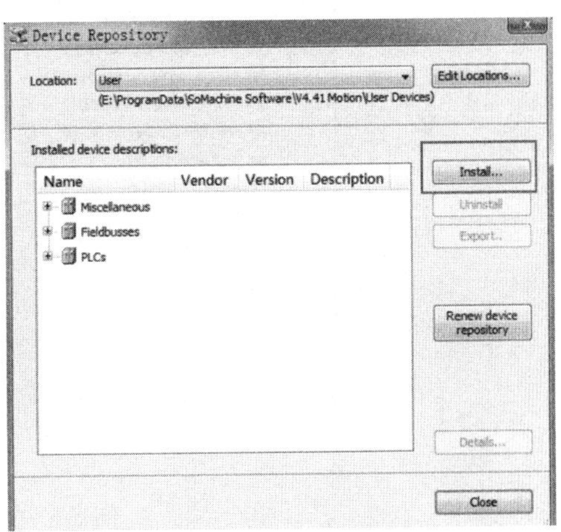

图 6-4　Install 安装

找到相应的“XML 文件”，如图 6-5 所示。

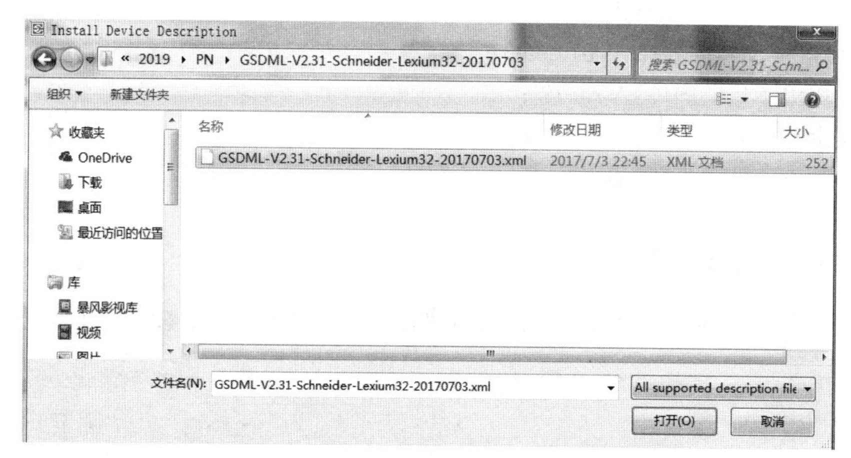

图 6-5　XML 文件

双击 LXM32M 的 XML 文件，完成安装。

6.4.2　硬件配置

在 PD3 编程软件中添加设备，如图 6-6 所示。

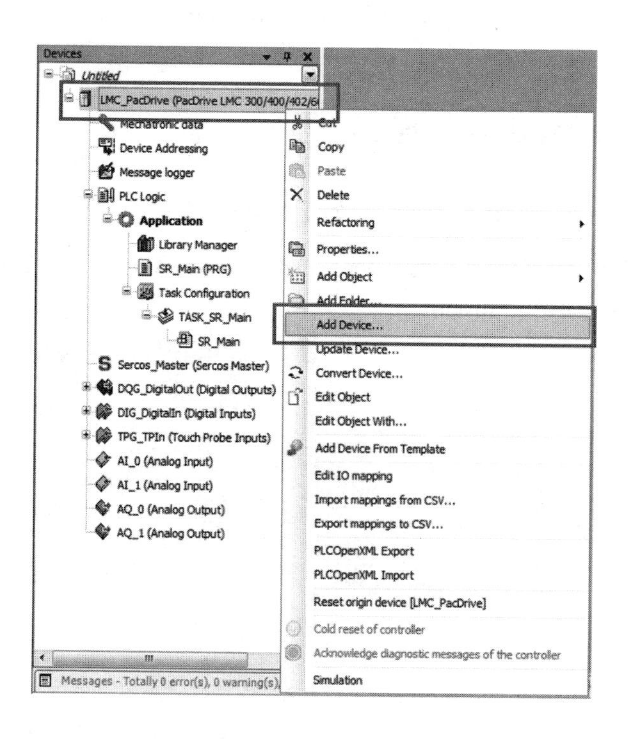

图 6-6　添加设备

在图 6-7 中，添加“PROFINETIO-Controller”。

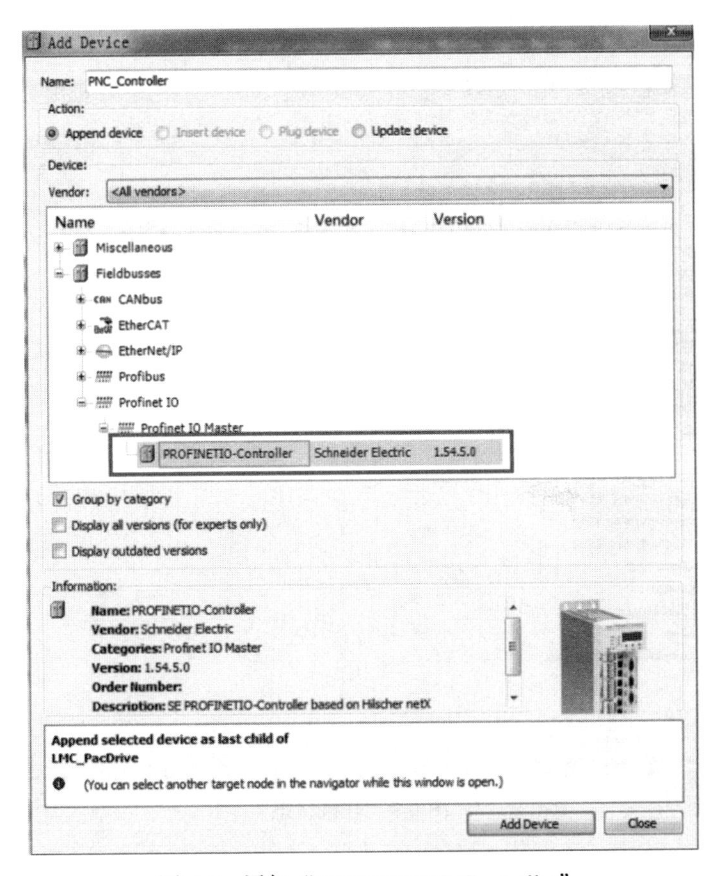

图 6-7　添加“PROFINETIO-Controller”

双击添加好的“PNC_Controller”，在属性框中，设置主站与从站通信地址等相关参数，如图 6-8 所示。

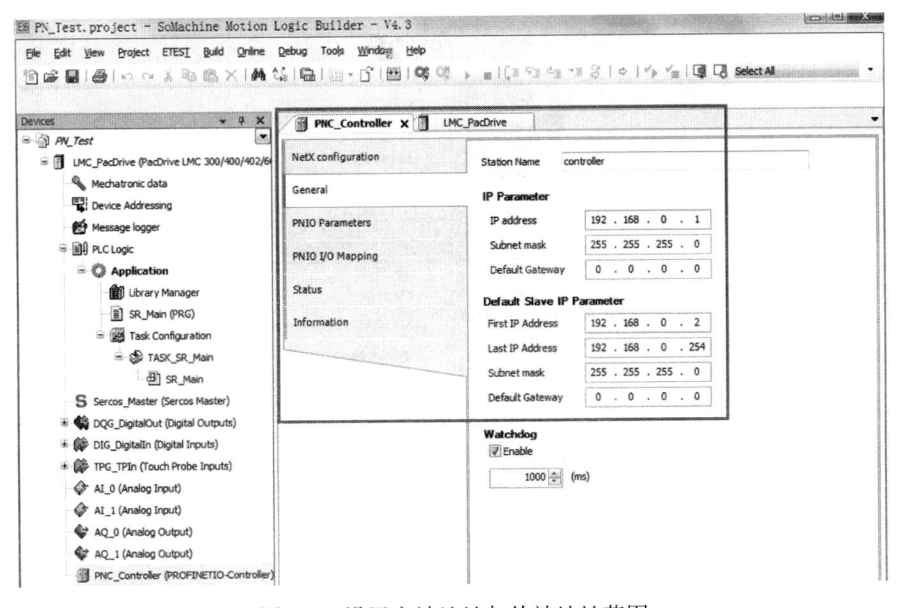

图 6-8　设置主站地址与从站地址范围

下载并连线如图 6-9 所示。

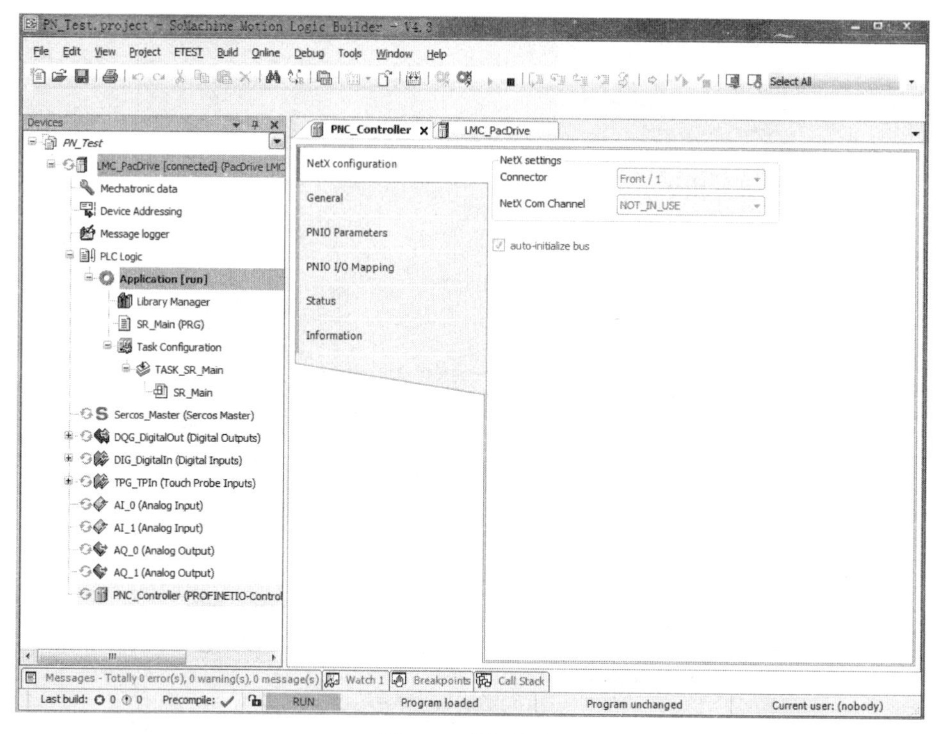

图 6-9　联机状态

右键单击“PNC_Controller”，扫描网络上的设备，如图 6-10 所示。

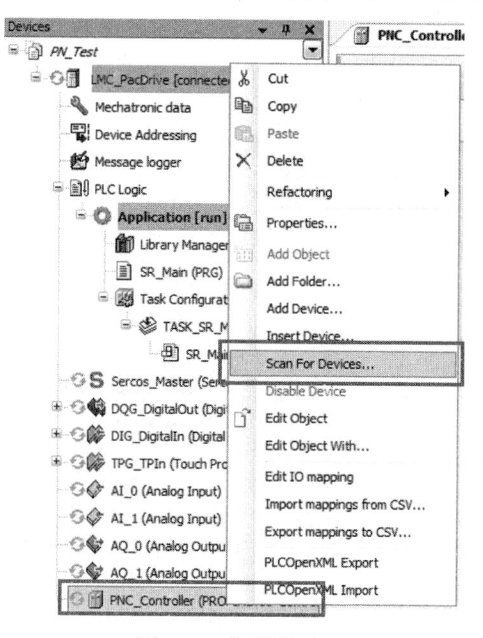

图 6-10　扫描状态

设置“Station Name”，并自动分配 IP，如图 6-11 所示。

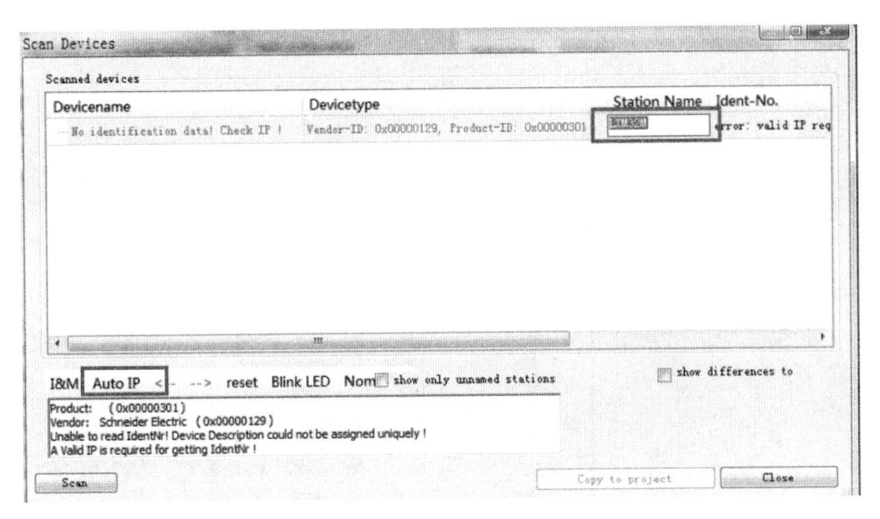

图 6-11　设置从站名称

单击“Scan”重新扫描设备，选中并单击“Copy to project”，如图 6-12 所示。

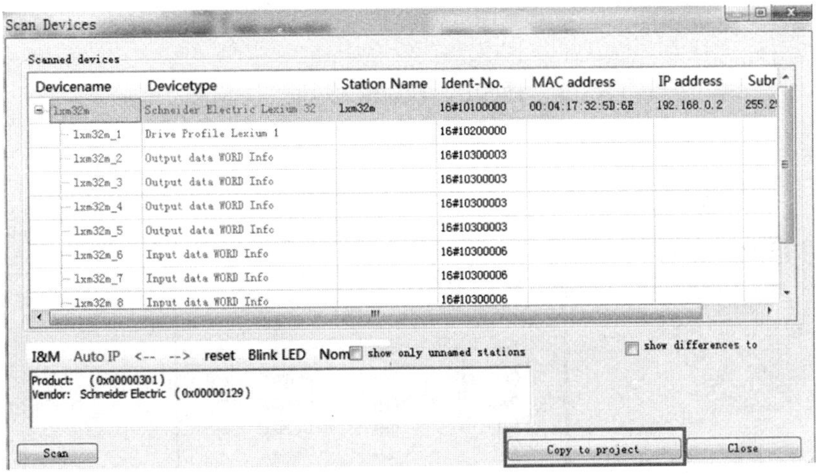

图 6-12　复制到项目

添加完成后，可以在“PNC_Controller”下看到刚添加的 LXM32M，如图 6-13 所示。

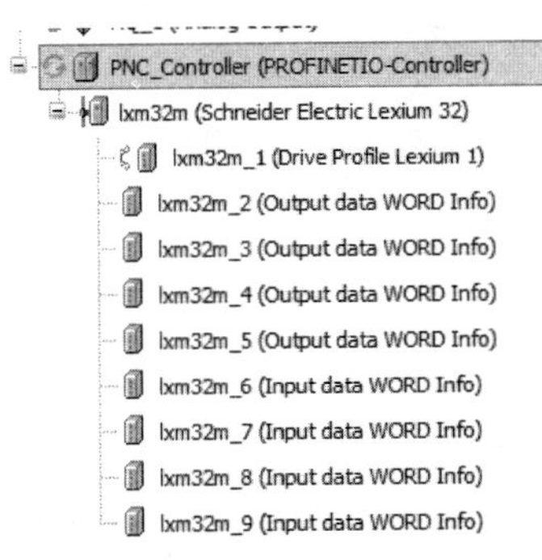

图 6-13　复制完成后的效果

双击“LXM32M_1”，在 I/O Mapping 中可以看到映射输入和输出地址如图 6-14、图 6-15 所示。

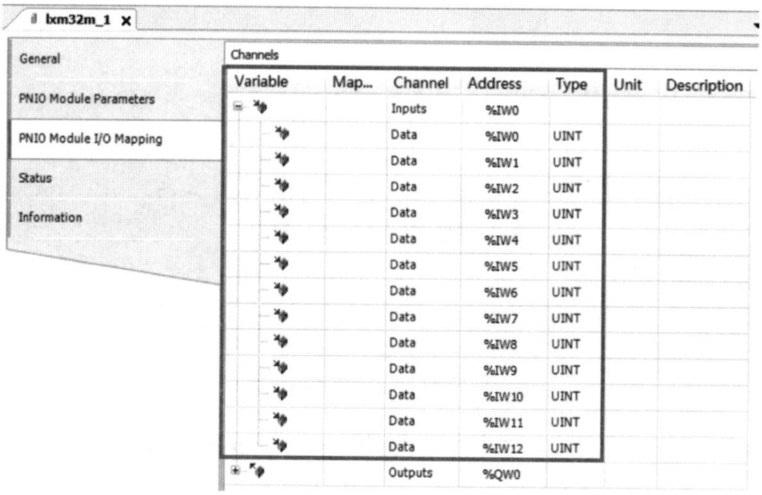

lxm32m_1

General / PNIO Module Parameters / PNIO Module I/O Mapping / Status / Information

Channels

Variable	Map...	Channel	Address	Type	Unit	Description
		Inputs	%IW0			
		Data	%IW0	UINT		
		Data	%IW1	UINT		
		Data	%IW2	UINT		
		Data	%IW3	UINT		
		Data	%IW4	UINT		
		Data	%IW5	UINT		
		Data	%IW6	UINT		
		Data	%IW7	UINT		
		Data	%IW8	UINT		
		Data	%IW9	UINT		
		Data	%IW10	UINT		
		Data	%IW11	UINT		
		Data	%IW12	UINT		
		Outputs	%QW0			

图 6-14　映射输入地址

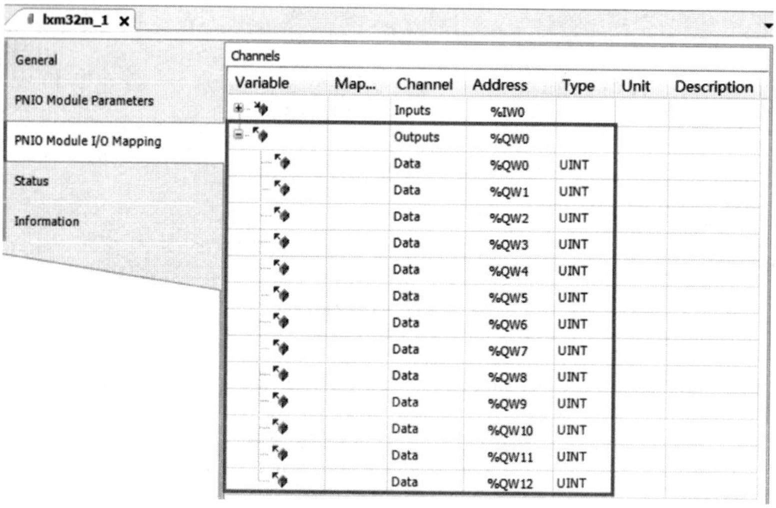

lxm32m_1

General / PNIO Module Parameters / PNIO Module I/O Mapping / Status / Information

Channels

Variable	Map...	Channel	Address	Type	Unit	Description
		Inputs	%IW0			
		Outputs	%QW0			
		Data	%QW0	UINT		
		Data	%QW1	UINT		
		Data	%QW2	UINT		
		Data	%QW3	UINT		
		Data	%QW4	UINT		
		Data	%QW5	UINT		
		Data	%QW6	UINT		
		Data	%QW7	UINT		
		Data	%QW8	UINT		
		Data	%QW9	UINT		
		Data	%QW10	UINT		
		Data	%QW11	UINT		
		Data	%QW12	UINT		

图 6-15　映射输出地址

6.4.3　工程设置

在 PD3 编程软件中的工程属性中，设置“Allow unicode characters for identifiers”，可以使用中文命名变量，方便程序的阅读，如图 6-16 所示。

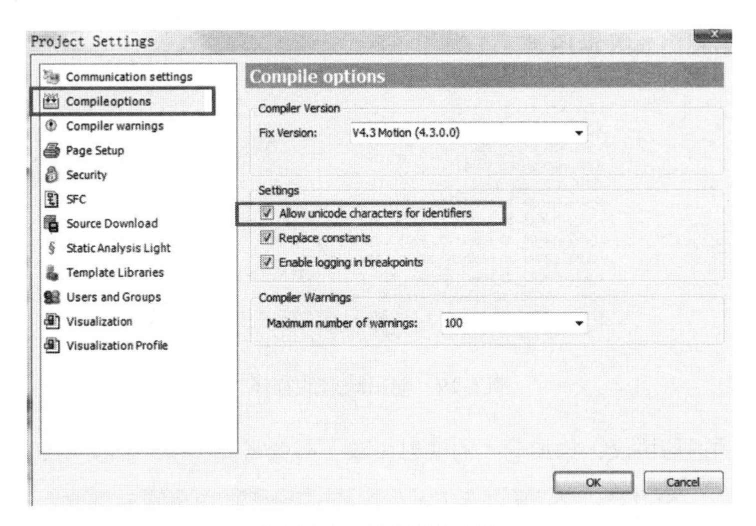

图 6-16　工程属性设置

6.4.4　声明变量

在 PD3 编程软件中的可执行程序中，声明变量如图 6-17 所示。

```
SR_Main
1   PROGRAM SR_Main
2   VAR
3       GI_ParCh_PZD1: WORD;
4       GI_ParCh_PZD2: WORD;
5       GI_ParCh_PZD3: WORD;
6       GI_ParCh_PZD4: WORD;
7       GI_driveStat: WORD;
8       GI_mfStat: WORD;
9       GI_motionStat: WORD;
10      GI_driveInput: WORD;
11      GI_P_Act: DWORD;
12      GI_V_Act: DWORD;
13      GI_I_Act: WORD;
14
15      GO_ParCh_PZD1: WORD;
16      GO_ParCh_PZD2: WORD;
17      GO_ParCh_PZD3: WORD;
18      GO_ParCh_PZD4: WORD;
19      GO_dmControl: WORD;
20      GO_RefA32:DWORD;
21      GO_RefB32: DWORD;
22      GO_Acc:DWORD;
23      GO_Dec:DWORD;
25      int_ControlStep: INT;
26      Home_R_TRIG: R_TRIG;
27      Position_R_TRIG: R_TRIG;
28      Torque_R_TRIG: R_TRIG;
29      TargetReach_R_TRIG: R_TRIG;
30      ModeTerminated_R_TRIG: R_TRIG;
31
32      伺服使能:bool;
33      故障复位: BOOL;
34      点动正向: BOOL;
35      点动反向: BOOL;
36      启动回零: BOOL;
37      回零完成: BOOL;
38      启动速度运行: BOOL;
39      目标速度: DINT;
40      Velocity_Old: DINT;
41      启动定位: BOOL;
42      绝对定位: BOOL;
43      定位速度: DINT;
44      目标位置: DINT;
45      定位完成: BOOL;
46      启动力矩: BOOL;
47      目标力矩: DINT;
48      力矩斜坡: DINT;
49      Torque_Old: DINT;
50  END_VAR
```

图 6-17　声明变量

6.4.5　数据映射

根据驱动器的通信协议，添加输出的映射（双字需要拆分给单字），查驱动器通信手册，可以知道输出的数据结构如图 6-18 所示。

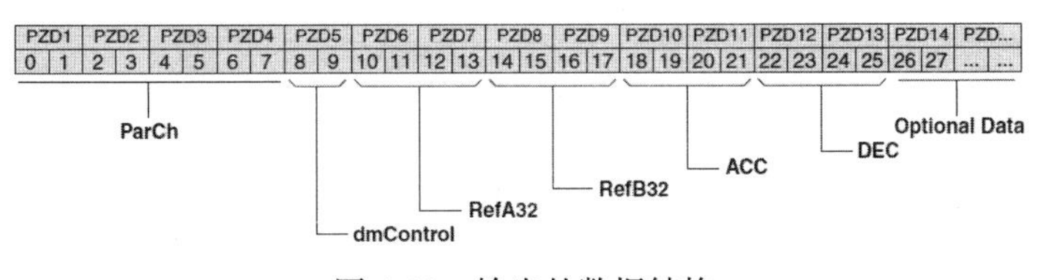

图 6-18　输出的数据结构

编辑输出映射程序如图 6-19 所示。

```
//输出映射
%QW0:=GO_ParCh_PZD1;
%QW1:=GO_ParCh_PZD2;
%QW2:=GO_ParCh_PZD3;
%QW3:=GO_ParCh_PZD4;
%QW4:=GO_dmControl;
%QW5:=DWORD_TO_WORD((GO_RefA32 AND 16#FFFF0000)/16#10000);
%QW6:=DWORD_TO_WORD(GO_RefA32 AND 16#FFFF);
%QW7:=DWORD_TO_WORD((GO_RefB32 AND 16#FFFF0000)/16#10000);
%QW8:=DWORD_TO_WORD(GO_RefB32 AND 16#FFFF);
%QW9:=DWORD_TO_WORD((GO_Acc AND 16#FFFF0000)/16#10000);
%QW10:=DWORD_TO_WORD(GO_Acc AND 16#FFFF);
%QW11:=DWORD_TO_WORD((GO_Dec AND 16#FFFF0000)/16#10000);
%QW12:=DWORD_TO_WORD(GO_Dec AND 16#FFFF);
```

图 6-19　输出映射的程序

根据驱动器的通信协议，添加输入的映射（双字高低需要互换）如图 6-20 所示。

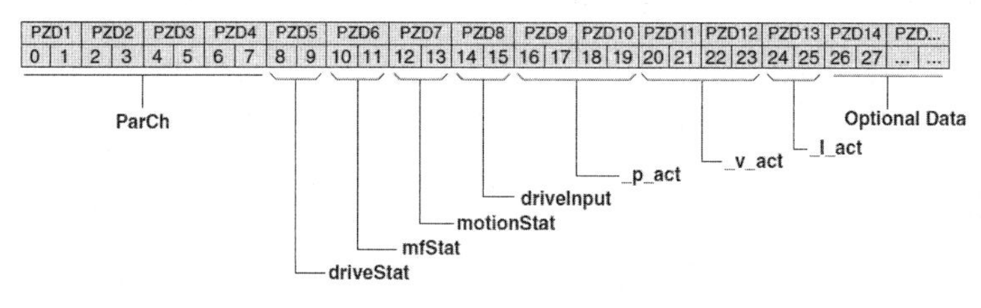

图 6-20　输入的数据结构

编辑输入映射程序如图 6-21 所示。

```
//输入映射
GI_ParCh_PZD1:=%IW0;
GI_ParCh_PZD2:=%IW1;
GI_ParCh_PZD3:=%IW2;
GI_ParCh_PZD4:=%IW3;
GI_driveStat:=%IW4;
GI_mfStat:=%IW5;
GI_motionStat:=%IW6;
GI_driveInput:=%IW7;
GI_P_Act:=WORD_TO_DWORD(%IW9)+WORD_TO_DWORD(%IW8)*16#10000;      //当前位置
GI_V_Act:=WORD_TO_DWORD(%IW11)+WORD_TO_DWORD(%IW10)*16#10000;    //当前速度
GI_I_Act:=%IW12;          //当前电流
```

图 6-21　输入映射的程序

6.4.6　参数通道

输入和输出的前 4 个 Word 都是非同步的参数通道，PROFINET 通信可以通过参数通道触发相关指令访问驱动器几乎所有参数，其数据格式如图 6-22 所示。

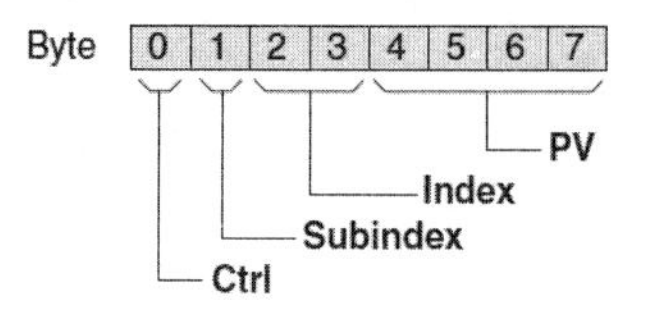

图 6-22　参数通道数据格式

输出数据见表 6-1。

输入数据见表 6-2。

表 6-1　输出数据

Ctrl	功能
00h	无请求
10h	读请求
20h	写请求（单字）
30h	写请求（双字）

表 6-2　输入数据

Ctrl	功能
00h	请求未完成
10h	读或写请求完成（单字）
20h	读或写请求完成（双字）
70h	错误信息

【例 1】：读取系统惯量 _AT_J，内容地址如图 6-23 所示。

_AT_J	总系统的转动惯量 自动调整时自动计算。 步距为 0.1 kg cm²。	kg cm² 0.1 0.1 6553.5	UINT16 UINT16 UINT16 UINT16 R/- 可持续保存 -	CANopen 302F:Ch Modbus 12056 Profibus 12056 CIP 147.1.12

图 6-23　参数 _AT_J 地址

读请求：16#1000

读的内容地址：16#2F18

数据字 1：16#0000

数据字 2：16#0000

在程序中，填入输出映射的命令字和内容地址，如图 6-24 所示。

在输入映射中读出内容，如图 6-25 所示。

```
//输出映射
%QW0 4096 :=GO_ParCh_PZD1 4096 ;
%QW1 12056 :=GO_ParCh_PZD2 12056 ;
%QW2 0 :=GO_ParCh_PZD3 0 ;
%QW3 0 :=GO_ParCh_PZD4 0 ;
```

图 6-24　读请求

```
//输入映射
GI_ParCh_PZD1 4096 :=%IW0 4096 ;
GI_ParCh_PZD2 12056 :=%IW1 12056 ;
GI_ParCh_PZD3 0 :=%IW2 0 ;
GI_ParCh_PZD4 22 :=%IW3 22 ;
```

图 6-25　应答

在程序中，读取到的 22 与调试软件中的 2.2 相对应，如图 6-26 所示。

Name	Value
_AT_info1	0
_AT_info2	0
_AT_J	2.2 kgcm^2
_AT_M_friction	0.00 Arms
_AT_M_load	-327.68 Arms

图 6-26　SoMove 中的参数值

【例 2】：写参数速度环比例 KPn=300，如图 6-27 所示。

CTRL1_KPn ConF → drC- Pn1	转速控制器 P 系数 从电机参数算出默认值 在两个控制器参数组之间切换时，数值将通过参数 CTRL_ParChgTime 中设置的时间做线性调整。 步距为 0.0001 A/min⁻¹。 变更的设置将被立即采用。	A/min⁻¹ 0.0001 - 2.5400	UINT16 UINT16 UINT16 UINT16 R/W 可持续保存 -	CANopen 3012:1h Modbus 4610 Profibus 4610 CIP 118.1.1

图 6-27　参数 CTRL1_KPn 地址

写请求：16#2000

内容地址：16#1202

写数据：16#0000

写数据：16#01F4

程序执行后，请求和应答结果如图 6-28、图 6-29 所示。

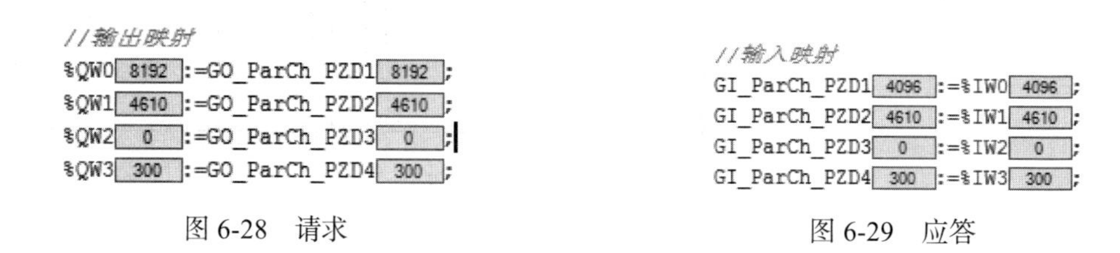
//输出映射
%QW0 8192 :=GO_ParCh_PZD1 8192 ;
%QW1 4610 :=GO_ParCh_PZD2 4610 ;
%QW2 0 :=GO_ParCh_PZD3 0 ;
%QW3 300 :=GO_ParCh_PZD4 300 ;
//输入映射
GI_ParCh_PZD1 4096 :=%IW0 4096 ;
GI_ParCh_PZD2 4610 :=%IW1 4610 ;
GI_ParCh_PZD3 0 :=%IW2 0 ;
GI_ParCh_PZD4 300 :=%IW3 300 ;

图 6-28　请求

图 6-29　应答

在程序中，写入的 300 与调试软件中的 0.0300 相对应如图 6-30 所示。

Name	Value
CTRL1_KFPp	0.0 %
CTRL1_Kfric	0.00 Arms
CTRL1_KPn	0.0300 A/(1/min)
CTRL1_KPp	21.2 1/s
CTRL1_Nf1bandw	70.0 %
CTRL1_Nf1damp	90.0 %
CTRL1_Nf1freq	1500.0 Hz
CTRL1_Nf2bandw	70.0 %
CTRL1_Nf2damp	90.0 %
CTRL1_Nf2freq	1500.0 Hz
CTRL1_Osupdamp	0.0 %
CTRL1_Osupdelay	0.00 ms
CTRL1_TAUiref	0.50 ms
CTRL1_TAUnref	9.00 ms
CTRL1_TNn	7.86 ms

图 6-30　SoMove 中的参数值

6.4.7　dmControl 数据

dmControl 数据主要包含伺服使能、故障复位和工作模式等内容，如图 6-31 所示。

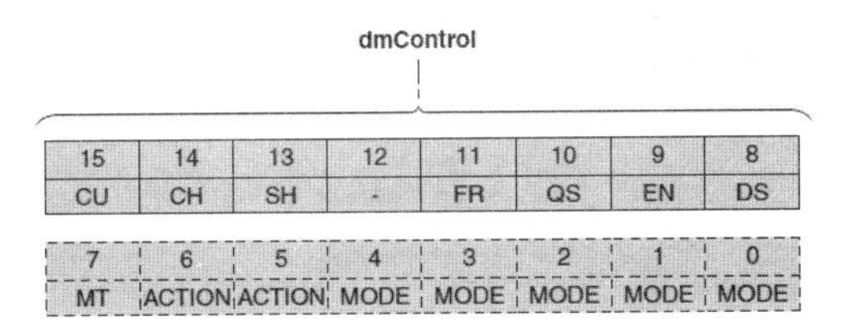

图 6-31　dmControl 的数据结构

根据数据结构，编辑使能、复位等逻辑程序，如图 6-32 所示。

```
32  //使能
33  GO_dmControl.9:=伺服使能;
34  //复位
35  GO_dmControl.11:=故障复位;
36  IF 故障复位 THEN
37  int_ControlStep:=0;
38  END_IF
39
40  Home_R_TRIG(CLK:=启动回零 , Q=> );
41  Position_R_TRIG(CLK:=启动定位 , Q=> );
42  Torque_R_TRIG(CLK:=启动力矩 , Q=> );
43  TargetReach_R_TRIG(CLK:=GI_driveStat.13 , Q=> );
44  ModeTerminated_R_TRIG(CLK:=GI_driveStat.14 , Q=> );
```

图 6-32　使能、复位逻辑程序

6.4.8　模式控制

添加 CASE 语句，在第 0 步初始化以及根据不同模式指令跳转到相应的程序段如图 6-33 所示。

```
48  CASE int_ControlStep OF
49  0:  //初始化
50      GO_dmControl.0:=0;
51      GO_dmControl.1:=0;
52      GO_dmControl.2:=0;
53      GO_dmControl.3:=0;
54      GO_dmControl.4:=0;
55      GO_dmControl.5:=0;
56      GO_dmControl.6:=0;
57      GO_dmControl.7:=0;
58      GO_RefA32:=0;
59      GO_RefB32:=0;
60
61      IF 点动正向 OR 点动反向 THEN
62      int_ControlStep:=100;
63      END_IF
64
65      IF 启动速度运行 THEN
66      int_ControlStep:=200;
67      END_IF
68
69      IF Home_R_TRIG.Q THEN
70      int_ControlStep:=300;
71      END_IF
72
73      IF Position_R_TRIG.Q THEN
74      int_ControlStep:=400;
75      END_IF
76
77      IF Torque_R_TRIG.Q THEN
78      int_ControlStep:=500;
79      END_IF
```

图 6-33　CASE 语句初始化

1. 点动模式

点动模式数据如图 6-34 所示。

dmControl Bits 0 ... 6 MODE+ACTION	RefA32	RefB32
$1F_h$	Value 0: No movement Value 1: Slow movement in positive direction Value 2: Slow movement in negative direction Value 5: Fast movement in positive direction Value 6: Fast movement in negative direction	-

图 6-34　点动模式数据

标号为 100、110、120 的程序段如图 6-35 所示。

```
100:
    IF 点动正向 AND NOT 点动反向 THEN
    GO_RefA32:=1;
    END_IF
    IF 点动反向 AND NOT 点动正向 THEN
    GO_RefA32:=2;
    END_IF

    GO_dmControl.0:=1;
    GO_dmControl.1:=1;
    GO_dmControl.2:=1;
    GO_dmControl.3:=1;
    GO_dmControl.4:=1;
    IF  GI_mfStat.7 THEN
    GO_dmControl.7:=0;
    ELSE
    GO_dmControl.7:=1;
    END_IF
    int_ControlStep:=110;
```

```
110:
    IF NOT 点动正向 AND NOT 点动反向 THEN
            GO_RefA32:=0;

            GO_dmControl.0:=1;
            GO_dmControl.1:=1;
            GO_dmControl.2:=1;
            GO_dmControl.3:=1;
            GO_dmControl.4:=1;
            IF  GI_mfStat.7 THEN
            GO_dmControl.7:=0;
            ELSE
            GO_dmControl.7:=1;
            END_IF
            int_ControlStep:=120;
    END_IF

120:
    IF GI_driveStat.14 THEN
    int_ControlStep:=0;
    END_IF
```

图 6-35　点动相关程序

2. 速度模式

速度模式数据如图 6-36 所示。

dmControl Bits 0 ... 6 MODE+ACTION	RefA32	RefB32
23_h	As PVv_target	-

图 6-36　速度模式数据

根据数据模式，编辑的标号为 200、210、220、230 速度程序如图 6-37 所示。

```
127  200:    //速度模式
128      GO_RefA32:=目标速度;
129      Velocity_Old:=目标速度;
130      GO_dmControl.0:=1;
131      GO_dmControl.1:=1;
132      GO_dmControl.5:=1;
133      IF  GI_mfStat.7 THEN
134      GO_dmControl.7:=0;
135      ELSE
136      GO_dmControl.7:=1;
137      END_IF
138      int_ControlStep:=210;
139
140  210:    //变速
141      IF Velocity_Old<>目标速度 THEN
142      int_ControlStep:=200;
143      END_IF
144      IF NOT 启动速度运行 THEN
145      int_ControlStep:=220;
146      END_IF
```

```
149  220:    //速度给0
150      GO_RefA32:=0;
151      GO_dmControl.0:=1;
152      GO_dmControl.1:=1;
153      GO_dmControl.5:=1;
154      IF  GI_mfStat.7 THEN
155      GO_dmControl.7:=0;
156      ELSE
157      GO_dmControl.7:=1;
158      END_IF
159      int_ControlStep:=230;
160
161  230:    //退出速度模式
162      IF TargetReach_R_TRIG.Q THEN
163      int_ControlStep:=0;
164      END_IF
```

图 6-37　速度相关程序

3. 回零模式

这里的回零方式选用 33，更多回零方式见 LXM32M 的手册。回零模式数据如图 6-38 所示。

Method	dmControl Bits 0 ... 6 MODE+ACTION	RefA32	RefB32
Position setting	06_h	-	As HMp_setP
Reference movement	26_h	As HMmethod	-

图 6-38　回零模式数据

回零相关程序如 6-39 所示。

```
300:
    回零完成:=FALSE;
    GO_RefA32:=33;
    GO_dmControl.1:=1;
    GO_dmControl.2:=1;
    GO_dmControl.5:=1;
    IF  GI_mfStat.7 THEN
    GO_dmControl.7:=0;
    ELSE
    GO_dmControl.7:=1;
    END_IF
    int_ControlStep:=310;

310:
    IF ModeTerminated_R_TRIG.Q THEN
    回零完成:=TRUE;
    int_ControlStep:=0;
    END_IF
```

图 6-39　回零相关程序

4. 定位模式

定位模式数据如图 6-40 所示。

Method	dmControl Bits 0 ... 6 MODE+ACTION	RefA32	RefB32
Absolute	01_h	As PPv_target	As PPp_target
Relative with reference to the currently set target position	21_h	As PPv_target	As PPp_target
Relative with reference to the current motor position	41_h	As PPv_target	As PPp_target

图 6-40　定位模式数据

编辑定位程序如图 6-41 所示。

```
400:
    GO_RefA32:=定位速度;
    GO_RefB32:=目标位置;
    定位完成:=FALSE;

    IF 绝对定位 THEN
    GO_dmControl.0:=1;
    ELSE
    GO_dmControl.0:=1;
    GO_dmControl.6:=1;
    END_IF
    IF  GI_mfStat.7 THEN
    GO_dmControl.7:=0;
    ELSE
    GO_dmControl.7:=1;
    END_IF
    int_ControlStep:=410;

410:
    IF TargetReach_R_TRIG.Q THEN
    定位完成:=TRUE;
    int_ControlStep:=0;
    END_IF
END_CASE
```

图 6-41　定位相关程序

5. 力矩模式

力矩模式数据如图 6-42 所示。

dmControl Bits 0 ... 6 MODE+ACTION	RefA32	RefB32
24_h	As PTtq_target	As RAMP_tq_slope

图 6-42　力矩模式数据

编辑力矩程序如图 6-43 所示。

```
213  500:        //力矩模式
214      GO_RefA32:=目标力矩;
215      GO_RefB32:=力矩斜坡;
216      Torque_Old:=目标力矩;
217      GO_dmControl.2:=1;
218      GO_dmControl.5:=1;
219      IF  GI_mfStat.7 THEN
220      GO_dmControl.7:=0;
221      ELSE
222      GO_dmControl.7:=1;
223      END_IF
224      int_ControlStep:=510;
225
226  510:
227      IF Torque_Old<>目标力矩 THEN
228      int_ControlStep:=500;
229      END_IF
230      IF NOT 启动力矩 THEN
231      int_ControlStep:=520;
232      END IF
233
234  520:      //力矩给0
235      GO_RefA32:=0;
236      GO_dmControl.2:=1;
237      GO_dmControl.5:=1;
238      IF  GI_mfStat.7 THEN
239      GO_dmControl.7:=0;
240      ELSE
241      GO_dmControl.7:=1;
242      END_IF
243      int_ControlStep:=530;
244
245  530:      //退出力矩模式
246      IF TargetReach_R_TRIG.Q THEN
247      int_ControlStep:=0;
248      END_IF
249  END CASE
```

图 6-43　力矩相关程序

第 7 章

基于 OPC 的通信应用

7.1 OPC 简介

随着计算机技术的发展，基于微软 Windows 操作系统的计算机广泛地用在工业过程控制领域。计算机为了获取现场设备的数据信息，运行在计算机上的每一个应用软件都需要编写专用的通信接口函数。由于现场设备的种类繁多，且产品的更新迭代，给用户和软件开发商带来了巨大的工作量。软件开发商和系统集成商迫切地需要一种统一、高效、可靠、开放的即插、即用的设备驱动程序。在这种背景下，OPC 标准顺势而生。

OPC 是自动化行业及其他行业用于数据安全交换时的互操作性标准。它独立于平台，并确保来自多个厂商设备之间信息的无缝传输，OPC 基金会负责该标准的开发和维护。

OPC 标准是由行业供应商，终端用户和软件开发者共同制定的一系列规范。这些规范定义了客户端与服务器之间以及服务器与服务器之间的接口，例如访问实时数据、监控报警和事件、访问历史数据和其他应用程序等，都需要 OPC 标准的协调。

7.2 OPC 经典架构

OPC 是 Object Linking and Embedding（OLE）for Process Control 的缩写，它是基于微软 Windows 的应用程序和现场过程控制应用之间的桥梁。OPC 技术是一种用于过程控制的对象连接与嵌入技术。OPC 是以微软公司的 OLE 技术为基础，OLE 不仅是桌面应用程序集成，而且还定义和实现了一种允许应用程序作为软件“对象”（数据集合和操作数据的函数）彼此进行“连接”的机制，这种连接机制和协议称为组件对象模型（Component Object Model，COM）。组件对象模型是所有 OLE 机制的基础。COM 是一种为了实现与编程语言无关的对象而制定的标准，该标准将 Windows 下的对象进行封装，并定义为独立单元。这种标准可以使两个应用程序通过对象化接口通信，而不需要知道对方是如何创建的。例如，用户可以使用 C++ 语言创建一个 Windows 对象，它支持一个接口，通过该接口，用户可以访问该对象提供的各种功能，用户可以使用 Visual Basic，C，Pascal，C# 或其他语言编写对象访问程序。基于 Windows NT 操作系统，COM 规范扩展到可访问本机以外的其他对象，一个应用程序所使用的对象可分布在网络上，COM 的这个扩展被称为 DCOM（Distributed COM）。通过 DCOM 技术和 OPC 标准，完全可以创建一个开放的、可互操作的控制系统软件。

我们所熟知的 OPC 规范一般是指 OPC Classic。OPC Classic 规范为访问过程数据、报警和历史数据提供了单独的定义。

OPC DA(OPC Data Access) 规范定义了数据交换，包括值、时间和质量信息。

OPC AE (OPC Alarms &Events) 规范定义了报警和事件类型消息信息的交换，以及变量状态和状态管理。

OPC HAD (OPC Historical Data Access) 规范定义了可应用于历史数据、时间数据的查询和分析的方法。

7.3 OPC 统一架构

OPC 通信标准的核心是互通性 (Interoperability) 和标准化 (Standardization)。虽然传统的 OPC 技术很好地解决了硬件设备之间的互通性问题，但在企业层面的通信标准化是同样重要的。近几年，随着计算机硬件和操作系统的发展，Linux、BSDUNIX、Solaris、vxWorks、MAC 等系统在工业控制领域的应用，加之制造系统以服务为导向的架构的引入，给 OPC 规范带来了新的挑战。用户对不同的操作系统需要一种统一的数据模型获取现场设备的信息，由于 OPC 对微软 COM/DCOM 技术的依赖，导致其在跨平台和连通性方面存在很多问题，如何保证数据安全的问题尤为突出。随着微软发布新的 .Net 框架并宣布停止 COM/DCOM 的技术研发，意味着传统的 OPC 技术已经不再有发展。OPC 基金会创立了一个新的 OPC 统一架构（OPC UA），这是一个独立于平台的、面向服务的架构，集成了现有 OPC Classic 规范的所有功能，并且兼容 OPC Classic，OPC UA(Unified Architecture) 为将来的开发和拓展提供了一个功能丰富的开放式技术平台，是在传统 OPC 技术取得很大成功之后的又一个突破，它让数据采集、信息模型化以及工厂底层与企业层面之间的通信更加安全、可靠。

OPC UA 的主要特点：

（1）统一性

OPC UA 有效地集成了现有的 OPC classic 规范，并提供了一致、完整的地址空间和服务模型，解决了过去同一系统的信息不能以统一方式被访问的问题。

（2）通信性能

OPC UA 规范可以通过任何以太网协议（TCP、HTTP 等）、任何端口进行通信。通信数据穿越防火墙不再是 OPC 通信的障碍，并且为了提高传输性能，OPC UA 消息的编码格式可以是 XML 文本格式或二进制格式传输。

（3）可靠性

OPC UA 的开发含有冗余性从而提高了可靠性。可调整的超时设置、错误发现和自动纠正等新特征使符合 OPC UA 规范的软件拥有良好的错误处理机制。OPC UA 的标准冗余模型也使得来自不同厂商的软件应用可以同时被采纳并彼此兼容。

（4）标准安全模型

用于 OPC UA 应用程序之间传递消息的底层通信技术提供了加密功能和标记技术，保证了消息的完整性，也防止信息的泄漏。OPC UA 访问规范明确地提出了标准的安全模型，每个 OPC UA 应用都必须执行 OPC UA 安全协议，这在提高互通性的同时降低了维护和额外配置费用。

（5）跨操作系统通信

OPC UA 软件的开发不再依靠和局限于任何特定的操作平台。过去只局限于 Windows 平台的 OPC 技术拓展到了 Linux、Unix、Mac 等各种其他平台。基于 Internet 的 Web Service 服务架

构 (SOA) 和非常灵活的数据交换系统，OPC UA 的发展不仅立足于现在，更加面向未来。

7.4　Somachine 和 Somachine Motion 软件对 OPC UA 的支持

Somachine 软件是施耐德电气机器解决方案中核心编程控制软件，能够帮助用户在单一环境下完成开发、配置和试运行整个机器，为用户提供最优化控制解决方案。

Somachine Motion 软件是在一个单独的程序包中整合了 PacDrive3 解决方案整个生命周期所需的工具：程序开发、HMI 应用、运动控制设计、传动系统设计和数据处理等，这些工具可达到工程设计和调试所需要的全部要求。

在 Somachine 软件版本低于 V4.3，Somachine Motion 软件版本低于 V4.0 时，Somachine 平台控制支持 OPC 经典架构通信。OPC 经典架构通信需要借助 CoDeSys OPC Server 3。CoDeSys OPC 服务器基于 3S（Smart Software Solutions GmbH）的 PLCHandler，这个通信模块与 Somachine 控制器直接通信。OPC 服务器与控制器之间的通信通过 Gateway V3 实现。因此，使用 OPC 经典架构时，在计算机上必须安装 Somachine 软件的 GatewayV3 和 CODESYS OPC Server 3。OPC 经典架构通信模式如图 7-1 所示。

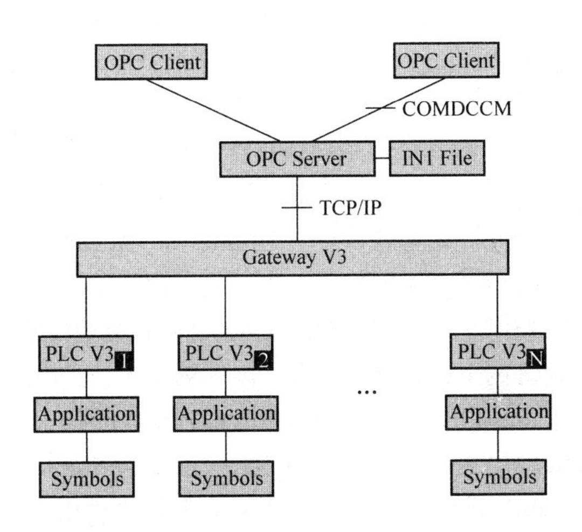

图 7-1　OPC 经典架构通信模式

OPC 服务器是可执行程序，在客户端和控制器之间建立连接期间自动启动。因此，OPC 服务器能够通知客户端变量值或状态变化。OPC 服务器提供控制器上可用（项池或地址空间）的所有变量（在 OPC 中称为项）。这些项在数据缓存内管理，后者帮助确保对其值的快速访问。也可以对控制器的项进行直接、非缓存的访问。

在 SomachineV 4.3、Somachine MotionV 4.0 及更高版本软件中开放了 OPC UA 服务器功能，控制过程中提供了简单、高效、高性能的解决方案。Somachine 平台上的 M241 系列控制器、M251 系列控制器、PacDrive3 系列控制器都可以作为 OPC UA 服务器，与客户端之间通过会话通信。OPC 统一架构（OPC UA）通信模式如图 7-2 所示。

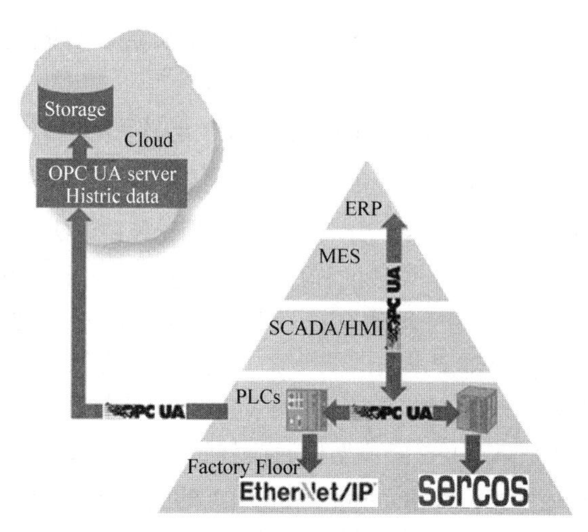

图 7-2 OPC UA 架构

在 Somachine 软件中，从应用程序使用的 IEC 变量列表选择需要通过 OPC UA 服务器通信的数据。OPC UA 使用订阅模型，客户端订阅符号。OPC UA 服务器从设备以固定采样速率读取符号的值，将数据加入队列，然后将其以通知的方式，按照定期发布间隔发送到客户端。采样间隔可短于发布间隔，在这种情况下，通知可加入队列，直至发过去发布间隔过去，同一个符号变量的值未改变不重新发布。同时，OPC UA 服务器发送定期保持活动消息，向客户端指示连接仍然活动。M241 系列控制器、M251 系列控制器、PacDrive3 系列控制器支持地址空间模型、会话服务、属性服务、监视项目服务、队列项目、订阅服务和发布方法 7 个常用服务。

在使用 OPC UA 功能之前，请先确认已正确安装 Somachine V4.3。建议安装 SP2 补丁，Somachine V4.3 SP2 全面开放 OPC UA 授权，如果已安装改补丁，无需再通过授权码获取授权。用户可致电施耐德电气中国技术支持热线 4008101315 或联系当地技术支持人员获取补丁下载链接，或登录施耐德电气全球官网下载。Somachine V4.3 SP2 补丁下载链接：

https://download.schneider-electric.com/files?p_enDocType=Software+-+Updates&p_File_Name=Somachine V4.3_Patch2_4.3.0.2_18.05.03.01.seco&p_Doc_Ref=SOMNACS43_PATCH2

从 Somachine Motion V4.0 开始，PacDrive3 系列控制器固件中集成了一个 OPC UA 服务器功能，允许与 OPC UA 客户端通信进行数据交换。

在本章节中，Somachine 平台控制器和 Somachine Motion 平台控制器统一名称为 Somachine 控制器。

7.4.1 Somachine/Somachine Motion 平台 OPC DA 服务器配置

安装 Somachine/Somachine Motion 软件时，勾选“OPC”组件以后，OPC 服务器配置工具会安装到 64 位系统的 C:\Program Files (x86)\Schneider Electric\Somachine Software\Tools\OPC Server 目录下，或 32 位系统 C:\Program Files\Schneider Electric\Somachine Software\Tools\OPC Server。

以上目录下的 OPC Config.exe 文件，配置工具 OPC config.exe 可用来生成 INI 文件，该文件是用于 Somachine 项目和控制器之间进行通信时初始化 OPC 服务器参数。

该配置工具包含以下元素：

- 一个菜单栏；
- 一个树视图，用于将一个或多个控制器的分配映射到服务器；
- 一个配置对话框，它与当前选定的树条目对应。

启动该工具后，它会按下述方式显示，如图 7-3 所示，包含默认的公共设置：

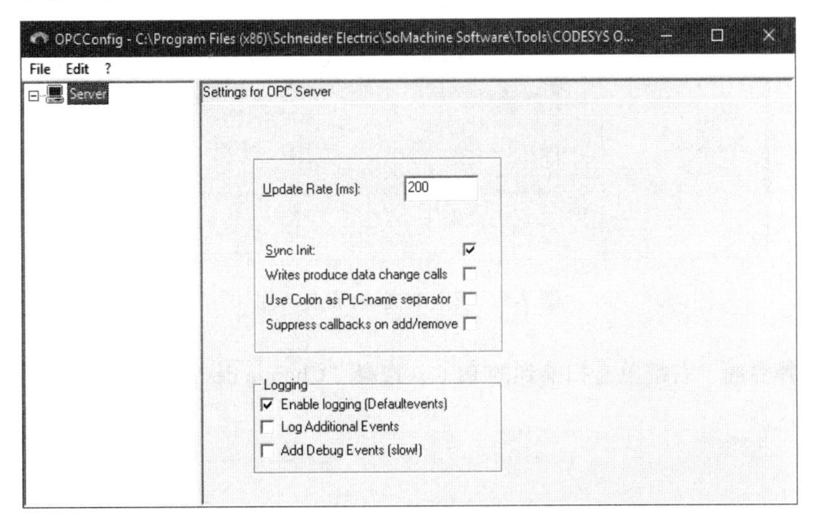

图 7-3　OPC 配置

右键单击服务器图标并执行附加 PLC 命令，如图 7-4 所示。

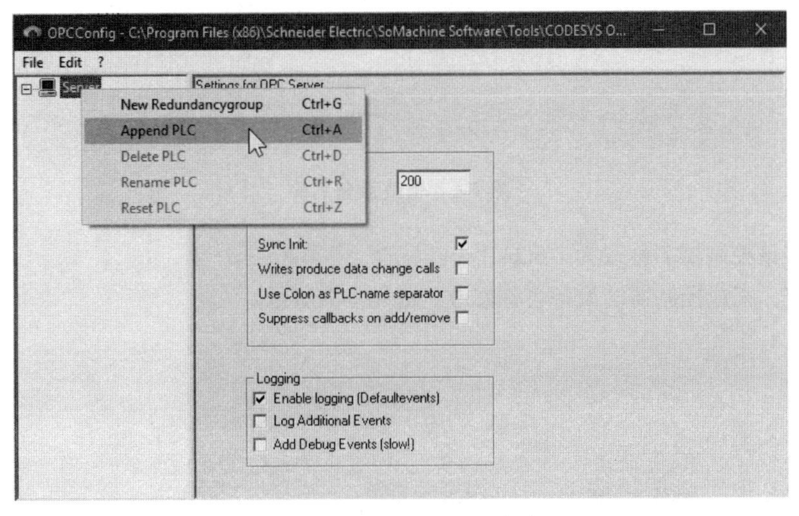

图 7-4　执行附加 PLC 命令

从接口列表中选择 GATEWAY3，其他选项可使用默认设置。单击“连接”图标，然后单击“编辑”按钮。

勾选“Use TCP/IP blockdrive”，填入 PLC 的 IP 地址，或者取消勾选该选项，填入 PLC 的节点名称，如图 7-5 所示。

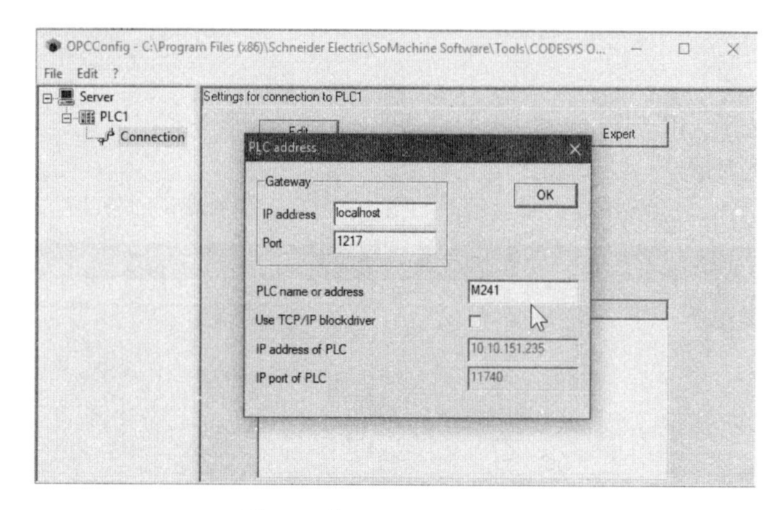

图 7-5 填入 PLC 的节点名称

在控制选择界面，右键单击扫描到的 PLC，选择“Change device name”如图 7-6 所示。

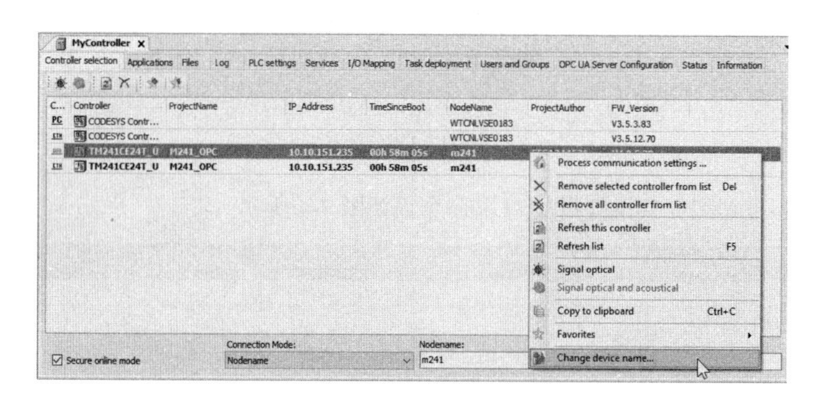

图 7-6 更改设备名称

例如：将该控制器名称改为“m241”。

单击确定，完成控制器的设备名称修改，如图 7-7 所示。

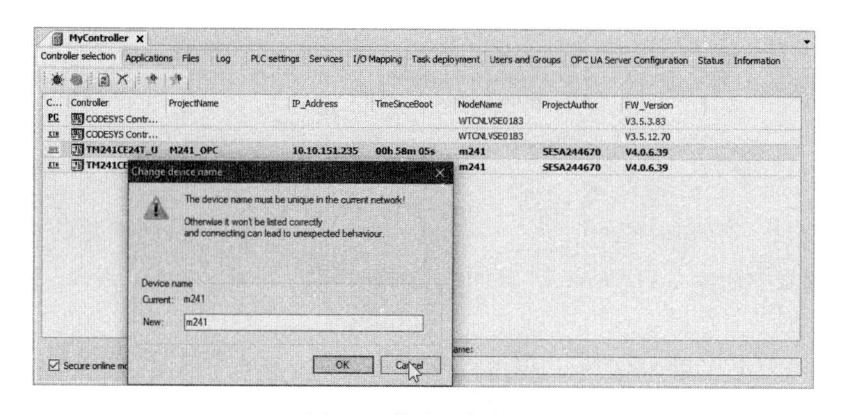

图 7-7 修改设备名称

单击菜单栏“文件”，选择“另存为”，文件名必须为 OPCServer.ini。请勿使用其他文件名，将当前 OPC 服务器配置文件保存到与 WinCoDeSysOPC.exe 文件相同目录。

7.4.2　OPC 配置工具的文件菜单

文件菜单提供用于加载和保存出 / 入配置工具的配置文件见表 7-1。

表 7-1　配置文件

命令	描述
打开	用于编辑现有配置 将会打开用于打开文件的默认对话框。选择一个已有 INI 文件。过滤器将自动设置为 OPCconfgFiles*.ini。所选 INI 文件中描述的配置将加载到配置工具中
新建	用于创建新配置 如果一个配置处于打开状态，则关闭前将询问您是否要加以保存。然后，配置工具将显示默认设置
保存	将当前配置保存到目前加载的 INI 文件中
另存为	将当前配置保存为以其他名称命名的文件，可以在默认对话框中指定该名称
最近打开的 INI 文件	自上次启动工具以来编辑过的 INI 文件列表，可以选择一个文件将它重新加载到配置工具中
退出	终止该工具 如果当前配置尚有未保存的更改，则会询问您是否加以保存

7.4.3　OPC 配置工具的编辑菜单

编辑菜单用于编辑配置器左侧配置树的命令见表 7-2。

表 7-2　配置树的命令

命令	描述
新建冗余组	一个冗余组条目将添加到服务器下。如果树中已经列出了控制器或冗余组，则新冗余组将附加到末尾。默认情况下，新条目将命名为 Redundant<*n*>，其中 *n* 为从 1 开始的连续数字 要重命名该条目，请在树中将其选定，然后使用编辑→重命名 PLC 命令或单击它两次，使其变得可编辑
附加 PLC	一个控制器条目将添加到服务器下。新控制器将附加到现有树的末尾。默认情况下，新条目将命名为 PLC<*n*>，其中 *n* 为从 1 开始的连续数字 要重命名该条目，请在树中将其选定，然后使用编辑→重命名 PLC 命令或单击它两次，使其变得可编辑
删除 PLC	当前选定控制器条目将从配置树中删除
重命名 PLC	可以重命名当前选定的控制器条目
复位 PLC	当前选定控制器条目的设置将复位为在 PLC 默认设置中定义的默认值
PLC 默认设置…	尚不可用

7.4.4　Somachine/Somachine Motion 平台 OPC DA 服务器的使用

在安装 OPC 服务器后，OPC 客户端可访问的名称为 CoDeSys.OPC.DA 的 OPC 服务器。一旦客户端建立连接，OPC 服务器将由操作系统自动启动。当客户端无法自动启动 OPC 服务器时，可手动打开 WinCoDeSysOPC.exe 程序。一旦客户端关闭了自己与服务器之间的连接，OPC 服务器将自动终止。在任务栏中将不存在 OPC 服务器图标。它仅作为进程显示在 Windows 任务管理器中，如图 7-8 所示。

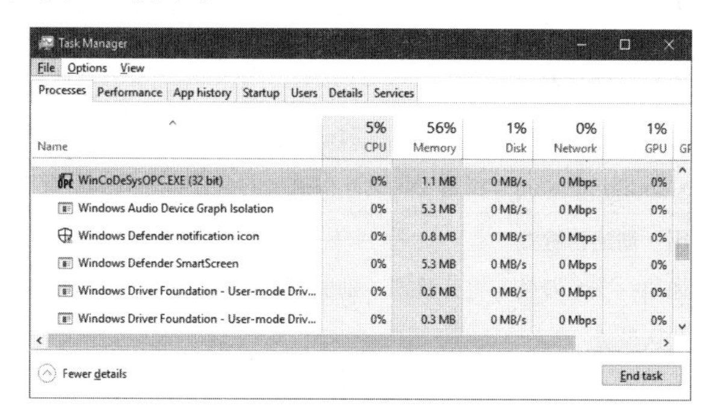

图 7-8　进程显示

在没有安装 Somachine 的 PC 上执行 OPC 客户端，请执行以下步骤：

1）在运行 OPC 客户端的 PC 上，安装 Somachine Gateway 网关。

2）需要启动 WinCoDeSysOPC.exe 文件，具体取决于 OPC 客户端。

3）将文件 OPCServer.ini 复制到安装了 WinCoDeSysOPC.exe 的同一目录中。

7.4.5　Somachine 平台控制器 OPC UA 服务器配置

在“设备树”双击 M241 或 M251 控制器，打开“OPC UA 服务器配置”界面，如图 7-9 所示。

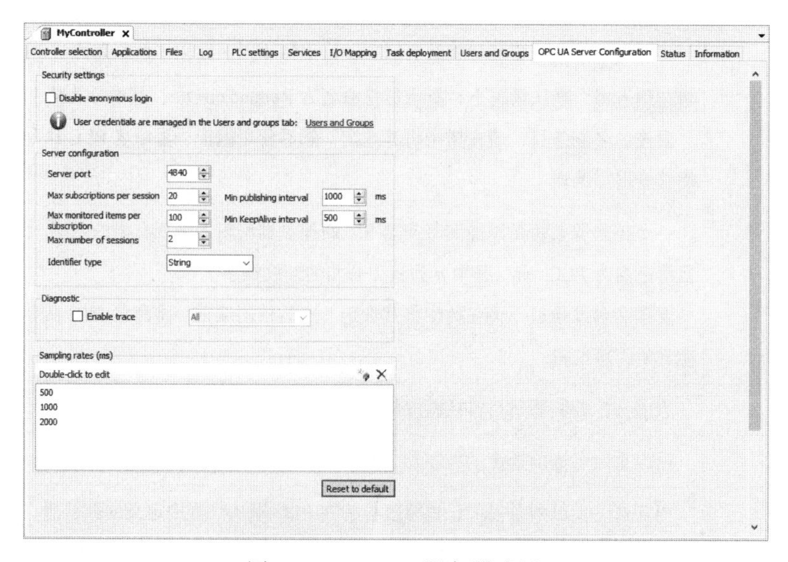

图 7-9　OPC UA 服务器配置

OPC UA 服务器配置选项卡各参数说明见表 7-3。

表 7-3　配置选项卡各参数说明

参数	值	默认值	描述
安全设置			
禁用匿名登录	启动 / 禁用	禁用	默认情况下，此复选框已取消勾选，表示 OPC UA 客户端可以匿名连接服务器。勾选此复选框以要求客户端提供有效用户名和密码，以便连接 OPC UA 服务器
服务器配置			
服务器端口	0~65535	4840	OPC UA 服务器的端口号。OPC UA 客户端必须将此端口号附加到逻辑控制器的 TCP URL，以便连接 OPC UA 服务器
每个会话的最大订阅数	1~100	20	指定每个会话中允许的最大订阅数
最小发布间隔	200~5000	1000	发布间隔定义 OPC UA 服务器向客户端发送通知包的频率。指定通知之间必须经过的最短时间，单位为 ms
每个订阅的最大监测项数	1~1000	100	每个订阅中服务器组装到通知包中的最大监视项目数
最小保持活动间隔	500~5000	500	OPC UA 服务器仅当数据监视项目的值被修改时发送通知。保持活动通知是一条空通知，由服务器发送，通知客户端尽管未修改任何数据但订阅仍然活动。指定保持活动通知之间的最小间隔，单位为 ms
最大会话数	1~4	2	可同时连接 OPC UA 服务器的最大客户端数量
标识符类型	数字 字符串	数字	某些 OPC UA 客户端要求唯一符号标识符（节点 ID）的特定格式。选择标识符的格式：数字值文本字符串
启用跟踪	启用 / 禁用	已启用	勾选此复选框，将 OPC UA 诊断消息包含到控制器日志文件 /usr/syslog/opcuatrace.log 中 您可以选择要写入日志文件的事件目录： 无 错误 警告 系统 信息 调试 内容 全部（默认）

（续）

参数	值	默认值	描述
采样速率（ms）	200~5000	500 1000 2000	采样速率表示时间间隔，单位为 ms。当此间隔过去之后，服务器向客户端发送通知包。采样速率可短于发布间隔，在这种情况下，通知可加入队列，直至发布间隔过去。 采样速率必须介于 200~5000ms 范围内 最多可配置 3 个不同的采样速率 双击采样速率可编辑其值 要给列表添加采样速率，可右键单击添加新速率并选择它 要从列表中移除采样速率，可单击“复位到默认值”按钮，将此窗口中的配置参数返回到其默认值

7.4.6 Somachine Motion 平台控制器 OPC UA 服务器配置

从 Somachine Motion version V4.0 开始，PacDrive3 系列控制器固件中集成了一个 OPC UA 服务器功能，允许与 OPC UA 客户端通信进行数据交换。OPC UA 服务器支持数据访问，连接 OPC UA 客户端时，可以使用 None、Basic128Rsa15 和 Basic256 三种认证方式。

OPC UA server configuration 选项卡提供的各种功能编辑保存在控制器 CF 卡上的配置文件 ServerConfig.ini。该文件保存在 CF 卡上目录：ide0:\ESystem\opcua\ServerConfig.ini。

OPC UA 服务器配置选项卡允许用户为新的服务器证书定义默认属性，查看和删除现有的服务器证书，查看并添加采样率，导入和导出服务器证书，启用安全性并管理各种安全性设置。

在“设备树”双击“LMC_PacDrive”控制器，打开“OPC UA server configuration”选项卡界面，如图 7-10 所示。

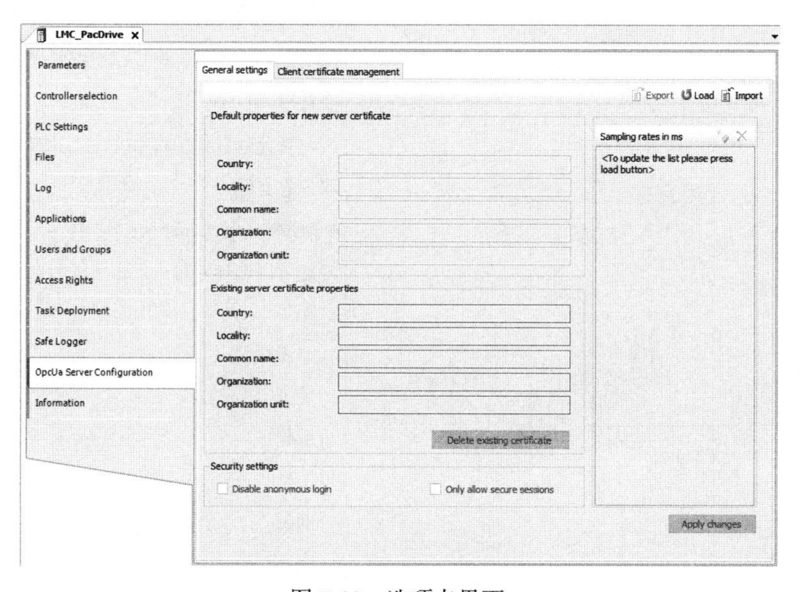

图 7-10　选项卡界面

OPC UA 服务器配置，通用设置选项卡各元素的描述见表 7-4。

表 7-4　通用设置选项卡各元素的描述

元素	描述
导出	打开一个标准的 Windows 对话框（另存为），将服务器配置文件导出为 .ini 文件
重新加载	将加载或刷新服务器设置。注意：如果保存了服务器设置中的更改，则删除加载配置文件中的注释
导入	打开一个标准的 Windows 对话框（打开），导入一个服务器配置文件（*ini）

新服务器证书的默认属性可以为一个新的 OPC UA 服务器证书定义默认属性见表 7-5。

表 7-5　元素描述

元素	描述
国家	国家代码，由两个字母组成，表示 OPC UA 服务器所在的国家
位置	OPC UA 服务器所在城市的名称
普通的名字	OPC UA 服务器的名称
组织	使用 OPC UA 服务器的组织名称
组织单位	使用 OPC UA 服务器组织单元的名称

注意：在生成新的服务器证书时，证书的有效日期将在证书中注册。此日期以协调世界时 (UTC) 注册。当客户端试图建立与服务器的连接，而系统 (客户端和服务器) 不位于此 UTC 时区时，可能会发生错误，连接构建将被取消。在这种情况下，只有在一段时间之后才能连接到服务器。这段时间等于当地标准时间与协调世界时的时差 (以小时为单位)。

例如，系统位置在德国，德国当地标准时间：CET(中欧时间)= UTC + 1 小时（CET 和 UTC 的时差为 1 小时）客户端和服务器之间的连接建立只能在生成新的服务器证书后一个小时内建立。

现有服务器证书属性：如果所选控制器已经提供了服务器证书，则此证书的属性将显示在本节的字段中，现有服务器证书属性的各元素解释说明与 OPC UA 服务器证书定义默认属性的各元素相同。

安全设置可以改变 OPC UA 服务器的安全方面：

安全设置描述见表 7-6。

表 7-6　安全设置描述

元素	描述
禁用匿名登录	如果激活此选项，则禁用匿名登录。只允许使用用户名和密码登录。用户名和密码在 FC OpcUaStart 函数中传输（“用户名”“密码”）。默认设置：禁用
只允许安全会话	仅当此选择被激活时，才允许安全会话服务器仅为登录和数据交换启用加密。如果未设置此选项，服务器仍然提供加密，但也提供未加密的数据交换。默认设置：禁用

扫描速率表示以毫秒为单位的时间间隔。经过间隔后，服务器将请求的数据发送给客户端。

元素描述见表 7-7。

表 7-7　元素描述

元素	描述
添加采样率	将新的采样率添加到采样率列表中 不允许添加超过 20 个采样率 如果输入的采样率无效，将显示相应的消息提示 抽样速率值至少为 1，并且限制为 60000
删除采样率	删除选定的采样率
采样率列表	采样率列表显示所有可用的采样率 默认情况下，采样率设置为 5~10000 的值。双击列表中的值修改它

单击修改按钮，将在此选项卡上所做的更改保存到配置文件 Serverconfig.ini 中，并只用于通用设置选项设置。只有当所有常规设置都有效时，才会激活“Apply changes”按钮。需要重新启动控制器启用新的设置。

7.4.7　Somachine 程序配置

打开需要通过 OPC 通信的 Somachine 控制器程序，为方便、快捷地查看并管理各硬件和组件，建议在 Somachine 软件中设置经典导航视图。单击菜单栏“View”→“Classic Navigation”→“Devices”，如图 7-11 所示。

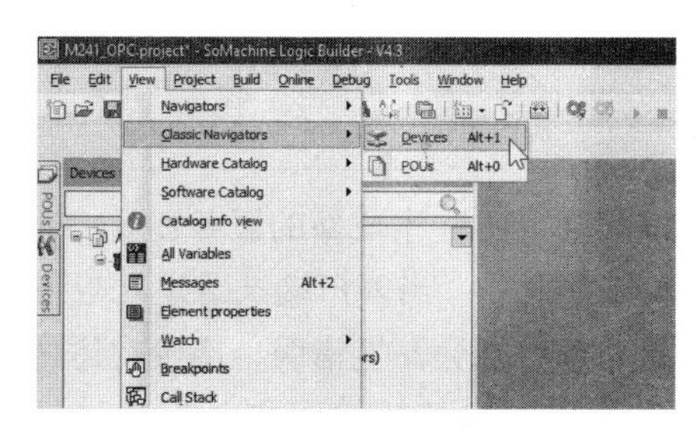

图 7-11　设置经典导航视图

使用 OPC DA 通信时，需在 Somachine LogicBuiler 的“Application”单击右键，选择“Add Object”→“Symbol Configuration”如图 7-12 所示。

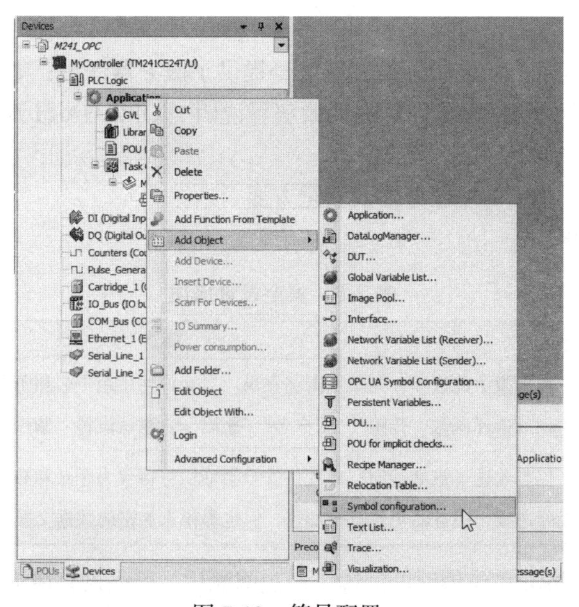

图 7-12　符号配置

单击“Add”按钮，打开符合配置界面如图 7-13 所示。

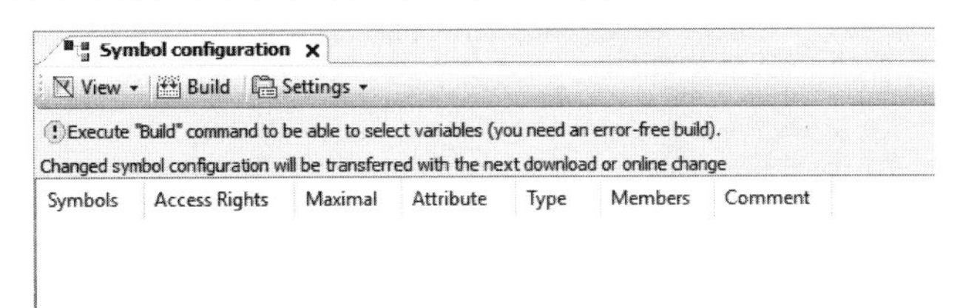

图 7-13　配置界面

符号配置功能创建符号描述，通过外部应用程序（如 Vijeo-Designer 或 OPC 服务器）访问这些符号以及它们所代表的变量。

工具栏按钮“视图”的说明见表 7-8。

表 7-8　工具栏按钮“视图”的说明

视图	描述
未在项目中配置	甚至会显示尚未添加至符号配置但是可用于项目中该用途的变量
未在库中配置	同样也会显示库中尚未添加至符号配置，但是可用于项目中该用途的变量
通过属性导出的符号	该设置仅在显示已配置的变量时有效（请参阅上述说明的 2 个过滤器） 它还能列出已经选择以便其声明中的 {attribute′ symbol′:=′ read′ } 获得符号的那些变量。这类符号会显示为灰色。属性列显示编译指示当前为变量设置了哪种访问权限。请参阅以下访问权限的说明

工具栏按钮“生成”的说明：

在生成运行时，编辑器视图会自动刷新。工具栏提供了生成按钮以便于快速访问。

工具栏按钮“设置”的说明

工具栏按钮设置可让您激活选项 Include comments in XML。该选项可让分配至变量的注释也导出符号文件。默认情况下，通过运行代码生成创建符号文件。在下次下载时，将该文件传输至设备。如果您希望在不执行下载的情况下创建文件，可使用命令生成代码，该命令默认生成菜单。

单击工具栏按钮“生成”以后，符号配置编辑器会自动刷新程序变量列表，如图 7-14 所示。

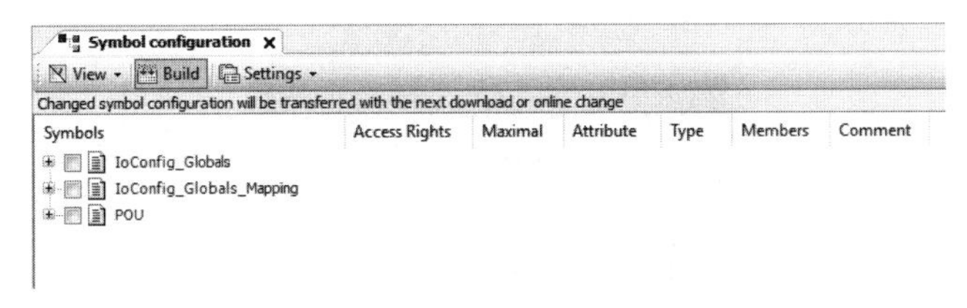

图 7-14　程序变量列表

选中需要通过 OPC DA 服务器通信的变量，编译 Somachine 程序，下载到 M241 中完成 PLC 程序。

使用 OPC UA 通信时，需在 Somachine Logic Builer 的“Application”上单击鼠标右键，选择“添加对象”→“OPC UASymbol Config”单击“添加”按钮以后，打开符合配置界面如图 7-15 所示。

OPCUASymbolConfiguration [MyController: PLC Logic: Application]

Refresh

101 variable(s) selected (max = 1000)

Symbols	Type	Access type	Comment
r000013	Real		
r000014	Real		
r000015	Real		
r000016	Real		
r000017	Real		
r000018	Real		
r000019	Real		
r000020	Real		

图 7-15　符号配置界面

选中需要通过 OPC UA 服务器通信的变量，编译 Somachine 程序，下载到 M241 中完成 PLC 程序。

7.4.8　Somachine Motion 程序配置

打开需要通过OPC通信的Somachine控制器程序，为方便快捷地查看并管理各硬件和组件，建议在 Somachine 软件中设置经典导航视图。单击菜单栏“视图”→“经典导航器”→“设备”，如图 7-16 所示。

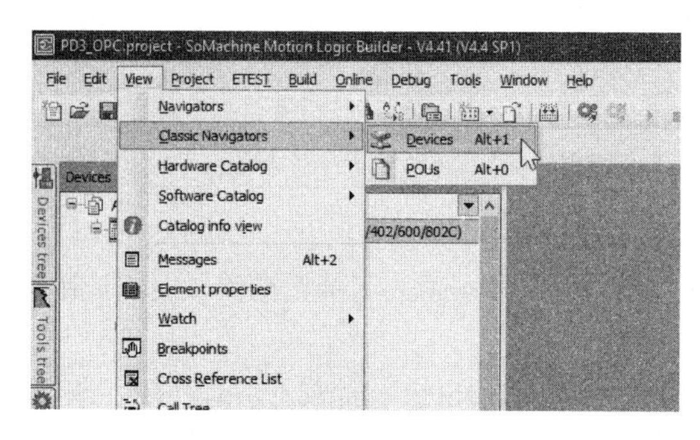

图 7-16　经典导航视图

使用 OPC DA 或者 OPC UA 通信时，需在 Somachine Motion Logic Builer 的“Application”上单击鼠标右键，选择“添加对象”→“符号配置”，选择“符号配置”后进入选项配置界面，如图 7-17 所示。

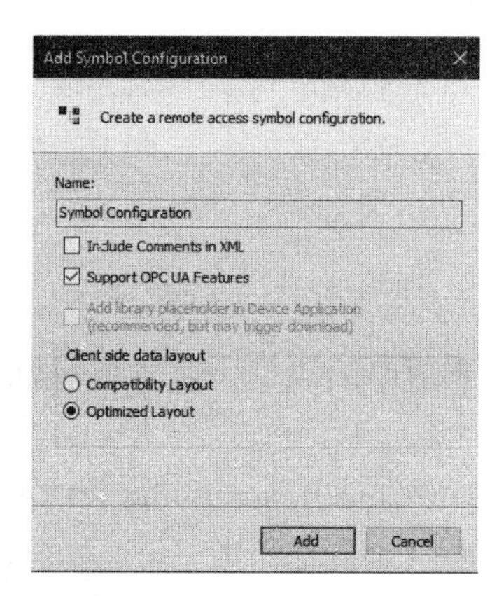

图 7-17　符号配置

如果使用 OPC UA 通信，需勾选“Sapport OPC UA Features”，其他选项保持默认设置。当前界面选项设置功能与符号配置界面工具栏按钮“设置”中的功能相同。单击“Add”按钮以后，打开符合配置界面，如图 7-18 所示。

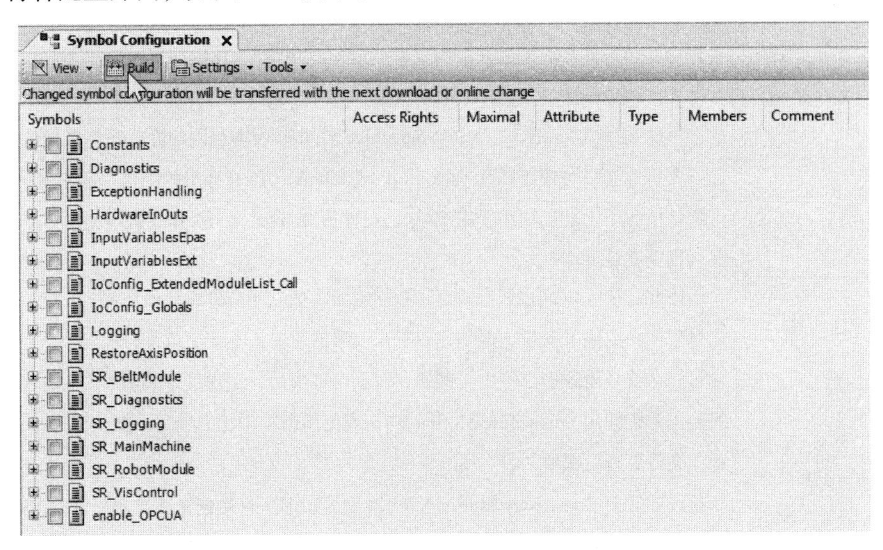

图 7-18　符号配置界面

符号配置功能创建符号描述，通过外部应用程序（如 Vijeo-Designer 或 OPC 服务器）访问这些符号以及它们所代表的变量。

工具栏按钮“视图”说明见表 7-9。

表 7-9　工具栏按钮“视图”说明

视图	描述
未在项目中配置	甚至会显示尚未添加至符号配置，但是可用于项目中该用途的变量
未在库中配置	同样也会显示库中尚未添加至符号配置，但是可用于项目中该用途的变量
通过属性导出的符号	该设置在仅显示已配置的变量时有效（请参阅上面说明的两个过滤器） 它还能列出已经选择以便其声明中的 {attribute′ symbol′:=′ read′ } 获得符号的那些变量。这类符号会显示为灰色。属性列显示编译指示当前为变量设置了哪种访问权限。请参阅以下访问权限的说明

在生成运行时，编辑器视图会自动刷新。工具栏提供了生成按钮以便于快速访问。

工具栏按钮设置的说明见表 7-10。

表 7-10　工具栏按钮的设置说明

方式	描述
持 OPC UA 特性	当下载符号配置，附加信息也被下载到控制器中，这对操作 OPC UA 服务器是必须的、变量的附件信息
包含 XML 中的注释	该选项可让分配至变量的注释导出为符号文件。默认情况下，通过运行代码生成创建符号文件。在下次下载时，将该文件传输至设备。如果在不执行下载的情况下创建文件，可使用命令生成代码，该命令默认位于生成菜单

（续）

方式	描述
在 XML 中，包含节点标志	选中该选项，可将包含名称空间的标志导出到符号文件中。当 OPC UA 活动时，它们提供关于名称空间中节点起源的附加信息
配置注释和属性…	打开“注释和属性”对话框，该对话框配置符号、配置内容和 XML 文件的内容
配置同步的 IEC 任务…	打开所选控制器的“属性”对话框的“选项”选项卡
兼容性布局	选择此选项以与 V4.3 之前的 Somachine Motion 版本相同的方式计算数据输出 不要将此布局与使用属性 pack mode 或 relative offset 导出的结构一起使用 默认情况下，此选项用于在 V4.3 之前使用 Somachine Motion 版本创建的项目。该设置在项目更新后保留
优化布局	选择此选项，以优化的形式计算数据输出，独立于内部编译器布局。优化只影响结构化类型和函数块的变量。例如，对于未发布的成员，不会生成带有填充字节的空白，因为它们在符号配置中已停用。例如，对于内部成员，实现接口的函数块，也不创建任何间隙。对于使用 Somachine Motion V4.3 或更高版本创建的项目，默认选择此选项。该设置在项目更新后保留 此选项需要 Somachine Motion V4.3 或更高版本。它是创建新符号配置时的默认设置
保存 XML 格式文件	打开用于在文件系统中保存文件的标准对话框。允许创建符号文件的 XSD（XML 模式定义）格式，以便在外部程序中使用
启用直接 I/O 访问	该特性具有潜在的危险性，不适合在生产环境中进行操作。仅用于错误检查和测试，或在调试机器时激活。在符号配置中，还可以使用对与 IEC 语法对应的直接 I/O 地址的访问

注意：由于 IEC 任务的延迟启动会导致更高的抖动，因此不要激活选项配置同步与 IEC 任务…对于运动和实时关键的应用。如果需使用配置同步与 IEC 任务选项，在定义读取和写入的变量列表时，请考虑以下几点：

- 仅为那些必要的变量配置同步和一致的访问。
- 为一致的变量和可能不一致的变量创建单独的列表。
- 创建几个包含一致变量的小列表，而不是一个大列表。
- 为循环读取值定义尽可能大的时间间隔。

单击工具栏按钮“生成”后，符号配置编辑器会自动刷新程序变量列表，勾选需要通过 OPC 通信的变量，如图 7-19 所示。

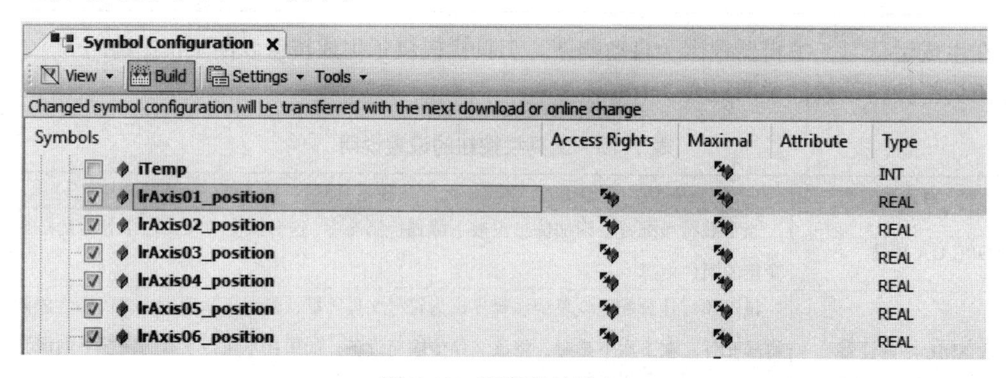

图 7-19　程序变量列表

选中需要通过服务器通信的变量，编译 Somachine 程序，下载到 PACDRIVE3 控制器中完成 OPC DA 通信的配置。

7.4.9　激活 PACDRIVE3 控制器 OPC UA 服务器

在默认状态下，PACDRIVE3 控制器 OPC UA 服务器功能处于未激活状态，用户需编写程序，通过 SystemInterface.FC_OpcUaStart() 函数功能启动 OPC UA 服务器，程序示例如图 7-20 所示。

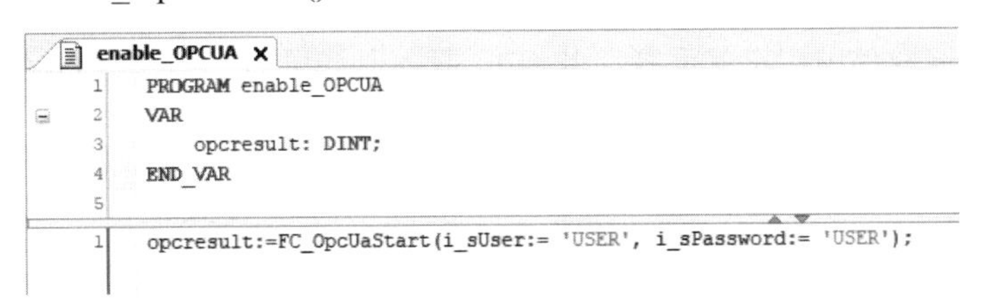

图 7-20　程序示例

如果 OPC UA 服务器启动函数没有分配有效的用户名和密码，则使用标准用户名 Schneider 和标准密码 ou1337tmp。

OPC UA 服务器由位于 CF 卡上的 ServerConfig.ini 文件的参数初始化并启动，上电第一次启动时，将从 ServerConfig.ini 文件的证书参数生成证书。函数 FC_OpcUaStart() 的运行与服务器的启动过程同步，该过程至少需要 60ms 的执行时间，如果用户程序执行时间较长或 PACDRIVE3 控制器 CPU 负载率较高，该过程实际消耗时间可能会超过 60ms。

因此，建议用户单独创建任务调用 OPC UA 服务器以激活程序，任务扫描间隔时间为 100ms，并取消该任务的看门狗，如图 7-21 所示。

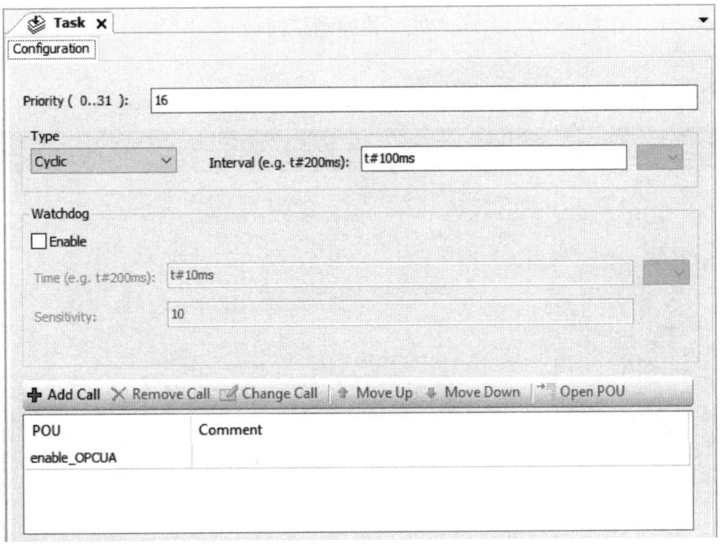

图 7-21　任务扫描间隔时间

用户可通过 Systeminterface.FC_OpcUaStop() 功能停止 PACDRIVE3 控制器 OPC UA 服务器，该功能函数调用时，所有连接到 OPC UA 客户端的连接都被终止，OPC UA 任务都被删除，该功能的处理和运行过程与服务器的停止过程同步，至少需要 3s。另外，用户可通过 SystemInterface.FC_OpcUaGetServerConfig() 功能获取当前活动的服务器配置。以上功能函数更多详细信息请参考 Somachine Motion 软件在线帮助有关章节内容。

7.5 应用案例

7.5.1 VijeoCitect 与 M241 通过 OPC DA 通信示例

完成 Somachine 软件中"符号配置"和 OPC 服务器配置后，已具备 OPC 经典架构通信的准备工作。

打开 Citect 工程管理器，选中需要开发的工程。打开 Citect 工程编辑器，在菜单栏"Communication"下选择"Express Wizard"，如图 7-22 所示。

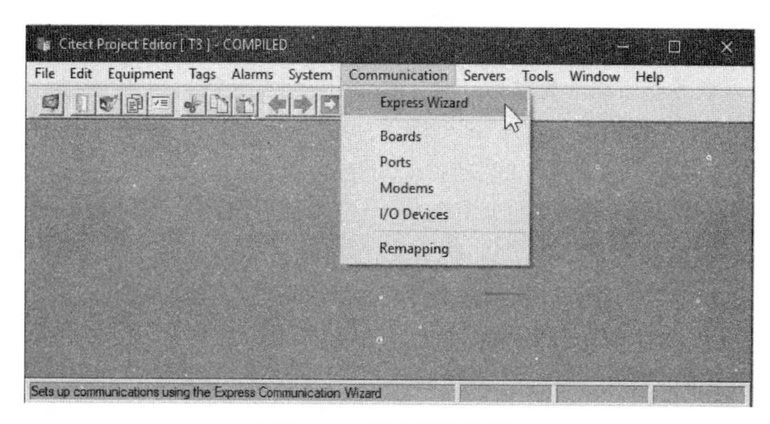

图 7-22　快速通信向导

打开 I/O 服务器配置，如图 7-23 所示。

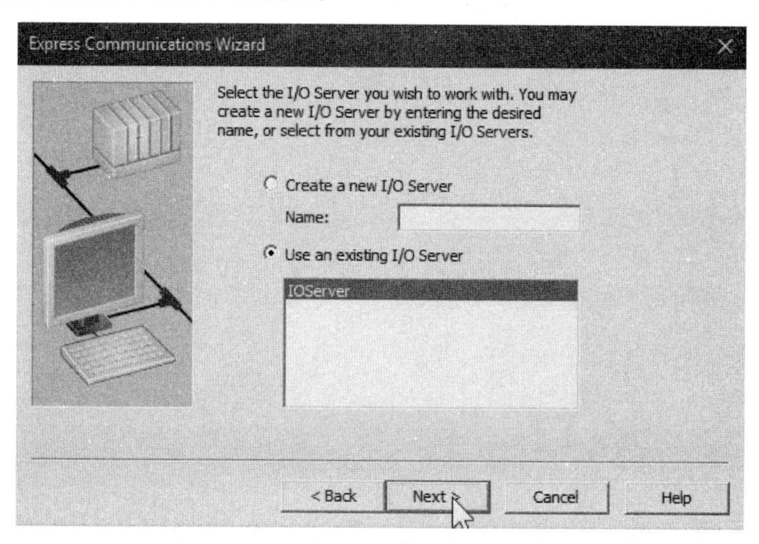

图 7-23　I/O 服务器配置

选择已配置的 I/O 服务器，单击"Next"按钮，如图 7-24 所示。

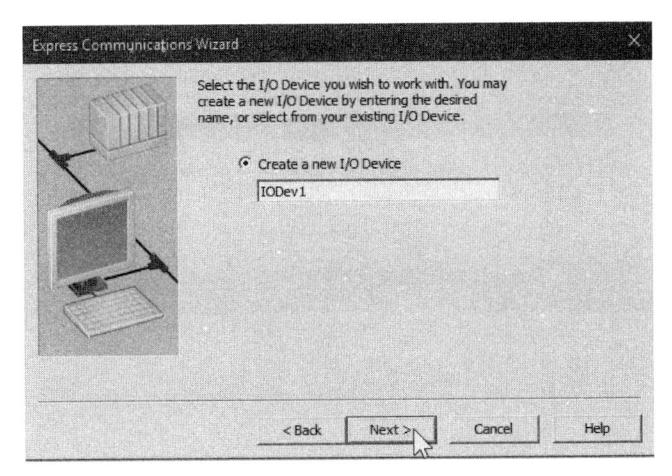

图 7-24　输入新的 I/O 设备名称“IODev1”

输入新的 I/O 设备名称“I/ODev1”，单击“Next”按钮，如图 7-25 所示。

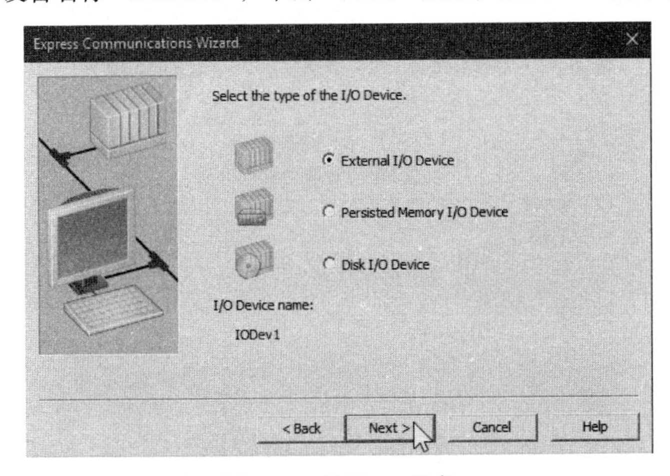

图 7-25　外部 I/O 设备

选择“Extemal I/O Device”，单击“Next”按钮，如图 7-26 所示。

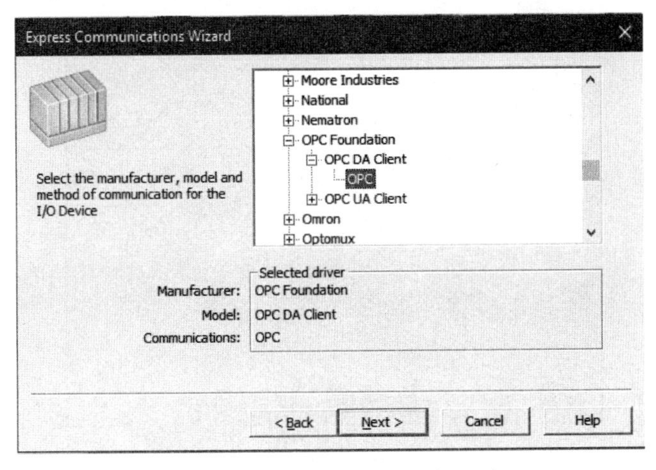

图 7-26　选择 OPC 基金组织驱动

选择 OPC 基金组织驱动，驱动选择路径：“Drivers” → “OPC Foundation” → “OPC DA Client” → “OPC”，单击 “Next” 按钮，如图 7-27 所示。

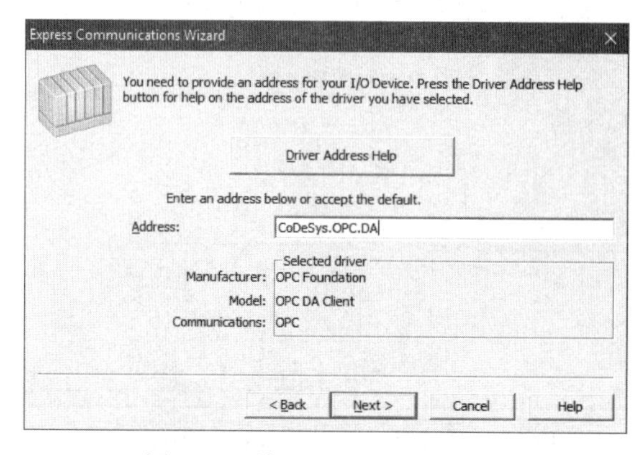

图 7-27　输入 OPC 服务器地址

在地址栏处输入 OPC 服务器地址，单击 “Next” 按钮，如图 7-28 所示。

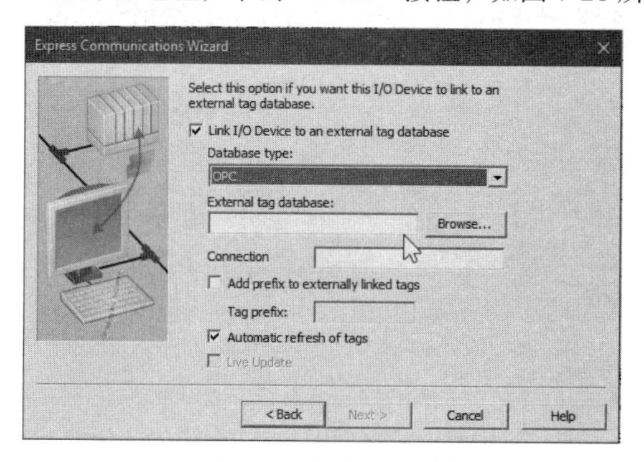

图 7-28　选择 “OPC”

勾选 “Link I/O Device to an external tag database”，在数据库类型下拉菜单中选择 “OPC”，单击 “Next” 按钮，如图 7-29 所示。选择 Somachine 程序中 POU，单击 “OK” 按钮。

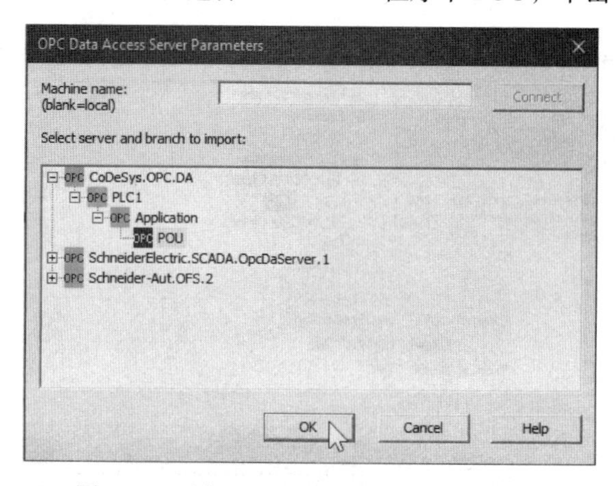

图 7-29　选择 Somachine 程序中 POU 名称

依次展开树形菜单，选择 Somachine 程序中 POU 名称，单击“Next”后快速通信向导中生成链接路径，如图 7-30 所示。

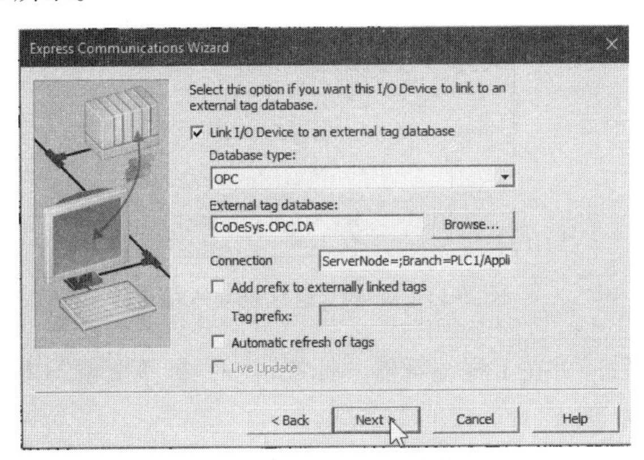

图 7-30　生成链接路径

单击“Next”按钮后，完成通信向导设置，如图 7-31 所示。

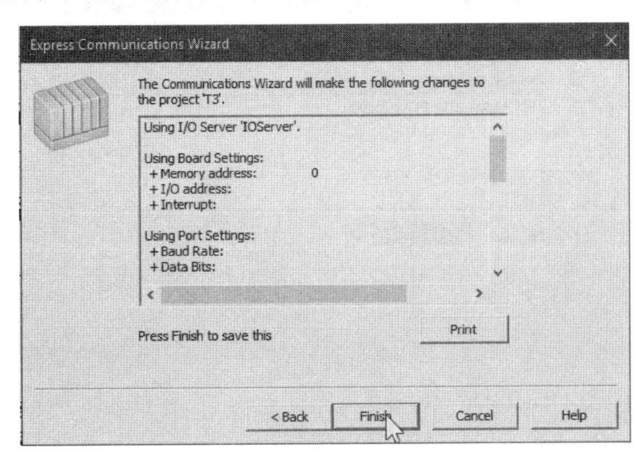

图 7-31　完成通信向导设置

单击“Finish”按钮后，工程编辑器导入 OPC 服务器变量标签，如图 7-32 所示。

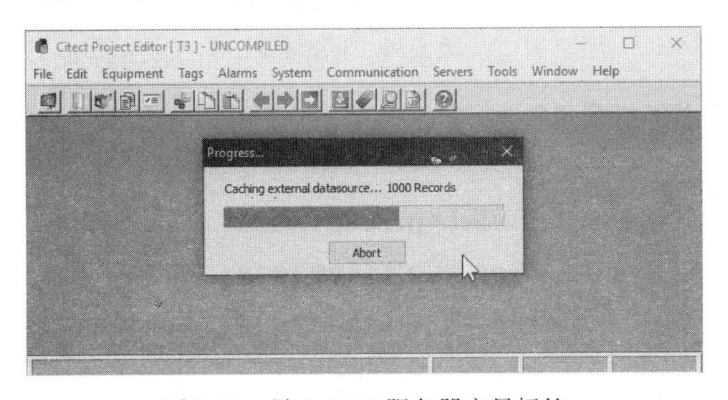

图 7-32　导入 OPC 服务器变量标签

导入完成后，显示变量标签导入结果，并提示是否需要浏览变量标签导入日志，如图 7-33 所示。

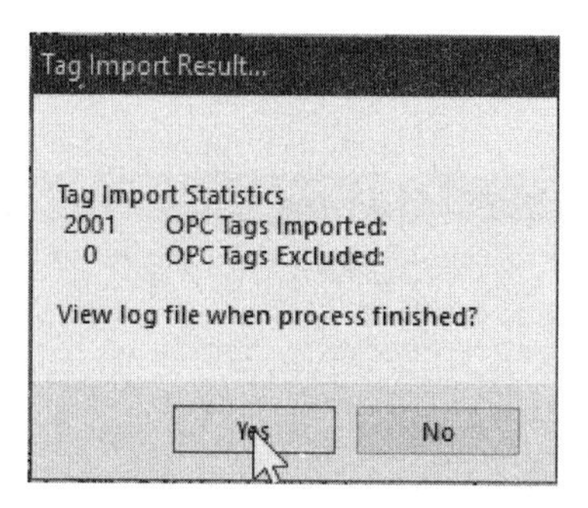

图 7-33 显示变量标签导入结果

变量标签导入完成后，可在工程编辑器“标签”→“标签变量”中查看从 OPC 服务器导入到 Citect 工程中的变量标签。

新建界面，加入数值显示框，在数值显示框属性“Appearance”→“Numeric”中，添加需要显示的变量标签，如图 7-34 所示。

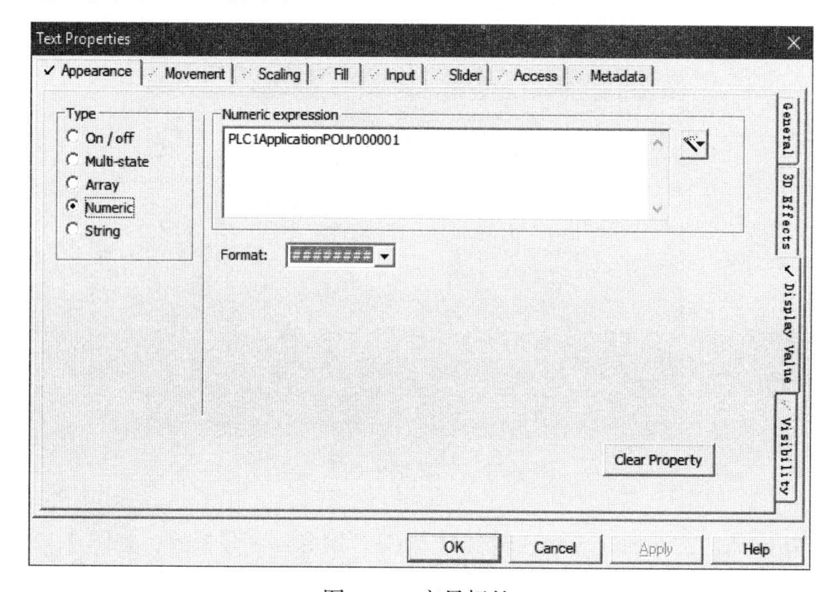

图 7-34 变量标签

编译工程后设置计算机配置向导，运行工程，能读取 M241 变量的值，如图 7-35 所示。

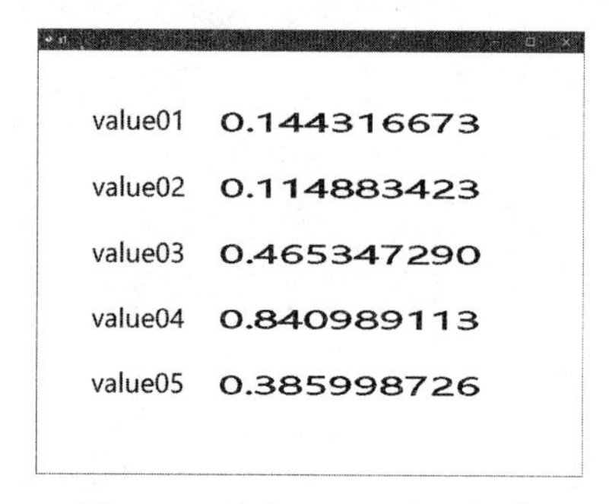

图 7-35 读取 M241 变量的值

7.5.2　VijeoCitect 与 PDR3 通过 OPC UA 通信示例

完成 Somachine 软件中“符号配置”和“OPC 服务器配置”后，已具备 OPC 经典架构通信的准备工作。

VijeoCitect 软件配置：

打开 Citect 工程管理器，选中需要开发的工程。打开 Citect 工程编辑器，在菜单栏“Communication”下选择“Express Wizard”，如图 7-36 所示。

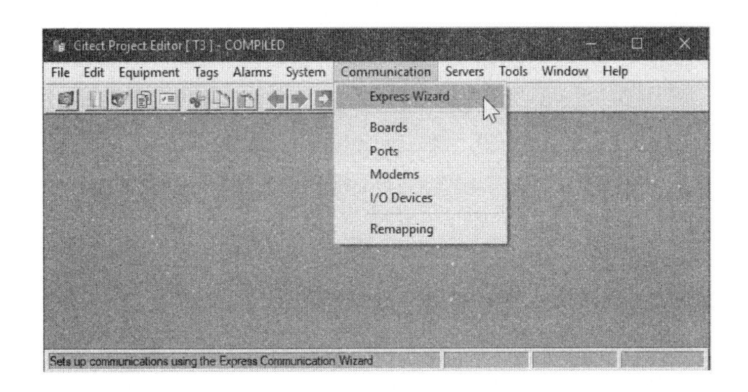

图 7-36　快速通信向导

配置 I/O 服务器：选择已配置的 I/O 服务器，单击“Next”按钮，如图 7-37 所示。

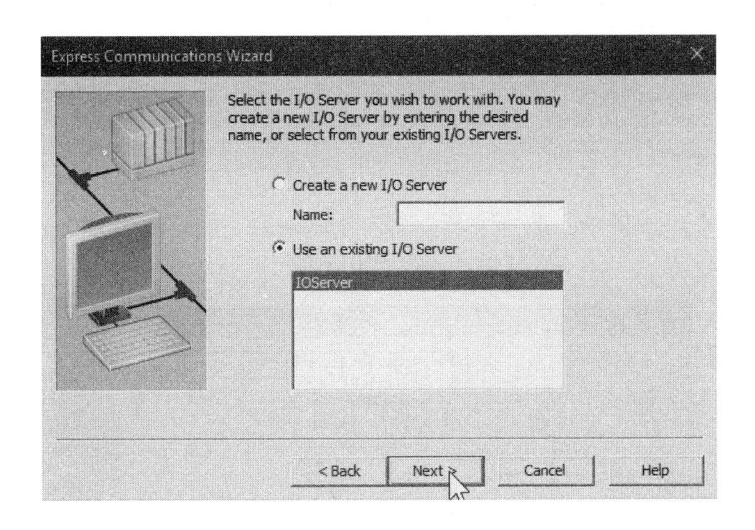

图 7-37　配置 I/O 服务器

输入新的 I/O 设备名称“I/ODev1”，单击“Next”按钮，如图 7-38 所示。

选择“Extermal I/O Device”，单击“Next”按钮，如图 7-39 所示。

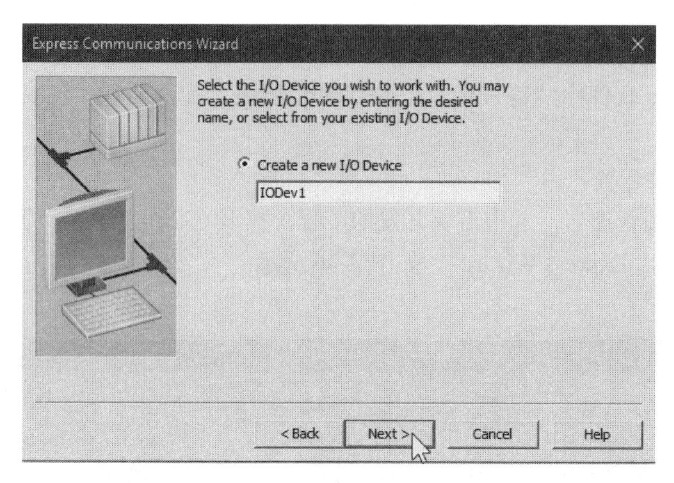

图 7-38　输入新的 I/O 设备名称

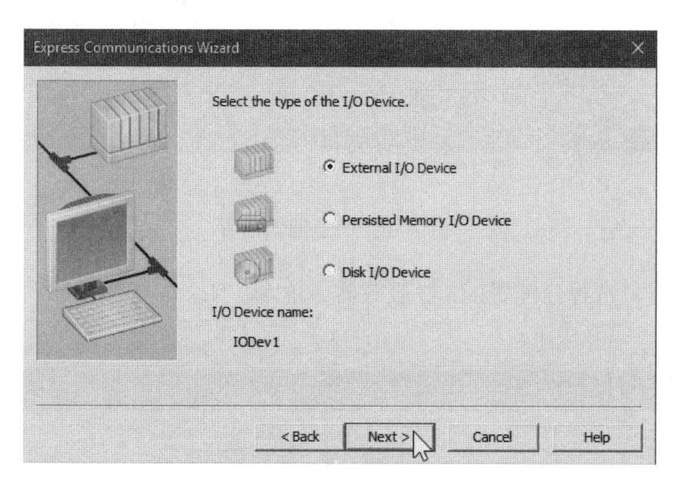

图 7-39　外部 I/O 设备

选择 OPC 基金组织驱动，驱动选择路径："Drivers" → "OPC Foundation" → "OPC UA Client" → "OPC"，单击 "Next" 按钮，如图 7-40 所示。

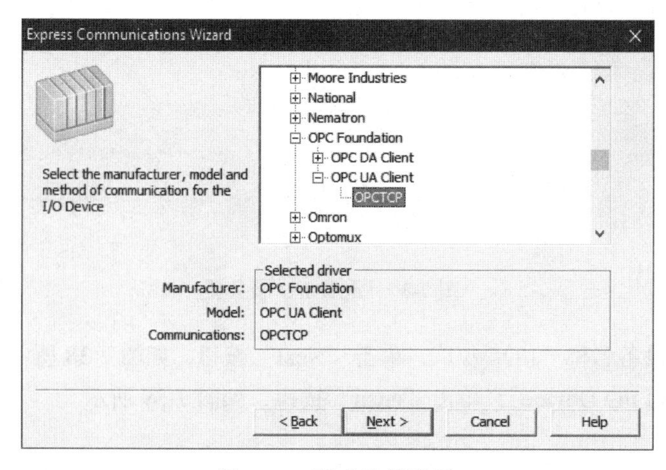

图 7-40　驱动选择路径

在地址栏处输入 OPC UA 服务器地址，OPC UA 服务器地址统一格式为：opc.tcp://IP:4840，例如："opc.tcp://10.10.10.3:4840"，单击"Next"按钮，如图 7-41 所示。

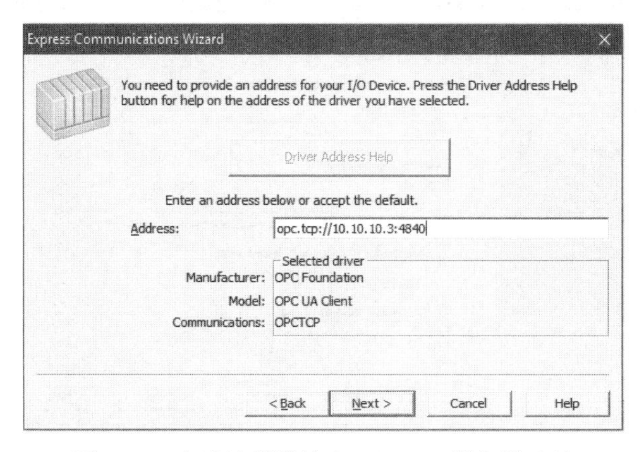

图 7-41　在地址栏处输入 OPC UA 服务器地址

勾选"Link I/O Device to an external tag database"，在数据库类型下拉菜单中选择"OPC UA"，单击"浏览"按钮，如图 7-42 所示。

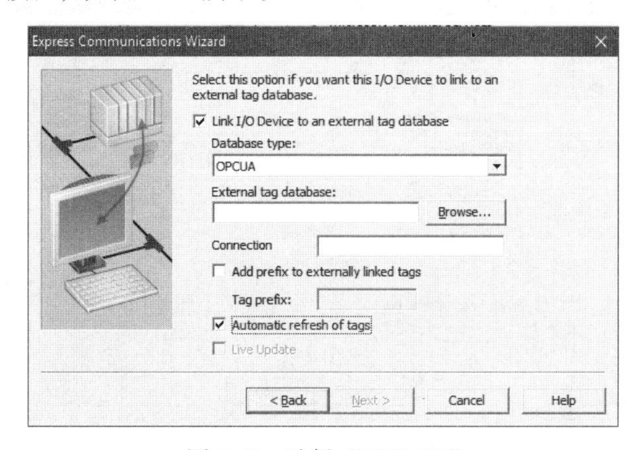

图 7-42　选择"OPC UA"

依次展开树形菜单，选择 Somachine 程序中 POU 名称，单击"OK"后，快速通信向导中生成链接路径，如图 7-43 所示。

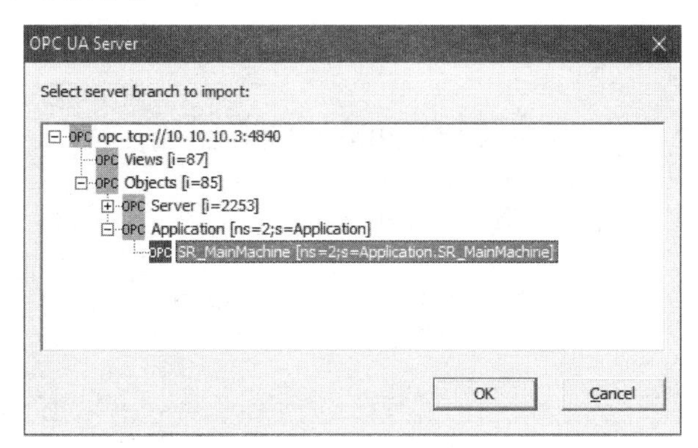

图 7-43　生成链接路径

单击“Next”按钮后，完成通信向导设置，如图 7-44 所示。

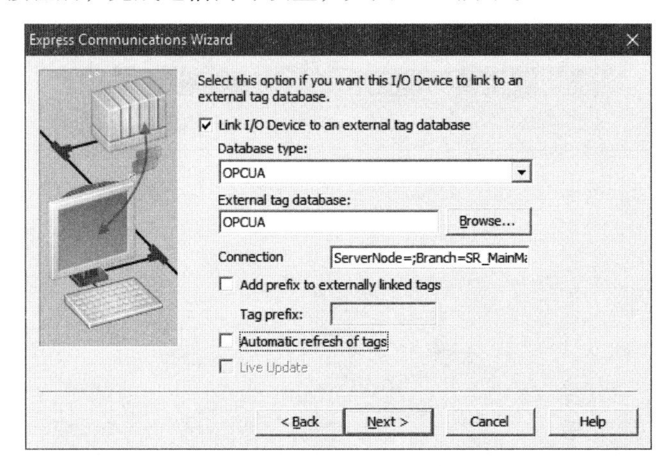

图 7-44　快速配置通信

单击“Next”按钮后，完成通信向导设置，如图 7-45 所示。

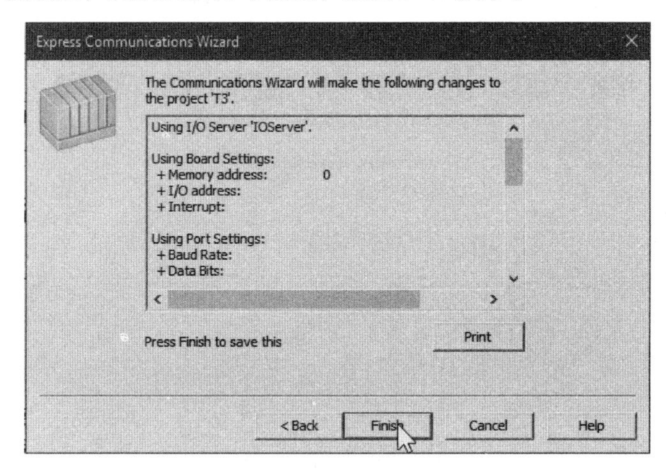

图 7-45　完成通信向导设置

单击“Finish”按钮后，工程编辑器导入 OPC 服务器变量标签，如图 7-46 所示。

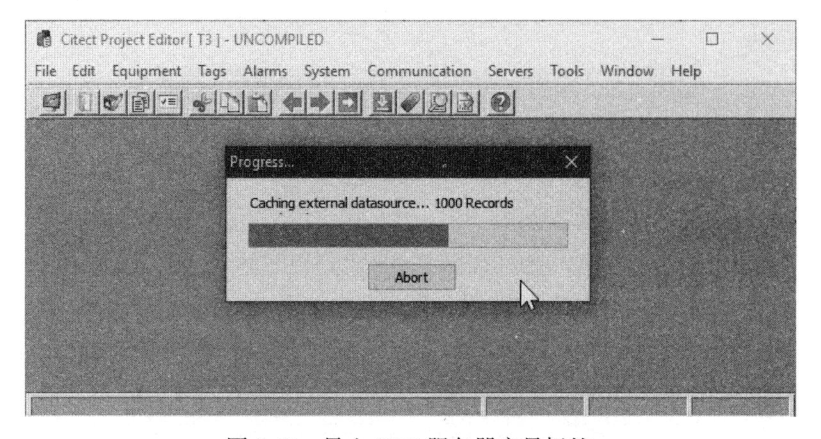

图 7-46　导入 OPC 服务器变量标签

导入完成后，显示变量标签导入结果，并提示是否需要浏览变量标签导入日志，如图 7-47 所示。

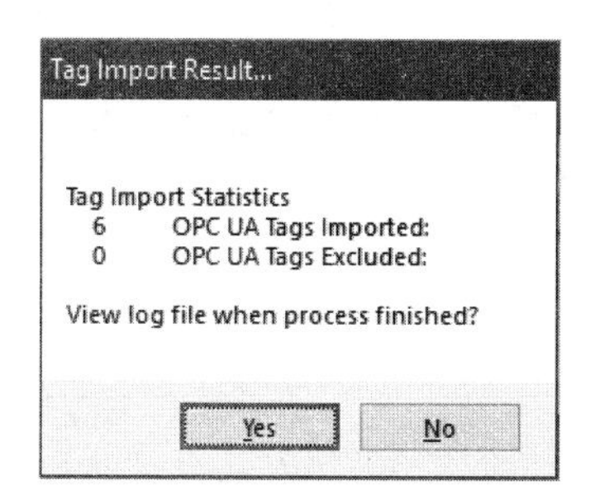

图 7-47　显示变量标签导入结果

变量标签导入完成后，可在工程编辑器“标签”→“标签变量”中查看从 OPC 服务器导入到 Citect 工程中的变量标签。

新建界面，加入数值显示框，在数值显示框属性“Appearance”→“显示值”中添加需要显示的变量标签，如图 7-48 所示。

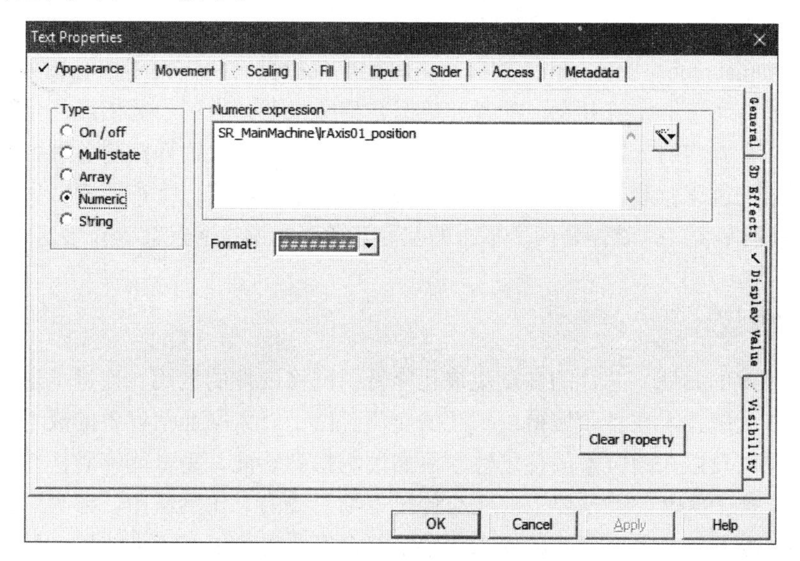

图 7-48　变量标签

编译工程后，设置计算机配置向导，运行工程，能读取 PACDRIVE3 变量的值，如图 7-49 所示。

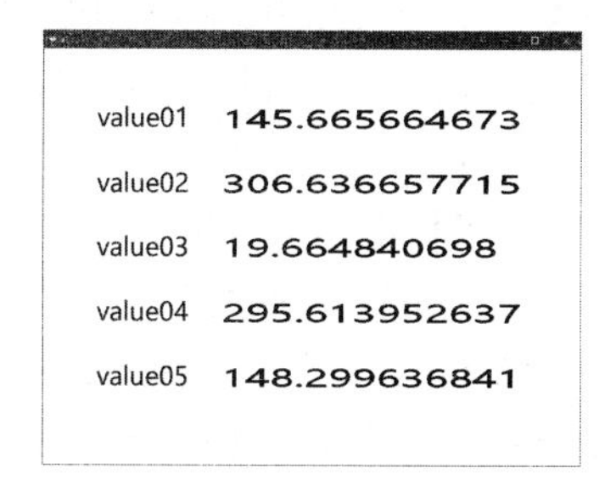

图 7-49　读取 PACDRIVE3 变量的值

第 8 章

Somachine PLC 与 M580 以太网的通信

在施耐德电气提供的工业自动化解决方案中，我们专注于两个方面的自动控制解决方案。一种是偏重于工厂生产的过程自动化和生产管理，典型的控制器是 M580，它采用的编程平台是 UnityPro。它的特点是具有冗余功能、在线修改程序和热插拔控制模板功能，它不仅可以控制生产过程中的各种参数，还可以管理、记录、分析和优化生产过程中需要的各种数据；另外一种是偏重于机器控制的解决方案，它给出了控制机器所涉及的一切元素，例如对变频器、伺服、传感器的协调控制。它的典型控制器包括 M241、M251、LMC078、LMC600 等，它使用的编程软件是 Somachine。Somachine 软件是施耐德电气机器解决方案中核心编程控制软件，能够帮助用户在单一环境下完成开发、配置和试运行整个机器，为用户提供最优化控制的解决方案。因此，在一个典型的工厂自动化系统中，往往用 Somachine 编程控制各种智能机器、机器人；而在工厂生产过程控制，生产班次订单管理，优化生产数据，生产要素，生产趋势分析上采用 M580 控制器平台。这就需要两个平台的互联互通，本章将通过案例介绍这些通信。

8.1 通信协议

随着芯片技术的发展，芯片的高度集成化降低了网络硬件的费用，促进了通信和网络技术的发展，使得以太网技术在各领域得以广泛的应用。由于以太网通信设备的成本不断下降，速度的不断提高，以及以太网技术的稳定性、可靠性均得到验证，完全能够胜任控制环境中对实时性、可靠性、抗干扰性的严格要求。在与传统现场总线的对比测试中，以太网显示出明显的优势，可以满足控制系统各个层次的要求。于是很多厂家提出了基于传统以太网技术来实现现场总线的方案。但由于传统以太网采用了冲突检测载波侦听多路访问 (CSMD/CD) 机制。在同一网络环境下，各个接入网络的设备共享传输介质，在总线竞争时都处于相同地位，会造成不确定的延时等问题，是一种不确定的网络系统，直接用作工业现场总线会存在一些问题。对传统以太网进行改造或在传统以太网基础上加以改进，提出基于以太网技术实现现场总线的方案，由此诞生了多种应用协议的工业以太网协议。工业以太网的发展方向有两种：一种是非标准的以太网，在以太网的基础上进行了改动，一般都采用专用的芯片进行产品研制，PROFINET、EtherCAT 是其典型代表；另一种是基于标准的以太网，采用工业级的以太网芯片进行产品研制，ModbusTCP、EtherNet/IP 正是基于标准以太网的典型代表。施耐德电气全系列控制器均支持 Modbus TCP 和 EtherNet/IP 通信。图 8-1 是来自 HMS 公司的以太网和现场总线分析报告显示，工业以太网增长速度远远大于现场总线，其中 EtherNet/IP 是最大的工业以太网协议。

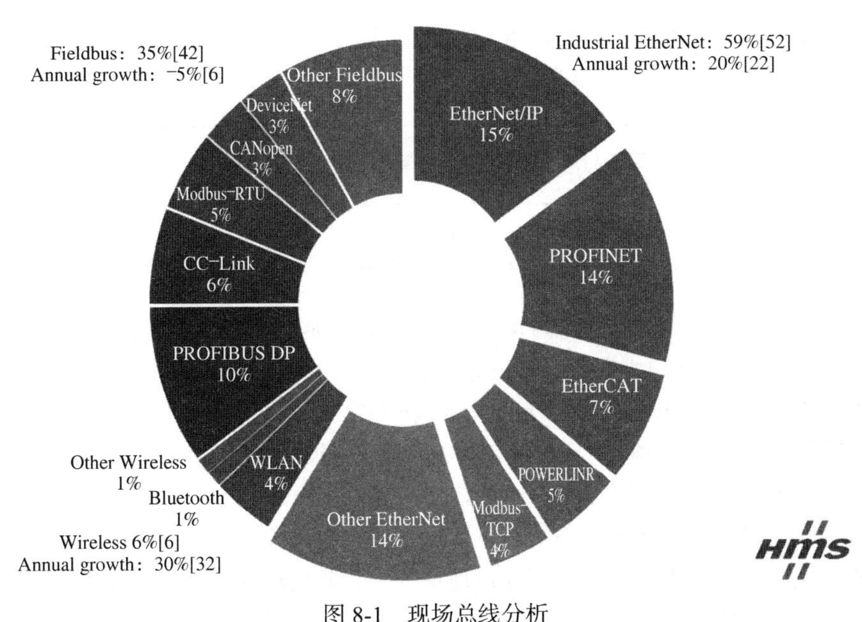

图 8-1　现场总线分析

8.1.1　Modbus TCP

Modbus 协议是莫迪康公司于 1979 年开发的一种通信协议，从英文单词 Modicon Digital Bus 取各单词首字母而命名，是一个应用层消息传递协议，位于 OSI 模型的第 7 级，它连接在不同类型总线或网络上的设备之间提供客户端 / 服务器通信。自 1979 年以来，Modbus 一直是业界事实上的串行标准，它使数以百万计的自动化设备能够进行通信。1996 年施耐德电气推出了基于以太网 TCP/IP 的 Modbus 协议——ModbusTCP。在 TCP/IP 堆栈上为 Modbus 预留的系统端口是 502。Modbus 是一个请求 / 应答协议，提供由函数代码指定的服务。Modbus 函数代码是 Modbus 请求 / 应答 PDU 的元素。根据 ISO 模型对 ModbusTCP 进行分层，如图 8-2 所示。

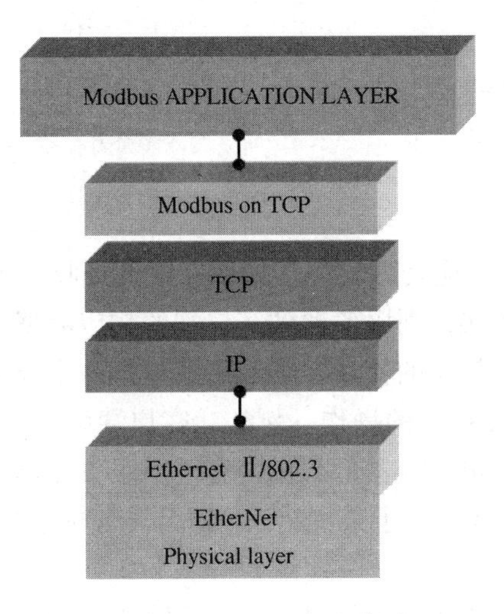

图 8-2　Modbus TCP 分层

Modbus 协议定义了一个独立于底层通信层的简单协议数据单元 (PDU)，Modbus 协议在特定总线或网络上的映射可以在应用数据单元 (ADU) 上引入一些额外的字段，该单元的构成如图 8-3 所示。

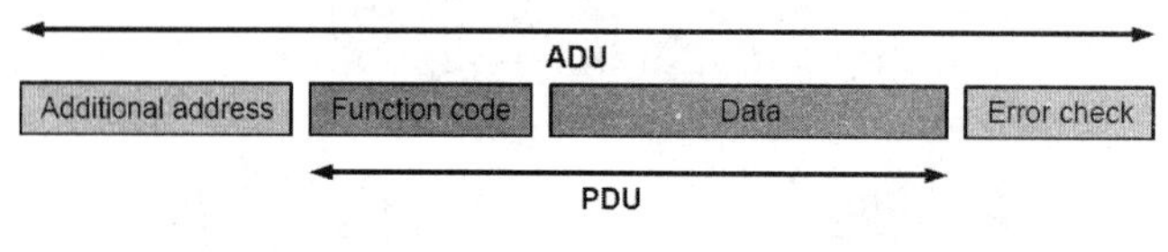

图 8-3　协议数据单元

ModbusTCP 采用客户端 / 服务器的模式进行数据交换。Modbus 应用程序数据单元由发起 Modbus 的客户端构建。客户端向服务器发送要执行何种操作。Modbus 应用程序协议建立由客户端发起的请求格式。Modbus 数据单元的功能代码字段用一个字节编码。有效码在 1…255(保留 128~255 范围，用于异常响应)。当从客户端向服务器设备发送消息时，功能代码字段告诉服务器要执行哪种操作。功能代码 “0” 为无效。子功能代码被添加到一些功能代码中以定义多个操作。从客户端发送到服务器设备的消息数据字段包含其他信息。服务器用于执行功能代码定义的操作。这可以包括离散地址和寄存器地址等项、要处理的项数量以及字段中实际数据字节的数量。在某些类型的请求中，数据字段可能不存在 (或字段长度为零)，在这种情况下，服务器不需要任何附加信息。Modbus 协议支持的常用功能码见表 8-1。

表 8-1　常用功能码

功能	地址类型	功能名称	功能代码（HEX）
数据访问	位地址访问	读取离散量输入	02
		读取线圈	01
		写入单个线圈	05
		写入多个线圈	0F
	字地址访问	读取输入寄存器	04
		读取保持寄存器	03
		写入单个寄存器	06
		写入多个寄存器	10
		读写多个保持寄存器	17

Modbus 协议规定了异常响应处理流程。如果在正确接收的 Modbus ADU 中没有发生与所请求的 Modbus 函数相关的错误，则服务器到客户端的响应数据字段包含所请求的数据。如果发生与所请求的 Modbus 函数相关的错误，则该字段包含一个异常代码，服务器应用程序可以使用该异常代码确定下一步要执行的操作。例如，客户端可以读取一组离散输出或输入的开 / 关状态，也可以读取 / 写入一组寄存器的数据内容。当服务器响应客户端时，它使用函数代码字段指示正常 (无错误) 响应或发生了某种错误 (称为异常响应)。对于正常响应，服务器只是对请求回显原始功能代码。

当客户端设备将请求发送到从站设备上时，期望收到正常响应。主站查询可能发生下列 4 种事件：

1）如果从站收到请求而没有通信错误，并且可以按正常方式处理查询，则返回正常的响应。

2）如果从站由于通信错误而没有收到请求，则不返回响应。客户端程序最终会按照超时情况处理该请求。

3）如果从站收到请求，但是检测到通信错误（校验、LRC、CRC...），则不返回响应。客户端程序最终会按照超时情况处理该请求。

4）如果从站收到请求而没有通信错误，但是无法处理请求（例如，如果请求需读取不存在的输出或寄存器），服务器将返回例外响应，通知客户端检测到的错误的性质。

Modbus 协议的地址语法与 IEC61131 中的语法对应关系见表 8-2。

表 8-2　语法对应关系

变量类型	Modbus 地址语法			IEC61131 语法		
	格式	范围	第一元素	格式	范围	第一元素
内部线圈 输出线圈	00001+i	i=0~65535	00001	%Mi	i=0~65535	%M0
保持寄存器（字）	40001+i	i=0~65535	40001	%MWi	i=0~65535	%MW0
保持寄存器（字位）	40001+i，j	i=0~65535 j=0~15	40001，0	%MWi：Xj	i=0~65535 j=0~15	%MW0：X0
保持寄存器（双字）	40001+i	i=0~65534	40001	%MDi	i=0~65534	%MD0
保持寄存器（浮点）	40001+i	i=0~65534	40001	%MFi	i=0~65534	%MF0
保持寄存器（字符串）	40001+i	i=0~k	40001	%MWi	i=0~k	%MW0

在 Modbus 语法和 IEC61131 语法之间的等价互换时，注意事项如下：

1）“00001”中的前导零必须保留。

2）j 为位索引，符合下列约定：最低有效位为 0，最高有效位为 15。

3）k=65535 －字符串长度 /2，取四舍五入值为高位值。例如，如果字符串长度为 11，则得到 65535-6=65529。

注意：使用 IEC 语法无法访问 10000 和 30000 这两个区域。此外，非 IEC 语法无法访问存储器区域 %I、%Q、%K 和 %S。

8.1.2　EtherNet/IP

通用工业协议 CIP (Common Industrial Protocol) 为开放的现场总线网络提供了公共的应用层和设备描述。为从工业现场到企业管理层提供无缝通信，使用户可以整合跨越不同网络的有关安全、控制、同步、运动、报文和组态等方面的信息。EtherNet/IP 是 CIP 在标准以太网上的实现。EtherNet/IP 是适合工业环境应用的协议体系，它由两大工业组织 ODVA 和 CI 推出的最新成员。EtherNet/IP 是基于 CIP 面向对象的工业以太网，它能够保证网络上隐式的实时 I/O 信息和显式信息的有效传输。EtherNet/IP 采用标准的以太网 TCP/IP 技术传送 CIP 数据包，通用开放的应用层协议 CIP 加上已被广泛应用的 TCP/IP 就构成了 EtherNet/IP 的体系。根据 ISO 模型对 EtherNet/IP 进行分层如图 8-4 EtherNet/IP 按 ISO 模型分层所示。

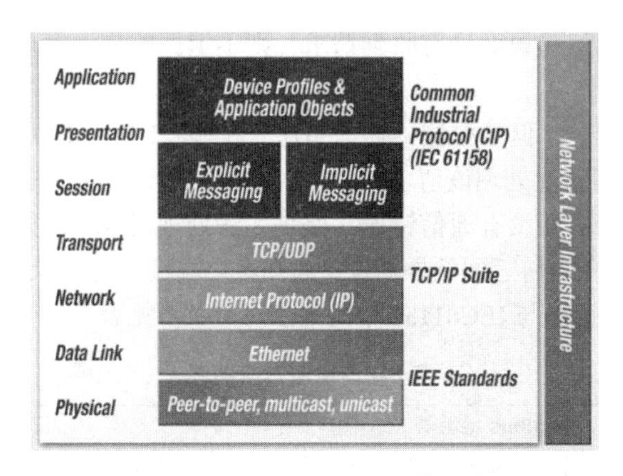

图 8-4　EtherNet/IP 按 ISO 模型分层

TCP 和 UDP 是 EtherNet/IP 传输层的核心协议。TCP 是面向连接的，点对点（单播）提供数据流控制传输机制，碎片重新组装和消息确认。节点将收到每个消息的发送者信息并确认收到。如果消息是分散在多个帧，发送方发送下一个片段，不断重复此过程，直到整个消息接收完毕。接收节点将处理数据并采取相应行动。UDP 是一个简单地面向数据报的运输层协议，UDP 不保证可靠性。它通过 IP 层发送数据，但不保证数据能到达目的地。在以太网中，TCP 是一个可以提供可靠数据传输服务面向链接的协议，UDP 是一个能简单快速传输数据包但不能保证数据是否安全无误的到达目的设备的不基于链接的协议。EtherNet/IP 为了保证实时数据的可靠性，增加了一系列措施，在每次传输数据时增加了数据头和序列号，每发送一次数据包，序列号加一次，接收方通过序列号就能判断数据的有效性，从而保证数据可靠传输。UDP 是一种无连接传输机制协议，它具有较低的协议开销，可以产生较小的数据包，并可以通过多播的模式将数据包传输到多个目的地。基于这些特点，UDP 非常适合通过隐式消息传输实时数据。显式消息传递使用 TCP 传输，显式消息传递事先不需要建立 CIP 连接，客户端发送请求，服务器应答请求。

通常隐式消息用来实时数据交换，传递 I/O 数据速度快和低延迟。隐式消息包含关于其含义非常少的信息，因此传输效率更高，但不像显式那样灵活。使用隐式消息传递，必须在两个设备之间建立一个关联（一个“CIP 连接”），并根据预先确定的触发机制生成隐式消息，通常以指定的包速率。这些设备都可以使用“隐含的”的数据格式。对于 EtherNet/IP，隐式消息传递 UDP 协议，可以是多播或单播。隐式消息只能按连接的多播或点对点地发送，使用“生产者 / 消费者”通信模式。

EtherNet/IP 的上层（应用层）协议采用面向对象的 CIP，用面向对象的观点和方法描述通信过程，CIP 定义了一系列的对象模型，每个 CIP 对象都有属性、服务、行为。ODVA 组织规定 CIP 需要对支持 CIP 网络的设备编写该设备的描述文件，以便 CIP 网络中的其他设备能够识别该设备，这个描述文件被称为 EDS 电子数据文件（Electronic Data Sheet）

EtherNet/IP 采用“扫描器 / 适配器”架构进行数据交换。扫描器是在网络上发起同目标设备进行数据交换的设备，相当于 Modbus 网络中客户端的角色。EtherNet/IP 适配器是 EtherNet/IP 网络中的终端设备，是对起点生成的数据请求做出响应的设备，相当于 Modbus 网络中服务器的角色。

8.2　通信示例

Modicon M580 产品结合 Unity PAC 的现有特性，以其创新性的技术呈现施耐德电气基于完全以太网通信的自动控制平台（PAC）。该产品具有开放、灵活、耐用和可持续等特性；该产品的设计理念是将以太网通信作为主干通信连接，优化了其连通性和通信能力，采用完全标准的以太网通信网络开放式架构，背板以太网通信直连结构；该产品还支持 X80 通用 I/O 模块，模块可以便捷地集成到 M580 自动控制平台架构中；该产品配置了功能强大的处理器，提供了高水平的网络通信计算能力、显示功能以及自动控制应用程序。

Modicon M580 和中高端 Somachine PLC 都同时支持 Modbus TCP 和 EtherNet/IP。Modbus TCP 和 EtherNet/IP 显式（非循环）数据交换由应用程序管理。Modbus TCP 和 EtherNet/IP 隐式（循环）数据交换由工业以太网 IOScanner 管理。工业以太网 IOScanner 是一项基于 EtherNet 的服务，用于轮询不断交换数据、状态和诊断信息的从站设备，此过程可监控从站设备的输入并控制其输出。

8.2.1　M580 作为 EtherNet/IP 扫描器与 M241 通信示例

在 Somachine 软件中，M241 的配置步骤如下：

1）新建 Somachine 工程，选择带以太网控制器的 M241 系列。

2）配置以太网口地址：配置 M241 以太网端口 IP 地址。

3）将 M241 配置成 EtherNet/IP 适配器：在 M241 以太网口上单击右键，选择“添加设备”，选择“EtherNetIP”，打开 EtherNet/IP 配置，如图 8-5 所示。

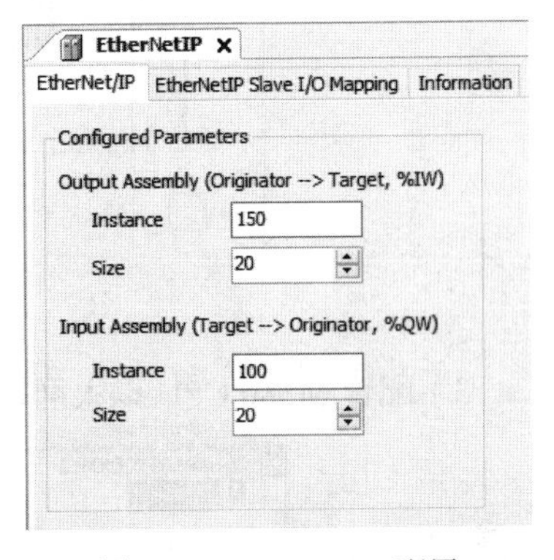

图 8-5　EtherNet/IP 配置

实例：引用输入或输出区的编号。

大小：输入或输出区通道的数量。每个通道的内存大小为 2 个字节，用于存储 %IWx 或 %QWx 对象的值，其中 x 是通道号。例如，如果输出区的大小为 20，表示有 20 个输入通道 (IW0...IW19) 用于寻址 %IWy...%IW(y+20-1)，其中 y 是该输出区的第一个可用通道。

输入和输出区的实例引用编号和通道数量见表 8-3。

表 8-3　引用编号和通道数量

元素		允许的控制器范围	SoMachine 默认值
输出区	实际	150...189	150
	大小	2...40	20
输入区	实际	100...149	100
	大小	2...40	20

根据通信字数要求，配置实例和大小。

4）导出 EDS 文件：右键单击“EtherNetIP”节点并从上下文菜单中选择“导出为 EDS”，保存到本地文件目录下。

注意：EDS 文件中定义的主修订号和次修订号对象用于确保 EDS 文件的唯一性。这些对象的值不反映控制器的实际修订情况。M241 可编程序控制器的通用 EDS 文件也可从施耐德电气官网上获得。用户须编辑此文件并定义所需的组件实例和大小，使其适合应用程序。

5）EtherNetIP 从站 I/O 映射：可以在 EtherNetIP 从站 I/O 映射选项卡中定义和命名变量。EtherNetIP 从站 I/O 映射的字数取决于 EtherNet/IP 目标配置中配置的大小参数。输出表示来自扫描器的输出，映射到 M241 中为 %IWx 地址，输入表示来自扫描器的输入，映射到 M241 中为 %QWx 地址。

6）将程序下载 M241 控制器，完成配置。

在 UnityPro 软件中，M580 的配置步骤如下：

1）新建 UnityPro 工程，控制器选择 M580 系列。

2）双击 M580 CPU 以太网口，打开 IP 地址配置界面，如图 8-6 所示。

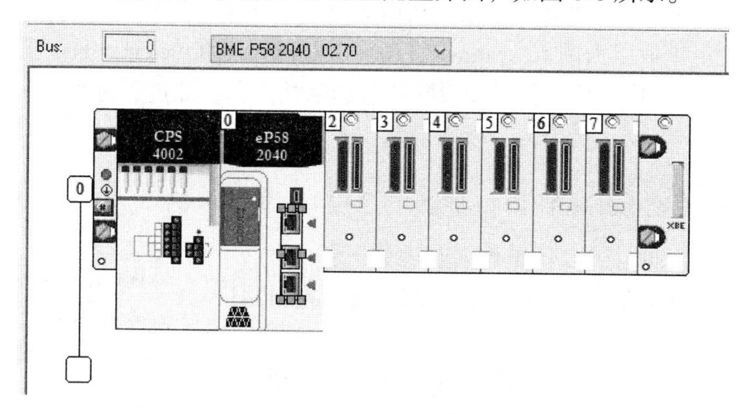

图 8-6　IP 地址配置

3）配置 M580 CPU 以太网口 IP 地址，如图 8-7 所示。

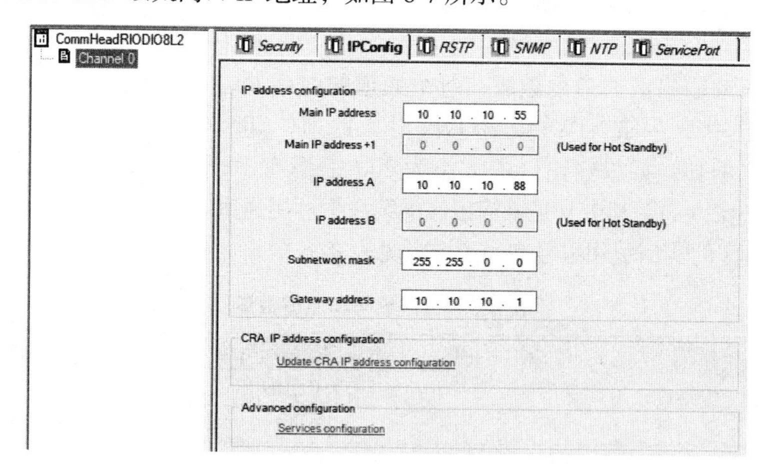

图 8-7　以太网口 IP 地址

IP 地址配置完成后，单击工具栏“确认”按钮如图 8-8 所示。

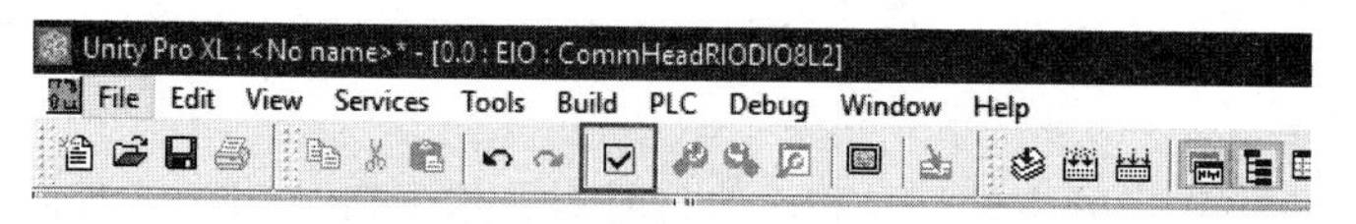

图 8-8　单击“确认”按钮

4）单击菜单栏“工具”→“DTM 浏览器”，在“DTM 浏览器”中“BMEP58_ECPU_EXT”上单击右键，选择“Device menu”→“Additional functions→“Add EDS to library”，操作步骤如图 8-9 所示。

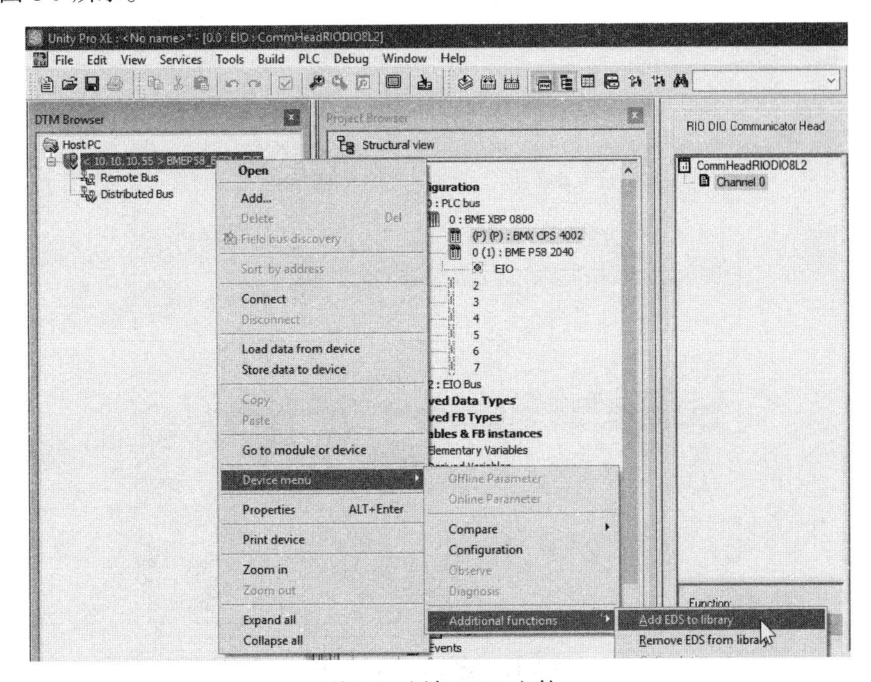

图 8-9　添加 EDS 文件

选择“Add EDS to library”后，打开 EDS 文件添加向导，如图 8-10 所示。

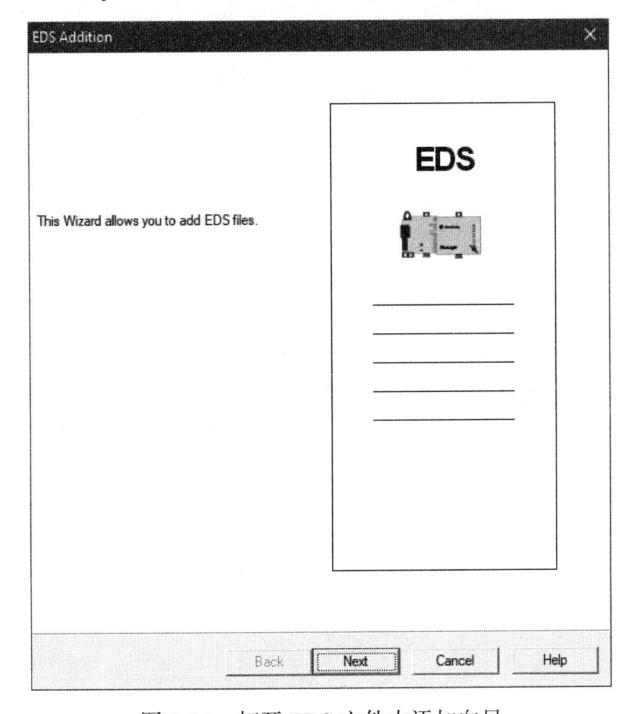

图 8-10　打开 EDS 文件中添加向导

单击“Next”如图 8-11 所示。

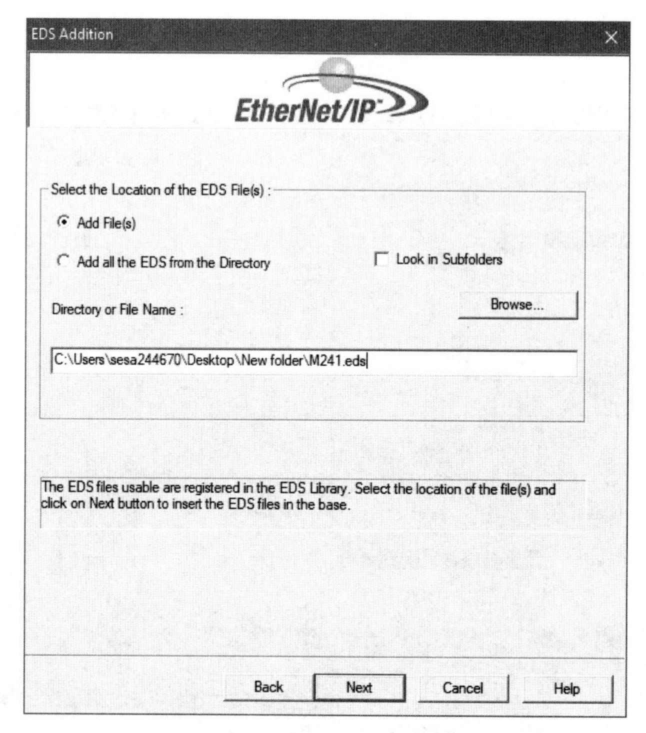

图 8-11　M241 EDS 文件

选择“Add File”，单击“Browe”，选择存放 M241 EDS 文件，单击“Next”如图 8-12 所示。

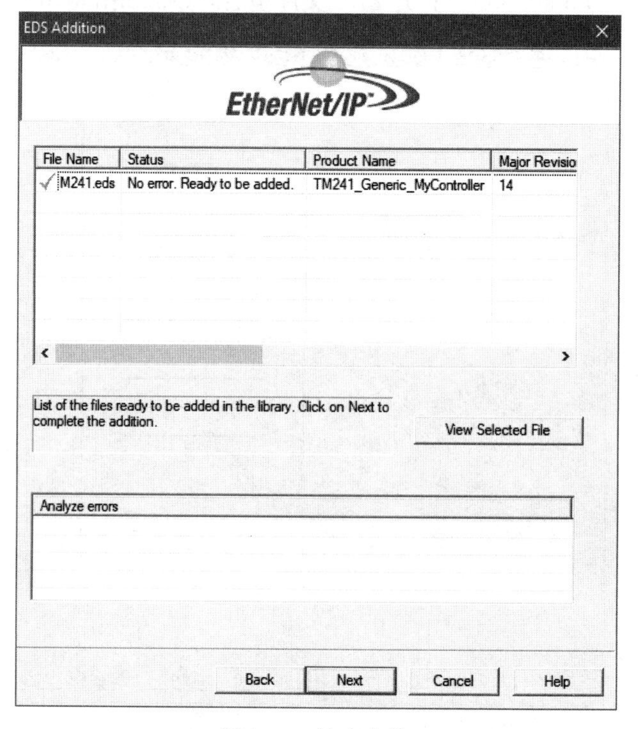

图 8-12　检查文件

通过 EDS 文件添加“向导检查文件”正常后，单击“下一步”，单击“完成”。

5）单击菜单栏“工具”→“硬件目录”，在硬件目录窗口中，选择“DTM 目录”，单击“更新”按钮，完成硬件目录更新，如图 8-13 所示。

Hardware Catalog

All devices
- Device types
- Vendors
- Groups
- Protocols

Device	Type	Vendor	Version	Date
140NOC77100 (from ...	Device	Schneider Electric	1.1	
140NOC77101 (from ...	Device	Schneider Electric	1.1	
140NOC78000 (from ...	Device	Schneider Electric	1.52	
140NOC78100 (from ...	Device	Schneider Electric	1.52	
Advanced Generic E	Device	Schneider Electric	1.7.4.0	
ALTIVAR61 Revision ...	Device	Schneider Electric	1.5	
ALTIVAR61 Revision ...	Device	Schneider Electric	2.1	
ALTIVAR71 Revision ...	Device	Schneider Electric	1.6	
ALTIVAR71 Revision ...	Device	Schneider Electric	2.7	
ALTIVAR71 Revision ...	Device	Schneider Electric	3.3	
ATS22	Device	Schneider Electric	1.10.0.0	2014-04-29
ATS48	Device	Schneider Electric	1.9.1.0	2013-10-30
ATV320	Device	Schneider Electric	1.2.6.0	2019-04-12

Update

EIO Bus　CANopen　RIO Bus　PLC bus　DTM catalog

图 8-13　更新

6）在 DTM 浏览器中“BMEP58_ECPU_EXT”上单击右键，选择“Add”，打开 DTM 设备列表，如图 8-14 所示。

Add

Device	Type	Vendor	Version	Date
Schneider TCSESM16XX...	Device	Schneider Electric	1.3	
Schneider TCSESM24XX...	Device	Schneider Electric	1.1	
Schneider TCSESM24XX...	Device	Schneider Electric	1.2	
STB NIC2212	Device	Schneider Electric	2.x, 3.x	
STB NIP2x1x	Device	Schneider Electric	1.x, 2....	
STBNIC2212 (from EDS)	Device	Schneider Electric	2.10	
TeSys island	Device	Schneider Electric	1.0.13...	2019-04-29
TeSysT	Device	Schneider Electric	2.12.0.0	2018-12-17
TM241_Generic_MyContr...	Device	Schneider Electric	14.88	
TSXETC100 (from EDS)	Device	Schneider Electric	1.1	
TSXETC101 (from EDS)	Device	Schneider Electric	1.1	
TSXETC101 Revision 2.1 ...	Device	Schneider Electric	2.1	
ZBRN1	Device	Schneider Electric	1.0.41	2018-05-09
AMCI-NR25-ENIP (from E	Device	Advanced Micro...	1.2	
AMCI-NX1F2E (from EDS)	Device	Advanced Micro...	1.3	
AMCI-NX1F4E (from EDS)	Device	Advanced Micro...	1.3	
AMCI-NX2A4E (from EDS)	Device	Advanced Micro...	1.3	
AMCI-NX2C4E (from EDS)	Device	Advanced Micro...	1.3	
AMCI-NX2F4E (from EDS)	Device	Advanced Micro	1.3	

Add DTM　　Close

图 8-14　打开 DTM 列表

7）选中 TM241，选中并单击左下角“Add DTM”按钮。

重命名 DTM 名称后，单击“OK”按钮，如图 8-15 所示。

8）在 DTM 浏览器中，双击“BMEP58_ECPU_EXT”，打开通道属性配置界面，如图 8-16 所示。

单击“[xxx]M241<EIP:xx.xx.xx.xx>”，打开 EtherNet/IP 适配器属性配置，选择“地址设置”，配置适配器 IP 地址，单击“确认”按钮完成地址配置。

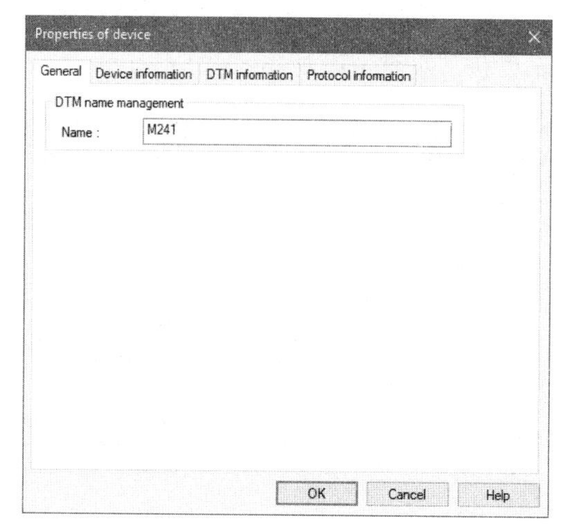

图 8-15　重命名 DTM 名称

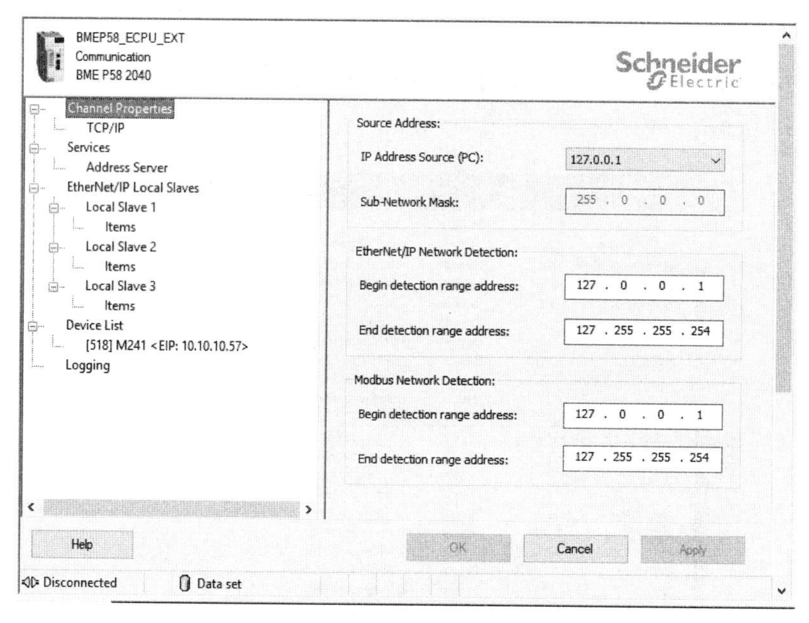

图 8-16　通道属性配置界面

9）在 DTM 浏览器中，双击“[xxx]M241<EIP:xx.xx.xx.xx>”，打开配置 EtherNet/IP 适配器连接，选中“WriteDatato 150”，单击“删除连接”按钮，删除默认连接。单击“添加连接”按钮，选择添加连接“ReadFrom 100/Write to 150”，单击“确定”后，再次选择“Read From 100/Write to 150”，可在当前界面配置连接属性，如图 8-17 所示。

在常规选项卡中，编辑设置说明见表 8-4。

配置合适的 RPI 值，其他参数按照设备 EDS 文件中的设置。

10）在 DTM 浏览器中，双击“BMEP58_ECPU_EXT”，打开通道属性配置界面，选择“Read From 100/Write to 150”，打开链接设置界面，如图 8-18 所示。

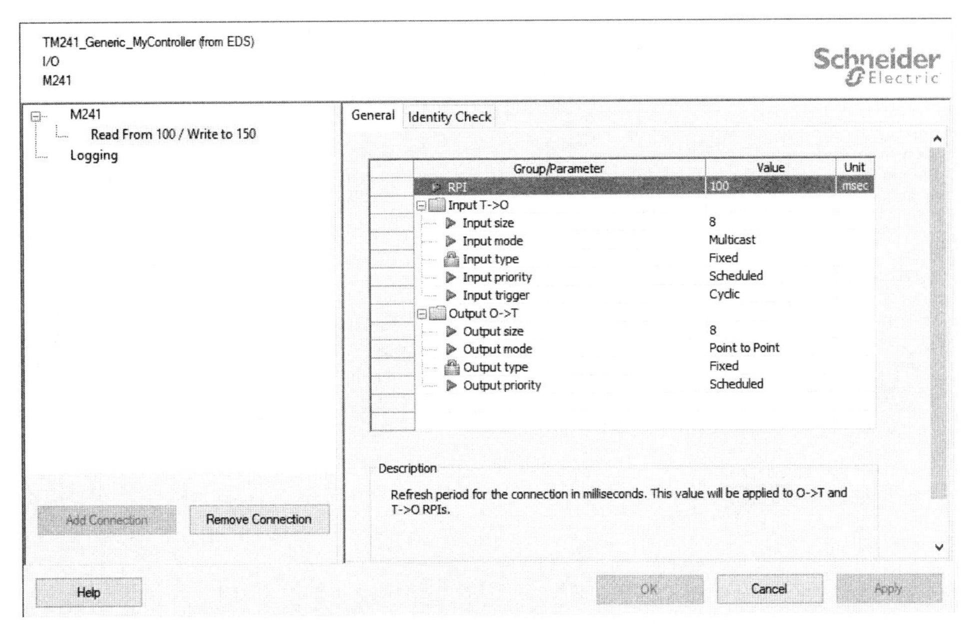

图 8-17　配置连接属性

表 8-4　编辑设置说明

参数	说　明
RPI	此连接的刷新周期。接受值为 100ms。此参数可在通信模块或远程设备的 EDS 文件中设置
输入大小	来自 EtherNet/IP 适配器 EDS 文件
输入模式	传输类型：多点传送 / 点到点
输入类型	要传输的以太网数据包类型（固定或可变长度）。（仅支持固定长度数据包）
输入优先级	此传输优先级值取决于设备 EDS 文件中的设置
输入触发器	以下是可用的传输触发值：循环 / 状态或应用程序的更改 对于 I/O 数据，选择循环
输出大小	来自 EtherNet/IP 适配器 EDS 文件中的设置
输出模式	接受默认值（点对点）
输出类型	仅支持固定长度数据包（只读）
输出优先级	接受默认值（预定）

超时乘数设置：

隐式消息连接的建议 RPI 为 MAST 循环时间的 1/2。如果产生的 RPI 小于 25ms，当通过显式消息或 DTM 访问 CPU 的 EtherNet I/O 扫描器服务的诊断功能时，则可能会对隐式消息连接产生不利影响。在这种情况下，建议使用以下超时乘数设置见表 8-5。

配置合适的 RPI 值，其他参数按照设备 EDS 文件中的设置，单击“确认”。

11）编译并生成工程，将程序下载到 M580，完成配置。

M580 与 M241 建立 EtherNetIP 通信后，M580 上的 MSLED、NSLED 表现为绿色常亮。在 UnityPro 软件中，打开变量列表，勾选“Device DDT”，展开 M241 变量文件夹，通过隐式交换的变量列表如图 8-19 所示。

在 EcoStruxure Machine 软件中，打开“EtherNetIP 从站 I/O 映射”如图 8-20 所示。

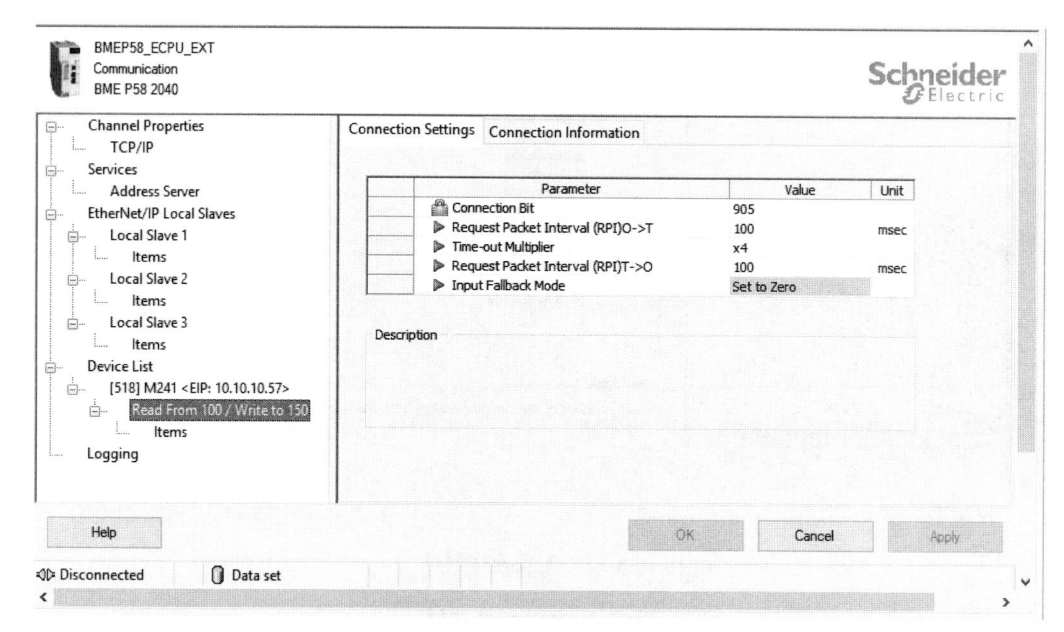

图 8-18　打开链接设置界面

表 8-5　超时乘数设置

RPI/ms	建议的超时乘数	连接超时 /ms
2	64	128
5	32	160
10	16	160
20	8	160
25	4	100

Variables　DDT Types　Function Blocks　DFB Types

Filter　Name = *　☐EDT ☐DDT ☐IODDT ☑Device DDT

Name	Type	Value	Comment	Alias	Alias of	Address	HMI variable
BMEP58_ECPU_EXT	T_BMEP58_ECPU_EXT						
BMEP58_ECPU_EXT_LS1	T_BMEP58_ECPU_EXT_LS1		Local Slave 1				
ECPU_HSBY_1	T_M_ECPU_HSBY						
M241	T_M241						
Freshness	BOOL		Global Freshne				
Freshness_1	BOOL		Freshness of O...				
Inputs	T_M241_IN		Input Variables				
qwEthernetIP_QW0	WORD						
qwEthernetIP_QW1	WORD						
qwEthernetIP_QW2	WORD						
qwEthernetIP_QW3	WORD						
Outputs	T_M241_OUT		Output Variables				
iwEthernetIP_IW0	WORD						
iwEthernetIP_IW1	WORD						
iwEthernetIP_IW2	WORD						
iwEthernetIP_IW3	WORD						

图 8-19　变量列表

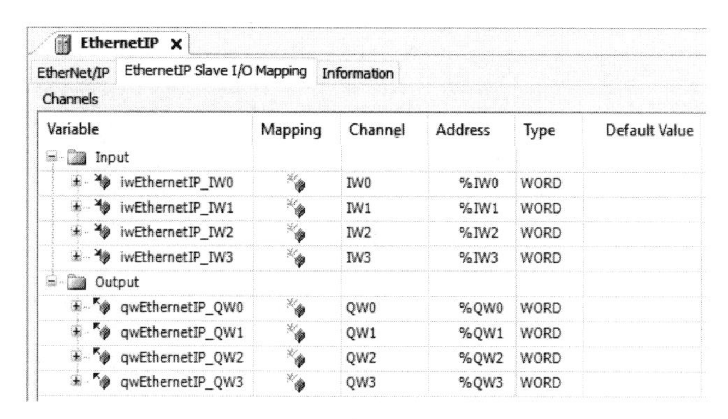

图 8-20　从站 I/O 映射

M580 隐式交换区 Outputs 映射到 M241 的 Input 区域（%IWx）M241 隐式交换区 Outputs 区域（%QWx）映射到 M580 的 Input 区域。

8.2.2　M580 作为 Modbus TCP 客户端与 M241 通信示例

在 Somachine 软件中，M241 的配置步骤如下：

1）新建 Somachine 工程，选择带以太网控制器的 M241 系列。

2）配置以太网口地址：配置 M241 以太网端口 IP 地址。

3）将程序下载至 M241 控制器，完成配置。

在 UnityPro 软件中，M580 的配置步骤如下：

1）新建 UnityPro 工程，控制器选择 M580 系列。

2）双击 M580 CPU 以太网口，打开 IP 地址配置界面，如图 8-21 所示。

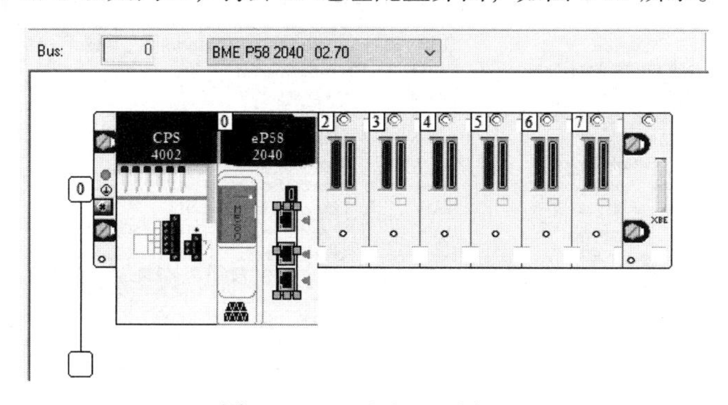

图 8-21　IP 地址配置界面

3）配置 M580 CPU 以太网口 IP 地址，如图 8-22 所示。

IP 地址配置完成后，单击工具栏“确认”按钮，如图 8-23 所示。

4）单击菜单栏“工具”→“DTM 浏览器”，在“DTM 浏览器”中的“BMEP58_ECPU_EXT”上单击右键，选择“Add”，打开 DTM 设备列表，如图 8-24 所示。

选中“Modbus Device”，选中并单击左下角“Add DTM”按钮。

5）在 DTM 浏览器中，双击“BMEP58_ECPU_EXT”，打开通道属性配置界面，单击“[xxx]Modbus Device”，打开 Modbus 设备性配置，选择“地址设置”，配置适配器 IP 地址，单击“确认”按钮，完成地址配置，如图 8-25 所示。

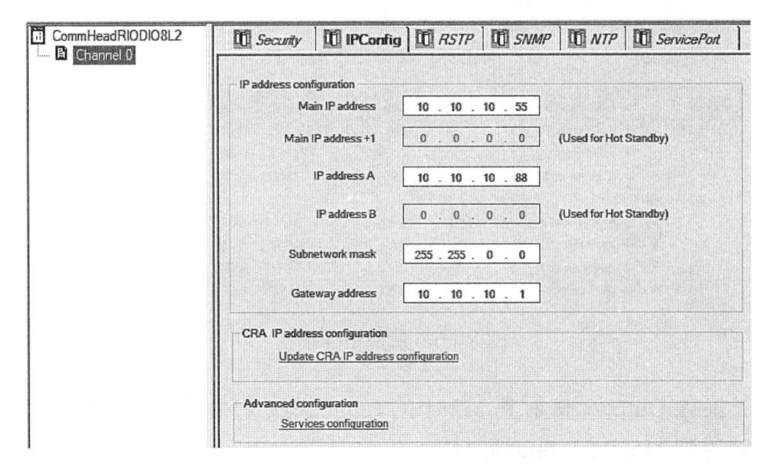

图 8-22　以太网口 IP 地址

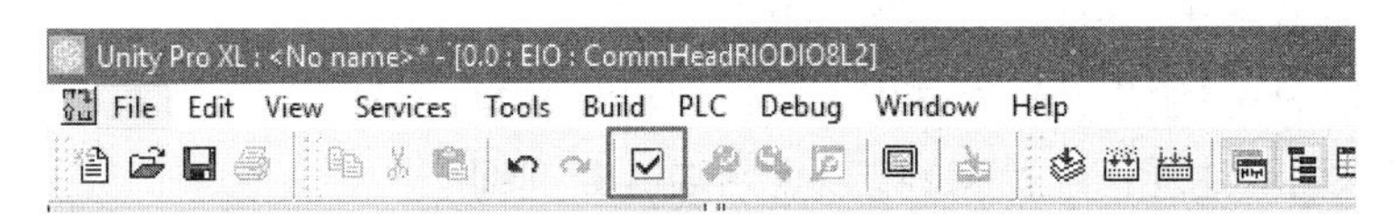

图 8-23　确认

Add

Device	Type	Vendor	Version	Date
ETB 1EI 08E 08S PP0 (fro...	Device	Schneider Electric	3.6	
ETB 1EI 12E 04S PP0 (fro...	Device	Schneider Electric	3.6	
ETB 1EI 16C P00 (from E	Device	Schneider Electric	3.6	
ETB 1EI 16E PP0 (from E	Device	Schneider Electric	3.6	
Generic Device	Device	Schneider Electric	1.7.4.0	
Generic Device Explicit Msg	Device	Schneider Electric	1.7.4.0	
Lexium 32 (from EDS)	Device	Schneider Electric	1.1	
Lexium 32 i	Device	Schneider Electric	1.20.0...	2019-04-23
Lexium 32 M - S	Device	Schneider Electric	1.20.0...	2019-04-23
Modbus Device	Device	Schneider Electric	1.1.13.0	2015-05-27
PRA	Device	Schneider Electric	1.1.13.0	2018-02-28
Schneider TCSESM04XX...	Device	Schneider Electric	1.1	
Schneider TCSESM04XX...	Device	Schneider Electric	1.2	
Schneider TCSESM06XX...	Device	Schneider Electric	1.2	
Schneider TCSESM08XX...	Device	Schneider Electric	1.1	
Schneider TCSESM08XX...	Device	Schneider Electric	1.1	
Schneider TCSESM08XX...	Device	Schneider Electric	1.2	
Schneider TCSESM10XX...	Device	Schneider Electric	1.1	
Schneider TCSESM10XX	Device	Schneider Electric	1.2	

Add DTM　　Close

图 8-24　DTM 设备

6）单击“[xxx]Modbus Device”，打开 Modbus 设备属性配置，选择“请求设置”，单击“Add Request”配置通信中 Modbus 寄存器地址配置，如图 8-26 所示。

Modbus 设备的请求设置参数见表 8-6。

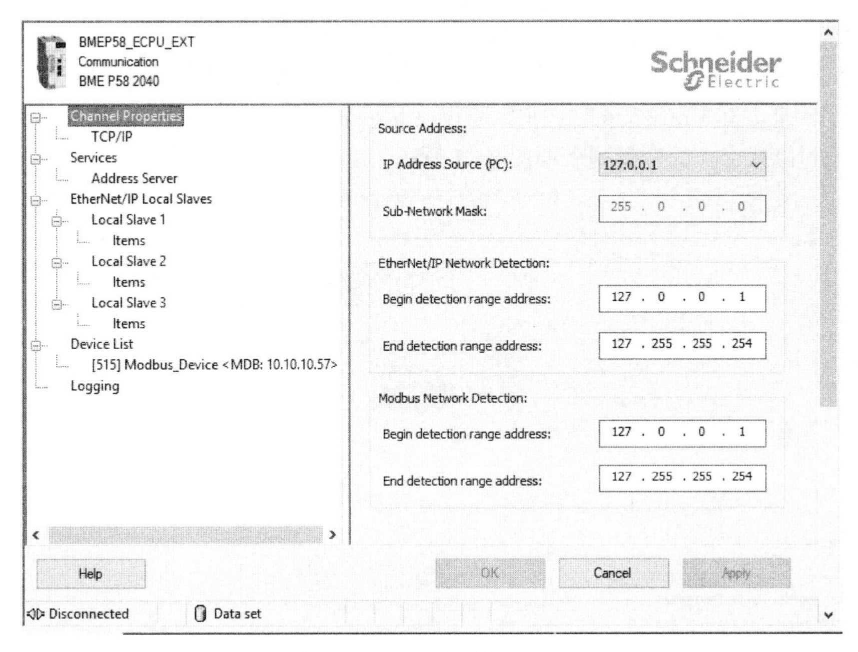

图 8-25　配置适配器 IP 地址

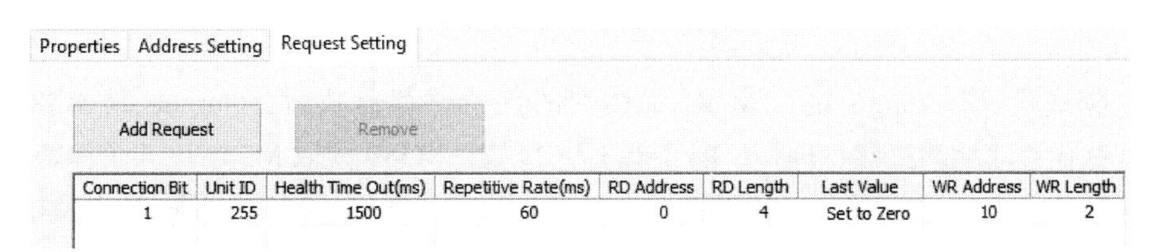

图 8-26　配置通信中 Modbus 寄存器地址

表 8-6　请求设置参数

设置	描　述
连接位	表示该连接的运行状况位的只读偏移。偏移值从 0 开始，是由 UnityProDTM 根据连接类型自动生成
单元 ID	单元 ID 是一个编号，用于标识连接的目标
运行状况超时 /ms	表示检测到超时前设备响应之间允许的最大时间间隔： 有效范围：5...65535ms 时间间隔：5ms 默认值：1500ms
重复速率 /ms	表示数据扫描率，间隔时间为 5ms。（有效范围为 0...60000ms。默认值为 60ms）
读取地址	Modbus 设备中输入数据映像的地址
读取长度	表示在 Modbus 设备中，CPU 读取的字数为（0...125）
上一个值	表示应用程序中输入数据的行为（如果通信中断）： 保留上次值（默认） 设置为零
写入地址	Modbus 设备中输出数据映像的地址
写入长度	Modbus 设备中 CPU 写入的字数（0...120）

7）编译并生成工程，将程序下载到 M580，完成配置。

M580 与 M241 建立 Modbus TCP 通信后，M580 上 MS LED 表现为绿色常亮，NS LED 表现为绿色周期闪烁。在 Unity Pro 软件中，打开变量列表，勾选“Device DDT”，展开 M241 变量文件夹，通过隐式交换的变量列表如图 8-27 所示。

Variables　DDT Types　Function Blocks　DFB Types

Filter　Name = *　☐EDT ☐DDT ☐IODDT ☑Device DDT

Name	Type	Value	Comment	Alias	Alias of	Address	HMI variable	R/W R
ECPU_HSBY_1	T_M_ECPU_HSBY							
BMEP58_ECPU_EXT	T_BMEP58_ECPU_EXT							
M241	T_M241							
Freshness	BOOL		Global Freshne					
Freshness_1	BOOL		Freshness of O...					
Inputs	T_M241_IN		Input Variables					
Free0	ARRAY[0..7] OF BYTE		Unused Variable					
Free0[0]	BYTE							
Free0[1]	BYTE							
Free0[2]	BYTE							
Free0[3]	BYTE							
Free0[4]	BYTE							
Free0[5]	BYTE							
Free0[6]	BYTE							
Free0[7]	BYTE							
Outputs	T_M241_OUT		Output Variables					
Free1	ARRAY[0..3] OF BYTE		Unused Variable					
Free1[0]	BYTE							
Free1[1]	BYTE							
Free1[2]	BYTE							
Free1[3]	BYTE							

图 8-27　变量列表

M580 隐式交换区 Inputs 是从 M241 中读取的保持寄存器映射，Outputs 是 M580 写入到 M241 保持寄存器地址的映射。例如，图 8-26 所示配置，M580 读取 M241 中 4 个保持寄存器地址（%MW0、%MW1、%MW2、%MW3）到 Inputs 隐式交换区，M580 将映射交换区 Outputs 写入 M241 中两个保持寄存器地址（%MW10、%MW11）。

8.2.3　M241 作为 EtherNet/IP 扫描器与 M580 通信示例

在 Unity Pro 软件中，M580 的配置步骤如下：

1）新建 Unity Pro 工程，控制器选择 M580 系列。

2）双击 M580 CPU 以太网口，打开 IP 地址配置界面，如图 8-28 所示。

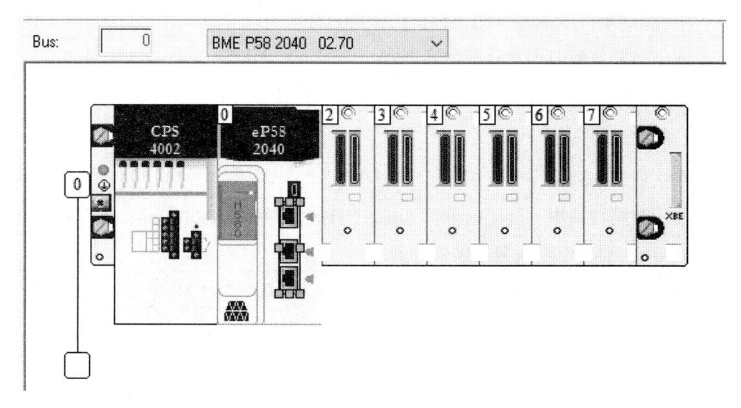

图 8-28　IP 地址配置界面

3）配置 M580 CPU 以太网口 IP 地址，如图 8-29 所示。

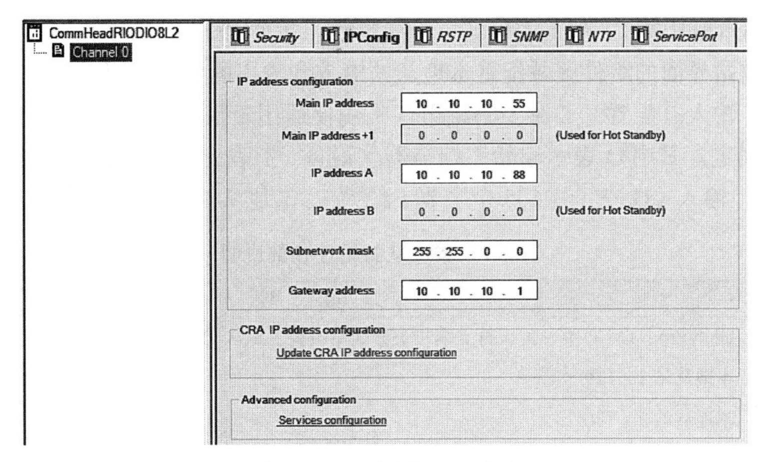

图 8-29　以太网口 IP 地址

IP 地址配置完成后，单击工具栏“确认”按钮，如图 8-30 所示。

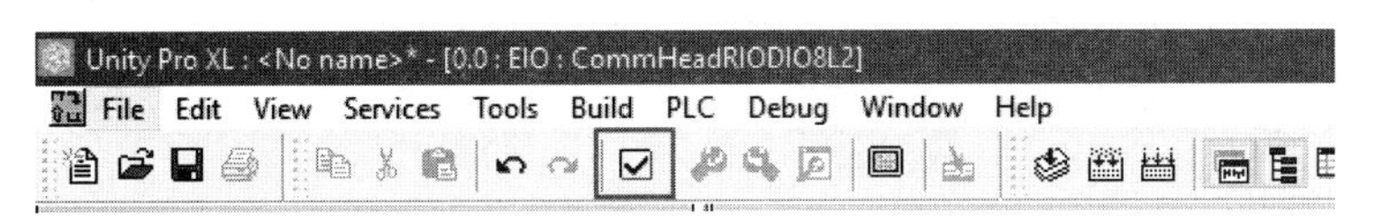

图 8-30　确认

4）单击菜单栏“工具”→“DTM 浏览器”，在“DTM 浏览器”中，双击“BMEP58_ECPU_EXT”，打开设备属性，如图 8-31 所示。

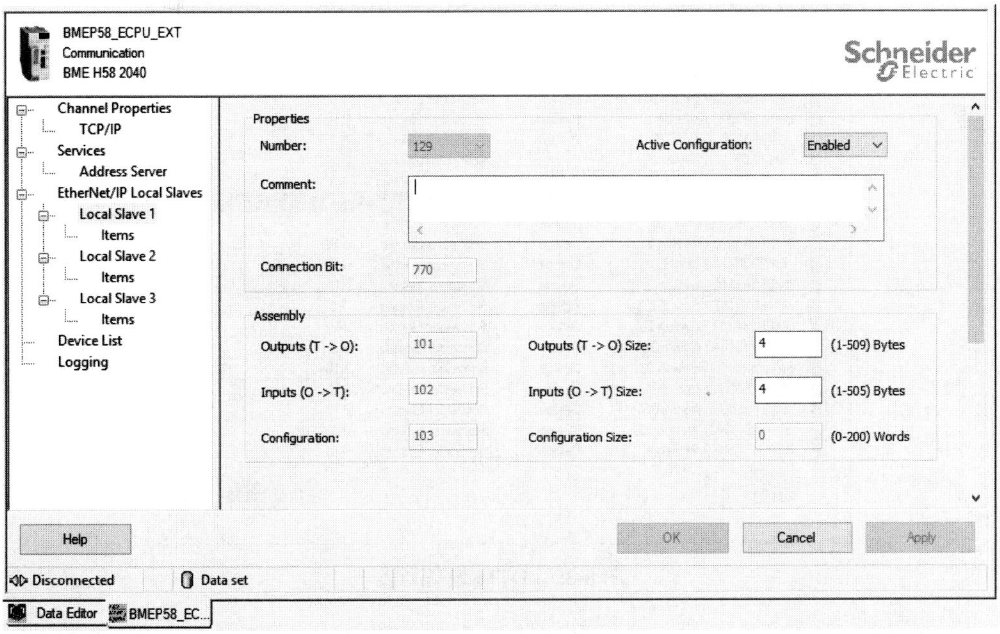

图 8-31　设备属性

展开“EtherNet/IP 本地从站”，查看 3 个可用的本地从站，选择一个本地从站查看其属性（在本例中，选择本地从站 1）。在属性中设置活动配置为启用，并配置需要通信的字节数量，单击应用以启用本地从站 1，单击“确定”应用更改，并关闭配置窗口。

使用本地从站界面的组件区域配置本地从站输入和输出的大小。每个设备都与以下组件实例关联：输出、输入、配置、心跳（心跳组件实例仅适用于仅侦听连接。）Unity Pro 组件编号根据此表进行固定，其中 O 表示起始（扫描器）设备，T 表示目标设备。输出（T → O）：509 个字节（最大），输入（O → T）：505 个字节（最大）。本地从站属性参数说明见表 8-7。

表 8-7　本地从站属性参数说明

参数	说　明
编号	UnityPro DTM 将唯一标识符（编号）分配给设备。默认值如下： 本地从站 1：129 本地从站 2：130 本地从站 3：131
活动配置	已启用：如果 CPU 的扫描器服务为本地从站节点的适配器，则在组件字段中启用包含配置信息的本地从站 已禁用：禁用和取消激活本地从站。保留当前本地从站设置
注释	输入可选注释（最多 80 个字符）
连接位	连接位用整数（769...896）表示 注意：输入本地从站设置并保存网络配置后，即自动生成此设置。连接位用整数表示

5）单击菜单栏“工具”→“DTM 浏览器”，在“DTM 浏览器”中“BMEP58_ECPU_EXT”上单击右键，选择“Add”，打开 DTM 设备列表，如图 8-32 所示。

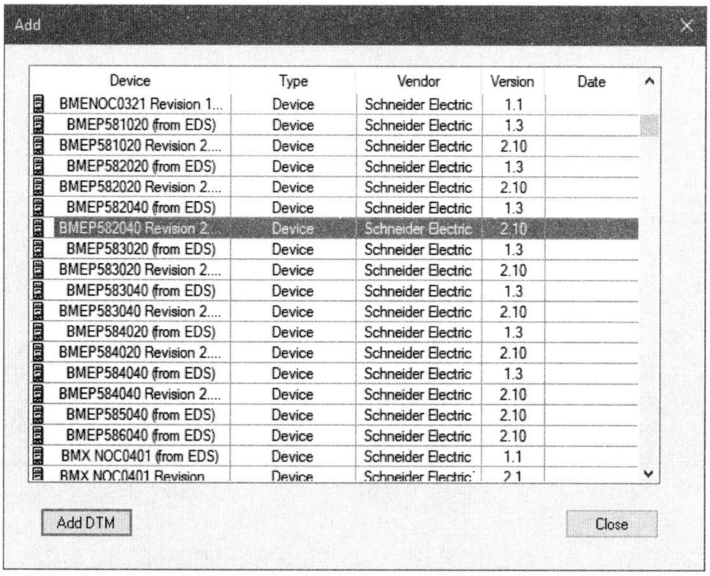

Add

Device	Type	Vendor	Version	Date
BMENOC0321 Revision 1...	Device	Schneider Electric	1.1	
BMEP581020 (from EDS)	Device	Schneider Electric	1.3	
BMEP581020 Revision 2....	Device	Schneider Electric	2.10	
BMEP582020 (from EDS)	Device	Schneider Electric	1.3	
BMEP582020 Revision 2....	Device	Schneider Electric	2.10	
BMEP582040 (from EDS)	Device	Schneider Electric	1.3	
BMEP582040 Revision 2...	Device	Schneider Electric	2.10	
BMEP583020 (from EDS)	Device	Schneider Electric	1.3	
BMEP583020 Revision 2....	Device	Schneider Electric	2.10	
BMEP583040 (from EDS)	Device	Schneider Electric	1.3	
BMEP583040 Revision 2....	Device	Schneider Electric	2.10	
BMEP584020 (from EDS)	Device	Schneider Electric	1.3	
BMEP584020 Revision 2....	Device	Schneider Electric	2.10	
BMEP584040 (from EDS)	Device	Schneider Electric	1.3	
BMEP584040 Revision 2....	Device	Schneider Electric	2.10	
BMEP585040 (from EDS)	Device	Schneider Electric	2.10	
BMEP586040 (from EDS)	Device	Schneider Electric	2.10	
BMX NOC0401 (from EDS)	Device	Schneider Electric	1.1	
BMX NOC0401 Revision	Device	Schneider Electric	2.1	

Add DTM　　Close

图 8-32　DTM 设备列表

选择需要作为 M241 EtherNet/IP 适配器的设备“BMEP582040”，选中并单击左下角“Add DTM”按钮。

6）在 DTM 浏览器中，双击“<EtherNetIP:XX.XX.XX.XX>BMEP582040_from_EDS”，打开当前设备属性，单击右下角“ShowEDS”按钮，如图 8-33 所示。

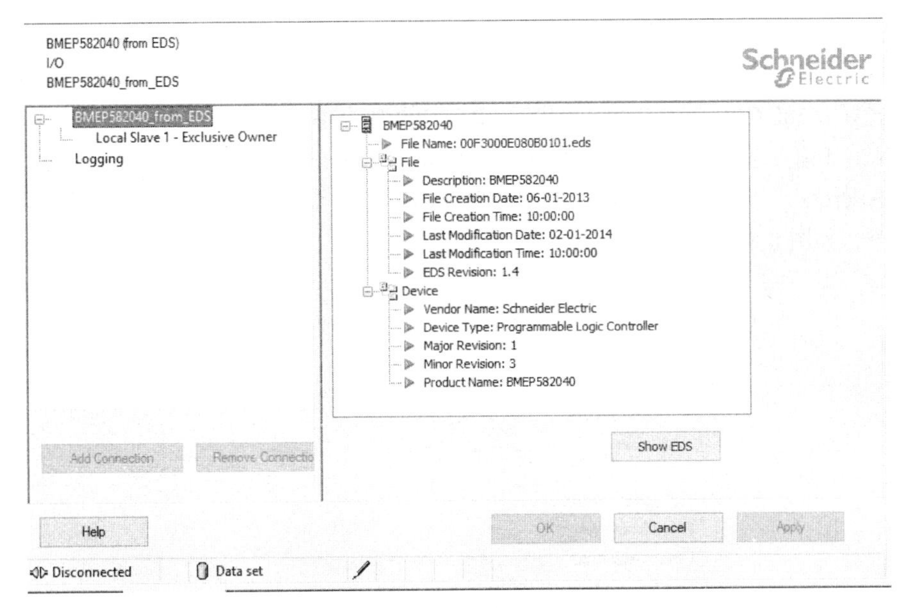

图 8-33　设备属性

在记事本菜单栏中，选择“File”→“另存为”，将设备 EDS 文件保存到本地文件系统中，如图 8-34 所示。

```
00F3000E080B0101.eds - Notepad
File  Edit  Format  View  Help
[File]
    DescText = "BMEP582040";
    CreateDate = 06-01-2013;
    CreateTime = 10:00:00;
    ModDate = 02-01-2014;
    ModTime = 10:00:00;
    Revision = 1.4;
    HomeURL = "http://www.schneider-electric.com";

[Device]
    VendCode = 243;
    VendName = "Schneider Electric";
    ProdType = 14;
    ProdTypeStr = "Programmable Logic Controller";
    ProdCode = 2059;
    MajRev = 1;
    MinRev = 3;
    ProdName = "BMEP582040";
```

图 8-34　保存到本地文件

7）在 DTM 浏览器中，右键单击“<EtherNetIP:XX.XX.XX.XX>BMEP582040_from_EDS”，选择“删除”，删除用来保存 EDS 文件的设备。

8）编译并生成工程，将程序下载到 M580，完成配置。

在 Somachine 软件中，M241 的配置步骤如下：

1）新建 Somachine 工程，选择带以太网控制器的 M241 系列。

2）配置以太网口地址：配置 M241 以太网端口 IP 地址。

3）在 M241“以太网口”，单击右键添加“工业以太网管理器”。

4）单击菜单栏“工具”，选择“设备库”，单击“安装”，选择保存到本地的 M580EDS 文件，安装完成后，单击“关闭”按钮。

5）在“工业以太网管理器”单击右键，选择添加设备，展开“EtherNet/IP 目标”，展开“其他”，选择 M580 CPU（BMEP582040），单击“添加设备”按钮。

6）双击工业以太网管理下的“BMEP582040”，打开“目标设置”界面，地址设置为“Fixed IP Address”，并设置为 M580 CPU 的 IP 地址。建议取消检查设备类型、供应商代码、产品代码检查，如图 8-35 所示。

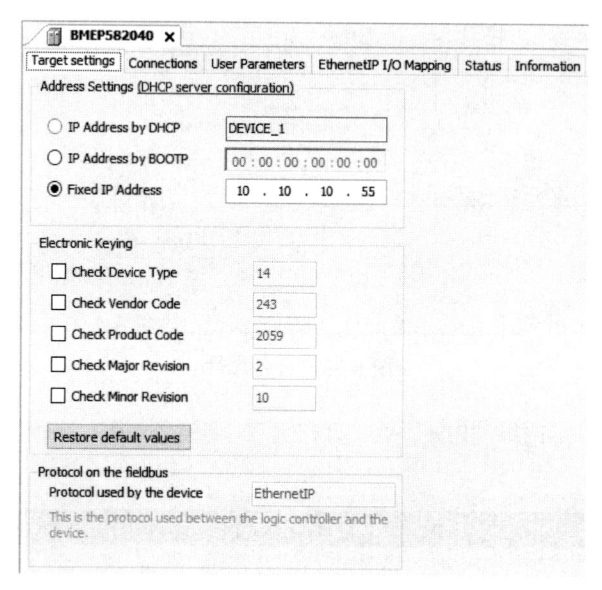

图 8-35　设定地址

打开“连接”界面，单击“添加连接”，打开 M580 EDS 文件预定义的连接列表，如图 8-36 所示。

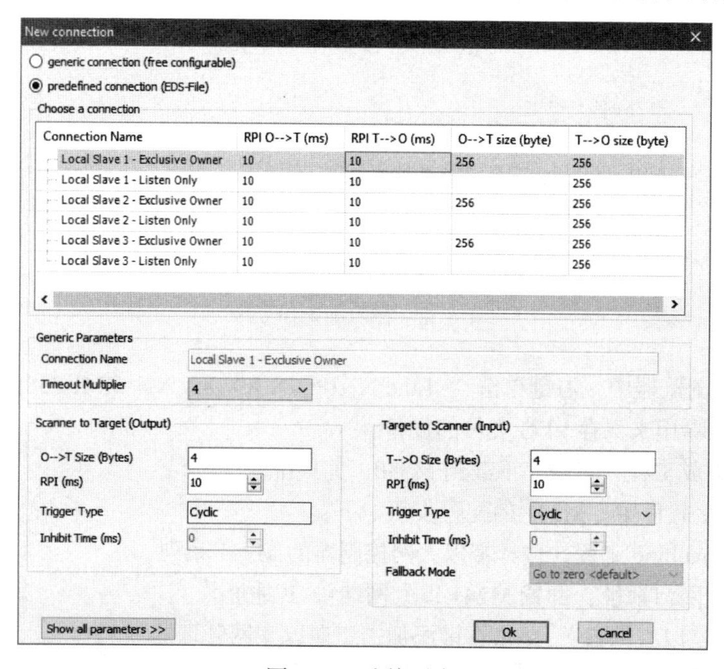

图 8-36　连接列表

选择“本地从站 1”，配置 O→T 字节数大小和 T→O 字节数大小与 M580 中本地从站一致，根据实际情况配置 RPI 时间和超时乘数。

添加连接界面的参数说明见表 8-8。

表 8-8 参数说明

参数	值	描 述
连接路径	字节的数组	物理链路对象的编号转录
传输类型	专有所有者（默认值） 只监听 只输入	专有所有者：此为通向输出连接点（通常是汇编对象）的双向连接，该汇编的数据在其中只能由一个扫描器控制。可能存在通向输入汇编的连接；该数据正被发送至扫描器。如果输入数据长度为零，则该方向将成为 Heartbeat 连接 只监听：扫描器会从目标设备收到输入数据并向目标设备产生 Heartbeat。不存在输出数据 “只监听”连接只能连接到已有的专有所有者或“只输入”连接上。如果此底层连接停止，则只监听连接也会停止或超时 只输入：扫描器会从目标设备收到输入数据并向目标设备产生 Heartbeat。不存在输出数据
超时乘数	4（默认值） /8/16/32/64/128/256/512	扫描器超时，由 RPI 和超时乘数在逐个连接上进行管理

扫描器至适配器（输出）的参数说明见表 8-9。

表 8-9 参数说明

参数	值	描 述
0→T 大小（字节）	0~XX ≥视具体设备而定	集合的通道大小。每个通道的内存大小为 2 个字节，用于存储 %IWx 或 %QWx 对象的值，其中 x 是通道号
RPI（ms）	以毫秒为单位（默认值为 10ms）	请求的数据包时间间隔。扫描器请求的循环数据传输之间的时间周期。设备始终会提供一个最小 RPI，但在控制器中，目标是具有最高 RPI，使得系统不会过载。每次将设备添加到 EtherNet/IP 现场总线时，或每次修改 RPI 值时，建议检查资源
触发类型	循环	循环：端点以预定义的循环时间间隔发送其消息
抑制时间	0ms	2 次数据交换之间的最短周期时间
Config#1 大小（字节）	0~XX ≥视具体设备而定	当连接路径包含了配置汇编时即可访问。待传输的参数（1 个字节）的数量。配置值将在扫描器启动时发送至设备中
Config#2 大小（字节）	0~XX ≥视具体设备而定	
连接类型	点到点	请求的连接类型
固定 / 可变	固定	请求长度是固定的
传输格式	32 位运行 - 空闲（默认值）、纯数据、Heartbeat	请求的传输格式

注意：如果传输格式设置为 32 位运行 - 空闲，则扫描器状态会被包含在请求中并发送出去。当目标收到扫描器处于“空闲”状态这一信息时，目标做出响应的方式可能会有所差异。例如，当控制器为 STOPPED 或 HALT 时，一些目标可能不会更新其输入，而其他目标则会更新。

适配器至扫描器（输入）的参数说明见表 8-10。

表 8-10　参数说明

参数	值	描　述
T→0 大小（字节）	0~XX ≥视具体设备而定	汇编的通道大小 每个通道的内存大小为 2 个字节，用于存储 %IWx 或 %QWx 对象的值，其中 x 是通道号
RPI（ms）	以毫秒为单位（默认值为 10ms）	请求的数据包时间间隔。扫描器请求的循环数据传输之间的时间周期。设备始终会提供一个最小 RPI，但在控制器中，目标是具有最高 RPI，使得系统不会过载。每次将设备添加到 EtherNet/IP 现场总线时，或每次修改 RPI 值时，建议检查资源
触发类型	循环（默认）/ 状态更改	循环：端点以预定义的循环时间间隔发送其消息状态的更改：状态更改端点会在更改发生时发送其消息。如果没有更改发生，该数据同样也会以背景循环时间间隔（RPI）发送出去以防止连接超时
抑制时间（ms）	2ms 的倍数（默认值为 2ms）	2 次数据交换之间的最短周期时间 当触发类型为状态的更改时即可访问。抑制时间最大值为 RPI，以 254ms 为限
故障预置模式	转至零〈默认值〉	在发生错误 / 停止时复位输入
连接类型	多点传送〈默认值〉/ 点到点	请求的连接类型
固定 / 可变	固定	请求长度是固定的
传输格式	纯数据〈默认值〉/Heartbeat	请求的传输格式

7）将程序下载至 M241 控制器，完成配置。

M580 与 M241 建立 EtherNet IP 通信后，M580 上 MS LED、NS LED 表现为绿色常亮。在 Unity Pro 软件中打开变量列表，勾选 Device DDT，展开 BMEP58_ECPU_EXT_LS1 变量文件夹，通过隐式交换的变量列表如图 8-37 所示。

Variables　DDT Types　Function Blocks　DFB Types

Filter　Name = *　☐EDT ☐DDT ☐IODDT ☑Device DDT

Name	Type	Value	Comment	Alias	Alias of	Address	HMI variable
BMEP58_ECPU_EXT	T_BMEP58_ECPU_EXT						
ECPU_HSBY_1	T_M_ECPU_HSBY						
BMEP58_ECPU_EXT_LS1	T_BMEP58_ECPU_EXT_LS1		Local Slave 1				
Freshness	BOOL		Global Freshne				
Freshness_1	BOOL		Freshness of O...				
Inputs	T_BMEP58_ECPU_EXT_LS1_IN		Input Variables				
Free0	ARRAY[0..3] OF BYTE		Unused Variable				
Free0[0]	BYTE						
Free0[1]	BYTE						
Free0[2]	BYTE						
Free0[3]	BYTE						
Outputs	T_BMEP58_ECPU_EXT_LS1_		Output Variables				
Free1	ARRAY[0..3] OF BYTE		Unused Variable				
Free1[0]	BYTE						
Free1[1]	BYTE						
Free1[2]	BYTE						
Free1[3]	BYTE						

图 8-37　变量列表

在 EcoStruxure Machine 软件中，打开“EtherNet IP I/O Mapping”如图 8-38 所示。

M580 隐式交换区 outputs 映射到 M241 的 InputLocal Slave 1 区域（%IWx）M241 隐式交换区 OutputLocal Slave 1 区域（%QWx）映射到 M580 的 Inputs 区域。

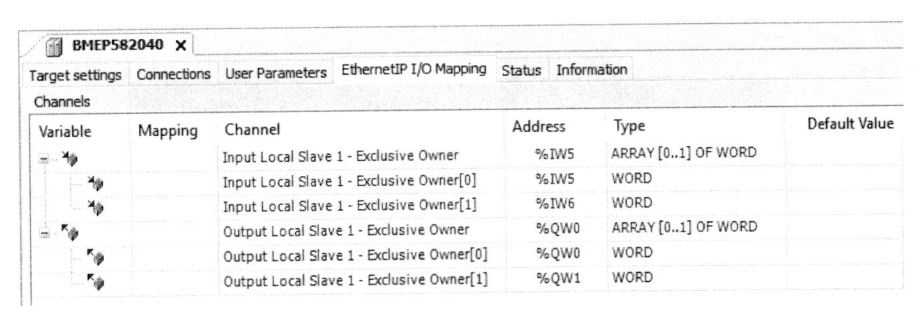

BMEP582040

Target settings | Connections | User Parameters | EthernetIP I/O Mapping | Status | Information

Channels

Variable	Mapping	Channel	Address	Type	Default Value
		Input Local Slave 1 - Exclusive Owner	%IW5	ARRAY [0..1] OF WORD	
		Input Local Slave 1 - Exclusive Owner[0]	%IW5	WORD	
		Input Local Slave 1 - Exclusive Owner[1]	%IW6	WORD	
		Output Local Slave 1 - Exclusive Owner	%QW0	ARRAY [0..1] OF WORD	
		Output Local Slave 1 - Exclusive Owner[0]	%QW0	WORD	
		Output Local Slave 1 - Exclusive Owner[1]	%QW1	WORD	

图 8-38　从站 I/O 映射

8.2.4　M241 作为 Modbus TCP 客户端与 M580 通信示例

在 Unity Pro 软件中，M580 的配置步骤如下：

1）新建 Unity Pro 工程，控制器选择 M580 系列。

2）双击 M580 CPU 以太网口，打开 IP 地址配置界面，如图 8-39 所示。

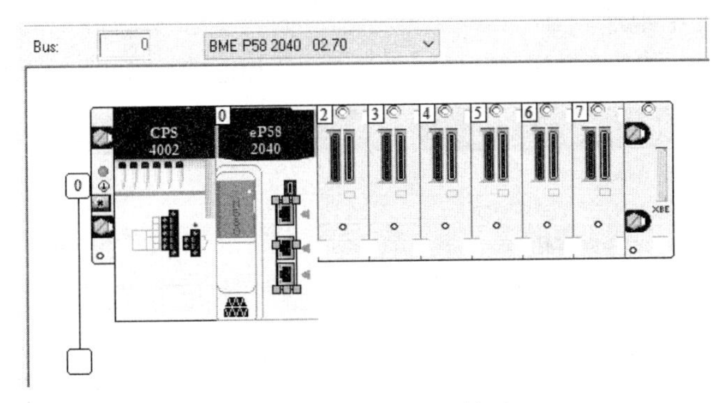

图 8-39　IP 地址配置界面

3）配置 M580 CPU 以太网口 IP 地址，如图 8-40 所示。

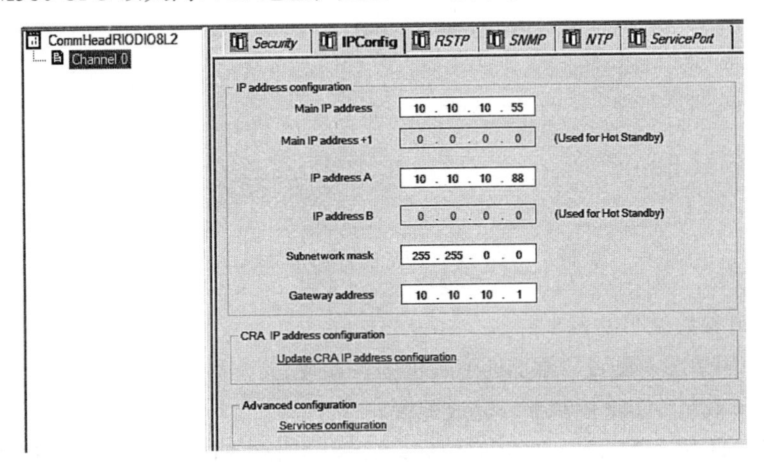

图 8-40　以太网口 IP 地址

IP 地址配置完成后，单击工具栏“确认”按钮，如图 8-41 所示。

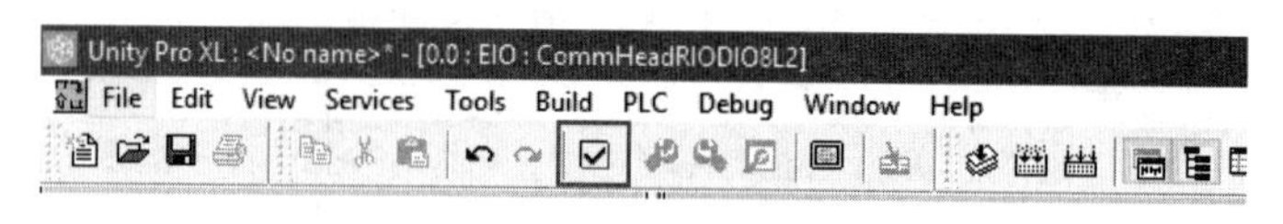

图 8-41　确认

4）编译并生成工程，将程序下载到 M580，完成配置。

在 Somachine 软件中，M241 的配置步骤如下：

1）新建 Somachine 工程，选择带以太网控制器的 M241 系列。

2）配置以太网口地址：配置 M241 以太网端口 IP 地址。

3）在 M241“以太网口”，单击右键添加“工业以太网管理器”。

4）在“工业以太网管理器”上单击右键，选择“添加设备”，展开“ModbusTCP 从站”，展开“其他”，选择 Generic_Modbus_TCP_Slave，单击“添加设备”按钮。

5）双击工业以太网管理下的“Generic_Modbus_TCP_Slave”，打开“ModbusTCP 从站配置”界面，设置从站 IP 地址。

6）打开“ModbusTCP 通道配置”界面，单击“添加通道”，如图 8-42 所示。

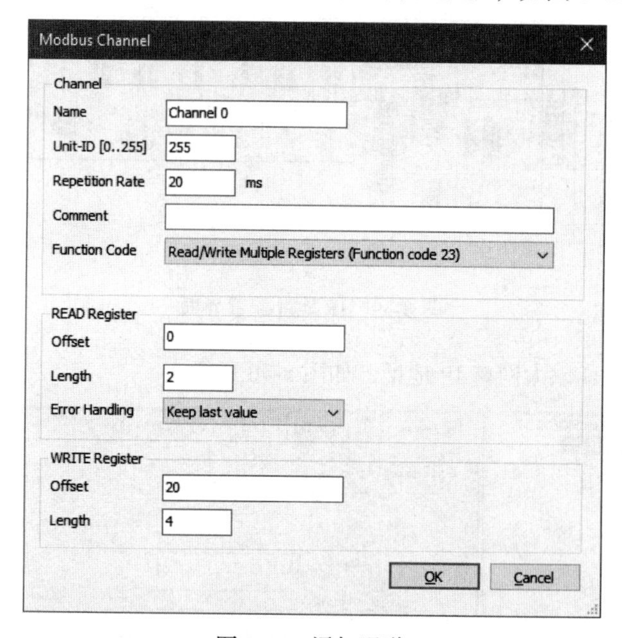

图 8-42　添加通道

Modbus 通道参数说明见表 8-11。

根据实际使用情况，配置“添加通道”也能各参数。

7）将程序下载至 M241 控制器，完成配置。

M580 与 M241 建立 Modbus TCP 通信后，M580 上 MS LED 表现为绿色常亮，NS LED 表现为绿色周期闪烁。在 Somachine 软件中，打开“Modbus TCP Slave I/O Mapping”，如图 8-43 所示。

表 8-11　通道参数说明

名称	用于命名通道的可选字符串
Unit-ID[1.. 255]	Modbus TCP 从站的单元ID（1）（默认值为 255）
重复频率	Modbus 请求的轮询间隔（默认值为 20ms）
注释	可选字段，用于介绍通道
功能代码	Modbus 请求的类型： 读取 / 写入多个寄存器（功能代码 23）（默认值） 读取保持寄存器（功能代码 03） 写入多个寄存器（功能代码 16）
读取寄存器区域	
偏移	要读取的起始寄存器编号，范围是 0~65535
长度	要读取的寄存器数量（取决于功能代码）
错误处理	定义在通信中断时采用的故障预置值： 保留最后一个值（默认）将保留最后一个有效值 SetToZero 将值复位为 0
写寄存器区域	
偏移	要写入的起始寄存器编号，范围是 0~65535
长度	要写入的寄存器数量（取决于功能代码）

Generic_Modbus_TCP_Slave

Modbus TCP Slave Configuration | Modbus TCP Channel Configuration | ModbusTCPSlave I/O Mapping | Status | Information

Channels

Variable	Mapping	Channel	Address	Type	Default Value	Unit	Description
Inputs							Input Channels
		Channel 0	%IW5	WORD			
		Channel 0	%IW6	WORD			
Outputs							Output Channels
		Channel 0	%QW0	WORD			
		Channel 0	%QW1	WORD			
		Channel 0	%QW2	WORD			
		Channel 0	%QW3	WORD			

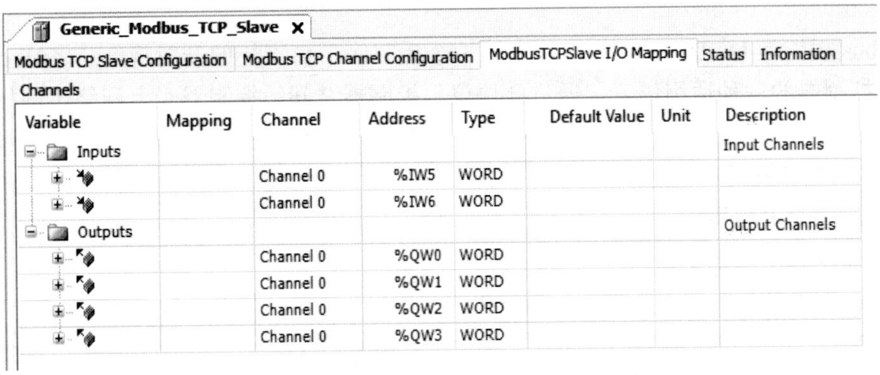

图 8-43　从站 I/O

M241 隐式交换区 Inputs 是从 M580 中读取的保持寄存器映射，Outputs 是 M241 写入到 M580 保持寄存器地址的映射。例如，图 8-42 所示配置，M241 读取 M580 中两个保持寄存器地址（%MW0、%MW1）映射到 M241 的 %IW5、%IW6 中，M241 将 %QW0、%QW1、%QW2、%QW3 映射到 M580 中 4 个保持寄存器地址（%MW20、%MW21、%MW22、%MW23）。

第 9 章

基于 Modbus TCP 的 PC 与 LexiumController 的通信实现

Modbus 是开放协议，IANA（Internet Assigned Numbers Authority，互联网编号分配管理机构）给 Modbus 协议赋予 TCP 端口 502。Modbus 是标准协议，它已提交给 IETF（Internet Engineering Task Force, 互联网工程任务部），将成为 Internet 标准。LexiumController 是施耐德电气最新研发的一款高性能的 8 轴伺服控制器，它内部集成了 ModbusTCP、PROFIBUS、DeviceNet、CANopen 等多种标准通信协议，易于与标准的自动化系统集成。这一章将阐述如何基于 Modbus TCP 实现 PC 与运动控制器或 PLC 的通信。

9.1 Modbus TCP

Modbus 规约是 MODICOM 公司开发的一个为很多厂商支持的开放规约。Modbus 协议是用于电子控制器的一种通用语言。通过此协议，控制器之间、控制器经由网络（例如以太网）和其他设备之间可以通信。它已经成为通用的工业标准。有了它，不同厂商生产的控制设备可以连成工业网络，进行集中监控。

1. Modbus TCP 模型

2. Modbus TCP 的数据帧

Modbus TCP 数据帧包含报文头、功能代码和数据 3 部分，如图 9-2 所示。

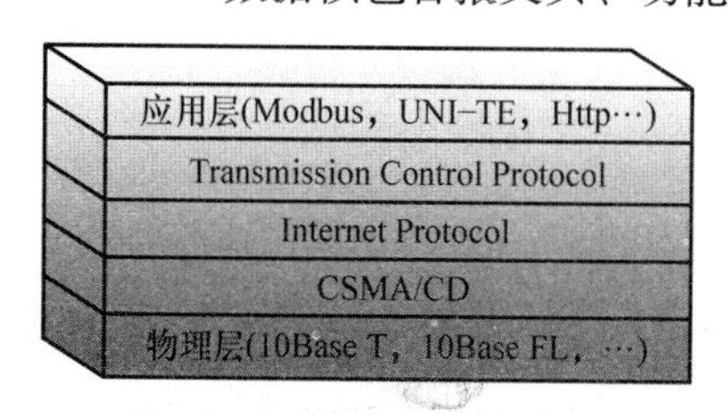

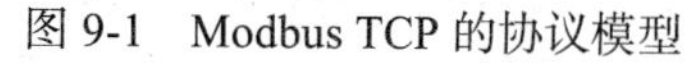
图 9-1　Modbus TCP 的协议模型

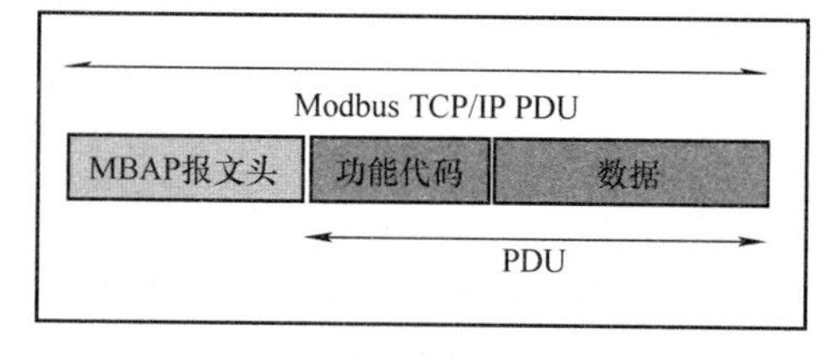

图 9-2　Modbus TCP 数据帧

MBAP 报文头分为 4 个域，共 7 个字节，见表 9-1。

表 9-1　MBAP 报文头内容

域	长度（B）	描述	客户端	服务器端
传输标志	2	标志某个 Modbus 询问 / 应答的传输	由客户端生成	应答时复制该值
协议标志	2	O=Modbus 协议 1=UNI-TE 协议	由客户端生成	应答时复制该值
长度	2	后续字节计数	由客户端生成	应答时由服务器端重新生成
单元标志	1	定义连续于目的其他设备	由客户端生成	应答时复制该值

3. Modbus 功能代码

Modbus 功能代码共有 3 种类型，分别为：

1）Modbus 常用公共功能代码（见表 9-2）：已定义好的功能码，保证其唯一性，由 Modbus.org 认可。

表 9-2　Modbus 常用公共功能代码

常用公共功能代码			功能码		
			十进码	子码	十六进制
位操作	开关量输入	读输入点	02		02
	内部位或开关量输出	读线圈	01		01
		写单个线圈	05		
		写多个线圈	15		OF
16 位操作	模拟量输入	读输入寄存器	04		04
	内部寄存器或输出寄存器（模拟量输入）	读多个寄存器	03		03
		写单个寄存器	06		06
		写多个寄存器	16		10
		读 / 写多个寄存器	23		17
		屏蔽写寄存器	22		16
文件记录		读文件记录	20	6	14
		写文件记录	21	6	15
封装接口		读设备标识	43	14	2B

2）用户自定义功能代码有两组，分别为 65~72 和 100~110，无需认可，但不保证代码使用的唯一性。如变为公共代码，需交 RFC 认可。

3）保留的功能代码，由某些公司用在某些传统设备的代码，不可作为公共用途。

功能代码按应用可划分为 3 个类别：

① 类别 0　对于客户机 / 服务器最小的可用子集：读多个保持寄存器（fc.3），写多个保持寄存器（fc.16）。

② 类别 1　可实现基本互易操作的常用代码：读线圈（fc.1），读开关量输入（fc.2），读输入寄存器（fc.4），写线圈（fc.5），写单一寄存器（fc.6）。

③ 类别 2　用于人机界面、监控系统的例行操作和数据传送功能。

4）强制多个线圈（fc.15），读通用寄存器（fc.20），写通用寄存器（fc.21），屏蔽写寄存器（fc.22），读写寄存器（fc.23）。

本文只介绍类别 0——读多个寄存器与写多个寄存器的实现。上述指令的详细描述，请参考施耐德电气公司的 Andy Swales 的《开放型 Modbus/TCP 规范》网站，可免费下载。

9.2　程序结构

PC 采用 VC++ 实现 ModbusTCP 程序主要包括 3 个类别：作为客户端 TCP/IP 类的实现、Modbus 协议类的实现以及对话框类的实现。下面将依次介绍其实现过程。

9.2.1 客户端 TCP/IP 类的实现

Window 系统具有一套标准的、通用的 TCP/IP 接口，成为 winsocket，该接口通过 C 语言的动态链接库方式提供给用户软件开发者，Winsocket 的开发工具也可以在 Borland C++、Visual C++ 这些 C 编译器中找到。在 VC++ 环境中，可以使用 MFC 类库中的成员，即 CASyncSocket 类、CSocket 类实现网络编程，也可以通过 winsocket 的 API 实现网络编程。本书将介绍用 API 实现网络编程。

TCP/IP 是基于客户机 / 服务器的协议模型，PC 作为客户机连接服务器的 Lexium Controller。客户机的程序流程图如图 9-3 所示。

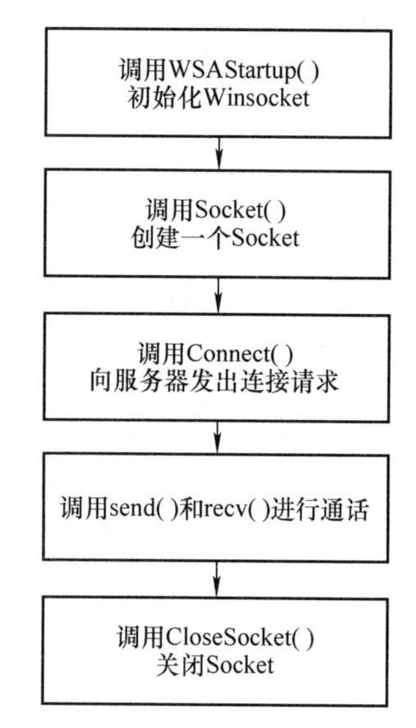

图 9-3　客户机的程序流程图

程序代码：

1）CClientTCP 类定义如图 9-4 所示。

2）CClientTCP 类主要函数实现如图 9-5 所示。

9.2.2 Modbus 协议类的实现

Modbus 类基于 CClientTCP 类的基础上，定义 Modbus 协议中具体功能的实现，如果需要用到协议中其他的功能代码，可在此处添加相应的功能函数。

1. CModbusTCP 类的定义如图 9-6 所示。

2. CModbusTCP 类中主要函数定义

1）初始化函数：ModbusTCPInt()，如图 9-7 所示。

```
#include "winsock.h"

class CClientTCP
{
public:
    CClientTCP();
    virtual ~CClientTCP();
public:
    BOOL InitAndConnet(HWND hwnd,UINT port,CString m_strServer); //初始化与连接;
public:
    bool GetString(char *a ,UINT Length); //接受字符串
    bool SendString(char* a,UINT Length); //发送字符串
    CString m_strServer; //  字符串格式的服务器IP地址
    SOCKET m_hSocket;  //   创建的Socket变量
    sockaddr_in m_addr;  // 标准格式的服务器IP地址
    UINT m_uPort;  //   通信端口：Modbus的端口为502;
    HWND m_hWnd;  //    句柄变量
};
```

图 9-4　CClientTCP 类定义

```
BOOL CClientTCP::InitAndConnet(HWND hwnd,UINT port,CString strserver)
{
    m_hWnd = hwnd;
    m_uPort = port;
    m_strServer=strserver;
//创建新的流套接字
    if(m_hSocket != NULL)
    {
        closesocket(m_hSocket);
        m_hSocket = NULL;
    }
    if(m_hSocket == NULL)
    {
        m_hSocket = socket(AF_INET, SOCK_STREAM,0);
        ASSERT(m_hSocket != NULL);
    }
//准备服务器的信息，这里需要指定服务器的地址
    m_addr.sin_family = AF_INET;
    m_addr.sin_addr.S_un.S_addr = inet_addr(m_strServer.GetBuffer(0));
    m_addr.sin_port = htons(m_uPort);
//连接服务器
    int ret = 0;
    int error = 0;
    ret = connect(m_hSocket, (LPSOCKADDR)&m_addr, sizeof(m_addr));
    if(ret == SOCKET_ERROR)
    {
        if(GetLastError()!=WSAEWOULDBLOCK)
        {
            AfxMessageBox(_T("连接失败！请确认服务器确实已经打开！"));
            return FALSE;
        }
    }
    return TRUE;
}
```

图 9-5　CClientTCP 主要函数实现

```
#include "winsock.h"
#include "windef.h"
#include "afxcmn.h"
#include "ClientTCP.h"
#include "afx.h"

const UINT m_uPort=502; //Moubus端口为502;
const UINT NumofReg=100; //定义访问的寄存器的数量，根据需求修改。

class CModbusTCP :public CWnd
{
public:
    CModbusTCP();
    virtual ~CModbusTCP();
public:
    unsigned char ModbusDataSend[NumofReg]; // 向Controller发送的数据，包括MBAP报文头;
    unsigned char ModbusDataRecv[NumofReg]; // 从Controller接受的数据，包括MBAP报文头;
public:
// 初始化;
    bool ModbusTCPInt();
//连接服务器
    bool ConnectToServer(CIPAddressCtrl &ServerIP);
//ModbusTCP 功能03：读多个寄存器;
    bool ReadReg(UINT MBAPTrans,BYTE MBAPUnit,UINT StartReg,UINT RegNum,unsigned char *RegData);
//ModbusTCP 功能16：写多个寄存器;
    bool WriteReg(UINT MBAPTrans,BYTE MBAPUnit,UINT StartReg,UINT RegNum,unsigned char *RegData);
//断开连接
    void DisconnectFromServer();

private:
    CClientTCP ModbusSock;   //定义CClientTCP的一个对象
    UINT MBAPTransFlag;      //MBAP报文头的传输标志;
    BYTE MBAPUnitFlag;       //MBAP报文头的单元标志;
};
```

图 9-6　功能函数

```
bool CModbusTCP::ModbusTCPInt()
{
// MBAP报文第三、四个字节：0--->Modbus协议；
    ModbusDataSend[2]=0x00;
    ModbusDataSend[3]=0x00;
//Socket 初始化
    WSADATA wsaData;
    WORD version = MAKEWORD(2, 0);
    int ret = WSAStartup(version, &wsaData);
    if(ret != 0)
    {
//初始化失败
        TRACE("Initilize Error!\n");
        AfxMessageBox("Failed in initial socket");
        return false;
    }
    return true;
}
```

图 9-7　初始化函数

2）连接服务器：ConnectToServer()，如图 9-8 所示。

```
bool CModbusTCP::ConnectToServer(CIPAddressCtrl &ServerIP)
{
    BYTE  f0,f1,f2,f3;
    ServerIP.GetAddress(f0,f1,f2,f3); //取得服务器IP地址
    CString add;
    add.Format("%d.%d.%d.%d",f0,f1,f2,f3);

    if(ModbusSock.InitAndConnet(m_hWnd,m_uPort,add)==FALSE)
        return false;
    else
        return true;
}
```

图 9-8　连接服务器

3）断开连接：DisconnectFromServer()，如图 9-9 所示。

4）读寄存器函数：ReadReg()，如图 9-10、图 9-11 所示。

```
void CModbusTCP::DisconnectFromServer()
{
    closesocket(ModbusSock.m_hSocket);
}
```

图 9-9　断开连接

```
bool CModbusTCP::ReadReg(UINT MBAPTrans,BYTE MBAPUnit,UINT StartReg,UINT RegNum,unsigned char *RegData)
{
    MBAPTransFlag = MBAPTrans;
    MBAPUnitFlag = MBAPUnit;

    const UINT MBAPLength = 6;
    BYTE NumOfRespon;
    //============== 给数据帧赋值 ==============//
    ModbusDataSend[0] = (char)(MBAPTransFlag>>8);
    ModbusDataSend[1] = (char)(MBAPTransFlag);
    ModbusDataSend[4] = (char)(MBAPLength>>8);
    ModbusDataSend[5] = (char)(MBAPLength);
    ModbusDataSend[6] = (char)(MBAPUnitFlag);
    ModbusDataSend[7] = 0x03;                //Modbus功能码03
    ModbusDataSend[8] = (char)(StartReg>>8);
    ModbusDataSend[9] = (char)(StartReg);
    ModbusDataSend[10] =(char)(RegNum>>8);
    ModbusDataSend[11] = (char)(RegNum);
```

图 9-10　读寄存器函数 1

```
    if(ModbusSock.SendString((char*)ModbusDataSend,12))
    {
        if(ModbusSock.GetString((char*)ModbusDataRecv,NumofReg))
        {
            if(ModbusDataRecv[7]==0x03) // 从机响应正确
            {
                NumOfRespon = ModbusDataRecv[8];
                BYTE i;
                for(i=0; i < NumOfRespon;i++)
                    RegData[i] = ModbusDataRecv[i+9];
                AfxMessageBox(_T("读取成功!"));
            }
            else
            {
                AfxMessageBox(_T("Modbus读取错误! 请重新读取"));
                return false;
            }
        }
        else
        {
            AfxMessageBox(_T("Socket读取错误! 请重新读取"));
            return false;
        }
    }
    else
    {
        AfxMessageBox(_T("命令发送失败! 请确认网络已连接"));
        return false;
    }

    return true;
}
```

图 9-11　读寄存器函数 2

5）写寄存器函数：WriteReg()，如图 9-12、图 9-13 所示。

```
bool CModbusTCP::WriteReg(UINT MBAPTrans,BYTE MBAPUnit,UINT StartReg,UINT RegNum,unsigned char *RegData)
{
//获得MBAP报文头数据;
    MBAPTransFlag = MBAPTrans;
    MBAPUnitFlag = MBAPUnit;
//计算MBAP报文头的第五、六个字节;
    UINT MBAPLengthS;
    MBAPLengthS = 7 + RegNum*2;
//发送寄存器赋值;
    ModbusDataSend[0]=(char)(MBAPTransFlag>>8);
    ModbusDataSend[1]=(char)(MBAPTransFlag);
    ModbusDataSend[4]=(char)(MBAPLengthS>>8);
    ModbusDataSend[5]=(char)(MBAPLengthS);
    ModbusDataSend[6]=(char)(MBAPUnitFlag);
    ModbusDataSend[7]=0x10;              //Modbus功能码0x10
    ModbusDataSend[8]=(char)(StartReg>>8);
    ModbusDataSend[9]=(char)(StartReg);
    ModbusDataSend[10]=(char)(RegNum>>8);
    ModbusDataSend[11]=(char)(RegNum);
    ModbusDataSend[12]=(char)(RegNum*2);
```

图 9-12　写寄存器函数 1

```
    unsigned char i;
    for(i=0;i<RegNum*2;i++)
        ModbusDataSend[i+13]=(char)(RegData[i]);

    if(ModbusSock.SendString((char*)ModbusDataSend,12+RegNum*2))
    {
        if(ModbusSock.GetString((char*)ModbusDataRecv,NumofReg))
        {
            if(ModbusDataRecv[7]==0x10)
            {
                AfxMessageBox(_T("发送成功!"));
            }
            else
            {
                AfxMessageBox(_T("Modbus响应错误! "));
                return false;
            }
        }
        else
        {
            AfxMessageBox(_T("Socket读取失败! "));
            return false;
        }
    }
    else
    {
        AfxMessageBox(_T("发送命令失败! 请确认网络已连接! "));
        return false;
    }
    return true;
}
```

图 9-13　写寄存器函数 2

9.2.3　对话框类的实现

1. 对话框界面

编辑一个对话框界面，通过这个界面可以将计算机（PC）和运动控制器或 PLC 连接，连接后可以将计算机上的数据写到运动控制器中，将运动控制器中的数据读到计算机上，实现双边交互，如图 9-14 所示。

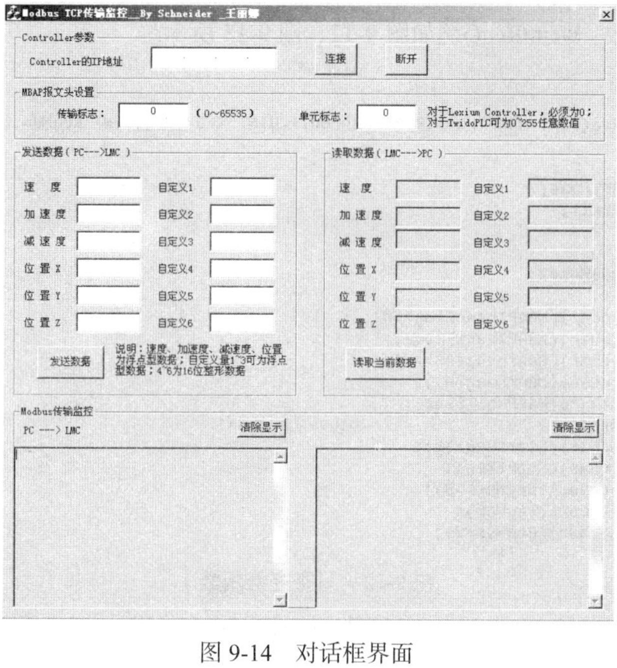

图 9-14　对话框界面

2. 对话框各控件功能

1）按钮控件的处理：“连接”“断开”“读取当前数据”“发送数据”等按钮事件构成整个对话框的核心事件，对话框程序类的主要成员函数即是这 4 个按钮对应的消息处理函数：

afx_msg void OnConnect();

afx_msg void OnDisConnect();

afx_msg void OnWriteReg();

afx_msg void OnReadReg();

2）Edit 控件的处理：“Controller 的 IP 地址”对应的 IP Edit 控件用于输入服务器的 IP 地址。程序中需要引用其内容作为变量，因此要在 ClassWizard 中定义该控件的一个成员变量：m_ServerIP。同样，对话框中的其他 Edit 控件也需定义其成员变量，以便在程序中引用。ClassWizard 中变量定义如图 9-15 所示。

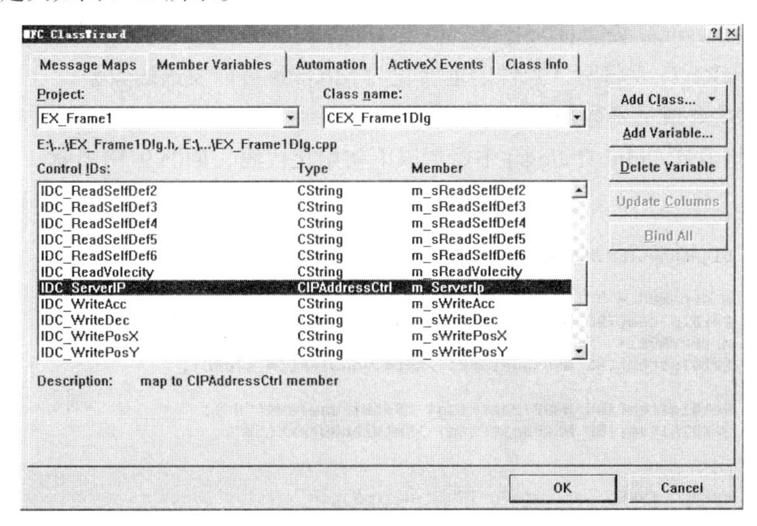

图 9-15　变量定义

3. 对话框类其他成员的声明

1）全局变量如下：

const UINT StartReadReg = 0;

// 读寄存器的起始地址，其值根据需要定义，也可以定义一个控件由用户输入；

const UINT StartWriteReg = 100;

// 写寄存器的起始地址，其值根据需要定义，也可以定义一个控件由用户输入：

const UINT RegNum = 21;

// 寄存器的个数定义，其值根据需要定义。

注意：LexiumController 内部寄存器的地址范围为 0~255。

2）主要成员变量声明如下：

```
private:
CModbusTCP  DlgModbusTCP;  //Modbud 对象。
unsigned char WriteRegData[RegNum*2]; // 写入 LexiumController 寄存器的数据。
unsigned char ReadRegData[RegNum*2]; // 从 LexiumController 寄存器中读取的数据。
```

3）成员函数声明

主要消息函数如下：

```
protected:
afx_msg void OnConnect();
afx_msg void OnDisConnect();
afx_msg void OnWriteReg();
afx_msg void OnReadReg();
afx_msg void OnClearShow();
afx_msg void OnClearShow2();
```

其他函数如下：

public：

void SetReadReg(); // 设置读寄存器的数据，即将 Modbus 返回的数据在显示控件中显示；

void SetWriteReg(); // 将写入控件的值转化为 Modbus 可以发送的数据；

4. 对话框类主要成员函数的定义

1）在初始化函数 OnInitDialog() 中添加以下初始化代码，如图 9-16 所示。

```
// TODO: Add extra initialization here

DlgModbusTCP.ModbusTCPInt(); //Modbus初始化

m_sFromPC = "";    //初始化显示控件
GetDlgItem(IDC_MessageFromPC)->SetWindowText(m_sFromPC);
m_sFromPC = "";
GetDlgItem(IDC_MessageToPC)->SetWindowText(m_sToPC);

GetDlgItem(IDC_MBAPTransFlag)->SetWindowText("0");
GetDlgItem(IDC_MBAPUnitFlag)->SetWindowText("0");


return TRUE;  // return TRUE  unless you set the focus to a control
```

图 9-16　初始化函数

2）消息函数 OnConnect() 与 OnDisConnect() 函数的定义，如图 9-17 所示。

```
//=============================== OnConnect() ======================//
void CEX_Frame1Dlg::OnConnect()
{
    // TODO: Add your control notification handler code here

    if(DlgModbusTCP.ConnectToServer(m_ServerIp))
        AfxMessageBox(_T("连接成功！"));
    else
        AfxMessageBox(_T("连接失败！请重新连接"));

}
//================================== OnDisConnect() ==================//
void CEX_Frame1Dlg::OnDisConnect()
{
    // TODO: Add your control notification handler code here
    DlgModbusTCP.DisconnectFromServer();
}
```

图 9-17　消息函数 1

3）消息函数 OnWriteReg() 的定义，如图 9-18 所示。

```
//================================== OnWriteReg() =================//
void CEX_Frame1Dlg::OnWriteReg()
{
// 从对话框中读取MBAP报文头的设置值，并将其转化为数据类型
    UINT MBAPTransf;
    BYTE MBAPUnit;
    GetDlgItem(IDC_MBAPTransFlag)->GetWindowText(m_sMBAPTransFlag);
    GetDlgItem(IDC_MBAPUnitFlag)->GetWindowText(m_sMBAPUnitFlag);
    MBAPTransf = (UINT)(atoi(m_sMBAPTransFlag));
    MBAPUnit = (BYTE)(atoi(m_sMBAPUnitFlag));

//   写寄存器赋值
    SetWriteReg();

//调用Modbus类成员函数WriteReg ()；
    DlgModbusTCP.WriteReg(MBAPTransf,MBAPUnit,StartWriteReg,RegNum,WriteRegData);

//   Modbus监控Edit控件的赋值;
    CString tmp;
    ChToStr(DlgModbusTCP.ModbusDataSend,13+RegNum*2,tmp);
    GetDlgItem(IDC_MessageFromPC)->GetWindowText(m_sFromPC);
    m_sFromPC= m_sFromPC +"\r\n"+tmp;
    GetDlgItem(IDC_MessageFromPC)->SetWindowText(m_sFromPC);

    ChToStr(DlgModbusTCP.ModbusDataRecv, 12,tmp);
    GetDlgItem(IDC_MessageToPC) -> GetWindowText(m_sToPC);
    m_sToPC= m_sToPC +"\r\n"+tmp;
    GetDlgItem(IDC_MessageToPC)->SetWindowText(m_sToPC);
}
```

图 9-18　消息函数 2

4）消息函数 OnReadReg() 的定义如图 9-19 所示。

```
//============================== OnReadReg() =====================//
void CEX_Frame1Dlg::OnReadReg()
{
// 从对话框中读取MBAP报文头的设置值，并将其转化为数据类型
    UINT MBAPTransf;
    BYTE MBAPUnit;
    GetDlgItem(IDC_MBAPTransFlag)->GetWindowText(m_sMBAPTransFlag);
    GetDlgItem(IDC_MBAPUnitFlag)->GetWindowText(m_sMBAPUnitFlag);
    MBAPTransf = (UINT)(atoi(m_sMBAPTransFlag));
    MBAPUnit = (BYTE)(atoi(m_sMBAPUnitFlag));
//调用Modbus类成员函数ReadReg ()；
    DlgModbusTCP.ReadReg(MBAPTransf,MBAPUnit,StartReadReg,RegNum,ReadRegData);
//Modbus监控Edit控件赋值
    CString tmp;
    ChToStr(DlgModbusTCP.ModbusDataSend,12,tmp);
    GetDlgItem(IDC_MessageFromPC)->GetWindowText(m_sFromPC);
    m_sFromPC= m_sFromPC +"\r\n"+tmp;
    GetDlgItem(IDC_MessageFromPC)->SetWindowText(m_sFromPC);

    ChToStr(DlgModbusTCP.ModbusDataRecv, 9+RegNum*2,tmp);
    GetDlgItem(IDC_MessageToPC) -> GetWindowText(m_sToPC);
    m_sToPC= m_sToPC +"\r\n"+tmp;
    GetDlgItem(IDC_MessageToPC)->SetWindowText(m_sToPC);
//将从Socket读回的数值赋值给显示控件
    SetReadReg();
}
```

图 9-19　消息函数 3

5. 浮点数据的处理

由于 Modbus 协议中传输的数值是以寄存器为单位的，即传输中的数据必须为整形数据；而实际应用中的速度、加速度以及位置等物理量往往需要用浮点数定义，因此程序中应恰当处理浮点型数据。本程序中要求对浮点型数据的处理精确到小数点后两位数据，因此对浮点数据做如下处理：将输入的浮点型数据 *100，即放大 100 倍，为防止数据溢出，转化后的数据保存为长整形，然后分别取长整形数据的高 16 位与低 16 位作为 Modbus 数据帧中发送的数据（此处的处理应和 CoDeSys 侧的处理相对应，确保数据传输的正确性）。

6. 布尔量的处理

布尔量的处理有两种方法：一种是将一个寄存器当作布尔量处理；另外一种是编写 Modbus 协议中的读写线圈功能。

9.2.4　Somachine 控制器侧的编程

编写程序的数学公式说明：

1）From_PC 程序

编写的 From_PC 程序是将从 Modbus_TCP 软件窗口中传过来的数据进行还原。即在 Modbus_TCP 程序中，将已经变化为输入数据 100 倍的数据还原。

以 v 为例子：

计算 v 的值，需要取相应寄存器（%MW100）和（%MW101）中的值计算。设中间变量为 v1、v2、v11 和 v22。

先赋值：

v1=（%MW100）中的值

v2=（%MW101）中的值

然后计算：

v11=v1*65536*0.01 ;（v11 是数值的高 16 位，需要将它乘以 65536，再乘以 0.01）

v22=v2*0.01 ;（v22 是数值的高 16 位，需要将它乘以 0.01）

计算得出 v :

v=v11+v22，如图 9-20 所示。

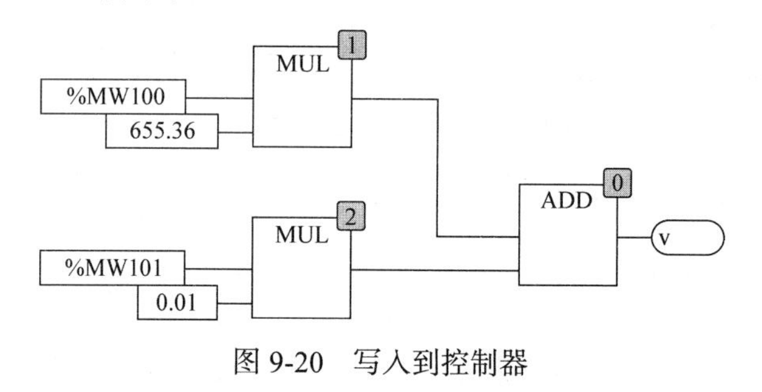

图 9-20　写入到控制器

这样就实现了将需要的数据写入到控制器中的功能。

2）To_PC 程序

编写 To_PC 程序是将输出到 Modbus_TCP 软件窗口中显示的数据进行扩大 100 倍的编译过程。将输出的数据变为 100 倍，然后存入相应的寄存器中。

以 v_out 计算为例。输出 v_out 的值。定义中间变量为 v1、v11、v22。

公式如下：

v1=v_out*100 ;

v11=v1/65536（v1 与 65536 做除法的商，也是 v1 的高 16 位）

v22=v1-v11*65536(v1 与 65536 做除法的余数，也是 v1 的低 16 位)

将输出 v11 和 v22 的值送入相应的寄存器。

如图 9-21 所示。

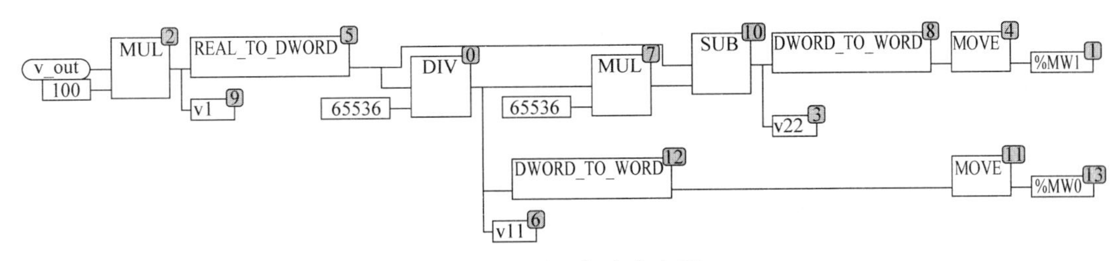

图 9-21　送入相应寄存器

中间还有一些数据类型的转化。如 REAL_TO_DWORD，将 REAL 型转化成 DWORD 的。

3）Somachine 编程的数据地址

读数据：LMC → PC；

起始寄存器：0；

寄存器个数：20；

寄存器定义说明：Reg[0] Reg[1] →速度；Reg[0] 存放高 16 位，Reg[1] 存放低 16 位；

对应 Somachine 的 %MW0 和 %MW1；

Reg[2] Reg[3] →加速度；Reg[2] 存放高 16 位，Reg[3] 存放低 16 位；

对应 Somachine 的 %MW2 和 %MW3；

Reg[4] Reg[5] →减速度；Reg[4] 存放高 16 位，Reg[5] 存放低 16 位；

对应 Somachine 的 %MW4 和 %MW5；

Reg[6] Reg[7] →位置 X；Reg[6] 存放高 16 位，Reg[7] 存放低 16 位；

对应 Somachine 的 %MW6 和 %MW7；

Reg[8] Reg[9] →位置 Y；Reg[8] 存放高 16 位，Reg[9] 存放低 16 位；

对应 Somachine 的 %MW8 和 %MW9；

Reg[10] Reg[11] →位置 Z；Reg[10] 存放高 16 位，Reg[11] 存放低 16 位；

对应 Somachine 的 %MW10 和 %MW11；

Reg[12] Reg[13] →自定义量 1；Reg[12] 存放高 16 位，Reg[13] 存放低 16 位；

对应 Somachine 的 %MW12 和 %MW13；

Reg[14] Reg[15] →自定义量 2；Reg[14] 存放高 16 位，Reg[15] 存放低 16 位；

对应 Somachine 的 %MW14 和 %MW15；

Reg[16] Reg[17] →自定义量 3；Reg[16] 存放高 16 位，Reg[17] 存放低 16 位；

对应 Somachine 的 %MW16 和 %MW17；

Reg[18] →自定义量 4；对应 Somachine 的 %MW18；

Reg[19] →自定义量 5；对应 Somachine 的 %MW19；

Reg[20] →自定义量 6；对应 Somachine 的 %MW20；

写数据：PC → LMC

起始寄存器：100；

寄存器个数：20

寄存器定义说明：Reg[100] Reg[101] →速度；Reg[100] 存放高 16 位，Reg[101] 存放低 16 位；

对应 Somachine 的 %MW100 和 %MW101；

Reg[102] Reg[103] →加速度；Reg[102] 存放高 16 位，Reg[103] 存放低 16 位；

对应 Somachine 的 %MW102 和 %MW103；
Reg[104] Reg[105] →减速度；Reg[104] 存放高 16 位，Reg[105] 存放低 16 位；
对应 Somachine 的 %MW104 和 %MW105；
Reg[106] Reg[107] →位置 X；Reg[106] 存放高 16 位，Reg[107] 存放低 16 位；
对应 Somachine 的 %MW106 和 %MW107；
Reg[108] Reg[109] →位置 Y；Reg[108] 存放高 16 位，Reg[109] 存放低 16 位；
对应 Somachine 的 %MW108 和 %MW109；
Reg[110] Reg[111] →位置 Z；Reg[110] 存放高 16 位，Reg[111] 存放低 16 位；
对应 Somachine 的 %MW110 和 %MW111；
Reg[112] Reg[113] →自定义量 1；Reg[110] 存放高 16 位，Reg[111] 存放低 16 位；
对应 Somachine 的 %MW112 和 %MW113；
Reg[114] Reg[115] →自定义量 2；Reg[112] 存放高 16 位，Reg[113] 存放低 16 位；
对应 Somachine 的 %MW114 和 %MW115；
Reg[116] Reg[117] →自定义量 3；Reg[114] 存放高 16 位，Reg[114] 存放低 16 位；
对应 Somachine 的 %MW116 和 %MW117；
Reg[118] →自定义量 4；对应 Somachine 的 %MW118；
Reg[119] →自定义量 5；对应 Somachine 的 %MW119；
Reg[120] →自定义量 6；对应 Somachine 的 %MW120；

第 10 章

面向对象编程

10.1　OOP 概述

面向对象编程（Object-Oriented Programming，OOP）是典型的 IT 领域编程方法，使用的程序语言包括 C++、Java 等。在传统工程自动化和机器自动化领域中，通常使用面向过程编程的方法，为了达到一个目标，即将相关的各种条件加以处理，最终达到目标。这种编程方法注重过程，当过程改变就需要重新编程。当采用面向对象编程方法时，可以将过程分解为一个个对象，若使过程改变，只需改变几个对象而不用修改整个程序，于是在目标改变或扩展中，就不用再编写没有经过验证的程序了，从而提高了程序的稳定性。例如编一个机械手抓取和堆垛的程序，将机械手抓取和堆垛过程规划好并编出程序后，这个机械手的动作曲线就基于过程中每一个坐标点这个对象，当曲线路径改变时，只修改坐标点这个对象，而不用修改整个程序。下面将介绍 OOP 的语言结构。

1. OOP 的方法（Method）

方法（Method）是在 OOP 编程中用到的一个元素，这个方法可以认为是一个功能（FUNCTION）。与功能一样的是：①有反馈值；②有变量声明部分和参数。

与功能不一样的是：它不是一个独立的程序组织单元，它必须依附于一个功能块。这个功能块本身可以没有任何变量和程序码，下面举例说明这个问题。

首先建立一个带有方法“递增”和方法“递减”的功能块“FB_Inc_Dec”，如图 10-1 所示。

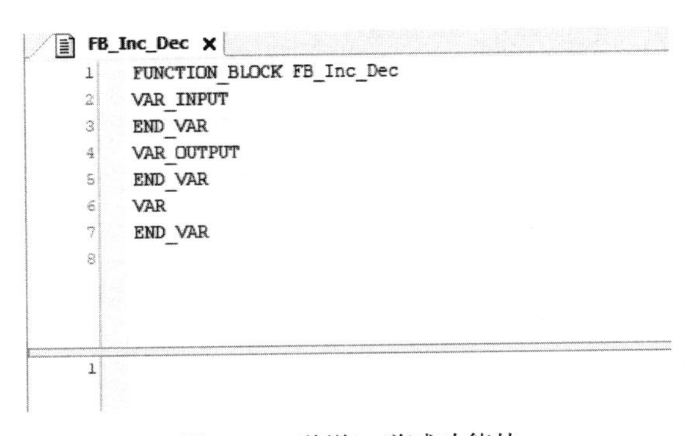

图 10-1　递增、递减功能块

方法只能依附于功能块。功能块既可以包含也可以不包含变量和代码，如本案例。在功能块下建立方法，如递增、递减，如图 10-2、图 10-3、图 10-4 所示。

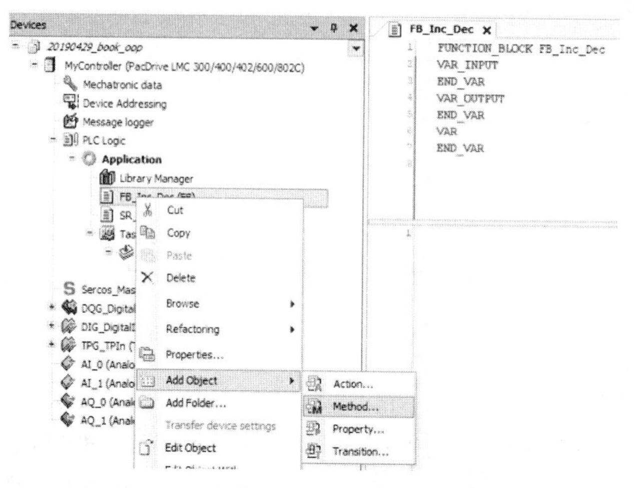

图 10-2　添加一个方法

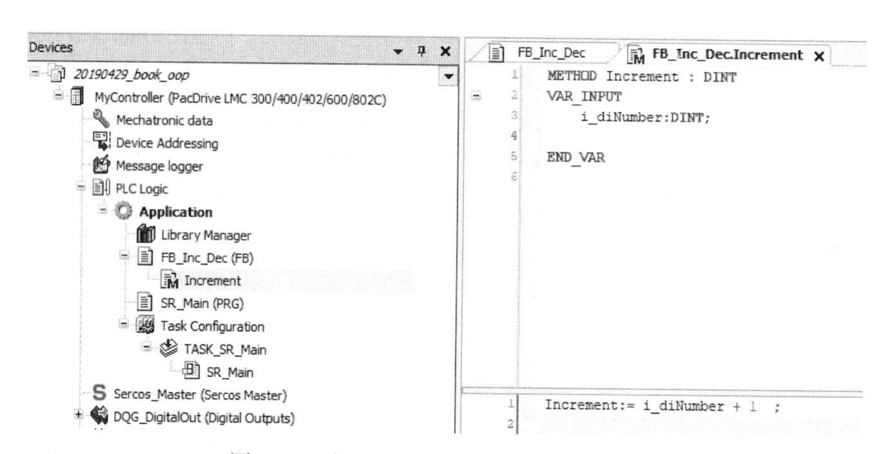

图 10-3　在递增方法中建立一个输入变量

方法可以建立一个输入变量声明，在此建立变量 i_diNumber。

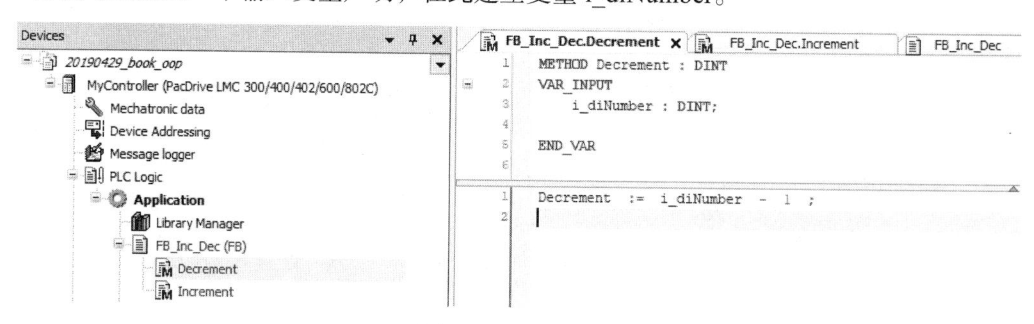

图 10-4　递减方法

我们看到方法“递增”“递减”得到数值并且完成计算，结果通过方法反馈出来。在程序中，方法的使用如图 10-5 所示，建立一个可执行的程序。

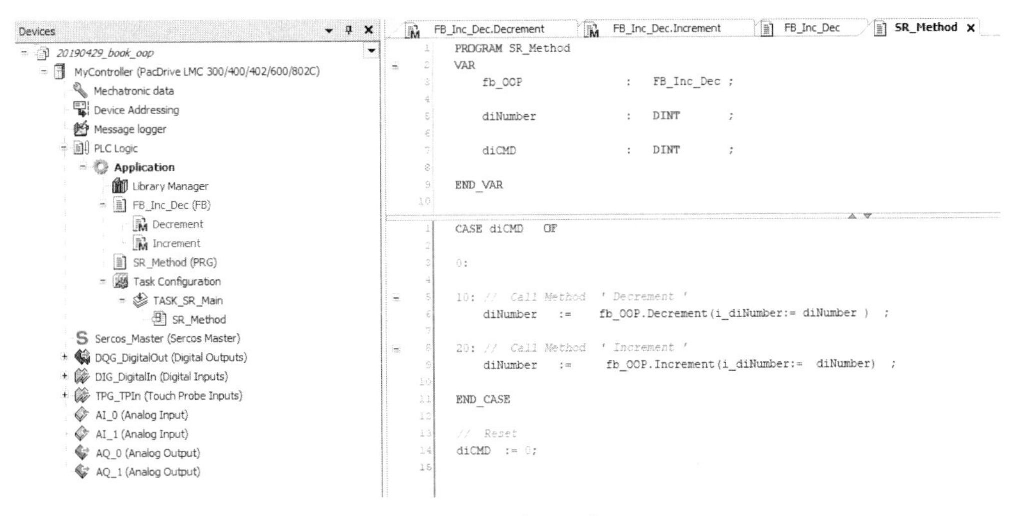

图 10-5　建立程序

在案例中，带有方法的功能块被看作一个实例被调用，如图 10-6 所示，而方法也只能通过功能块来引用。

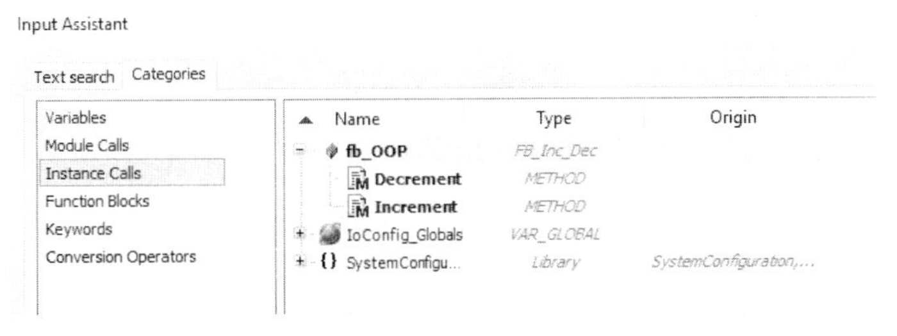

图 10-6　选择调用

仿真过程和结果如图 10-7、图 10-8 所示。

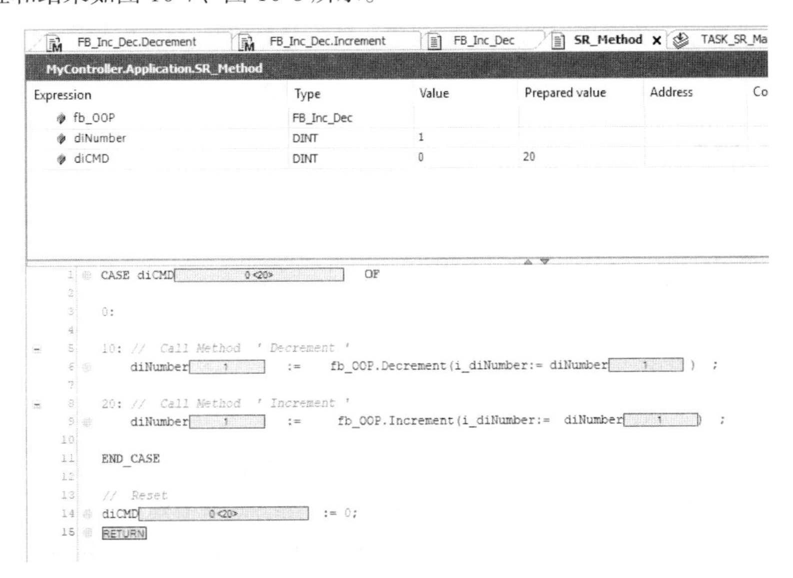

图 10-7　仿真执行递增

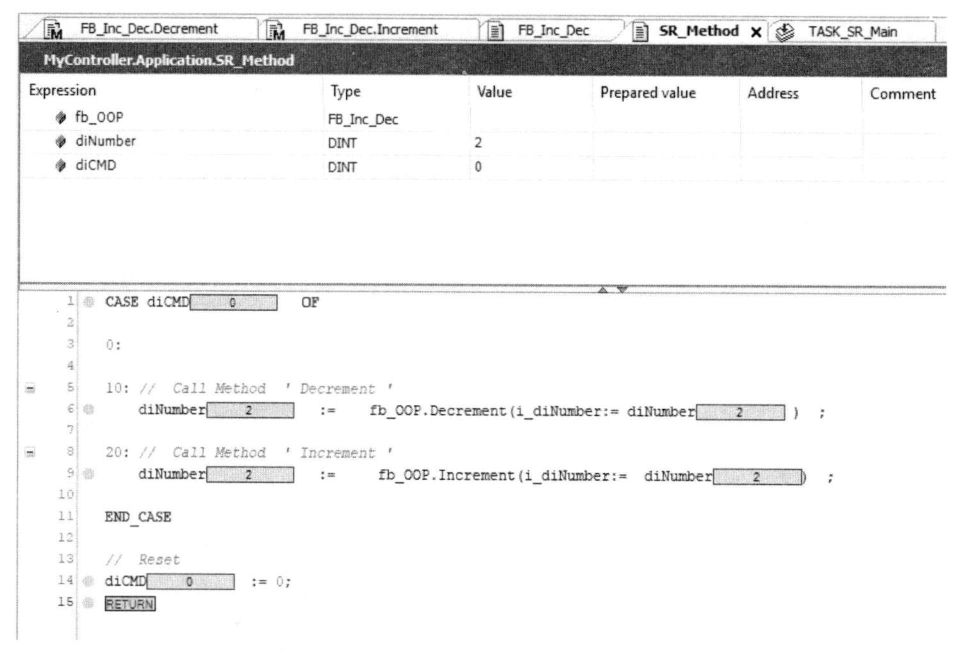

图 10-8　仿真结果

2. 属性 (Properties)

面向对象编程中用到的另一个元素，即属性（Properties）。

从案例中看到方法和功能的作用基本一样，不同的是，方法的调用是一个基于功能块的操作实例，在这个实例中功能块反馈成为带有存储功能的普通变量。在案例程序中，被改变的变量来自于程序，我们将修改这个操作，使被改变的变量在功能块中。为了这个操作，必须在功能块中声明一个本地变量，于是通过对方法的调用，这个变量的值就在功能块中递增或递减。建立一个带有本地变量的功能块，如图 10-9 所示。这个变量应在方法中使用。

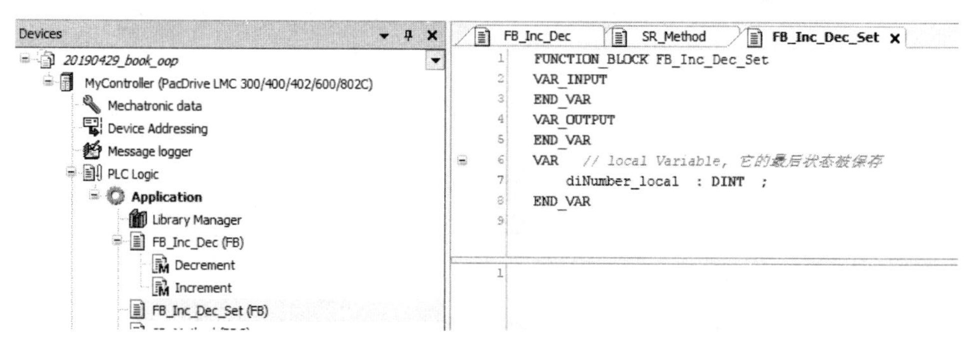

图 10-9　建立功能块及变量

这时在此功能块下建立一个递增的方法，如图 10-10 所示。

此时的方法，不再需要一个输入变量。结果也没有作为反馈值输出，而是写到了功能块的本地变量。指针“THIS^”可以使程序进出这个功能块中的变量。同理，再建立一个递减的方法，如图 10-11 所示。

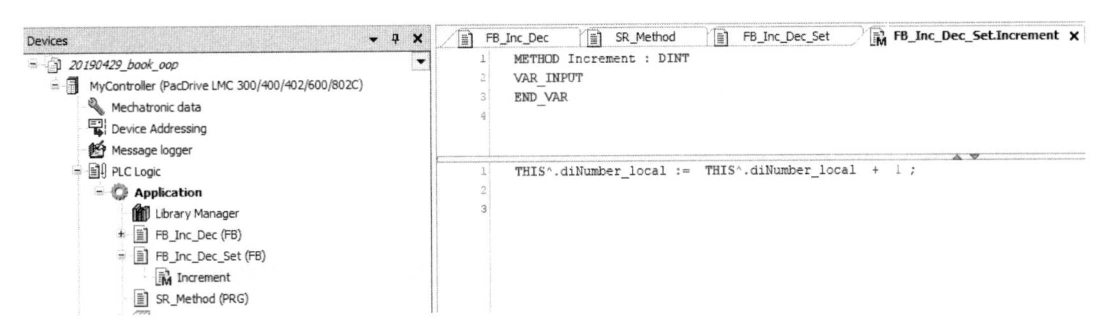

图 10-10　建立方法

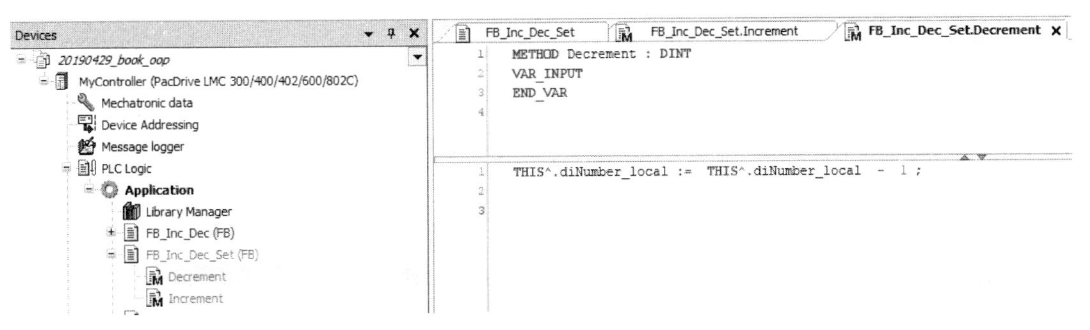

图 10-11　采用指针“THIS^”

这个方法也是一样，不再需要一个输入变量，而是通过指针“THIS^”访问功能块中的变量。方法的结果通过功能块中的变量来体现。那么外部访问功能块中的变量该如何进行呢？这就需要 OOP 的另一个元素——属性（Properties）来担当了。通过属性访问功能块中的变量。属性是由访问器中的写“Set”和读“Get”组成的，通过读“Get”可以读出程序中功能块的变量内容，通过写“Set”可以将内容写进功能块中的变量。建立一个属性，如图 10-12 所示。

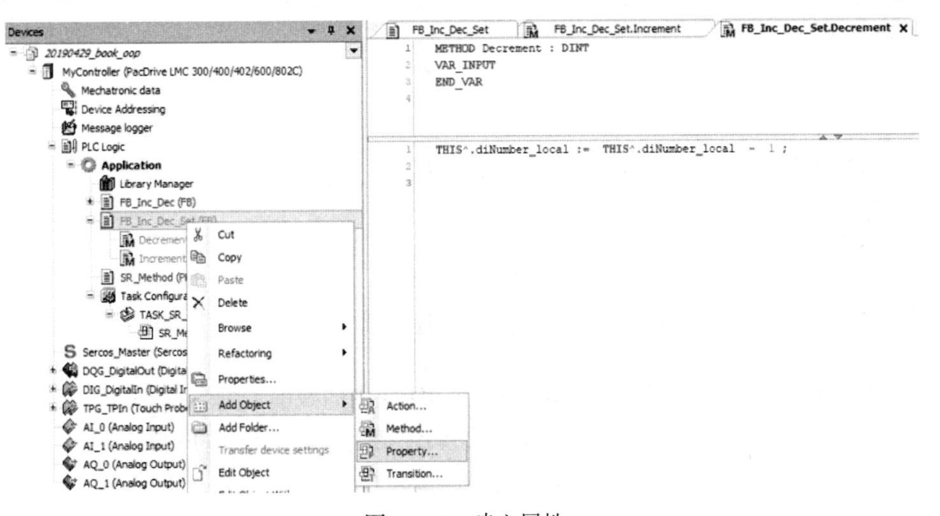

图 10-12　建立属性

建立的这个属性 diNumber，通过读、写完成和功能块内变量的内容交换，即属性读“Get”和属性写“Set”，如图 10-13~ 图 10-15 所示。

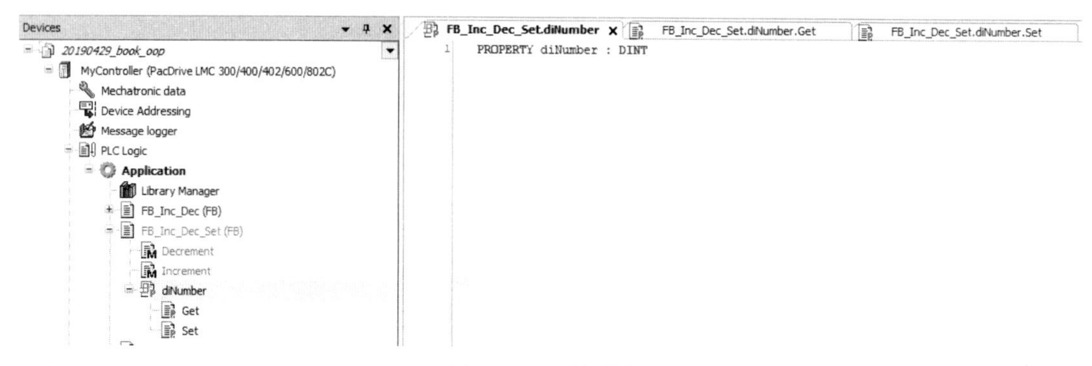

图 10-13　属性结构

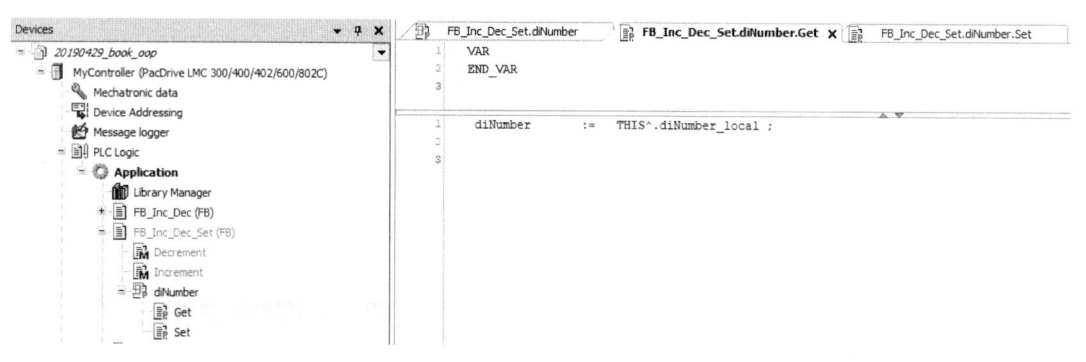

图 10-14　属性读

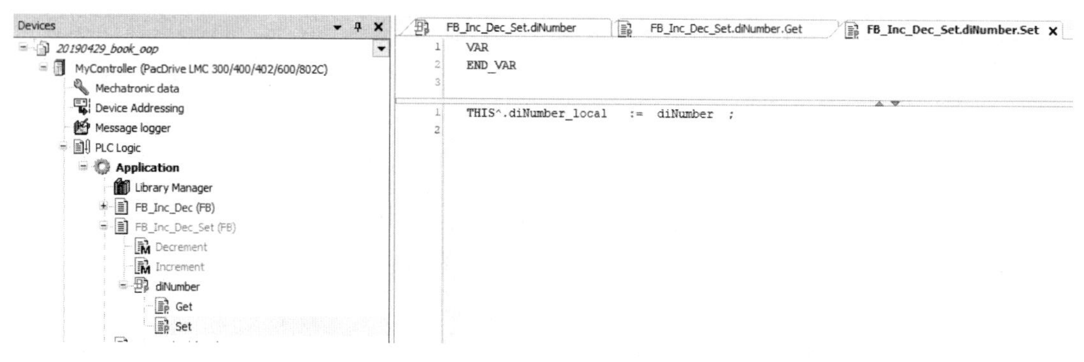

图 10-15　属性变量

从图 10-12 中知道属性的结果数据类型应和功能块中的数据类型一致。功能块中可以定义很多不同类型的变量，因此可以建立很多对应的属性变量。通过 Get 将功能块中的变量内容读到属性中，通过 Set 将属性内容写到功能块中的变量。下面通过建立一个程序，了解方法和属性的使用。

编辑一个程序 SR_Property，在声明中定义好执行功能块，在程序执行中调用不同方法和完成内外数据交换，如图 10-16 所示。

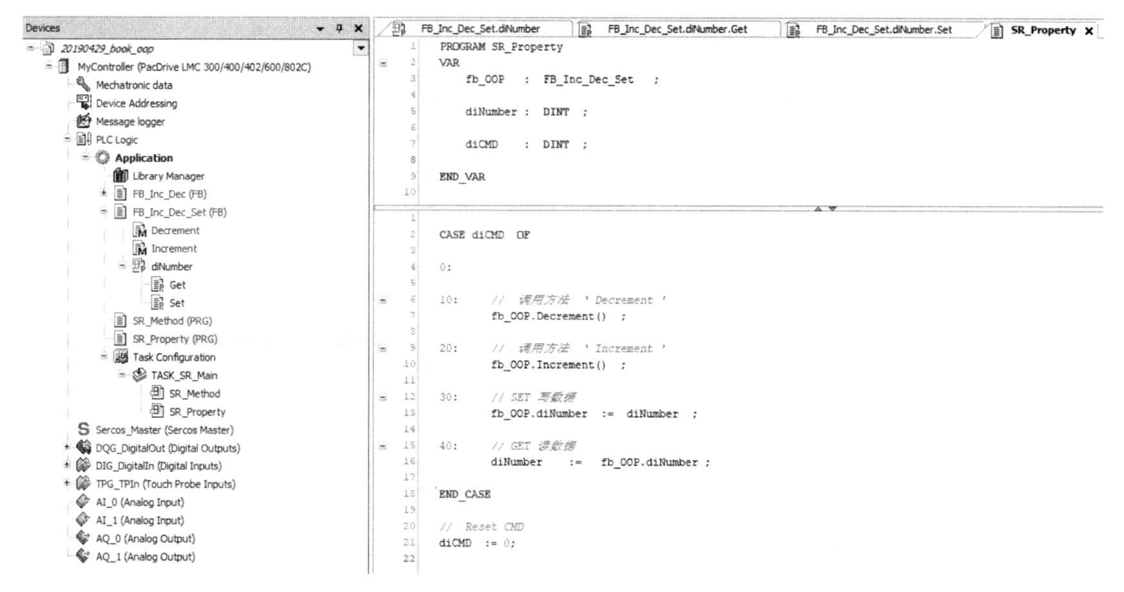

图 10-16　建立程序

在图 10-16 中，看到标号为 10 的程序完成了功能块内部数据的递减，标号为 20 的程序完成了功能块内部数据的递增，标号为 30 的程序完成了将程序数据写入到功能块内部的数据变量，标号为 40 的程序完成了将功能块内部数据读出的操作。

10.2　OOP 的传承

当再编辑其他一些功能块内的方法时，有时会再次用到已经编辑过的方法，这时可以不用复制原方法到本功能块，而采用传承 EXTENDS 将原方法加入到本功能块内。例如上一节，已经在 FB_Inc_Dec_Set 块内编辑了递增和递减方法，在本节将编辑一个附加的加法功能块 FB_Inc_Dec_Set_Add，同时这个功能块还有递增和递减的功能。首先建立一个文件夹 03_Inherit, 如图 10-17，图 10-18 所示。

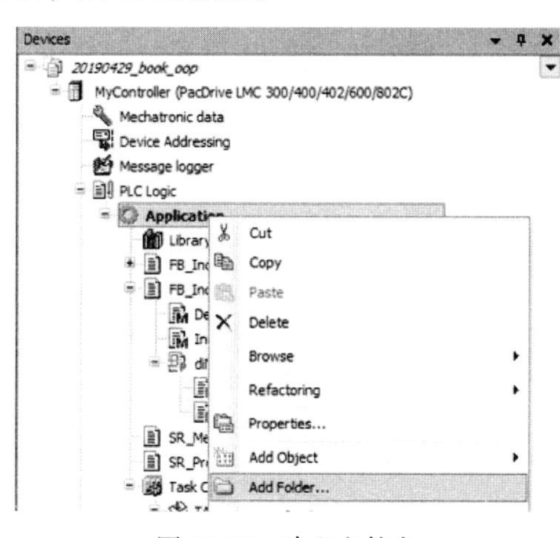

图 10-17　建立文件夹

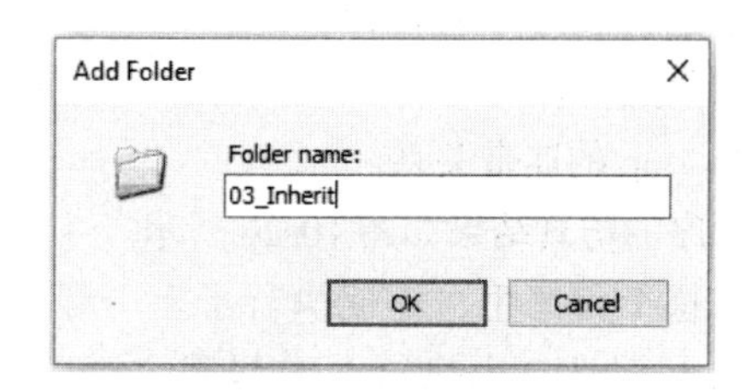

图 10-18　命名文件夹

在文件夹下建立一个功能块“FB_Inc_Dec_Set_Add”，如图 10-19 所示。

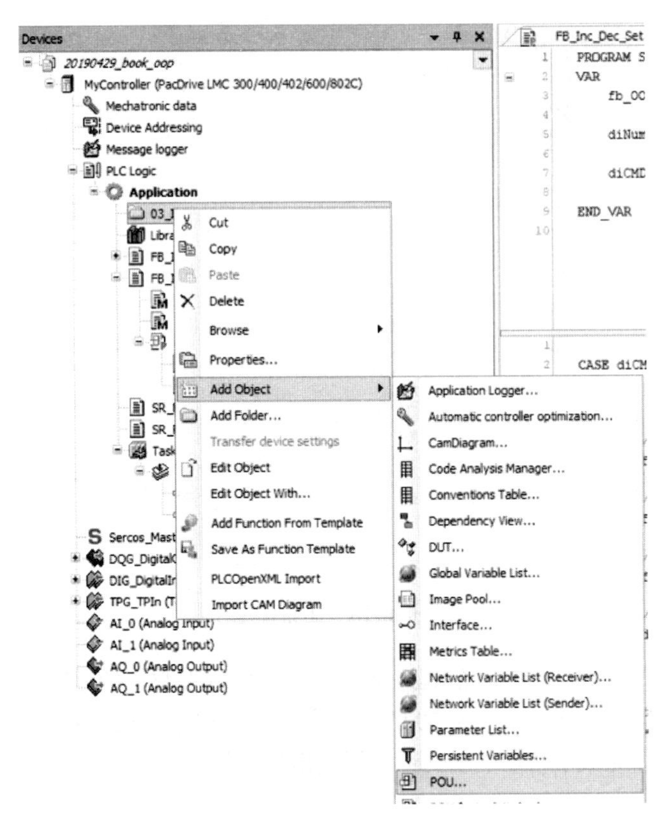

图 10-19 建立功能块

注意，在建立这个功能块时，勾选上需要传承 Extends 的功能块，如图 10-20、图 10-21 所示。

在功能块下建立方法“Addition”，如图 10-22 所示。

由于 FB_Inc_Dec_Set_Add 传承了 FB_Inc_Dec_Set，因此在本功能块里就具有了上一层功能块的方法和属性了。那么在新的程序 SR_Inherit 中，就直接声明可执行的功能块为“FB_Inc_Dec_Set_Add”，如图 10-23 所示。

于是在程序中就可以应用递增、递减以及调用附加方法，如图 10-24、图 10-25 所示出的 fb_oop 的连带关系。

程序的仿真结果如图 10-26 所示。

在这个程序里，不仅执行了上一级建立的方法和属性，也执行了本级建立的方法，本级功能块传承了上一级功能块具有的方法和属性。

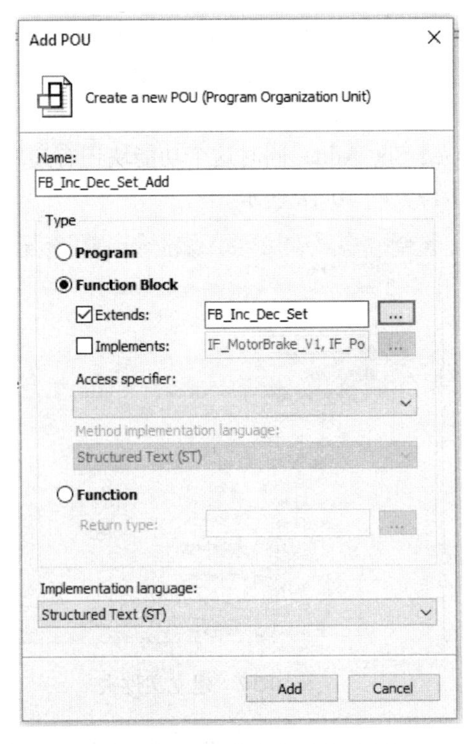

图 10-20 建立带有传承的功能块

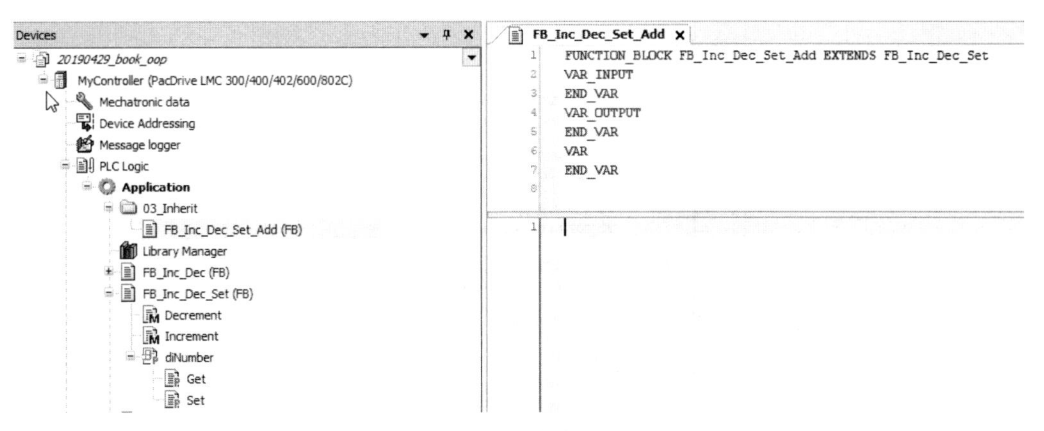

图 10-21　带有传承的功能块

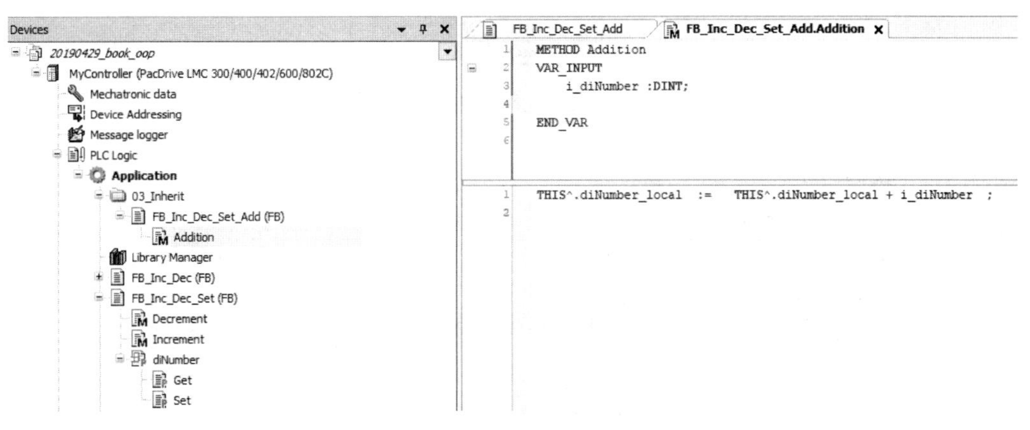

图 10-22　建立一个方法

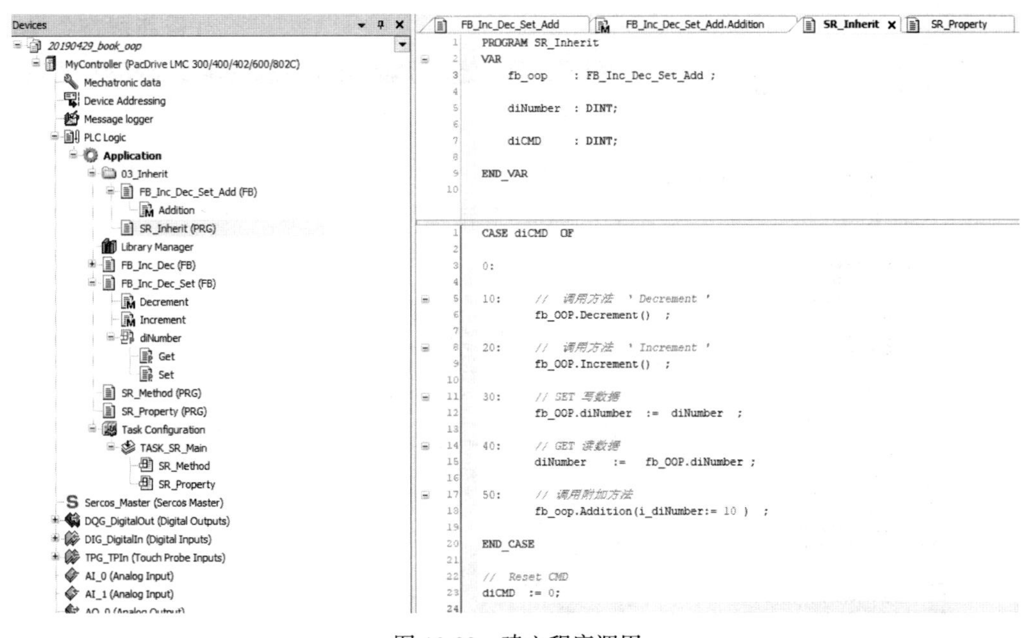

图 10-23　建立程序调用

```
1  CASE diCMD  OF
2
3  0:
4
5  10:      //  调用方法  ' Decrement '
6           fb_OOP.Decrement()  ;
7
8  20:      //  调用方法  ' Increment '
9           fb_OOP.Increment()  ;
10
11 30:      // SET 写数据
12          fb_OOP.diNumber   :=  diNumber  ;
13
14 40:      // GET 读数据
15          diNumber    :=   fb_OOP.diNumber ;
16
17 50:      // 调用附加方法
18
19
20 END_CASE
21
22 //  Reset
23 diCMD  :=
```

Cut
Copy
Paste
Delete
Select All
Browse
Advanced
Input Assistant...

图 10-24　采用辅助助手

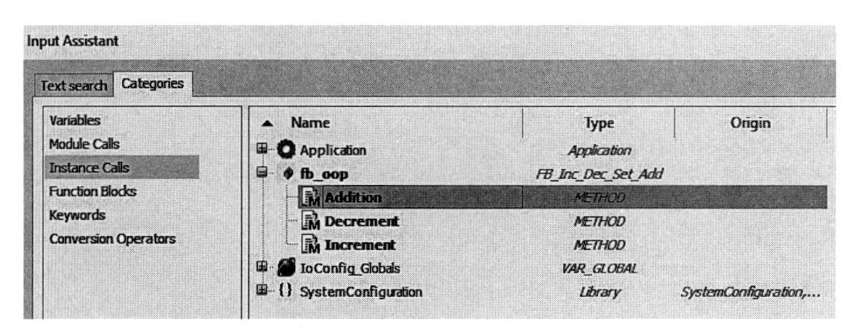

图 10-25　调用方法

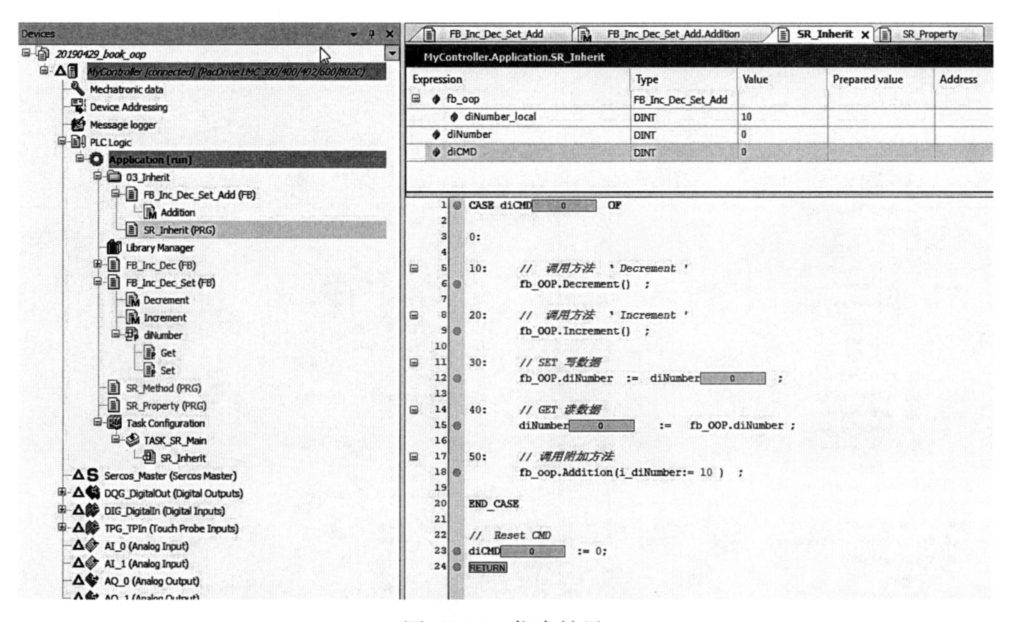

图 10-26　仿真结果

10.3　OOP 的界面

界面（Interface）也是面向对象编程方法的重要元素，它像一个纽带连接两个不同的系统。这个纽带建立起两个系统的通信或数据交换，而纽带 Interface 定义了通信参数也就是协议，只要纽带两端的系统符合 Interface 定义的协议，那么两个系统之间的通信就可以进行。Interface 是 OOP 方法中非常典型的对象。在界面（Interface）下可以建立没有任何内容的方法和属性（像一个空壳），但是这些方法和属性可以被不同的系统（例如功能块）执行。而这个界面会显示出哪个方法和属性可以是有效的。

1. 界面（Interface）的定义

界面（Interface）通常用来定义一个协议或是一个约定。在施耐德伺服驱动 PD3 系统中，有 3 种类型的驱动器，即 LXM52、LXM62 和 ILM62，如图 10-27 所示。

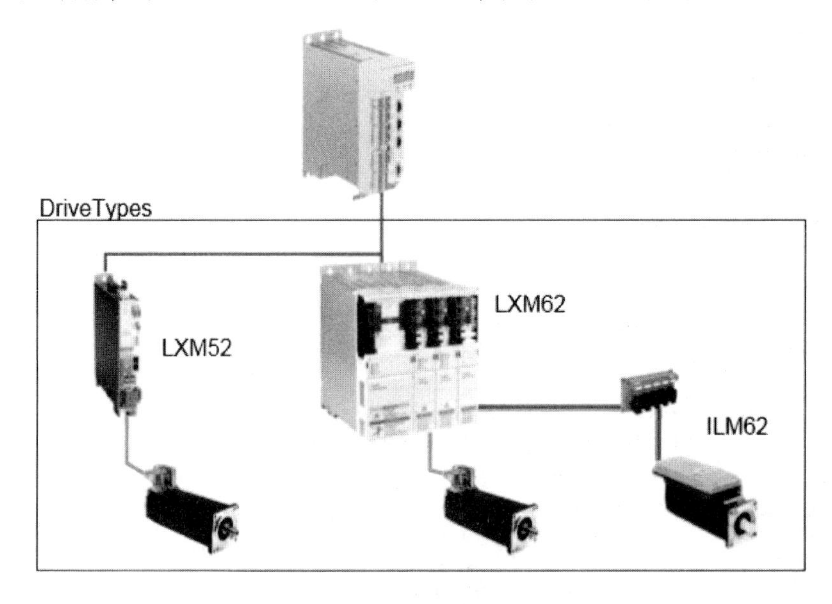

图 10-27　不同类型的驱动器

当建立一个功能，使驱动器驱动伺服电动机行走一定距离时，核心的要素是给驱动器一个目标位置，同时将行走的位置不断地读回来，这个驱动器可以是任何一种，这个位置的传输也可以通过任何总线，如 SERCOS 总线、CAN-MOTION 总线等。这意味着位置 Position 这个协议可以用功能块 FB_Move 来执行，只要其中一个驱动器执行这个协议，那么都可以用 FB_Move。也就是说界面 Position 是一个纽带，它将应用功能块一端和驱动器类型一端连接起来，如图 10-28 所示。

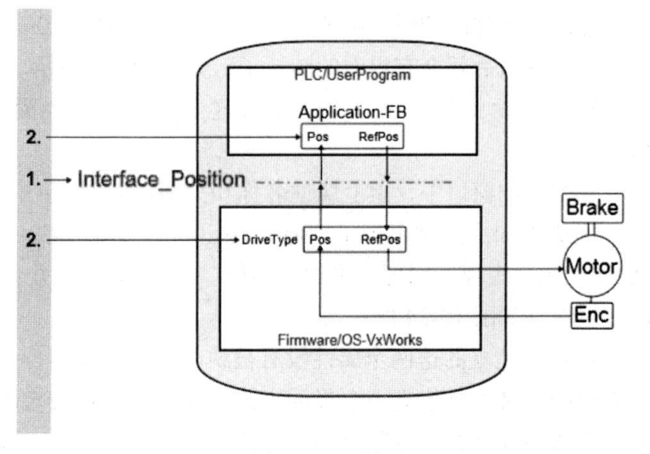

图 10-28　界面

在图 10-28 中：1 表示建立一个内置的界面 Interface_Position。2 表示驱动和应用功能块执行这个界面。因此，建立一个界面 Interface 这个优势是显而易见的，执行的是一个开放系统，它能兼容未来的驱动器。建立一个功能块不再质疑驱动器类型，它只执行这个界面。界面指定的哪些方法和属性有效，界面下的方法和属性没被执行时，就没有程序操作码。但当功能块执行一个界面时，功能块就执行了界面下预定义的所有方法和属性。可以在线改变哪一个可被执行。这就是向所有新的选项开放的特点。

首先在应用部分单击鼠标右键，添加一个界面，如图 10-29 所示。

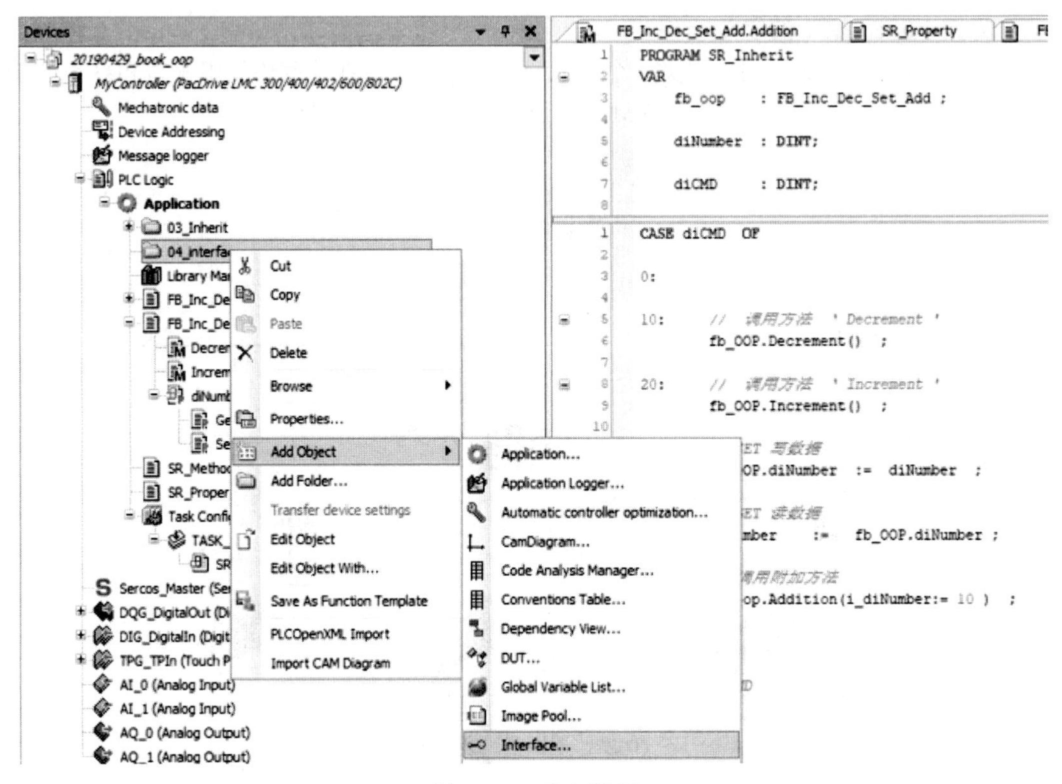

图 10-29 建立界面

然后，在弹出的窗口中填上要建立的界面名称“IF_Position_V1”，如图 10-30 所示。

添加确认后就会有界面的图标了，如图 10-31 所示。

这个界面就像一个空壳，单击这个空壳，在界面下可以建立方法和属性，如图 10-32 所示。

在弹出的窗口中，填上属性名称和类型，如图 10-33 所示。

确认添加后，就出现了“lrRefPosition”及其“Get”、“Set”。因为这个属性是给定值，因此将“Get”去掉。同理，添加反馈值“lrPosition”，并将“Set”去掉，于是就建立了界面下的两个属性，如图 10-34 所示。

注意：建立的这两个属性没有被执行，因此没有操作码，我们称之为预定义。为了加深理解界面的意义，再建立一个界面，这个界面是连接带抱闸电动机和应用功能块的，因此建立界面“IF_MotorBrake_V1”，它下面的属性有状态和连接。如图 10-35 所示。

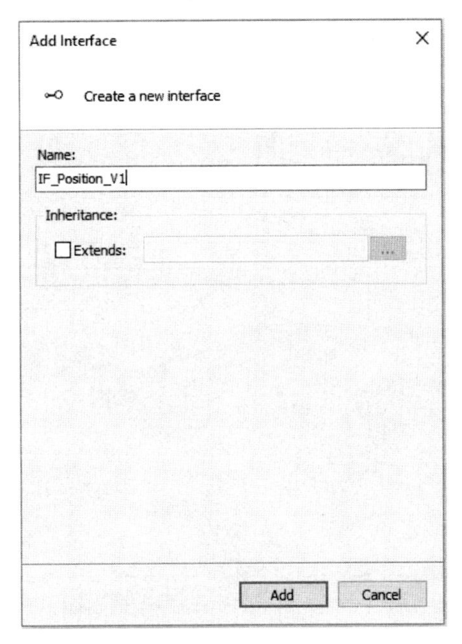

图 10-30　命名界面

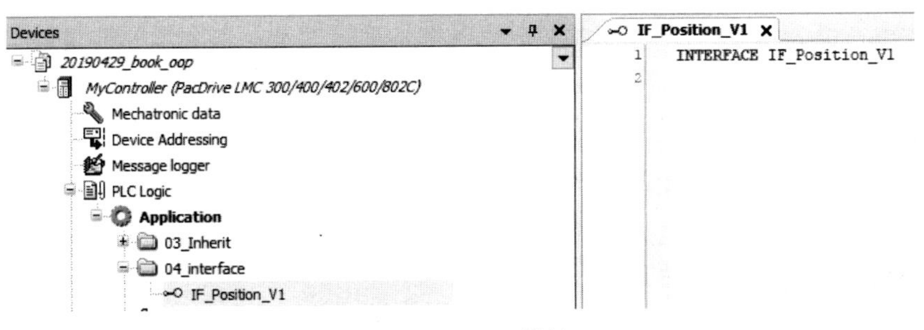

图 10-31　界面结构

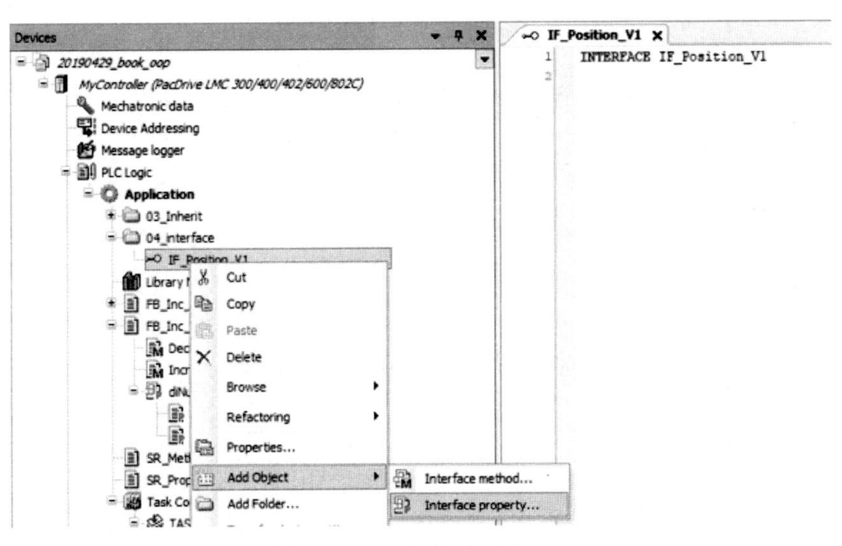

图 10-32　添加界面下的属性

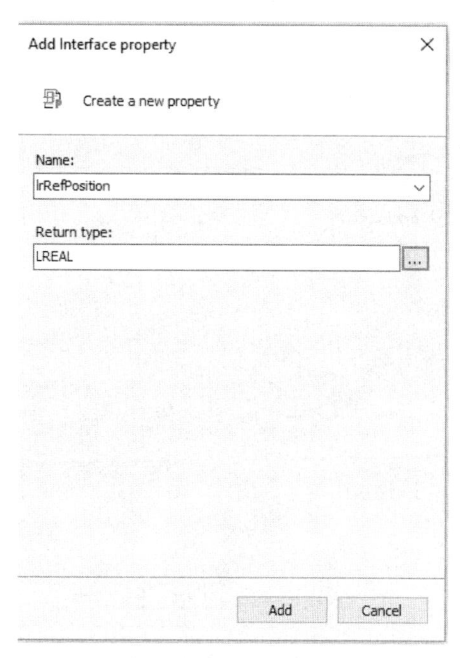

图 10-33　属性类型

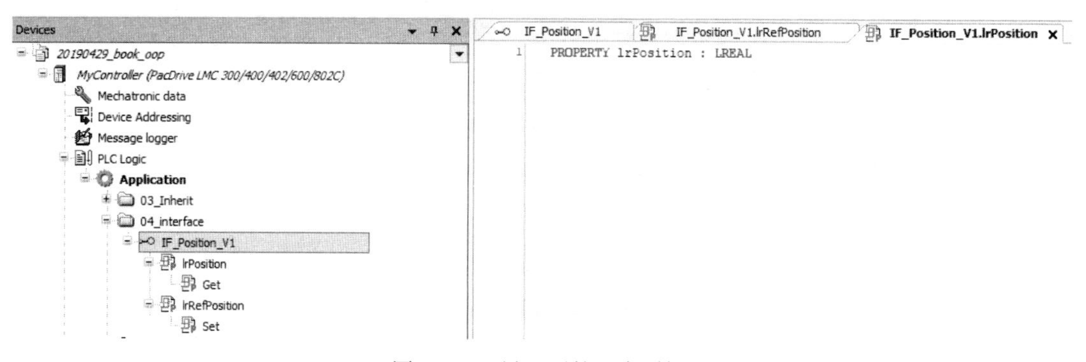

图 10-34　界面下的两个属性

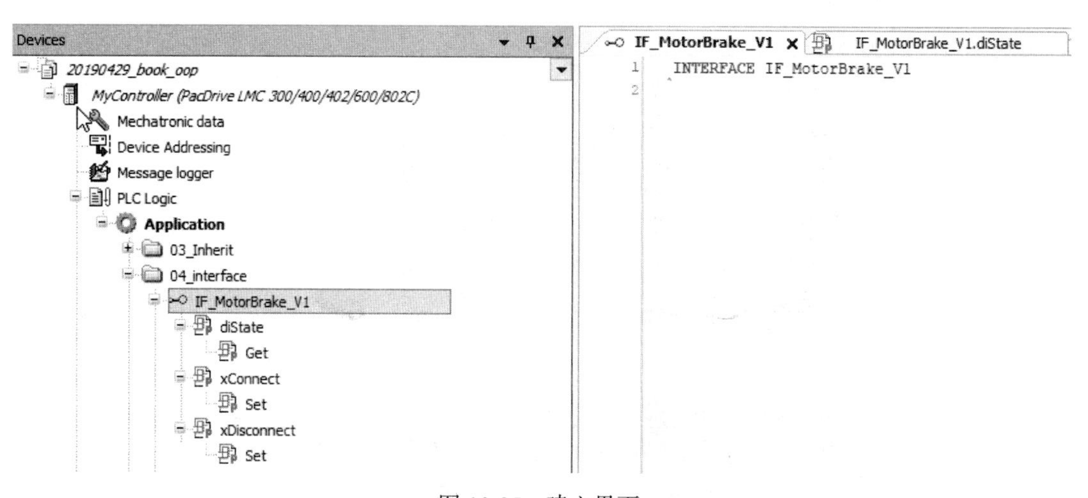

图 10-35　建立界面

2. 界面（Interface）的执行

在应用部分建立一个功能块“DriveType_Pos”，并勾选关键字“Implements”，如图 10-36 所示。

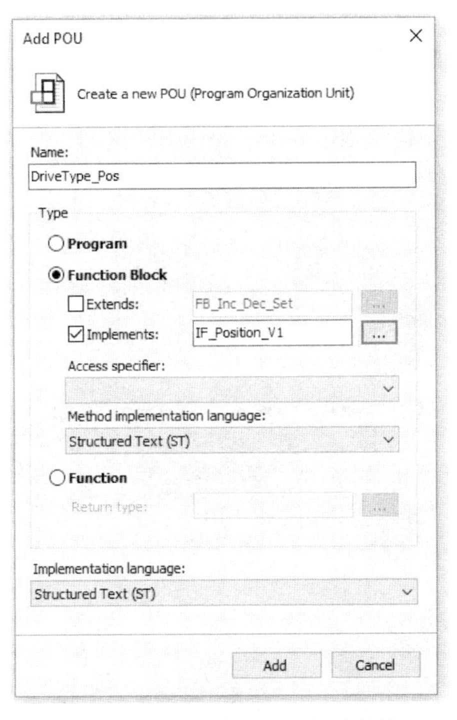

图 10-36　建立带有界面的功能块

得到如图 10-37 所示的功能块，这时位置属性自动添加在此功能块下。

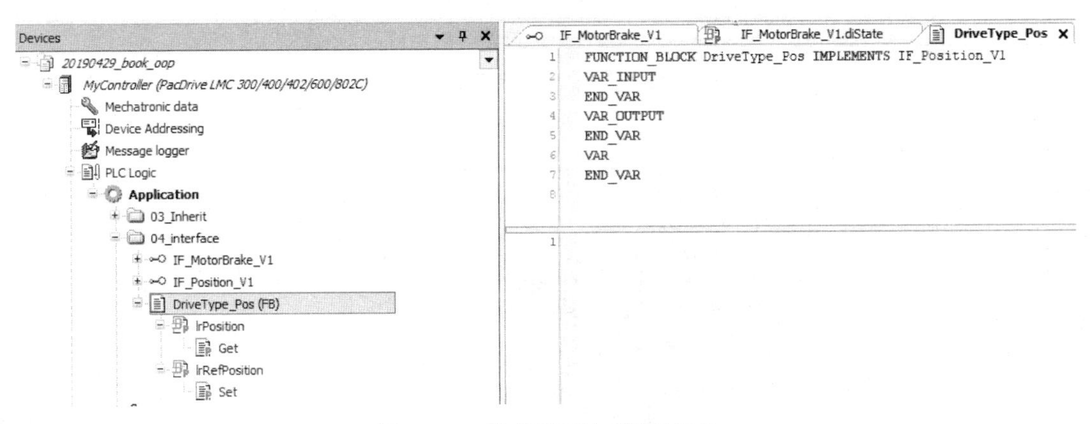

图 10-37　带有界面的功能块结构

在功能块声明区添加变量，如图 10-38 所示。

然后，在属性栏目加入操作码，将功能块位置变量内容读到实际位置属性，将设定位置写到功能块变量里，如图 10-39 所示。

在这里，看到功能块执行了预定义的界面，使界面下的属性被激活。我们也可以在功能块下执行多个界面，激活它预定义的属性或方法。例如，建立一个带有抱闸的驱动功能块，并且执行预定义的界面，如图 10-40 所示。

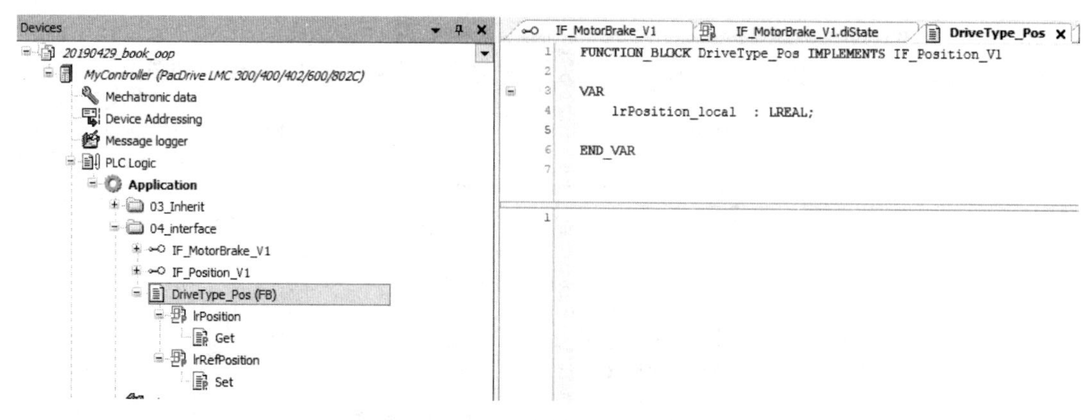

图 10-38　功能块内本地变量

图 10-39　属性的读写

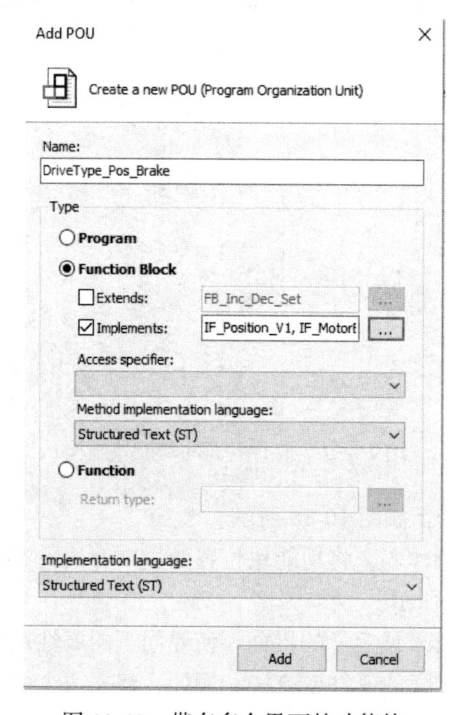

图 10-40　带有多个界面的功能块

确认加入后，如图 10-41 所示。

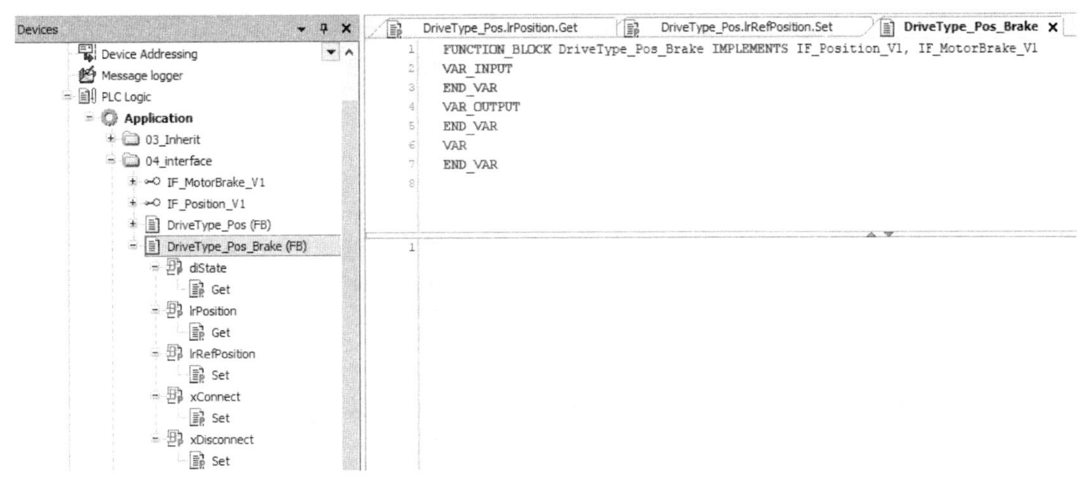

图 10-41　多个界面的功能块结构

在功能块内定义变量，如图 10-42 所示。

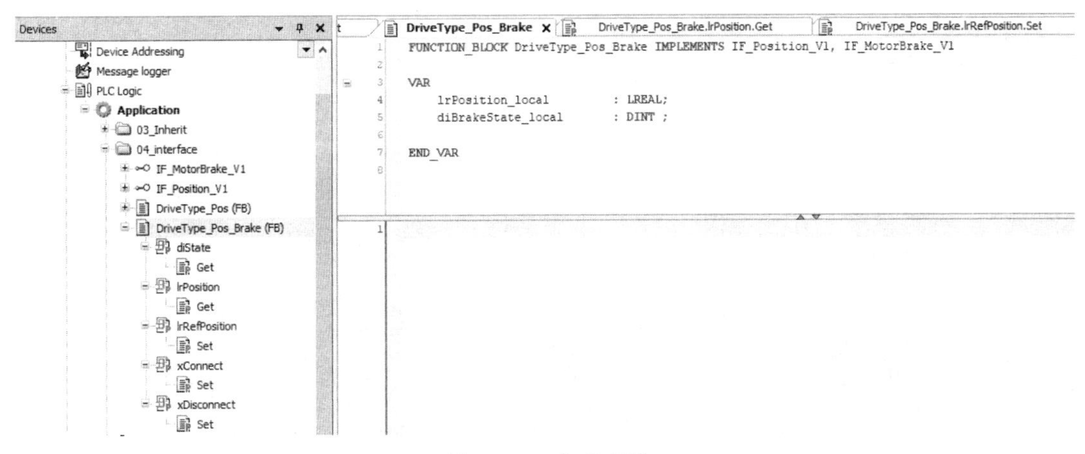

图 10-42　定义变量

然后，在属性里写入操作码，如图 10-43 所示。

从这些案例的建立过程，我们了解到通过建立界面，将驱动功能块和驱动器的数据交换建立起来，又通过执行这些界面，使属性被激活、使用。当编辑运动功能块时，就可以调用界面完成数据交换。例如，编辑一个运动功能块 FB_Move，如图 10-44 所示。

编辑电动机抱闸功能块 FB_Brake，如图 10-45 所示。

编辑好这些功能块后，就可以建立一个可执行的程序 SR_Interface，如图 10-46 所示。

仿真结果如图 10-47 所示。

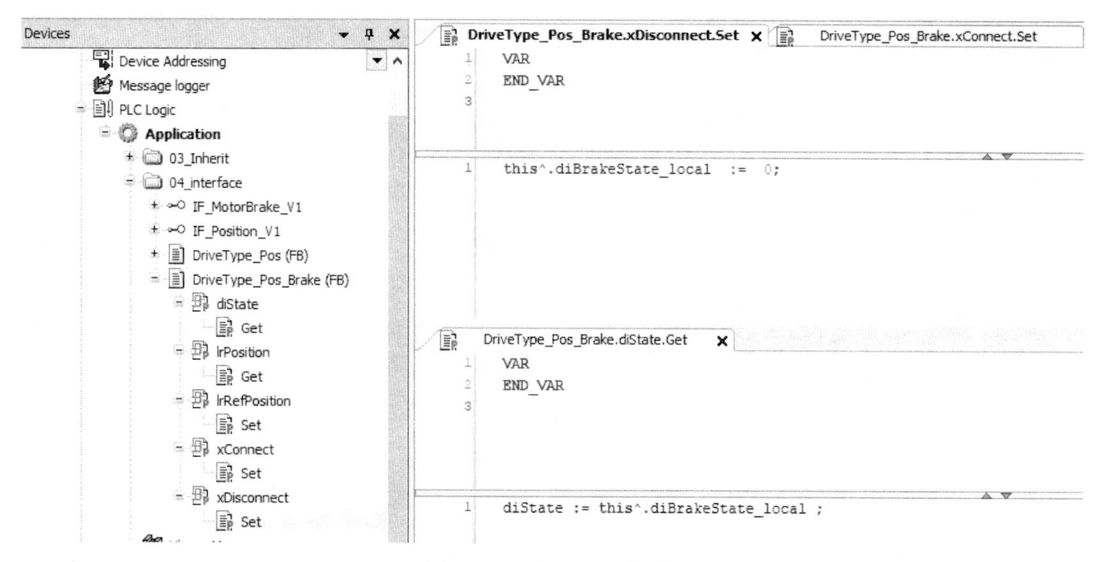

图 10-43 属性里的操作

图 10-44 FB_Move 功能块内容

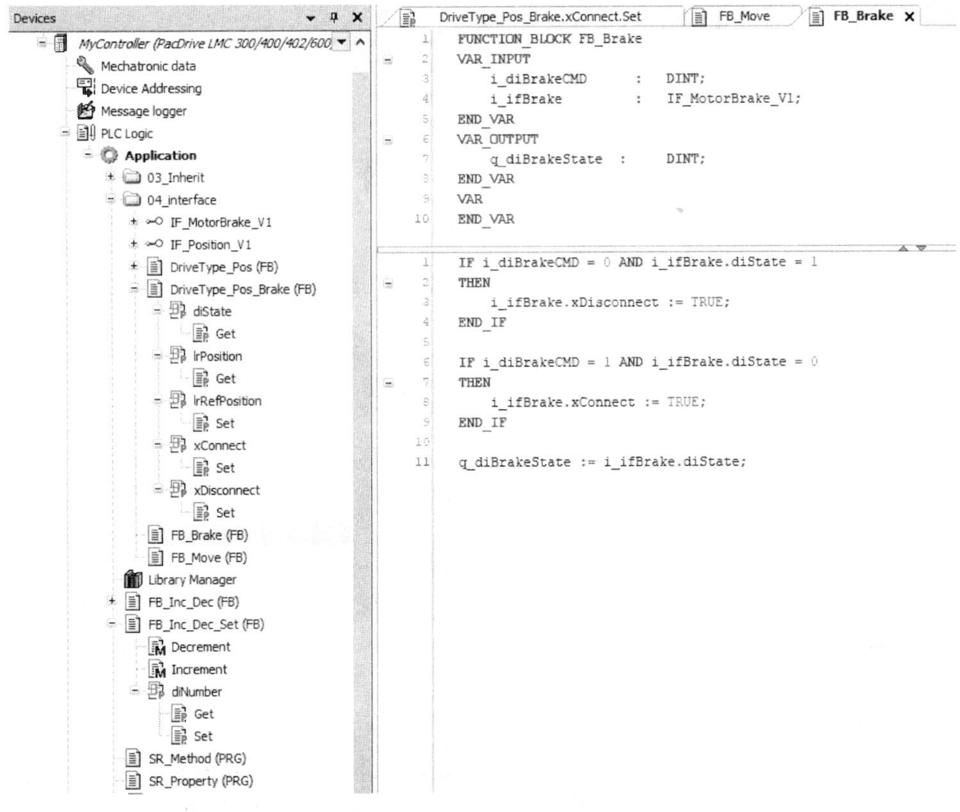

图 10-45　FB_Brake 功能块内容

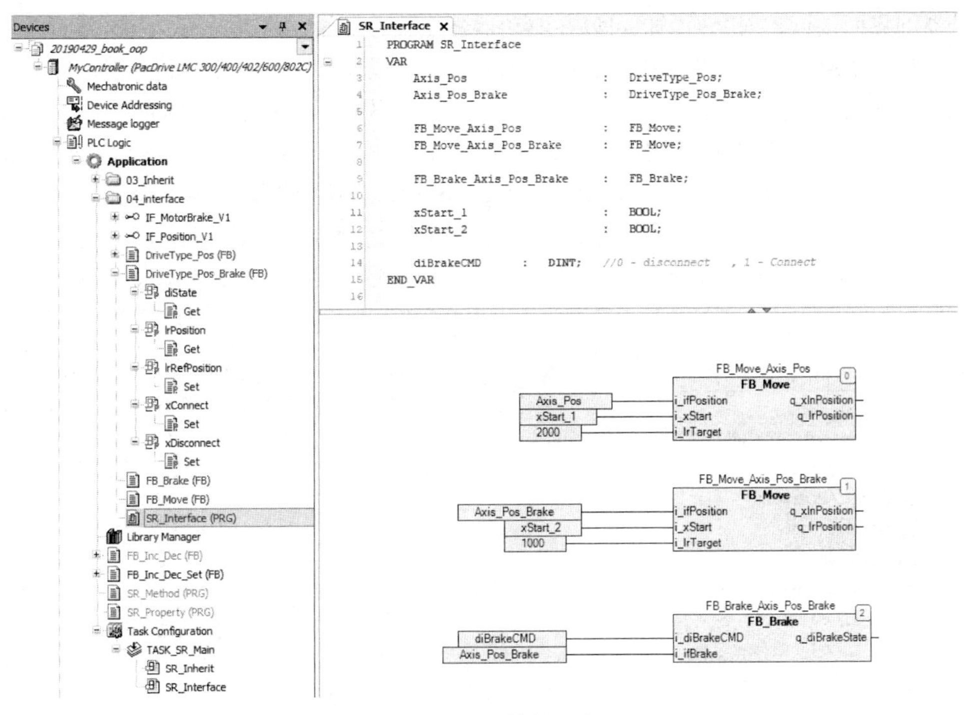

图 10-46　可执行程序

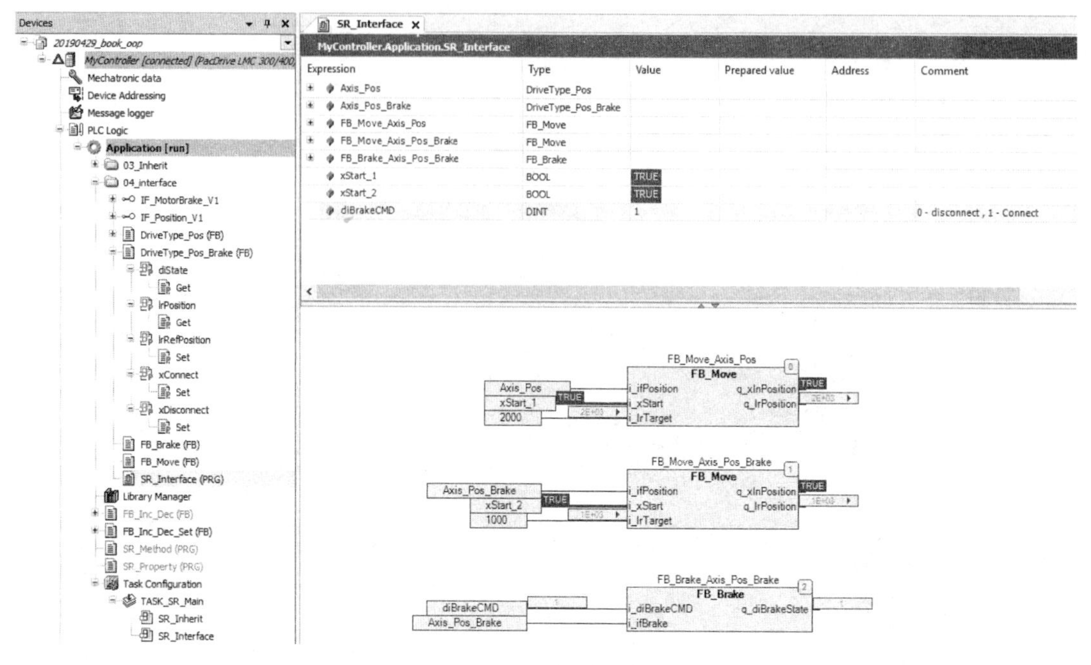

图 10-47　仿真结果

3. 界面的传承

在上例 DriveType_Pos_Brake 功能块中看到，它可以执行两个界面如图 10-42，并且应用功能块也可进出这个界面，如图 10-47 所示，功能块“FB_Move”中的“i_ifPosition”和“FB_Brake”中的“i_ifBrake”都输入了“Axis_Pos_Brake”。也就是说一个功能块可以和多个连接到驱动器的界面进行数据交换。也可以在驱动器建立状态界面、位置界面、力矩界面等多个驱动器类型。为了避免从一个界面引用到另一个界面，可以建立一个超级协调界面，它可以帮助我们从引用的任何一个界面到所有其他界面。这个操作码就是查询界面 _QUERYINTERFACE。运行时，_QUERYINTERFACE 被使能，使一个界面转到另一个界面。转换界面必须扩展一个基本界面，这个基本界面是“_SYSTEM.IQueryInterface”。这个界面提供了隐含需求，见下面的案例。

建立一个界面“IF_Drive_V2”，然后扩展基本界面“_SYSTEM.IQueryInterface”，如图 10-48 所示。

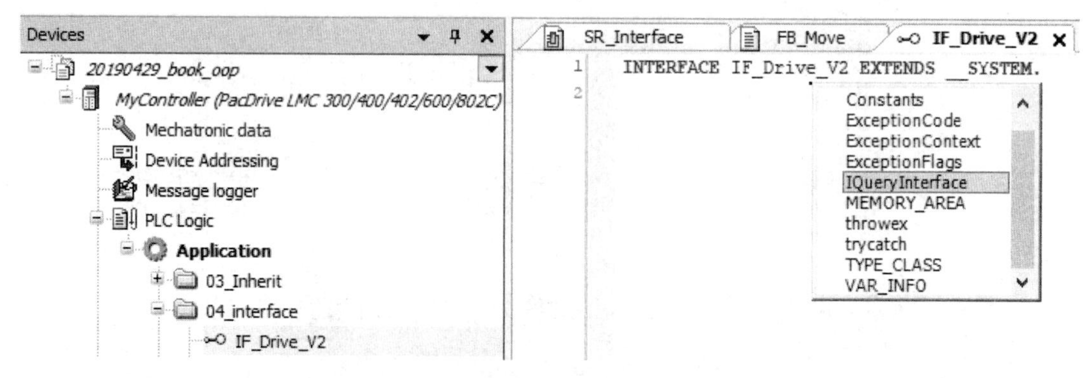

图 10-48　系统后缀

确认后，如图 10-49 所示。

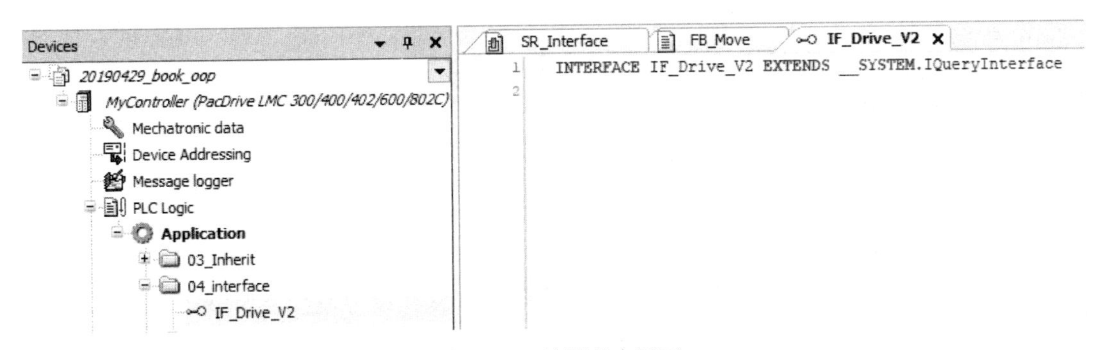

图 10-49　扩展基本界面

建立位置界面“INTERFACE IF_Position_V2 EXTENDS IF_Drive_V2”，如图 10-50 所示。

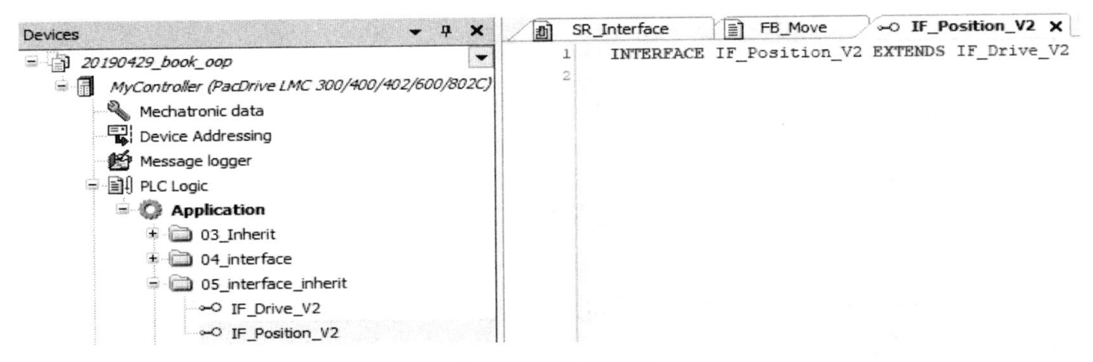

图 10-50　位置界面

建立抱闸界面“INTERFACE IF_MotorBrake_V2 EXTENDS IF_Drive_V2”，如图 10-51 所示。

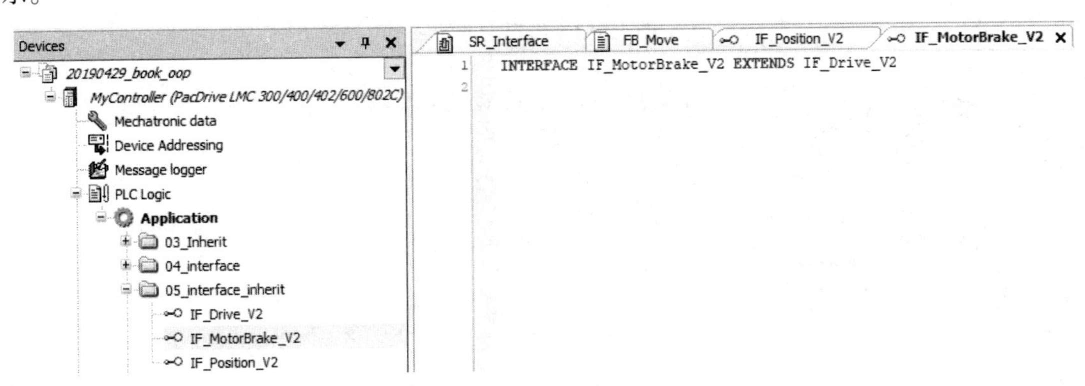

图 10-51　建立抱闸界面

再将各自的属性复制到各自界面下，如图 10-52 所示。

编辑功能块“DriveType_Pos_V2”和“DriveType_Brake_V2”，如图 10-53、图 10-54 所示。

对状态进行编辑，如图 10-55 所示。

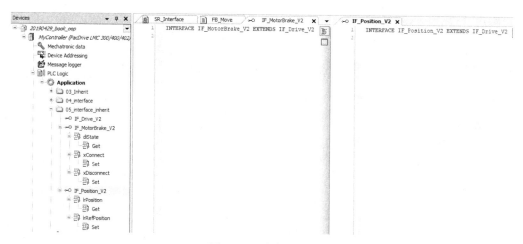

图 10-52　复制属性

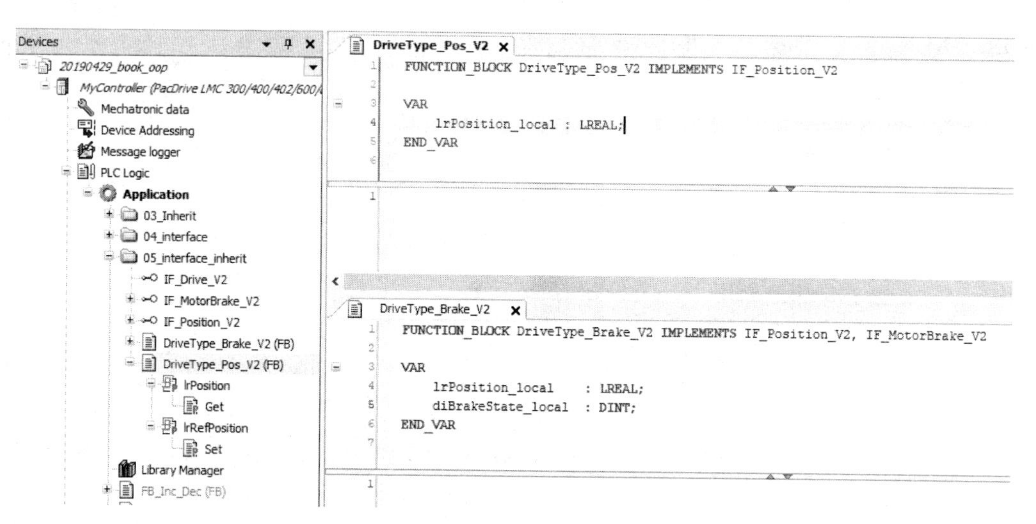

图 10-53　编辑功能块

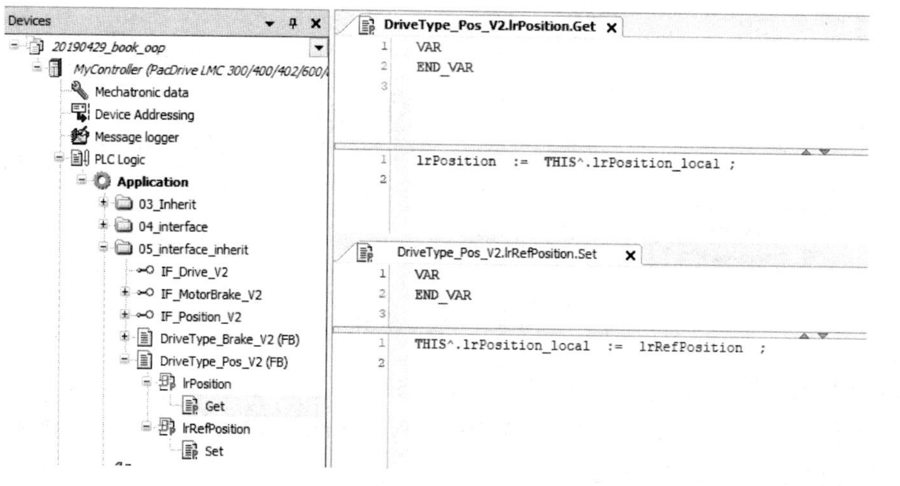

图 10-54　属性操作

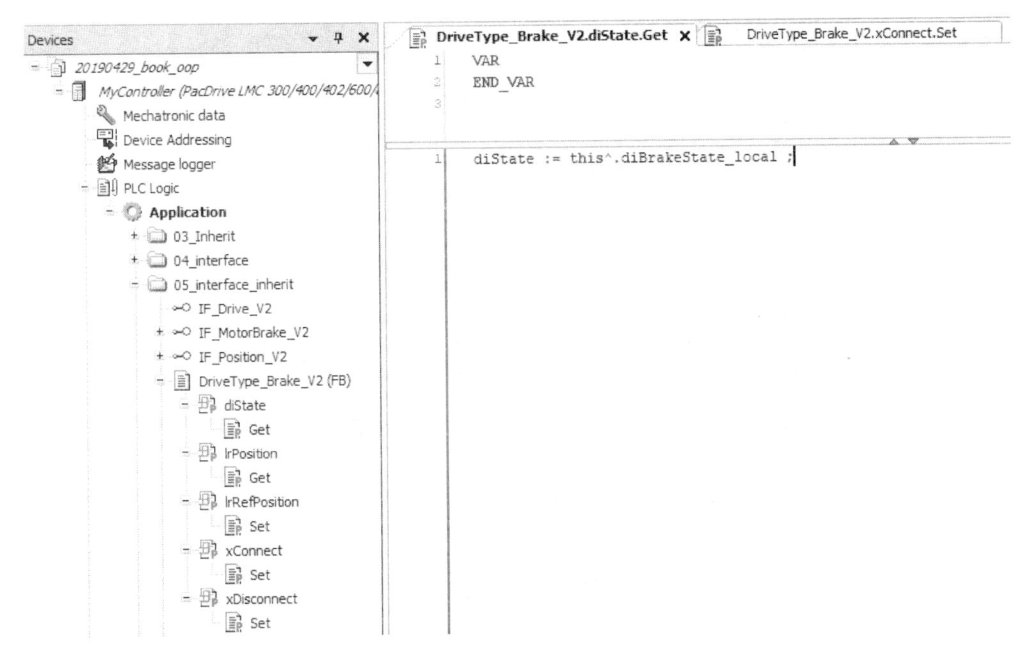

图 10-55　状态操作

再编辑功能块“FB_Move_V2”，如图 10-56 所示。

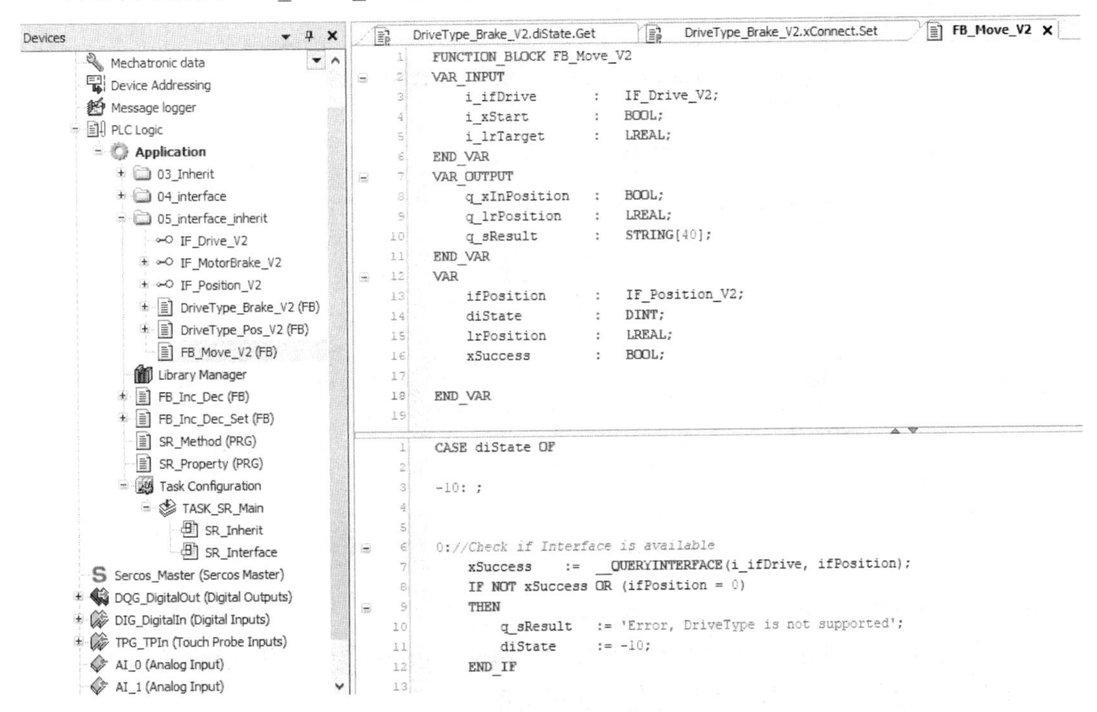

图 10-56　编辑功能块

在这个功能块里，程序区的标号 0 程序检查界面的有效性。通过超级协调操作码“_QUERYINTERFACE”引入位置界面 ifPosition，如果 xSuccess 为真，那么输入的就是位置界面，如果为假，就是其他界面，从而不支持走位置功能。

FB_Move_V2 功能块完整程序如图 10-57 所示。

```
1   CASE diState OF
2
3   -10: ;
4
5
6   0://Check if Interface is available
7       xSuccess     :=   __QUERYINTERFACE(i_ifDrive, ifPosition);
8       IF NOT xSuccess OR (ifPosition = 0)
9       THEN
10          q_sResult    := 'Error, DriveType is not supported';
11          diState      := -10;
12      END_IF
13
14      IF xSuccess
15      THEN
16          q_sResult   := 'DriveType is supported';
17          diState     := 10;
18      END_IF
19
20  10://-----Start Drive -----------------------
21      IF i_xStart
22      THEN
23          ifPosition.lrRefPosition := 0.0;
24          q_lrPosition := ifPosition.lrPosition;
25          diState              := 20;
26      END_IF
27
28  20://----Simulate-Drive---------------------------------------------
29        ifPosition.lrRefPosition := ifPosition.lrPosition + 1.0;
30     //---------------------------------------------------------------
31
32      q_lrPosition := ifPosition.lrPosition;
33
34      IF ifPosition.lrPosition = i_lrTarget
35      THEN
36          q_xInPosition            := TRUE;
37          diState                  := 30;
38      END_IF
39
40  30: IF NOT i_xStart
41      THEN
42          diState                  := 10;
43      END_IF
44
45  end_case
```

图 10-57　FB_Move_V2 功能块完整程序

再编辑抱闸功能块 FB_Brake_V2，如图 10-58 所示。

在这个功能块里，超级协调码引入抱闸界面，如果 xSuccess 为真，那么输入的就是抱闸界面，如果为假，就是其他界面，从而不支持抱闸功能。

FB_Brake_V2 功能块完整程序如图 10-59 所示。

编辑执行程序 SR_Interface_V2，如图 10-60 所示。

仿真结果，如图 10-61 所示。

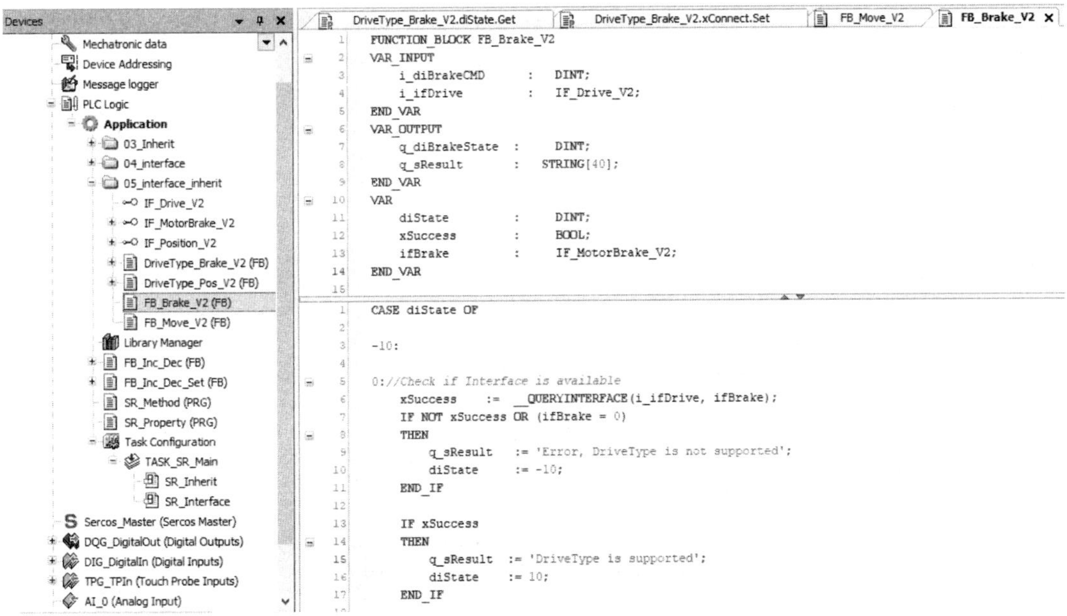

Devices

- Mechatronic data
- Device Addressing
- Message logger
- PLC Logic
  - Application
    - 03_Inherit
    - 04_interface
    - 05_interface_inherit
      - IF_Drive_V2
      - IF_MotorBrake_V2
      - IF_Position_V2
      - DriveType_Brake_V2 (FB)
      - DriveType_Pos_V2 (FB)
      - FB_Brake_V2 (FB)
      - FB_Move_V2 (FB)
    - Library Manager
    - FB_Inc_Dec (FB)
    - FB_Inc_Dec_Set (FB)
    - SR_Method (PRG)
    - SR_Property (PRG)
    - Task Configuration
      - TASK_SR_Main
        - SR_Inherit
        - SR_Interface
- Sercos_Master (Sercos Master)
- DQG_DigitalOut (Digital Outputs)
- DIG_DigitalIn (Digital Inputs)
- TPG_TPIn (Touch Probe Inputs)
- AI_0 (Analog Input)

DriveType_Brake_V2.diState.Get | DriveType_Brake_V2.xConnect.Set | FB_Move_V2 | FB_Brake_V2

```
1   FUNCTION_BLOCK FB_Brake_V2
2   VAR_INPUT
3       i_diBrakeCMD     :   DINT;
4       i_ifDrive        :   IF_Drive_V2;
5   END_VAR
6   VAR_OUTPUT
7       q_diBrakeState  :    DINT;
8       q_sResult       :   STRING[40];
9   END_VAR
10  VAR
11      diState         :    DINT;
12      xSuccess        :    BOOL;
13      ifBrake         :    IF_MotorBrake_V2;
14  END_VAR
15
```

```
1   CASE diState OF
2
3   -10:
4
5   0://Check if Interface is available
6       xSuccess     :=   __QUERYINTERFACE(i_ifDrive, ifBrake);
7       IF NOT xSuccess OR (ifBrake = 0)
8       THEN
9           q_sResult    := 'Error, DriveType is not supported';
10          diState      := -10;
11      END_IF
12
13      IF xSuccess
14      THEN
15          q_sResult   := 'DriveType is supported';
16          diState     := 10;
17      END_IF
```

图 10-58　FB_Brake_V2 功能块

```
1   CASE diState OF
2
3   -10:
4
5   0://Check if Interface is available
6       xSuccess     :=   __QUERYINTERFACE(i_ifDrive, ifBrake);
7       IF NOT xSuccess OR (ifBrake = 0)
8       THEN
9           q_sResult    := 'Error, DriveType is not supported';
10          diState      := -10;
11      END_IF
12
13      IF xSuccess
14      THEN
15          q_sResult   := 'DriveType is supported';
16          diState     := 10;
17      END_IF
18
19
20  10:
21  IF i_diBrakeCMD = 0 AND ifBrake.diState = 1
22  THEN
23      ifBrake.xDisconnect := TRUE;
24      q_sResult           := 'Brake open';
25  END_IF
26
27  IF i_diBrakeCMD = 1 AND ifBrake.diState = 0
28  THEN
29      ifBrake.xConnect    := TRUE;
30      q_sResult           := 'Brake closed';
31  END_IF
32
33  q_diBrakeState := ifBrake.diState;
34
35  END_CASE
```

图 10-59　FB_Brake_V2 功能块完整程序

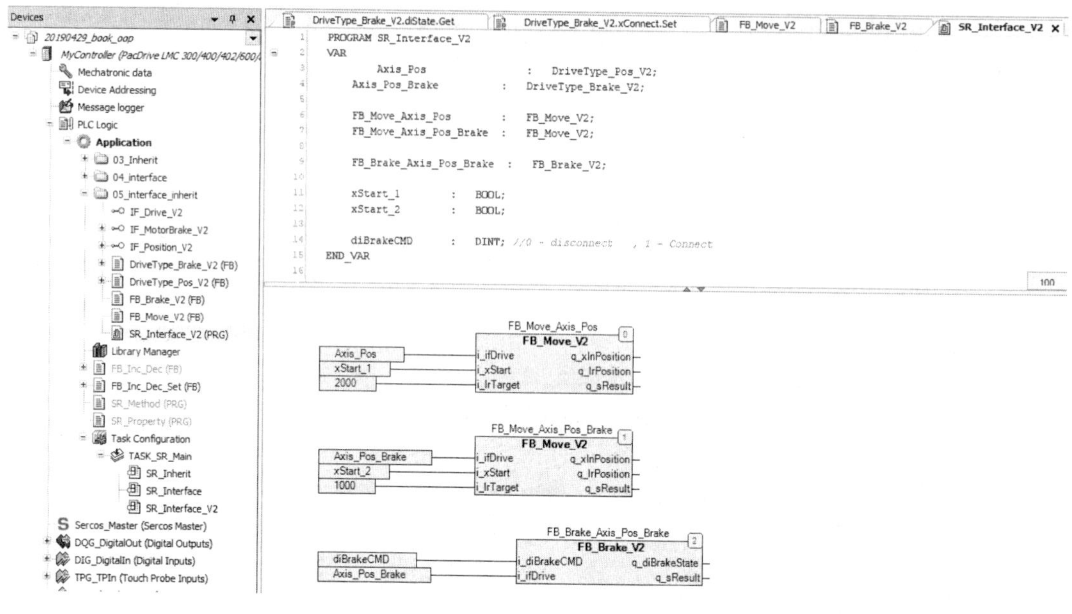

图 10-60　程序 SR_Interface_V2

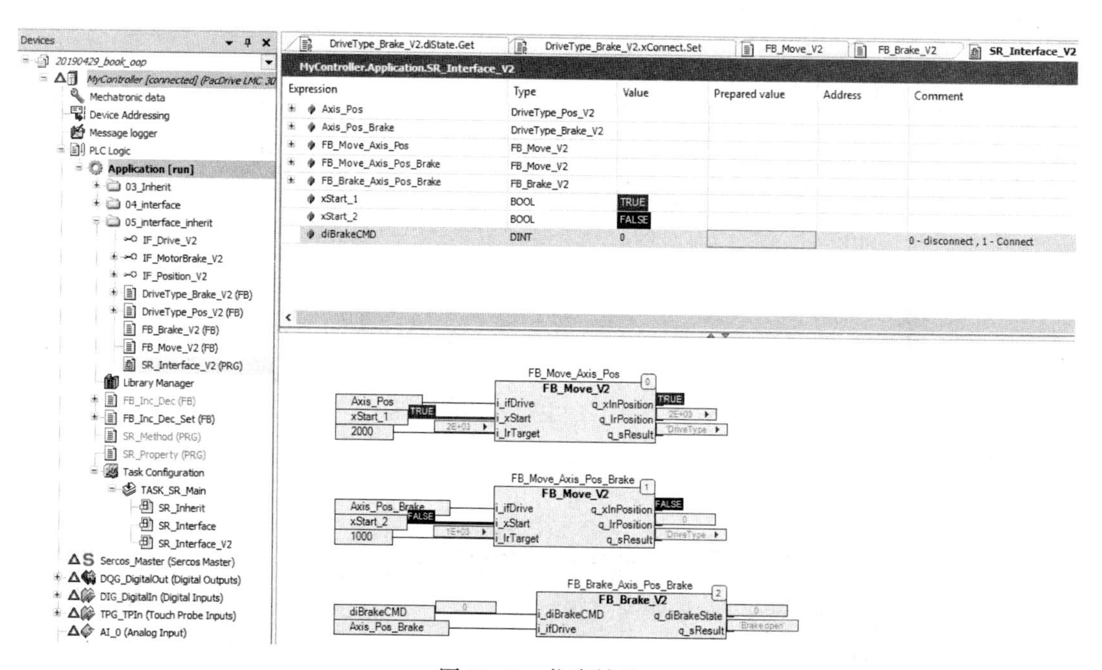

图 10-61　仿真结果

10.4　OOP 的 SUPER 指针

在 OOP 的编程中，还有一个 SUPER 指针元素。在前面一节提到的指针 THIS^，指针 THIS^ 的指向是本功能块内声明的变量，而 SUPER 指针指向的是上一层的方法或变量。例如在功能块内“FB_Math_Base”有一个方法“Increment”，如图 10-62、图 10-63 所示。而在功能块

FB_Math 也有一个同名方法，而且它传承了功能块 FB_Math_Base，因此传承的功能块方法就是上一层也称为父层的方法，如图 10-63 所示。那么在程序中调用父层的方法就用SUPER指引。

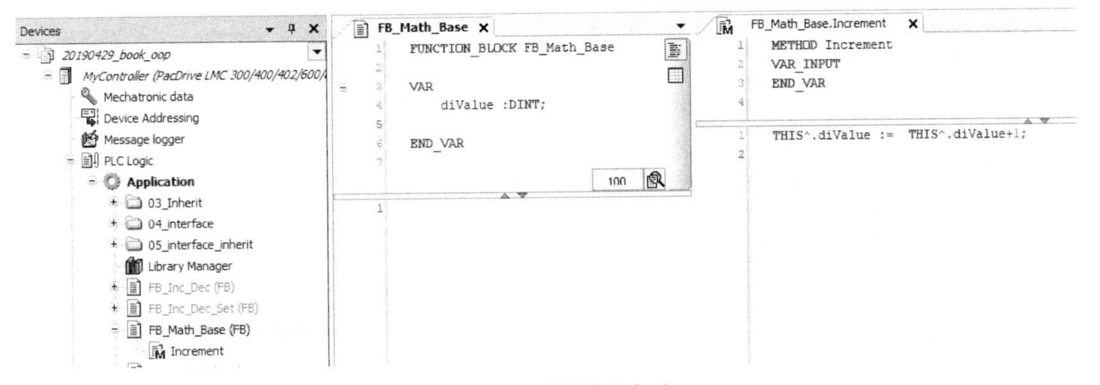

图 10-62　功能块和方法

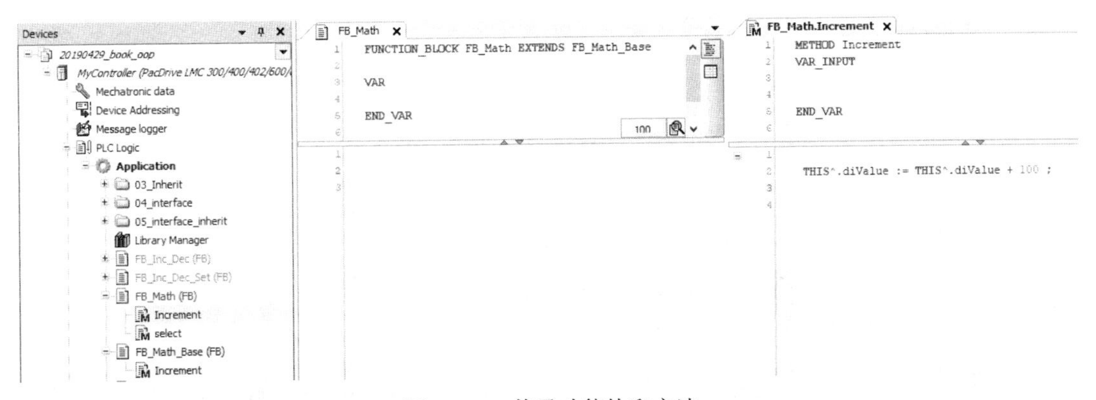

图 10-63　传承功能块和方法

在本层编辑方法调用上一层方法，SUPER 指针如图 10-64 所示。

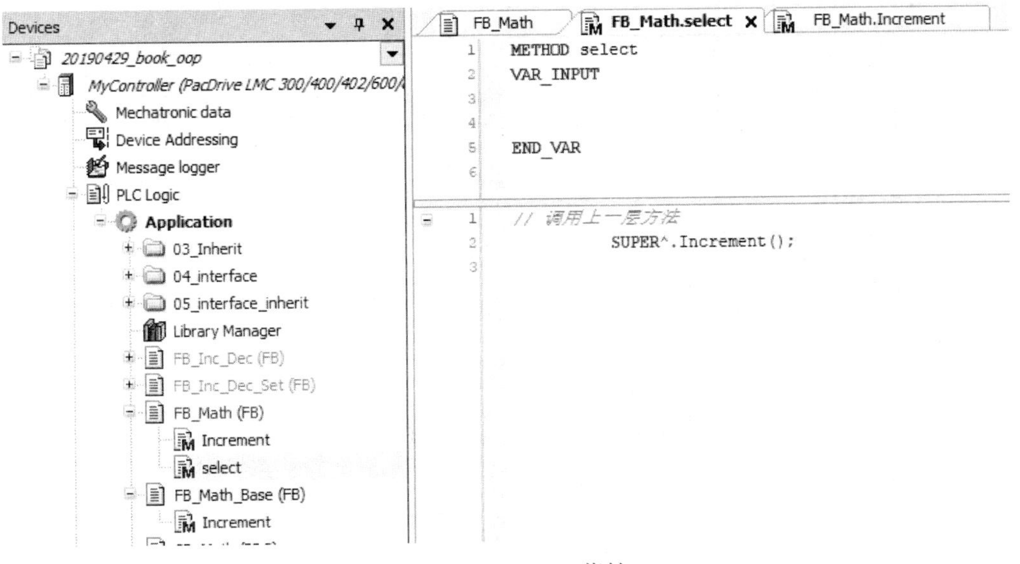

图 10-64　SUPER 指针

编辑程序“SR_Math”如图 10-65 所示。

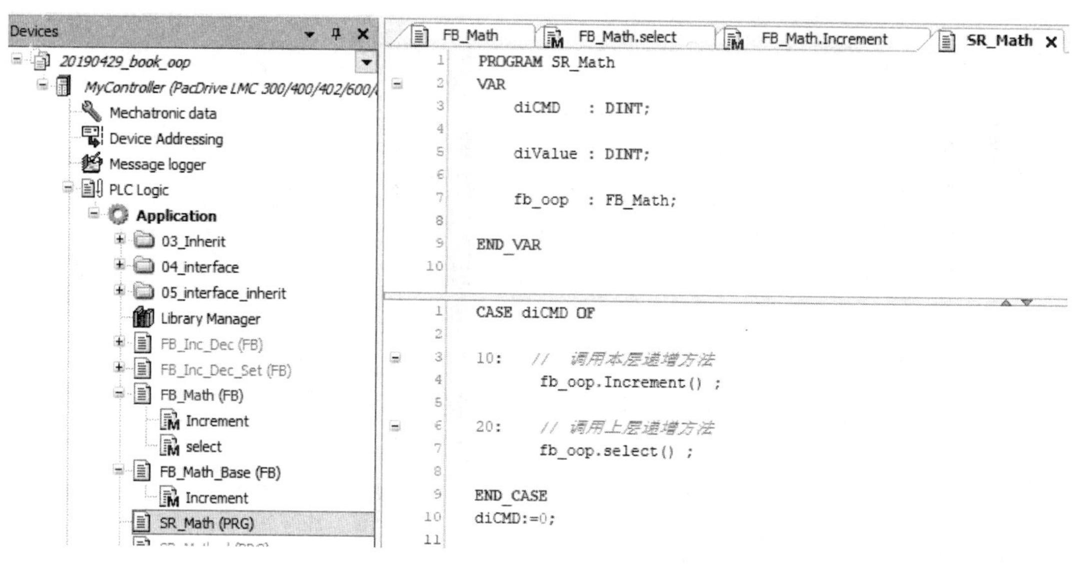

图 10-65　编辑“SR_Math”程序

仿真结果如下：

输入 diCMD:=10，递增 100，如图 10-66 所示。

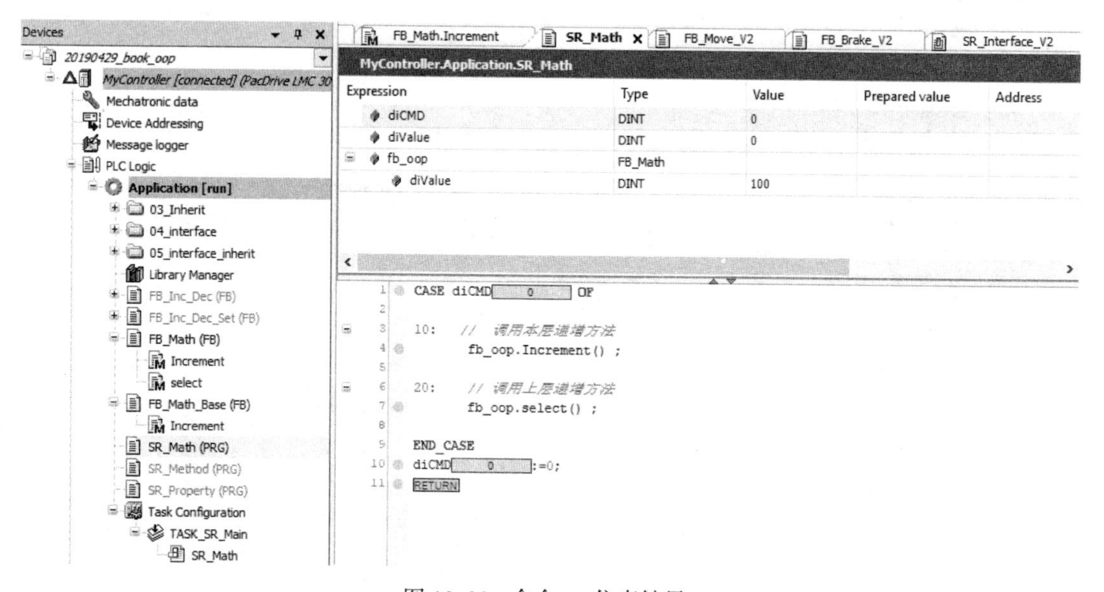

图 10-66　命令 10 仿真结果

输入 diCMD:=20, 递增 1，如图 10-67 所示。

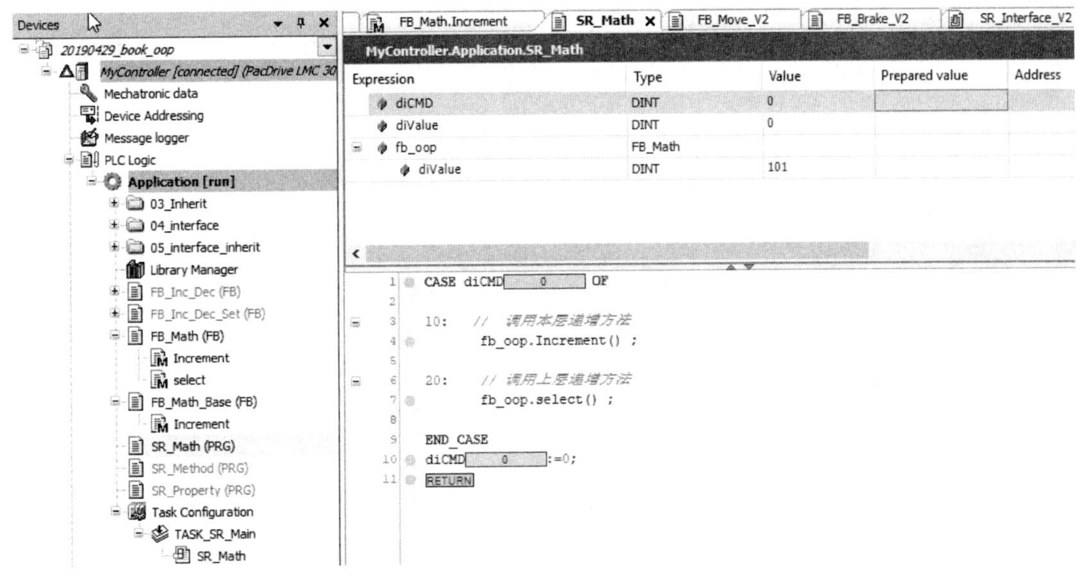

图 10-67　命令 20 仿真结果

从这个案例中可以了解 SUPER 指针的作用。

在这一章里，我们介绍了面向对象编程的一些基本概念和模式，相信大家在熟练掌握了这种技巧后，会有更多的编程体验。